普通高等教育精品教材·省级

Java语言程序设计教程

叶乃文 王丹 编著

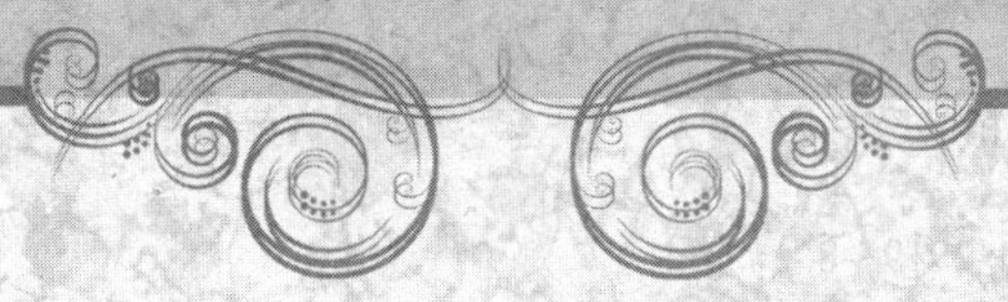

Introduction to Java Programming

本书根据“Java 语言程序设计”教学大纲，紧扣 Java 语言的核心内容，详细讲述 Java 程序设计的相关知识。采用由浅入深、理论与实践相结合的教学思路，通过大量的实例阐述 Java 语言程序设计的基本理念，说明 Java 程序设计的基本技巧，力求尽可能地减轻学生学习 Java 程序设计的负担。

全书共分 10 章，主要包括：程序设计方法概论、Java 程序设计语言基础、数组与字符串、类与对象、继承与多态、GUI 应用程序设计、多线程程序设计、集合类与泛型程序设计、网络编程技术及数据库访问的编程技术。

本书内容丰富，理论联系实际，可读性强，既可以作为高等院校计算机专业及相关专业本科生学习 Java 程序设计的教材，也可供从事软件开发的工程师与读者自学参考。

封底无防伪标均为盗版

版权所有，侵权必究

本书法律顾问：北京大成律师事务所　韩光 / 邹晓东

图书在版编目（CIP）数据

Java 语言程序设计教程 / 叶乃文，王丹编著．—北京：机械工业出版社，2010.1（2016.11 重印）

（普通高等教育精品教材）

ISBN 978-7-111-29197-8

Ⅰ. J…　Ⅱ. ①叶…　②王…　Ⅲ. JAVA 语言 – 程序设计 – 高等学校 – 教材　Ⅳ. TP312

中国版本图书馆 CIP 数据核字（2009）第 222535 号

机械工业出版社（北京市西城区百万庄大街 22 号　邮政编码　100037）

责任编辑：刘立卿

北京瑞德印刷有限公司印刷

2016 年 11 月第 1 版第 7 次印刷

185mm×260mm · 18 印张

标准书号：ISBN 978-7-111-29197-8

定价：29.80 元

凡购本书，如有缺页、倒页、脱页，由本社发行部调换

客服热线：（010）88378991；88361066

购书热线：（010）68326294；88376949；68995259

投稿热线：（010）88379604

读者信箱：hzjsj@hzbook.com

前　言

Java是一种通用的、分布式的、基于面向对象的程序设计语言。自从1995年Java语言正式发布以来，经历了坎坷的发展历程，但由于Java语言的设计者们拥有必胜的信念，并紧紧抓住将Java语言推向市场的每个机会，利用前瞻的设计理念，逐步赢得了广大程序设计开发者的认可，成为当今软件设计的主流语言。

在Java语言广为流行之前，人们普遍使用C++语言。但由于C++语言既保留了C语言的全部内容，又添加了支持面向对象的所有功能，所以语言结构比较臃肿、复杂，且不能做到完全的面向对象。随着Internet技术的飞速发展和WWW应用领域的不断扩展，C++语言已经满足不了当前网络环境下代码紧凑、安全性、可靠性、与环境无关性等一系列的需求，于是，人们开始将注意力转向Java语言。与C++语言相比，Java是一种完全的面向对象的语言，它吸取了C++语言的语句结构，去掉了指针、多继承、运算符重载等这些降低安全性、低可靠性的语言元素，并实现了自动回收垃圾的功能，从而使得Java语言更具有可移植性、鲁棒性、安全性、与环境无关性等特点，赢得了广大软件开发者的青睐。如今，使用Java语言开发Internet应用软件已成为一个不可抗拒的潮流。

今天，作为计算机科学与技术专业及相关专业的学生，更应该了解Java语言的语法规范， 理解Java语言程序设计的基本特点，掌握利用Java语言编写程序的基本技巧，学会利用Java开发环境调试程序。本教材根据“Java语言程序设计”课程的教学大纲，紧扣Java语言的核心内容，采用由浅入深、理论与实践相结合的教学思路，通过大量的实例阐述Java语言程序设计的基本理念，说明Java程序设计的基本技巧，力求尽可能地减轻学生学习Java程序设计的负担，为实现“Java语言程序设计”的教学目标给予可靠的保障。

全书共分10章，内容如下：

第1章主要介绍程序设计的基本概念，结构化程序设计方法与面向对象程序设计方法的基本特征，并对Java语言的发展历程与基本特点给予了全面地阐述。

第2章主要介绍Java语言开发工具、Java程序结构、Java语言的基本数据类型、Java程序的基本输入输出方法以及Java语言的流程控制语句。

第3章主要介绍Java语言中数组概念的特点，一维数组与二维数组的定义、创建及使用，Java语言中字符串的实现方式以及Java标准类库提供的Array类的应用。

第4章主要介绍Java语言中类与对象的概念，类的定义规则、对象的创建与使用方法、访问权限的控制机制、静态成员的基本特征及适用场合。除此之外，该章还详细地介绍了Java类库中提供的可编辑字符串类（StringBuffer）与高精度数值类（BigInteger、BigDecimal）的主要内容及使用方式。

第5章主要介绍利用Java程序设计语言实现面向对象的继承性与多态性的基本方法。内容包括：子类的相关概念与定义规则、类成员方法的重载与覆盖、抽象类、接口、包的相关概念及应用方法。

第6章主要介绍利用Java语言设计具有图形用户界面特征的应用程序，内容包括：Java

图形用户界面概述、Swing 容器、布局管理器、Swing 组件及 Java 事件处理机制，让学生通过本章的学习，能够掌握设计 GUI 应用程序的基本方法。

第 7 章主要介绍 Java 中进行多线程程序设计的相关技术，内容包括：线程的基本概念、线程的创建、线程状态及优先级、线程控制、线程同步与互斥及线程死锁等相关问题的处理。

第 8 章主要介绍集合类与泛型程序设计的相关知识。

第 9 章主要介绍利用 Java 实现网络编程的相关基础知识，内容包括：网络程序设计的相关概念、IP 地址及 URL 类、Socket 通信及数据报通信。

第 10 章主要介绍利用 Java 处理数据库的相关基础知识，内容包括：JDBC 概述、JDBC 中的主要类和接口、JDBC 访问数据库的基本过程及 SQL 查询语言的执行。

在本教材中列举了大量实例程序，这些程序均在 NetBeans IDE 环境下运行通过。NetBeans IDE 是 Sun 公司极力推广的供用户免费使用的一个 Java 集成开发环境，这个开发环境拥有强大的开发能力，在 Java 规范化书写、调试、测试、版本管理、移植性等方面给予了极大的支持，近几年深受广大 Java 开发者的认可。有关 NetBeans IDE 的使用说明与软件下载可以从网站 http://www.java.sun.com 获得。

由于作者水平有限，加之时间紧张，书稿虽几经修改，但仍难免存在缺点和错误，恳请广大读者给予批评指正。

作　者

2009 年 12 月

教学建议

<table>
<tr><th rowspan="2">教学内容</th><th rowspan="2">学习要点及教学要求参考</th><th colspan="2">课时安排参考</th><th rowspan="2">可选实验
参考内容</th></tr>
<tr><th>第一
层次</th><th>第二
层次</th></tr>
<tr><td>第 1 章
程序设计方法概论</td><td>教学基本要求
•了解结构化程序设计方法的基本特征
•掌握面向对象程序设计方法的基本特征
•了解程序设计语言及 Java 语言的发展历史
•掌握 Java 语言的基本特征
•掌握面向对象的软件开发过程及面向对象程序设计方法的优点
•了解面向对象程序设计语言的种类
教学重点和难点
重点：理解结构化程序设计方法与面向对象程序设计方法的基本特征
难点：理解并掌握面向对象程序设计方法的基本特征</td><td>4</td><td>4</td><td></td></tr>
<tr><td>第 2 章
Java 程序设计语言基础</td><td>教学基本要求
•掌握 Java 程序开发工具 JDK 的使用，以及 Java 集成开发工具 NetBeans IDE 环境下 Java 程序的编辑、编译、运行过程与机制
•掌握 Java 程序的基本结构，了解 Java 控制台程序和图形用户界面程序的区别
•掌握 Java 程序的基本成分
•掌握 Java 语言的基本数据类型
•理解 Java 运算符和表达式以及表达式的计算规则和数据类型之间转换的规则
•了解 Java Math 库的作用和常用方法
•掌握 Java 程序的基本输入输出方法和常用类的使用
•掌握 Java 语言的流程控制语句及其应用
教学重点和难点
重点：数据类型和变量的定义、运算符和表达式及其控制结构语句
难点：运算符的优先级和结合性的正确理解和应用，强制类型转换</td><td>4</td><td>4</td><td>熟悉 Net-Beans IDE 环境下 Java 程序的编辑、编译、运行过程与机制</td></tr>
<tr><td>第 3 章
数组与字符串</td><td>教学基本要求
•理解 Java 数组的用途，掌握 Java 数组的类型以及数组创建、初始化和使用方法
•掌握 Java 字符串 String 类的定义及相关成员方法的使用
•理解 String 类 和 StringBuffer 类的异同
•掌握 Java 标准类库提供的 Array 类的应用
教学重点和难点
重点：数组的概念、创建、初始化以及字符串的使用方法
难点：String 和 StringBuffer 的区别</td><td>4</td><td>4</td><td></td></tr>
</table>

（续）

<table>
<tr><th rowspan="2">教学内容</th><th rowspan="2">学习要点及教学要求参考</th><th colspan="2">课时安排参考</th><th rowspan="2">可选实验参考内容</th></tr>
<tr><th>第一层次</th><th>第二层次</th></tr>
<tr><td>第 4 章
类与对象</td><td>教学基本要求
• 理解面向对象程序设计的基本思想，掌握 Java 类的基本概念
• 掌握 Java 类的定义规则和设计方法
• 了解基于 UML 的 Java 类的描述方法
• 理解 Java 的静态成员变量和实例变量的区别及其基本特征和适用场合
• 掌握 Java 类中成员方法和构造方法的定义、方法重载的意义及其实现
• 理解类之间的关系及其分类，能够用 UML 进行描述
• 掌握 Java 类对象的创建与使用方法，理解对象的清除的意义
• 理解 Java 访问权限的控制机制，掌握相关访问控制符的使用方式
• 了解 Java 内部类的作用、定义和使用
• 了解 Java 类库中提供的可编辑字符串类（StringBuffer）与高精度数值类（BigInteger 、BigDecimal）的主要内容及使用方式
教学重点和难点
重点：面向对象程序设计的基本思想、基本概念、基本语法定义，包括：对象、类、类和对象之间的关系
难点：类的设计方法、访问权限的控制机制、静态成员的使用</td><td>6</td><td>6 ～ 8</td><td>编写 Java 类的定义及其使用的程序</td></tr>
<tr><td>第 5 章
继承与多态</td><td>教学基本要求
• 理解类的继承的基本思想，掌握类的继承的实现方法
• 理解子类的相关概念与定义，掌握子类的定义和应用方法
• 理解类成员方法的重载与覆盖的意义，掌握其应用方法
• 理解多态的基本概念及其作用，掌握多态的实现方法
• 理解抽象类的相关概念及抽象类与普通类的区别，掌握抽象类的创建和应用方法
• 理解接口的基本概念和特点及接口和类的区别，掌握接口的创建方法及其实现手段
• 理解包的相关概念，掌握包的创建和导入方法
教学重点和难点
重点：继承与多态的基本思想、基本概念、基本语法定义、子类的相关概念与定义规则、类成员方法的重载与覆盖、抽象类、接口、包的相关概念及应用方法
难点：面向对象的继承与多态的基本方法及其使用</td><td>6</td><td>6 ～ 8</td><td>编写 Java 的继承与多态的程序</td></tr>
<tr><td>第 6 章
GUI 程序设计</td><td>教学基本要求
• 了解 Java 图形界面组件之间的层次关系
• 理解 Swing 容器的概念，掌握几种相关容器的使用方法
• 理解 Java 布局管理器的作用，掌握几种常见的布局管理器的使用方法</td><td>6</td><td>6 ～ 8</td><td>编写 Java 的 GUI 的程序</td></tr>
</table>

（续）

教学内容	学习要点及教学要求参考	课时安排参考		可选实验 参考内容
		第一 层次	第二 层次	
第 6 章 GUI 程序设计	•理解 Swing 组件的基本思想，了解 Swing 组件与 AWT 组件之间的关系，掌握 Swing 常用基本组件的功能和使用方法 •理解 Java 的事件处理机制，了解 Java 的低级事件与语义事件的区别，掌握 Java 窗口事件、鼠标事件的处理方法 •理解 Java 事件适配器类的作用，掌握 Java 常见的事件适配器类的使用方法 **教学重点和难点** 重点：Swing 常用基本组件的功能和使用方法 难点：Java 事件处理机制			
第 7 章 多线程程序设计	**教学基本要求** •理解线程的基本概念，掌握线程类的两种创建方法 •了解 Java 线程的状态类型，掌握线程状态转换的相关方法 •理解线程的控制和调度的作用，掌握线程的几种基本控制方法 •了解线程同步与互斥、线程死锁的基本概念及其处理方法 •了解守护线程、线程组、线程优先级的概念及其使用方法 **教学重点和难点** 重点：线程的概念及线程的创建、控制 难点：线程的同步与互斥		2 ～ 4	
第 8 章 集合类与范型程序设计	**教学基本要求** •了解 Java 集合类的基本层次结构，理解 Java 集合类的作用 •掌握 Java 集合类中 Collection、Set、List、HashTable 等相关类和接口的使用方法 •掌握集合类中元素的遍历方法 •了解 Map、HashMap、Vector、Stack 的作用和相关成员方法的使用 •理解泛型程序设计的基本概念及其特点，了解利用泛型进行程序设计的相关方法 **教学重点和难点** 重点：Java 集合类中相关类和接口的使用 难点：利用泛型进行程序设计的相关方法	2	2 ～ 4	
第 9 章 网络编程技术	**教学基本要求** •了解网络程序设计的基本概念，了解 TCP/IP 协议族的四层结构以及各层的功能 •了解 IP 地址的作用及其分类，掌握 InetAddress 类的使用方法 •了解 URL 的定义，掌握 URL 类和 URLConnection 类的区别及其使用方法 •了解 Socket、TCP、UDP 的概念，掌握基于 Socket API 的 TCP 和 UDP 的通信模型和实现步骤 **教学重点和难点** 重点：基于 Socket 的 TCP 和 UDP 网络程序设计基本技术 难点：URL 类的应用，Socket 通信及数据报通信的实现方法		4	编写基于 Socket 的 TCP 和 UDP 的网络通信程序

（续）

教学内容	学习要点及教学要求参考	课时安排参考		可选实验参考内容
		第一层次	第二层次	
第 10 章 数据库访问的编程技术	**教学基本要求** • 了解 JDBC 的基本概念及 JDBC 的层次定义 • 了解 JDBC 的工作原理 • 掌握 JDBC 中的主要类和接口的功能和使用方法 • 了解 JDBC 访问数据库的基本过程，了解几种常见 JDBC Driver 的加载和访问方法 • 掌握 JDBC 中 Statement、ResultSet 接口的使用方法，了解 preparedStatement、CallableStatement 接口的作用 • 掌握 SQL 查询语言的执行过程及其实现 **教学重点和难点** 重点：JDBC 主要类和接口的功能和使用 难点：JDBC 工作原理，SQL 查询语句的执行		2 ～ 4	
教学总学时建议		32	40 ～ 52	12

说明：

①本书可作为信息类本科专业“Java 语言程序设计”课程的教材。本书可满足两个层次的教学需要，第一个层次：目标是掌握面向对象程序设计的一般概念和原理，了解运用 Java 语言进行程序设计的基本要求，可编写简单的 Java 程序。第二个层次：目标是掌握面向对象程序设计的思想、设计方法和实现技术，掌握和熟练运用重要的 Java 类和接口，并能够运用 Java 语言进行多线程程序设计、网络程序设计、数据库访问程序设计等。

建议学时中包括理论讲解、习题课、课堂讨论以及课内实验所需的学时。实验内容可以从建议的实验中选择几个作为课内实验，其他内容可作为课外实验，由学生在课后完成。不同专业可根据不同的教学要求和计划教学学时数酌情对教材内容进行适当取舍。

②非信息类本科专业使用本书可适当降低教学要求。

③若某信息类本科专业和非信息类本科专业计划教学学时数少于建议学时，可以舍去部分章节和相关实现部分的内容，或者降低某些章节的教学要求。

目 录

前言

教学建议

第1章 程序设计方法概论 …… 1

1.1 程序设计概述 …… 1

1.2 程序设计方法 …… 2

1.2.1 结构化程序设计方法 …… 2

1.2.2 面向对象的程序设计方法 …… 4

1.3 程序设计语言 …… 6

1.4 Java程序设计语言 …… 7

1.4.1 Java程序设计语言的发展历程 …… 8

1.4.2 Java程序设计语言的基本特征 …… 9

第2章 Java程序设计语言基础 …… 11

2.1 Java程序的开发工具 …… 11

2.1.1 JDK开发工具 …… 11

2.1.2 Java集成开发工具 …… 14

2.1.3 Java的API文档 …… 18

2.2 Java程序的基本结构 …… 19

2.3 Java程序的基本成分及数据类型 …… 22

2.3.1 标识符、注释 …… 22

2.3.2 基本数据类型 …… 26

2.3.3 直接量与常量 …… 29

2.3.4 变量 …… 31

2.4 Java程序的表达式 …… 33

2.4.1 运算符 …… 33

2.4.2 表达式的计算规则 …… 38

2.4.3 数据类型之间的转换规则 …… 39

2.4.4 Java类库中的Math类 …… 40

2.5 Java程序的基本输入、输出 …… 41

2.6 流程控制语句 …… 45

2.6.1 块作用域语句 …… 45

2.6.2 分支流程控制语句 …… 46

2.6.3 循环流程控制语句 …… 48

2.6.4 中断流程控制语句 …… 51

2.7 综合应用举例 …… 54

练习题 …… 59

自测题 …… 60

第3章 数组与字符串 …… 61

3.1 数组类型 …… 61

3.1.1 一维数组 …… 61

3.1.2 二维数组 …… 66

3.2 字符串与String类 …… 71

3.3 数组操作与Arrays类应用 …… 74

3.4 综合应用举例 …… 76

练习题 …… 80

自测题 …… 80

第4章 类与对象 …… 82

4.1 类 …… 82

4.1.1 类的定义 …… 82

4.1.2 类中的成员变量 …… 85

4.1.3 类中的成员方法 …… 86

4.2 对象 …… 92

4.2.1 对象的创建 …… 92

4.2.2 对象成员的引用 …… 93

4.2.3 对象的清除 …… 94

4.3 访问特性控制 …… 95

4.4 内部类 …… 98

4.5 类的静态成员 …… 99

4.5.1 静态成员变量 …… 99

4.5.2 静态成员方法 …… 100

4.6 可编辑字符串类 ………………………… 101
4.7 高精度数值类 …………………………… 103
4.8 综合应用举例 …………………………… 104
练习题 ………………………………………… 114
自测题 ………………………………………… 114
第 5 章 继承与多态 ……………………… 115
5.1 类的继承 ………………………………… 115
5.1.1 定义子类 ……………………………… 115
5.1.2 子类对父类成员的可访问特性 ………… 119
5.1.3 子类构造方法的定义与执行 …… 120
5.2 类成员方法的重载与覆盖 ………… 121
5.2.1 重载与覆盖 ………………………… 121
5.2.2 多态性的实现 ……………………… 123
5.3 抽象类 …………………………………… 127
5.4 接口 ……………………………………… 129
5.5 包 ………………………………………… 131
5.6 综合应用举例 …………………………… 132
练习题 ………………………………………… 135
自测题 ………………………………………… 136
第 6 章 GUI 应用程序设计 ………………… 137
6.1 Java 图形用户界面概述 ………………… 137
6.2 Swing 容器 ……………………………… 138
6.2.1 顶层容器 …………………………… 138
6.2.2 面板容器 …………………………… 141
6.3 布局管理器 …………………………… 144
6.3.1 布局管理器概述 …………………… 144
6.3.2 FlowLayout 布局管理器 ……………… 145
6.3.3 BorderLayout 布局管理器 ………… 147
6.3.4 GridLayout 布局管理器 …………… 148
6.4 Swing 组件 ……………………………… 149
6.4.1 Swing 组件概述 ……………………… 150
6.4.2 静态文本组件 ……………………… 150
6.4.3 文本输入组件 ……………………… 152
6.4.4 按钮组件 …………………………… 159
6.5 事件处理机制 ………………………… 166
6.5.1 Java 事件处理机制 ………………… 166
6.5.2 事件的处理过程 …………………… 167
6.5.3 事件类 ……………………………… 168
6.5.4 窗口事件的处理 …………………… 170
6.5.5 鼠标事件的处理 …………………… 173
6.5.6 语义事件的处理 …………………… 175
6.6 综合应用举例 ………………………… 176
练习题 ………………………………………… 183
自测题 ………………………………………… 183
第 7 章 多线程程序设计 …………………… 184
7.1 线程的基本概念 ……………………… 184
7.2 线程的创建 …………………………… 184
7.2.1 方法之一：继承 Thread 类 ………… 185
7.2.2 方法之二：实现 Runnable 接口 … 186
7.2.3 守护线程 …………………………… 187
7.2.4 线程组 ……………………………… 188
7.3 线程状态及优先级 …………………… 189
7.3.1 线程的状态及转换 ………………… 189
7.3.2 线程的优先级及调度 ……………… 190
7.4 线程控制 ……………………………… 191
7.4.1 基本的线程控制方法 ……………… 192
7.4.2 线程控制举例 ……………………… 193
7.5 线程的同步与互斥 …………………… 195
7.5.1 临界区和互斥 ……………………… 195
7.5.2 Java 的互斥锁机制 ………………… 197
7.6 线程死锁 ……………………………… 199
7.7 综合应用举例 ………………………… 200
练习题 ………………………………………… 202
自测题 ………………………………………… 203
第 8 章 集合类与泛型程序设计 …………… 204
8.1 Java 中的集合类结构 ………………… 204
8.2 Collection 接口 ……………………… 205
8.3 Set 接口 ……………………………… 206
8.4 List 接口 ……………………………… 208
8.4.1 LinkedList 类 ……………………… 208
8.4.2 ArrayList 类 ………………………… 210

8.5 Iterator 接口 …… 211
8.6 Map 及 HashMap 接口 …… 213
8.7 Vector 类 …… 215
8.8 Stack 类 …… 218
8.9 泛型程序设计 …… 219
8.10 综合应用举例 …… 222
练习题 …… 224
自测题 …… 224
第 9 章 网络编程技术 …… 225
9.1 网络编程基础知识 …… 225
9.1.1 计算机网络基础概述 …… 225
9.1.2 基本术语 …… 226
9.2 IP 地址及 URL 类 …… 226
9.2.1 InetAddress 类 …… 226
9.2.2 URL 类 …… 229
9.2.3 URLConnection 类 …… 232
9.3 Socket 通信 …… 235
9.3.1 Socket 的通信机制 …… 235
9.3.2 实现 Socket 通信 …… 238
9.4 数据报通信 …… 240
9.4.1 DatagramPacket 类 …… 240
9.4.2 DatagramSocket 类 …… 241
9.5 综合应用举例 …… 244
练习题 …… 248
自测题 …… 249
第 10 章 数据库访问的编程技术 …… 250
10.1 JDBC 概述 …… 250
10.1.1 JDBC 的基本结构 …… 250
10.1.2 JDBC 驱动程序 …… 251
10.2 JDBC 中的主要类和接口 …… 251
10.2.1 DriverManager 类 …… 252
10.2.2 Driver 接口 …… 253
10.2.3 Connection 接口 …… 253
10.2.4 Statement 接口 …… 253
10.2.5 ResultSet 接口 …… 254
10.2.6 PreparedStatement 接口 …… 254
10.2.7 CallableStatement 接口 …… 255
10.3 JDBC 访问数据库的基本过程 …… 256
10.4 SQL 查询语言的执行 …… 262
10.4.1 创建 Statement 对象 …… 262
10.4.2 执行 Statement …… 262
10.4.3 处理查询结果集 …… 267
10.4.4 关闭数据库连接 …… 268
10.5 综合应用举例 …… 268
10.5.1 可滚动查询集 …… 269
10.5.2 排序查询以及模糊查询 …… 271
练习题 …… 272
自测题 …… 273
参考文献 …… 274

Chapter 第 1 章

程序设计方法概论

自从 1946 年世界上第一台电子计算机诞生以来，计算机学科得到了迅猛的发展，计算机的应用已经从专业学者的科学研究延伸到普通百姓的生活应用。计算机之所以具有如此之大的魅力是因为人们可以根据特定的需求设计特定的软件，赋予它更加强大的处理能力，最终达到既能够辅助科学工作者攻破科学难题，又能够被广大的普通百姓所享用。经过几十年的发展，计算机学科技术的发展没有让人们失望，现在已经进入了行行不能缺少计算机，处处不能没有计算机，人人不能脱离计算机的时代。

纵观计算机发展的历程，计算机硬件系统是发展的基础，计算机软件系统是发展的关键，计算机应用是发展的目标。可以看到，在整个计算机发展领域中，计算机软件系统起着承上启下的核心作用，而计算机软件系统的发展关键在于程序设计方法的研究与发展。

本章主要介绍与程序设计相关的基本概念。

1.1 程序设计概述

软件是计算机的灵魂，而软件的开发方法是主导这个灵魂的关键。几十年来，众多的专家、学者将毕生的研究方向定位于探索软件开发方法的基础理论上，他们与战斗在软件开发领域最前沿的软件精英们共同携手，将理论与实践结合在一起，提出了各种有效的软件开发方法，使软件开发行业历经磨难，终于步入了科学化、工程化和规范化的良性发展阶段。

一个规范的软件开发过程需要经历系统分析、系统设计、编码、测试和维护几个阶段。软件开发方法是指导软件开发各个阶段工作的理论基础，它决定了审视问题域的角度、各个开发阶段的工作任务以及最终软件系统的构成方式。其中，编码阶段的主要任务是按照系统设计的要求编制最终的程序代码，这个过程叫做程序设计。程序设计是软件开发过程的一个重要阶段，是软件系统的具体实现。

严格地说，程序设计是指设计、编制和调试程序的方法和过程。由于程序是应用系统的本体，是软件质量的具体体现，因此，研究程序设计中涉及的基本概念、描述工具和所采用的方法就显得格外重要。

这里所说的基本概念主要包括程序、数据、子程序、模块，以及顺序性、并发性、并行性和分布性等，其中程序是程序设计中的核心，子程序是为了便于程序设计而建立的程序基本单位，也是模块的具体体现，而顺序性、并发性、并行性和分布性则反映了程序的内在特性。

描述工具主要是指编写程序的语言和为了便于调试程序而提供的各种语言开发环境。从某种意义上讲，它们决定了应用系统的最终功效，直接影响着软件产品的可靠性、易读性、易维护性以及开发效率。

程序设计方法是指导程序设计工作的思想方法，它主要包括程序设计的原理和所应遵循的基本原则，帮助人们从不同的角度描述问题域。选用合适的程序设计方法，对于开发满足用户需求的高质量应用软件至关重要。

1.2 程序设计方法

回首计算机的发展历程，人们不会忘却计算机软件的发展速度始终滞后于计算机硬件的发展，它已经成为制约计算机产业整体发展的瓶颈。究其原因可能有很多方面，但程序设计方法的落后是一个不容忽视的关键问题。

早期的计算机软件主要指程序。在那个时候，如果某个人说他是从事软件开发工作的，就是指编写程序。由于计算机初期只能够识别机器指令，为计算机编写程序是一件很专业、很复杂的事情，所以，具有这种能力的人少之甚少；又加之当时计算机的价格非常昂贵，处理能力也很有限，使得计算机的应用范围窄，处理问题的规模小，复杂度低。这就造成了编写程序的人员往往以个体的身份出现，即一个人接受任务、分析设计、编写程序、调试程序，甚至包括最终的维护程序。这种行业机制使得程序设计过程没有任何可遵循的规范，没有科学的思想方法，极大地限制了发展规模，是软件成为计算机发展瓶颈的主要原因，甚至一度出现了“软件危机”。

随着计算机科学技术的飞速发展，人们开始意识到程序设计方法的重要性，开始重视程序设计方法的研究，先后提出了很多种程序设计的方法，其中，最受广大程序设计者关注的是结构化程序设计方式与面相对性程序设计方法。下面分别介绍这两个程序设计方法的核心内容。

1.2.1 结构化程序设计方法

结构化程序设计方法是在软件产业严重危机，亟待需要工程化的背景下产生的，大约在上个世纪七八十年代。随着人们对软件工程化的认识日益形成，越来越重视程序的结构化、可读性，按照结构化程序设计方法设计程序逐渐成为广大编程人员自觉、自愿的行为，编写出结构化强、可读性好的程序变为软件开发行业的时尚。

尽管在今天看来，结构化程序设计方法还存在着很多缺憾，并逐步被面向对象程序设计方法所取代，但它在程序设计发展的历史长河中，起到过重要的作用，有着不可磨灭的功绩。

所谓结构化主要体现在以下三个方面：

1）**自顶向下、逐步求精**。将编写程序看成是一个逐步演化的过程，将分析问题的过程划分成若干个层次，每一个新的层次都是上一个层次的细化，即步步深入，逐层细分。

2）**模块化**。将整个系统分解成若干个模块，每个模块实现特定的功能，最终的系统将由这些模块组装而成。模块之间通过接口传递信息，力求模块具有良好的独立性。实际上，我们往往可以将模块看作是对欲解决的应用系统实施自顶向下、逐步求精后形成的各子系统的具体实现。即每个模块实现一个子系统的功能，如果一个子系统被进一步地划分为更加具体的几个子系统，它们之间将形成上下层的关系，上层模块的功能需要通过调用下层模块实现。

3）**语句结构化**。支持结构化程序设计方法的语言都应该提供过程（函数是过程的一种表现形式），以实现模块概念。结构化程序设计要求在每一个模块中只允许出现三种流程结构的语句，它们是顺序、分支和循环，如图 1-1 所示。这三种流程结构的语句有一个共同的特点，即每种语句只有一个入口，一个出口，这对于保证程序的良好结构、检验程序的正确性十分重要。

在 1964 年，C.Bohm 和 G.Jacopini 曾经证明，任意一个流程图都可以利用重复与嵌套的方法，将它们等价地改写成只含有顺序、分支和循环三种结构的形式。1968 年 E.W.Dijkstra

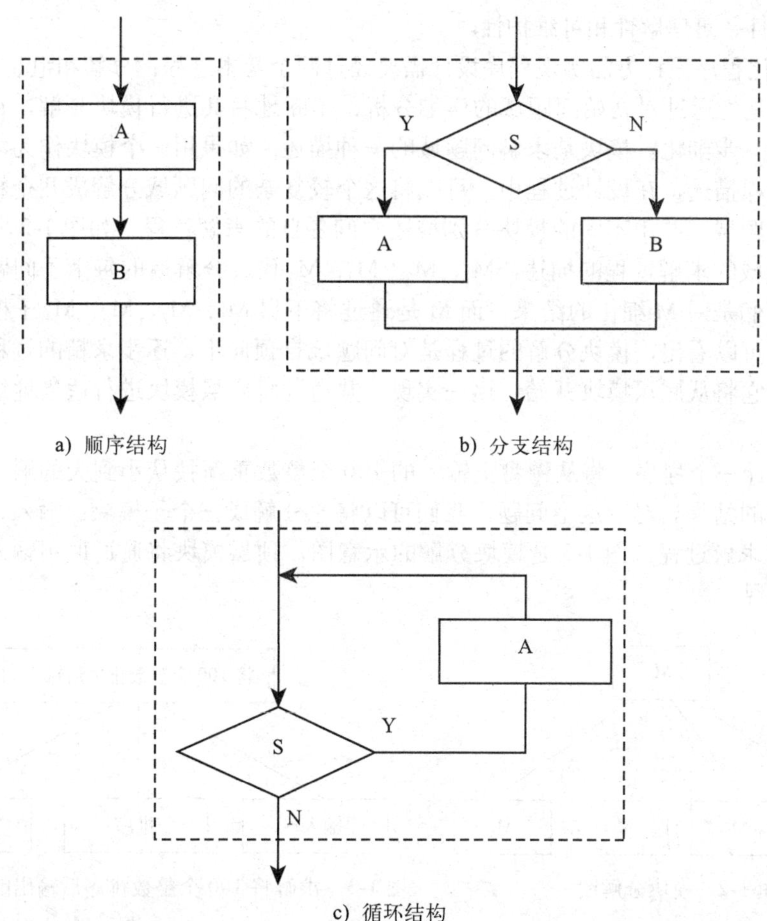

图 1-1　结构化的三种语句结构（A、B 代表语句，S 代表判断条件，Y 代表条件成立，N 代表条件不成立）

在给 ACM 通讯的一封信中指出：根据观察，程序的易读性与易理解性与其中所含有的无条件转移控制的数目成反比。这封信发表后，立即引起了计算机界的广泛重视，也正是从这时开始，结构化程序设计方法逐步形成。

PASCAL 与 C 语言是支持结构化程序设计的典型代表。它们以过程或函数作为程序的基本单元，在每一个过程中仅使用顺序、分支和循环结构三种流程结构的语句，因此，我们又将这类程序设计语言称为过程式语言，用过程式语言编写的程序其主要特征可以用以下公式形象地表达出来：

程序 = 过程 + 过程调用

其中，过程是结构化程序设计方法中模块的具体体现，过程调用需要遵循模块之间的接口定义，使模块之间具有相互驱动的能力。它是按照用户的需求，将各个模块组装起来的主要途径。可以想象，利用过程式的程序设计语言编制的程序，其执行过程就是一个过程调用另外一个过程，这种调用关系将由程序员在编写程序时预先设定。

采用结构化程序设计方法，可以提高编写程序的效率及质量。自顶向下、逐步求精有利于在每一个抽象级别上尽可能地保证设计过程的正确性及最终程序的正确性。规范模块组装的策略及限定模块中只允许出现三种流程结构的语句，可以使得程序具有良好的结构，并改善程序的可读性、可理解性和可维护性。

利用结构化程序设计方法实现程序设计需要经过两个基本过程：分解和组装。

所谓分解是指通过对初始问题域的详细分析，不断地将其进行模块分解，每分解一次都是对问题的进一步细化。模块是求解问题域的一种描述。如果用一个模块作为求解一个较复杂问题域的过程描述，在设计过程中，可以将这个较复杂的问题域分解成几个相对简单、相对独立的子问题域，并用不同的模块分别描述它们各自的求解过程。如图 1-2 所示，M 表示较复杂的问题域的求解过程的描述，M_1、M_2、M_3、M_4 代表分解后的每个子问题域的求解过程的描述，它们是对 M 细化的结果，而 M 是通过将下层 M_1、M_2、M_3、M_4 子模块加以适当地组装得到。可以看出，模块分解的过程是对问题域自顶向下、逐步求精的过程。而实现过程与之相反，它将从底层模块开始，逐一实现，并通过将底层模块进行适当地组装构成上层模块的内容。

例如，设计一个程序，将从键盘上输入的 100 个整数重新按从小到大的顺序排序，并输出重新排序后的结果。对于这个问题，我们可以将它分解成三个子模块：输入、排序和输出来实现最终的求解过程。图 1-3 是模块分解的示意图，顶层模块将通过调用输入、排序和输出子模块来实现。

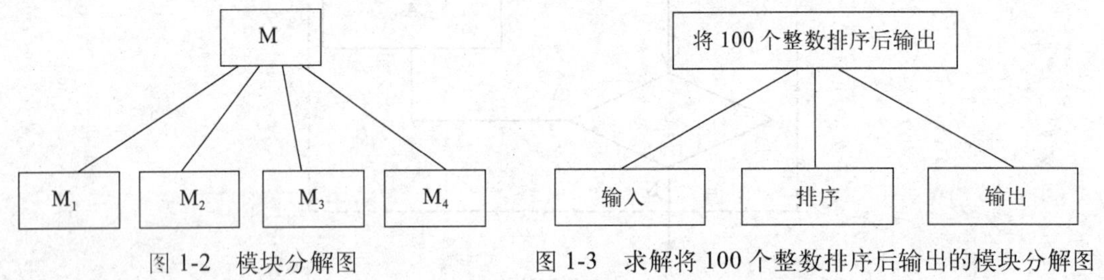

图 1-2 模块分解图　　图 1-3 求解将 100 个整数排序后输出的模块分解图

当然，这是一个很简单的问题。实际上，如果待解决的问题域更加复杂，模块分解过程可能会一直延续下去，即将子模块再进一步地分解，直到最底层模块所对应的问题域足够简单为止。

从上面这个实例可以看出，模块是求解某个特定问题的过程描述，因此，通常用动词对其命名。为了保证模块之间的相对独立性，模块之间只靠接口传递信息，用户只要按照每个模块的调用规则提供必要的接口信息，就可以直接调用某个模块，而不需要清楚模块内部是如何实现某个功能的具体过程。模块内部主要包括欲处理的数据结构和相应的算法实现，数据结构用来表示待处理数据的组织形式，算法用来体现处理特定问题所采用的方法和步骤。对于同一组待处理的数据，可以选择不同的数据结构表示，但它将会在某种程度上制约着算法的选择范围，而算法是决定程序效率的关键因素，因此有人用：程序 = 数据结构 + 算法这个简单的公式形象地描述程序设计的主体内容，即程序功能的实现依赖于算法，算法依赖于表示待处理数据的数据结构，因此选择数据结构、设计算法是结构化程序设计过程的核心任务。

1.2.2 面向对象的程序设计方法

进入 20 世纪 80 年代后，结构化程序设计的弱点渐渐地显露出来，迫使人们不得不再次寻求一种更加科学、更加先进、更加适应现代社会发展的新型程序设计开发方法，这就是面向对象的程序设计方法，用这种方法指导程序设计的过程称为面向对象程序设计（Object-oriented programming)，简称 OOP。

从前面的实例可以看出，利用结构化程序设计方法求解问题的基本策略是从功能的角度审视问题域。

面向对象程序设计方法是用面向对象的方法指导程序设计的整个过程，所谓面向对象是指以对象为中心，分析、设计及构造应用程序的机制。与结构化程序设计不同，当人们采用面向对象的方法求解问题时，观察问题域的视角将定位于现实世界中存在的客观事物，并在解空间中用对象描述它们，用对象之间的关系描述客观事物之间的联系，用对象之间的通信描述客观事物之间的相互交流及相互驱动，从而达到问题域到解空间的直接映射，实现计算机系统对现实世界环境的真正模拟。

面向对象程序设计方法应该包含对象、类、继承、消息、通信等概念，并可以用下列公式形象地描述出来：

面向对象 = 类 + 对象 + 继承 + 消息 + 通信

简单地说，面向对象程序设计需要经过标识对象、抽取类、确定类之间关系，设计类的静态属性与行为及组装等基本过程。与结构化程序设计方法相比较，面向对象程序设计具有以下优点：

1）能够实现对现实世界客观事物的自然描述。在现实世界中，等待人们解决的问题域主要由客观事物组成，这里所说的客观事物既包含客观存在的实体，也包括对实体特性抽象后得到的概念，它们是承载问题的主角，其中属性反映了实体在某个时刻的状态，行为反映了实体可以实施的操作行为。在面向对象程序设计方法中，提供了一整套可以直接模拟现实世界实体的机制。它们是对象、类、继承、通信和消息等，其中对象用来表示现实世界中的实体，类用来声明对象的属性特征及所能够实施的操作行为，类之间的继承关系体现了现实世界中各种类别的实体之间可能存在的共性与个性关系，对象之间的通信描述了现实世界中实体之间相互交流、相互作用的操作行为，它是通过对象之间互发消息实现的。这种将现实世界实体利用程序设计语言提供的元素直接自然描述的机制使得程序设计过程更加自然、更加人性化、更加容易理解。

2）可控制程序的复杂性。面向对象程序设计方法将描述现实世界中实体的属性与行为绑定在一起，共同封装在被称为对象的逻辑单元中，它体现了高度的抽象级别，大粒度的构件机制，使程序的构造层次从原来的功能模块到现在的类对象，从而大大降低了程序的复杂程度。

3）可增强程序的模块性。在面向对象程序设计中，对象是现实世界实体的直接映射，类是对象特征的规格声明，它包含了对象的属性及行为的特征描述，与结构化程序设计中的功能模块相比较，它具有更大的粒度、更强的独立性和稳定性。

4）可提高程序的重用性。正像前面所论述的那样，类是描述对象特征的独立模块，它完全可以作为一个大粒度的程序构件，供其他程序直接使用，例如，可以作为其他类的父类，也可以将该类的对象作为其他类的成员等，这对于开发高效、高质量的应用程序来说十分重要。

5）可改善程序的可维护性。面向对象程序设计方法要求：对对象的任何访问都应该通过提供的用户接口实现，这样可以很好地将对象的属性保护起来，防止外界对对象的非法操作，从而大大降低程序的出错概率。另外，类的信息隐蔽和封装机制使得程序更易于修改，只要用户接口不发生变化，对类的任何修改都不会对程序中的其他内容产生影响。

6）可适应新型的硬件环境。面向对象程序设计中的对象、消息传递等机制与分布式、并行处理、多机系统及网络等硬件环境恰好吻合。

面向对象程序设计方法必须有面向对象程序设计语言的支持才能够得以实施，目前广泛使用的面向对象的程序设计语言有C++、Java等，它们均支持类、对象、继承和多态等面向对象的主要概念。特别是Java语言，是一个完全面向对象的程序设计语言，它编写的每个程序由若干个类定义组成，类对象是描述现实世界实体的元素，对象与对象之间靠消息传递相互驱动。具体地说，就是一个对象向另外一个对象发送请求操作的消息，接收到这个消息的对象通过调用方法给予响应，从而使得程序运转起来。

总之，结构化程序设计方法侧重于功能抽象，它将解决问题的过程视为一个处理过程，每个模块都是一个处理单元，而面向对象程序设计方法综合了功能抽象和数据抽象，它将解决问题的过程视为分类演绎的过程，对象是属性和行为的封装体，对象之间依靠消息相互驱动。这种设计方法大大提高了程序的可靠性、可扩展性、可重用性和可维护性，是一种更加贴近人类解决问题习惯的思维方式。

1.3 程序设计语言

程序设计语言是用于书写计算机程序的语言。自从计算机诞生以来，程序设计语言的发展一直伴随着整个计算机事业的成长，对计算机应用领域的不断扩展起到了极大的推动作用。

20世纪50年代，是低级语言的发展时期。在那个时候，计算机只能识别由0和1组成的机器指令，程序中的每一条指令都是一串0、1序列，复杂、易错、难维护这几大难题长期困扰着每一位编写程序的人士，能够调试成功、真正投入使用的程序少之又少。后来，人们将机器指令符号化，形成了汇编语言。尽管汇编语言改进了编写程序的方法，但仍旧没有摆脱程序难以移植的困惑，这是因为每一种计算机指令系统中的指令格式并不一样，而汇编语言仅仅是将某种计算机指令系统中的机器指令符号化，并没有解决不同计算机系统之间的程序移植问题。

20世纪60年代，是高级语言发展时期，出现了大量的高级程序设计语言，比如，FORTRAN、COBOL、ALGOL60、LIST、APL等。所谓高级语言是指将各种计算机系统的指令抽象化，形成一种与指令系统无关的描述方法。显而易见，它们更加贴近人们习惯使用的自然语言描述形式，克服了低级语言的许多弊病，带来了易学、易用、易移植的几大优势。但在这个时期，绝大多数程序设计语言还只停留在强调其处理功能上，没有考虑能够从语言的角度制约程序设计的整个过程，致使编写出来的程序普遍缺乏结构性。

步入20世纪70年代以后，计算机应用领域的迅猛发展，程序规模的不断增大，复杂度的不断提高，使人们开始感到原始的编程方式越来越力不从心，低效率、低成功率的软件开发过程很难适应社会对计算机的需求。其关键问题表现在两个方面：一是由于软件行业的“个体化”，人们在编写程序时，只是凭借个人经验，按照自己的习惯，随意地编写出自认为能够解决问题的语句序列，这样得到的程序没有任何章法，大都是一堆没有书写规范的语句罗列；二是由于早期计算机硬件的处理能力很有限，人们在编写程序时过分强调减少时间和空间的消耗，使得程序的可读性相当差。一旦出现问题，很难确定出错的位置，更难以改正。程序就好像一团乱麻，既看不懂也理不清。

在这种背景下，人们开始意识到应该将程序设计过程纳入科学化、规范化的轨道，并提出了结构化程序设计方法的概念，伴随而来地出现了一批支持结构化的程序设计语言，例如，PASCAL、C、Ada等。从此，程序设计语言向着模块化、简明化、形式化的方向迈进，成为支持各种程序设计方法的有力工具。

程序设计语言通常可以分为 4 个类别：命令式语言、函数式语言、逻辑式语言和面向对象的语言。

命令式语言是指通过给出一系列可执行的运算与运算次序来描述计算过程的语言。命令式语言以冯·诺依慢式计算机体系结构为背景，机器语言与汇编语言是最早问世的命令式语言。如 FORTAN、ALGOL、COBOL、PASCAL、C 等高级语言也属于命令式语言，这种语言的处理基本方法是：变量对应于存储单元，对变量的访问就是对相应存储单元的访问。每条语句在程序中的顺序及操作效果明确规定了计算机的执行步骤。

函数式语言将函数作为构成程序的基本成分，并提供一些技术手段用于构造更为复杂的函数。采用函数式语言编写程序时，首要的工作是根据需求定义求解问题的函数。

逻辑式语言是一种基于规则的程序设计语言。在命令式语言中，必须对每个算法的实施过程给予详细地描述，其中包括需要执行的命令及执行顺序，而基于规则的程序设计语言并不需要给出顺序，语言的实现系统将会选择一种执行顺序，以达到预期的结果。

所谓面向对象程序设计语言 OOPL（Object-Oriented Programming Language），是指提供描述面向对象方法所涉及的类、对象、继承和多态等基本概念的程序设计语言，具体地讲，它应该支持以下特性：

- 识别性。指应用程序中的基本构件可以被认为是一组可识别的离散对象。
- 分类性。指将应用程序中具有相同属性与行为的所有对象组成一个类。
- 继承性。指可以在已有类的基础上，定义其子类。在子类中，除了拥有从父类继承的内容外，还可以通过自定义一些属性或操作，扩展或覆盖父类的内容，这是实现软件重用的主要途径。
- 多态性。指同一个消息，发送给不同的类对象，所做出的响应可能不同，这种现象就是多态性。

将这几点特性综合起来应用，就可以将面向对象程序设计方法表现得淋漓尽致。

面向对象的程序设计语言经历了一个逐渐成熟的漫长过程。20 世纪 50 年代，人工智能语言 LIST 引入了动态绑定和交互式开发环境的思想；20 世纪 60 年代，离散事件模拟语言 Simula67 引入了类和继承的概念；20 世纪 70 年代，出现了第一种名副其实的面向对象语言 Smalltalk；20 世纪 80 年代，开始真正地步入实际应用阶段，并逐渐得到广大软件开发人士的认可，在这个时期，C++ 语言可谓出尽了风头；90 年代，Java 语言应运而生，尽管历经坎坷，但发展势头仍然势不可挡。

至今为止，可能谁也说不清楚到底出现过多少种面向对象程序设计语言，但比较知名且具有代表性的面向对象程序设计语言有以下几种：

1）Simula67，支持单继承、一定含义上的多态和部分动态联编。

2）Smalltalk，支持单继承、多态和动态联编。

3）Eiffel，支持多继承、多态和动态联编。

4）C++，支持多继承、多态和部分动态联编。

5）Java，提供了类机制和有效的接口模型。支持单继承、多态和动态联编。

1.4　Java 程序设计语言

Java 程序设计语言是一种完全的面向对象程序设计语言。自从 1995 年 Java 语言正式发布以来，由于 Java 语言的设计者们拥有必胜的信念，并紧紧抓住每个推广 Java 语言使用的机会，利用前瞻的设计理念，使 Java 语言逐步赢得了广泛的市场，成为当今软件设计的主流语言之一。

1.4.1 Java 程序设计语言的发展历程

1991 年，Sun 公司为了开辟消费类电子产品的领域，设立了一个“Green”工程。该工程的最终目的是开发一套分布式代码系统，以便用来集中控制消费类电器设备和计算机。由于这类电器设备的功能和内存都很有限，并且不同的厂商选用的 CPU 也不同，所以要求选用的语言尽可能小巧，能够生成尽可能紧凑的代码，且与设备无关。很显然，C 或 C++ 语言都不能胜任此角色，于是开发了一种名为“Oak”的语言。该语言小巧玲珑，安全性好，且与设备无关。但由于受到当时消费电子产品发展水平的限制，该项目成果没有得到足够的重视，更没有对其产品化，“Oak”语言也自然没有得到推广，这就是 Java 语言的前身。1994 年，Internet 的发展如一股飓风，席卷全球，很快带动了 WWW 应用领域的快速增长。开发一个优秀的浏览器，更好地将超文本页面显示在屏幕上是当务之急。当时参与设计“Oak”语言的几位成员 James Gosling、Patrick Naughton 等意识到是将 Java 推向市场的时候了。于是他们利用 Java 语言开发了 HotJava 浏览器，并得到了 Sun 公司的认可和支持。随着 Internet 技术的不断成熟，Java 语言也逐渐发展成为倍受人们青睐的一种用来开发网上应用软件的语言。

1995 年，NetScape 公司第一个获得 Java 许可证之后，先后有很多大公司都购买了 Java 使用权。如 Oracle 公司、Borland 公司、SGI 公司、Adobe 公司、IBM 公司、AT&T 公司、Intel 公司、Microsoft 公司、Apple 公司等。

1995 年 5 月 Sun 公司在 SunWorld'95 大会上发布了 Java 和 HotJava 浏览器。

1995 年 9 月 Sun 公司宣布将提供 Java 开发工具。

1995 年 12 月 Sun 公司与 Netscape 共同发布 JavaScript，这是一种基于 Java 语言的脚本语言。

1996 年 1 月 Sun 公司推出 Java 开发工具包 JDK（Java Development Kit）1.0，为广大的开发人员提供了用来运行 Java 应用软件的开发环境。

1996 年 2 月 Sun 公司推出了 Java 数据库连接 JDBC（Java Database Connectivity）数据库 API。1996 年 4 月 Sun 公司宣布 Apple、HP、日立、IBM、Microsoft、Novell 等公司将把 Java 平台嵌入到操作系统中。

1996 年 10 月 Sun 公司颁布 JavaBeans 规范，并发布了第一个 Java JIT（Just-In-Time）编译器。

1996 年 12 月 Sun 公司发布了 JDK1.1、Java 商贸工具包、JavaBeans 开发包及一系列 Java API。

1997 年 3 月 Sun 公司推出 JDK1.1.1。

1997 年 5 月 Sun 公司推出 JDK1.1.2。

1997 年 7 月 Sun 公司推出 JDK1.1.3。

1998 年 12 月 Sun 公司发布 Java 2 平台，它是 Java 发展史的一个里程碑。

1999 年 6 月 Sun 公司重新定义了 Java 技术的框架，形成了今天人们看到的三个版本。

1）J2ME（Java 2 Micro Edition）。它是一种以开发消费性电子产品为目标的高度优化的 Java 运行环境，面向智能卡、寻呼机、移动电话、可视电话、机顶盒和汽车导航系统等一系列消费性电子产品的应用。

2）J2SE（Java 2 Standard Edition）。它是一种用于开发客户端应用程序的 Java 标准平台。我们所熟悉的 Applet（小应用程序）和 Application（应用程序）都是以这个版本为基础的。

Java 的技术精华也都在这个版本中有所体现。它是 Web 用户梦寐以求的快速、高效、安全、可靠的开发环境。

3）J2EE（Java 2 Enterprise Edition）。它是一种基于 J2SE 的扩展型企业级开发平台。它具有模块化、可重用的 JavaBean 组件，并且提供了一整套对这些组件的服务，以及许多应用程序自动处理的细节。由于许多费时和有一定难度的开发工作可以自动地完成，所有可以让开发者的注意力更加专注考虑事物的逻辑结构，而不是构件的基本结构。

1.4.2　Java 程序设计语言的基本特征

Java 是一种通用的、分布式的、基于面向对象的程序设计语言。在 Java 语言广为流行之前，人们普遍使用 C++ 语言。但由于 C++ 语言既保留了 C 语言的全部内容，又添加了支持面向对象的所有功能，所以，语言结构比较臃肿、复杂，且不能做到完全的面向对象。随着 Internet 技术的飞速发展，WWW 应用领域的不断扩展，C++ 语言已经满足不了网络环境的代码紧凑、安全性、可靠性、与环境无关性等一系列的需求，于是，人们开始将注意力转向 Java 语言。Java 语言吸取了 C++ 语言的语句结构，去掉了指针、多继承、运算符重载等这些降低安全性、可靠性的语言元素，并实现了自动回收垃圾的功能，从而使得 Java 语言更具有可移植性、鲁棒性、安全性与环境无关性等特点，赢得了广大软件开发者的青睐。使用 Java 语言开发 Internet 应用软件已成为一个不可抗拒的潮流。下面介绍 Java 语言的基本特征。

1. 简捷性

Java 语言的简捷性主要体现在以下几个方面：

1）Java 语言的风格类似于 C++ 语言，因此，对于使用过 C++ 语言的人士来说，Java 语言中的很多语法形式都很熟悉，掌握它的使用方法并不是一件很困难的事情。

2）Java 语言废弃了 C++ 语言中容易引发程序错误的地方，如指针、内存管理等内容。

3）Java 语言提供了丰富的类库。程序设计人员可以直接使用类库中提供的类，从而大大降低了编写程序的工作量和复杂度。

4）语言运行环境的十分小巧。基本的 Java 解释器和类的支持只有 40KB 左右，附加的标准类库和线程的支持也只有 215KB 左右。

2. 面向对象

面向对象是 Java 语言最重要的特性之一。与 C++ 语言不同，Java 不支持 C 语言的面向过程的程序设计技术。Java 语言支持静态和动态风格的代码继承和重用。就支持面向对象而言，Java 语言类似于 Smalltalk，但在其他特性，尤其是适用于分布式环境方面则远远优于 Smalltalk。

3. 分布式

Java 是面向网络应用的语言。通过它所提供的标准类库，可以处理 TCP/IP 协议规程，可以通过 URL 地址在网络上访问其他对象，且访问方式与访问本地文件系统的感觉几乎一样。最终能够实现较方便地与其他计算结点协同工作的目的。

4. 健壮性

Java 语言致力于在编译期间和运行期间对程序可能出现的错误进行检查，从而保证程序的可靠性。特别是在以下几个方面：

1）Java 语言对数据类型的检查，可以尽早地发现程序执行中的隐患问题。

2）Java 语言具有内存管理的功能。它采用自动回收垃圾的方式，避免在程序运行过程中，由于人工回收无用内存带来的问题。

3）Java 语言不允许通过直接指出内存地址的方式对其单元的内容进行操作，即没有 C 语言中的指针概念。这样可以提高整个系统的安全性和可靠性。

5. 结构中立

为了使 Java 真正与环境无关，Java 源程序需要经过编译和解释两个阶段才能够运行。对 Java 源程序编译的结果将生成一个被称为字节码（Byte Code）的中间文件。该字节码的格式已被标准化，任何 Java 虚拟机都可以识别这种字节码，并将它解释成本机系统的机器指令。这种运行机制保证了 Java 语言与设备的无关性。

6. 安全性

Java 语言的安全性主要从以下两个方面得到保证。

1）在 Java 语言中，删去了 C++ 语言中指针和释放内存的操作，所有对内存的访问都必须通过类的实例变量实现，从而避免了非法的内存操作。

2）在 Java 程序执行之前，要经过很多安全性的检测，包括检验代码段格式、对象操作是否超出范围、是否试图改变一个对象的类型等，从而避免病毒的侵入及破坏系统正常运行的情况发生。

7. 可移植性

与环境无关的特性，使得 Java 应用程序可以在配置了 Java 解释器和运行环境的任何计算机系统上运行，这奠定了 Java 应用软件便于移植的良好基础。但仅仅如此还远远不够，如果基本数据类型的设计依赖于具体实现，也将给程序移植带来很大的麻烦。例如，在 Windows 3.1 中整数（int）类型占用 2 个字节，而在 Windows 95 中占用 4 个字节，在 DECAlpha 中占用 8 个字节。为了解决这类问题，Java 设计了一套独立于任何运行平台的基本数据类型及运算，不管在什么环境下运行，每一种数据类型的存储格式和操作方式均一样，从而大大提高了 Java 语言的可移植性。

8. 解释执行

在运行 Java 程序时，需要先将 Java 源程序编译成字节码，然后再利用解释器将字节码解释成本地系统的机器指令。由于字节码与环境无关，且类似于机器指令，因此，在不同的环境下，不需要重新对 Java 源程序进行编译，直接利用解释器进行解释执行即可，当然，随着 Java 编译器和解释器的不断改进，其运行效率也在逐渐提高。

9. 高性能

与 BASIC 语言不同，Java 的解释器并不是对 Java 源程序代码直接地解释，而是解释经编译后生成字节码。字节码的设计经过了优化，很容易翻译成机器指令，因此，执行速度要比 BASIC 语言快得多。但与 C 语言比较起来，还是显得有些慢。这是因为每次执行都要花费时间解释一次。为了提高运行速度，Java 语言还提供了一种被称为即时编译 JIT（Just In Time）的方式。该方法在加载 Java 字节码时，将其预处理成本地主机操作系统所能识别的机器指令。这样虽然会增加加载程序的时间，但一旦加载成功后，日后运行的速度就会大大提高。

10. 多线程

支持多线程，可以使设计的 Java 应用软件更加具有交互性和实时响应能力。所谓线程是操作系统中的一个重要概念，它是处理器调度的基本单位，是进程中的一个控制点。由于一个进程可以含有多个线程，而这些线程可以访问进程中的所有资源，因此，在线程之间可以方便地进行通信，并可以快捷地进行切换。

Chapter 第 2 章

Java 程序设计语言基础

随着 Java 语言的不断成熟，愈来愈多的人开始选择 Java 作为编写程序的语言，并感受到 Java 语言给程序设计带来的变革，它的便捷性、与环境无关性、可重用性、可靠性以及提供的安全性保证给人们留下了深刻的印象。特别是，Java 语言的开拓者力求将各种程序设计语言的优秀特征融为一体，最大程度地延用了人们熟悉的 C/C++ 语言的基本语法书写格式，使得它既迎合了人们编写程序的基本习惯，又适应当今网络程序设计的基本需求，最终成为主流的程序设计语言。

本章主要介绍 Java 语言的开发工具、Java 程序的基本结构、Java 程序的基本数据类型、Java 程序的表达式、Java 语言提供的流程控制语句与 Java 程序的基本输入、输出，并通过列举一些应用实例说明 Java 程序的基本开发方法。

2.1 Java 程序的开发工具

Java 是一种将编译与解释融为一体的程序设计语言，这种处理机制确保了 Java 程序的与环境无关性，避免了单纯解释性程序的低效率弊病，为实现程序“一次编写，随处使用”的最终目标提供了技术上的可靠保证。

与其他程序设计语言一样，Java 程序的开发工具也经历了从简单到丰富，从薄弱到强大的发展历程。目前，Java 程序开发工具主要分为两个类别：一类是 JDK 开发工具；另一类是 Java 集成开发工具。除此之外，Java 语言还提供了一套完整的 API 文档，它给 Java 程序的开发带来了极大的便捷性，使开发人员在没有任何相关书籍的情况下，也可以方便地查阅需要的 API 文档内容。下面分别介绍两类开发工具的安装、使用方式以及 Java 文档的获取与查阅方式。

2.1.1 JDK 开发工具

JDK 是 Java Development Kit 的缩写，即 Java 开发工具，其中包含了 Java 程序的运行环境和以命令行方式完成各种操作的命令行开发工具。根据不同的应用对象，JDK 又分为 Java SE 开发工具、Java EE 开发工具和 Java ME 开发工具。

- Java SE 是 Java Standard Edition 的缩写，是 Java 的标准开发工具，它既适用于开发与配置桌面或简单的服务器 Java 程序，也适用于开发与配置当今时尚的嵌入式 Java 程序。
- Java EE 是 Java Enterprise Edition 的缩写，是 Java 的企业级开发工具，它适用于开发复杂的服务器 Java 程序。
- Java ME 开发工具 Java Micro Edition 的缩写，是 Java 的微型版本的开发工具，它适用于开发运行在类似手机这样小型设备中的 Java 程序。

下面介绍安装 JDK 的基本过程、JDK 中的几个重要文件及利用 JDK 在命令行方式下运行 Java 程序的基本方式。

1. 安装 JDK

到目前为止，JDK 已经发布 JDK 6 版本，可以直接在 http://java.sum.com 网站中下载到这个开发工具的最新版本，这是 Sun 公司为开发 Java 程序的所有人士提供的免费软件。

下载 JDK 后，需要将其安装才可以使用。尽管在不同环境下安装 JDK 会有一些差异，但主要过程基本相同。下面以在 Windows XP 环境下安装 Java SE 6 为例说明安装 JDK 的基本过程。

下载 JDK 的安装文件之后，在资源管理器中双击这个文件的图标以达到运行这个安装程序的目的。程序运行后会出现一系列提示或选择窗口，供用户确定安装的选项，观察安装的进展。对于安装路径，建议使用默认的设置。

安装完毕之后，为了提高日后的运行效率，简化命令行的书写格式，需要对系统中的执行路径与环境变量进行设置。具体设置方式为：打开“控制面板”中的“系统属性”对话框，选择“高级”标签，并单击“环境变量”按钮，会看到如图 2-1 所示的画面。滚动下方“系统变量”中的滚动条，直到看到变量名 Path 为止，单击“编辑”按钮，将 JDK 的安装路径添加到其中，路径之间用分号隔开。

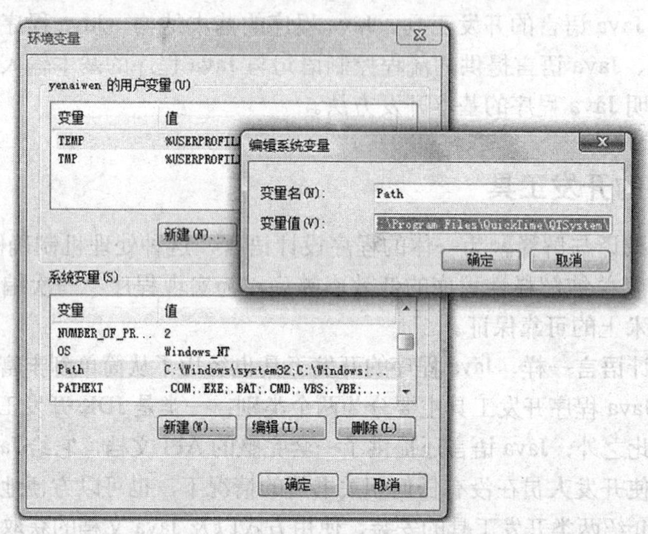

图 2-1　“环境变量”设置对话框

通常，在 Windows 环境下，默认的安装路径为 C:\Program Files\Java\jdk1.6.0（最内层的目录 jdk1.6.0 会随着版本的差异有所不同），因此应该将字符串“C:\Program Files\Java\jdk1.6.0”添加到系统变量 Path 中，这样就可以引导操作系统沿着这个路径寻找相应的执行程序。

安装完毕后，打开 JDK 安装目录可以看到几个子目录：bin、jre、lib、demo 和 include，其中存放着开发运行 Java 程序所需要的全部文件。

- 在 bin 子目录中存放着全部开发工具。这是最重要的文件目录，编译、解释与调试 Java 程序所需要的全部程序都在这个目录中。
- 在 jre 子目录中存放着 Java 运行时环境，包括 Java 虚拟机、类库及支持 Java 程序运行的程序。
- 在 lib 子目录中存放着开发工具需要的附加类库和支持文件。
- 在 include 子目录中存放着支持使用 Java 本机界面、Java 虚拟机工具界面及 Java 2 平台的其他功能进行本机代码编程的头文件。

• 在 demo 子目录中存放着一些 Java 程序的实例代码，包括使用 Swing、其他 Java 基类及 Java 平台调试器体系结构的实例。

2. JDK 中的几个重要文件

在 bin 子目录中存放着开发运行 Java 程序需要的几个重要应用程序。它们分别是：

• javac.exe 是 Java 程序的编译器，利用它可以完成对 Java 程序的编译。
• java.exe 是执行 Java 程序的解释器，通常被人们称为 Java 虚拟机。
• appletviewer.exe 用于模拟在浏览器下运行 applet 应用程序的效果，通常用于在没有浏览器的情况下运行与调试 applet 应用程序。
• jar.exe 用于创建与管理 Java 归档文件。
• javadoc.exe 是 API 文档生成器。

3. 利用 JDK 运行 Java 程序的基本过程

基本过程如下：

1）选择一个具有文本编辑功能的文本编辑器，将 Java 代码录入其中并保存成 Java 源文件。

与 C/C++ 语言不同，Java 源文件的命名规则不但对文件名的后缀有要求，对文件名的前缀也有严格的规定。Java 源文件的命名规则为：主类名称 + .java。例如，主类名称为 MyClass，文件名应该为：MyClass.java。

2）利用 javac 对 Java 代码进行编译，并生成字节码文件，文件名后缀为 .class。例如，对上述源文件编译成功后，自动生成一个文件名 MyClass.class 的字节码文件。

3）利用 java 运行 .class 文件。

例如，有一个 Java 程序，运行后将会在屏幕上显示字符串“Hello world!”。

首先，选用 Windows 中的记事本将 Java 源程序录入到计算机中。如图 2-2 所示，文件名为 HelloWorldClass.java，文件名的前缀 HelloWorldClass 与类名相同，文件名的后缀必须是 .java，这是 Java 程序的文件名命名规则。

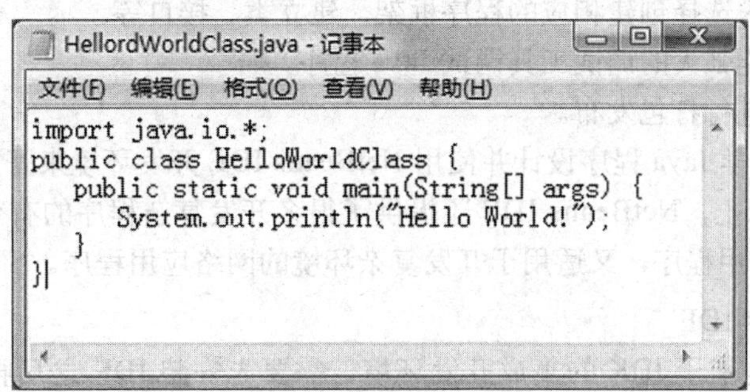

图 2-2 利用记事本输入 Java 源程序代码

随后，利用 javac 对 HelloWorldClass.java 进行编译，具体格式为：

```
javac HelloWorldClass.java
```

如果编译成功，可以在同一个目录下看到自动生成的字节码文件 HelloWorldClass.class；否则，需要重新进入记事本，并根据编译器提供的错误提示对 Java 源程序代码进行修改、保存，然后重新编译，直至编译成功为止。

最后，利用 java 运行 HelloWorldClass.class 文件，具体格式为：

```
java HelloWorldClass
```

此时，可以看到屏幕上显示字符串 HelloWorldClass。

注意，在编译 Java 程序时，需要给出文件名后缀 .java；在运行 Java 程序时，不能给出文件名后缀 .class。

2.1.2 Java 集成开发工具

JDK 包含了开发 Java 程序的核心工具，但它的命令行操作方式给人一种不方便的感觉。为了提高程序的开发效率、简化程序的调试过程，目前人们普遍使用 Java 集成开发环境，即将编辑、编译、解释、跟踪、测试融为一体的开发环境，IBM 公司开发的 Eclipse IDE 和 Sun 公司开发的 NetBeans IDE 就是两个极具代表性且应用十分广泛的 Java 集成开发环境，它们都是免费软件，Eclipse 可以从网站 http://www.eclipse.org 下载获得，NetBeans IDE 可以从网站 http://java.sun.com 下载获得。下面扼要地介绍 NetBeans IDE 的使用方法，本书的所有程序也是在这个环境下调试运行的。

1. NetBeans IDE 开发环境概要

NetBeans IDE 是 Sun 公司力推的一种 Java 集成开发环境。随着 Java 语言的广泛流行，愈来愈多的开发者开始使用这个可视化的 Java 开发工具，并给予了高度的评价。

NetBeans IDE 集成了开发桌面应用程序、Web 应用程序、企业级应用程序与移动设备应用程序所需要的全部软件资源与开发技术。概括起来，利用它开发 Java 程序会有下列主要特征：

1）可以在图形用户界面下，利用鼠标选择想要的操作，而不需要输入命令行。

2）可以将所有源程序代码与配置文件组织在一起形成一个项目，便于程序包的管理。

3）可以利用可视化工具轻而易举地设计图形用户界面。

4）可以即时显示语法错误，编译、解释便捷。

5）可以格式化程序书写格式，收缩成员方法显示方式。

6）可以根据需求选择创建相应的程序框架，建立类、接口等。

7）可以利用功能强大的调试工具调试 Java 程序。

8）可以将项目进行打包发布。

上述特征对于初学 Java 程序设计并使用 NetBeans IDE 开发环境来开发简单程序的人们会非常有帮助。但实际上，NetBeans IDE 还提供了很多开发复杂程序的有效工具，所以说它既适用于开发简单的应用程序，又适用于开发复杂环境的网络应用程序。

2. 安装 NetBeans IDE

NetBeans IDE 是基于 JDK 的集成开发环境，需要先安装 JDK 之后再安装这个集成开发环境。安装 JDK 的方法已经在前面讲述过，在此不再重复。

JDK 安装完毕之后，从网站 http://java.sun.com 下载 NetBeans IDE 的压缩包。

下载完毕后，运行这个程序并按照安装向导的提示依次单击“下一步”按钮就可以完成 NetBeans IDE 的安装操作。

安装成功后，可以通过在“开始/所有程序”中选择“NetBeans”项，或在桌面上双击“NetBeans ID”图标启动 NetBeans 开发环境。图 2-3 是 NetBeans IDE 的操作界面。上端是系统菜单，其中含有 13 个可供开发者选择使用的操作项目。菜单的下端是工具栏，其中包含了开发者常用的操作项目。再往下面的左侧是“项目”、“类”和“服务”展示区，其中含有所创建项目、类或服务的相关信息，人们可以在这里观察当前所开发程序的整体架构及拥有的各项服务的相关信息。右侧是程序编辑区，这是显示源程序代码和编辑代码的区域。最下端是程序运行后的显示区，即程序运行过程中显示的所有信息及最终结果。这是常规的 NetBeans IDE 操作界面布局，开发者可以根据自己的习惯对其进行重新设置，这是 NetBeans IDE 人性化设计的特性之一。

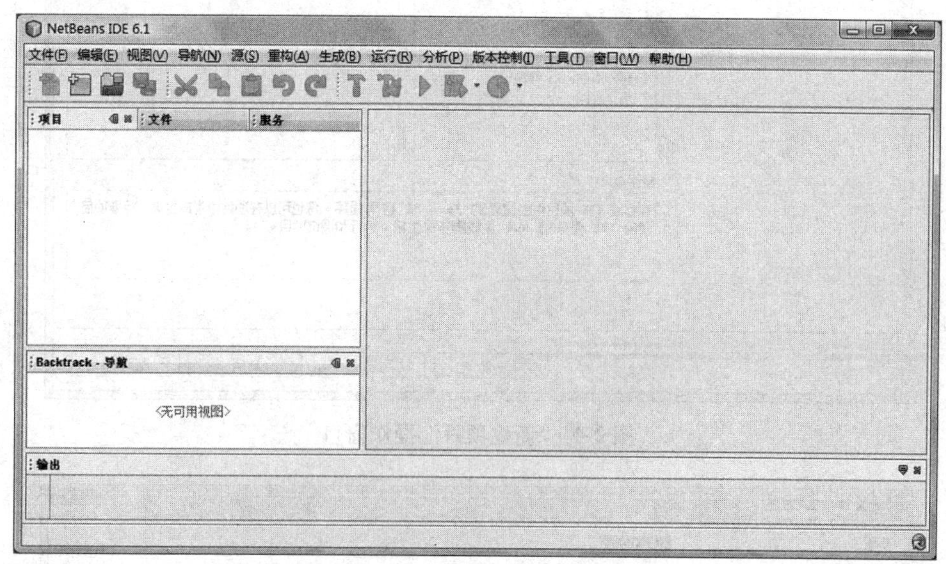

图 2-3　NetBeans IDE 操作主界面

3. *在 NetBeans IDE 环境下开发 Java 程序*

NetBeans IDE 是一个功能十分强大的集成开发环境，它的操作便捷性、设计合理性、技术全面性与可扩展性给人们留下了深刻的印象，使得愈来愈多的 Java 开发人员都将它作为开发 Java 应用程序的首选工具。下面将通过一个实例来介绍利用这个环境开发 Java 应用程序的基本过程，有关更多的开发技术将在后续的章节中逐步介绍。

【例 2-1】利用 NetBeans IDE 运行一个 Java 应用程序，其功能是在屏幕上显示字符串“Hello World!”。

假设 NetBeans 安装在 Windows XP 环境下。下面是运行这个 Java 程序的基本操作过程。

1）选择“文件 / 新建项目”菜单项来创建一个项目。在如图 2-4 所示的“新建项目”窗口中的“类别”项中选择“Java”，在“项目”项中选择“Java 应用程序”，然后单击“下一步”按钮。

2）在 NetBeans IDE 开发环境中，将 Java 程序以项目为单位组织起来，每当创建一个新项目时，就会随之建立一个用项目名称命名的文件夹，随后在这个项目中创建的所有文件都被放在这个文件夹中，这种项目管理手段大大地简化了同一个项目的众多文件的管理方式，缓解了程序打包后经常出现的路径问题给人们带来的烦恼。

3）在图 2-5 所示的“新建 Java 应用程序”窗口中确定项目名称和项目放置的位置。

在“项目名称”项中输入项目的名称，在“项目位置”项中选择项目放置的位置。如果选中“创建主类”复选框，在创建项目的同时建立一个名为文本框中显示的主类，默认主类名为 Main；如果选中“设置为主项目”复选框，将会把目前创建的项目设置为主项目。单击

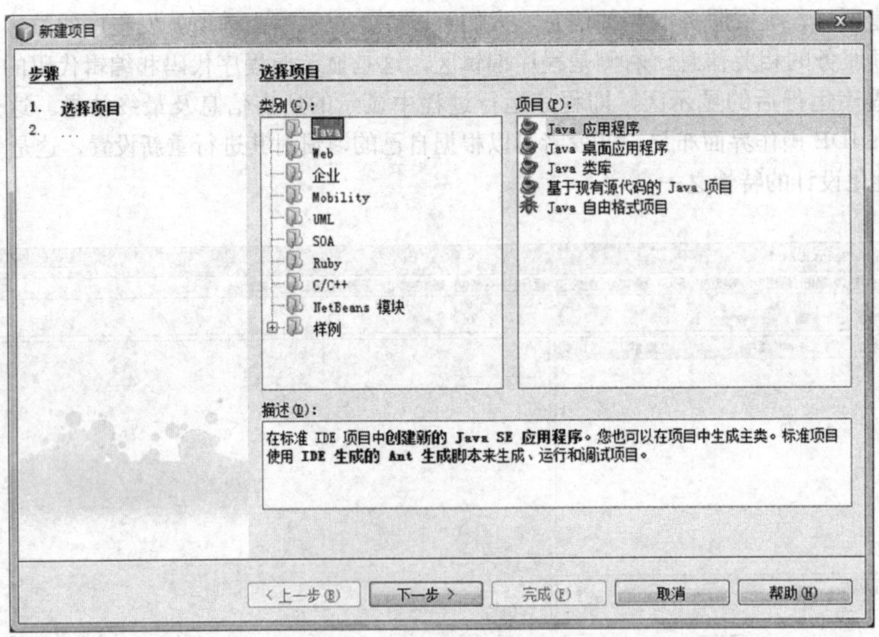

图 2-4 “新建项目”操作窗口

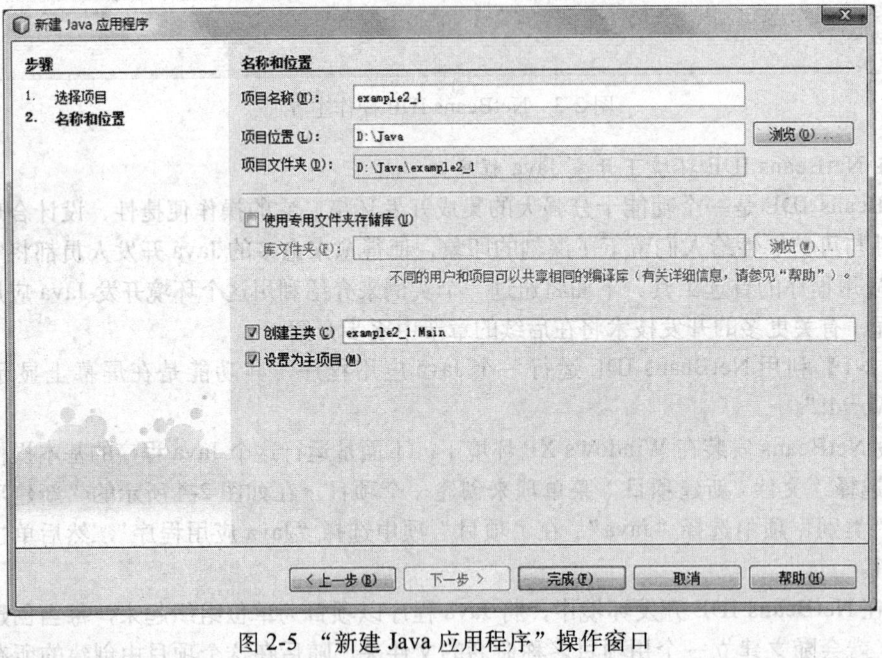

图 2-5 “新建 Java 应用程序”操作窗口

“完成”按钮即可完成项目的创建操作。

在图 2-6 左侧的“项目”标签中可以看到一个树型列表，展开“源包”结点可以看到项目名称与随之一起建立的主类 Main 的代码框架。

4）在右侧代码编辑区中的“// TODO code application logic here”位置输入代码“System. out.println(“Hello World!”);”。

NetBeans IDE 提供了帮助开发者检查代码语法正确与否的强大功能。如果在输入程序代码时出现语法错误，将会以如图 2-7 所示的形式给出提示。将鼠标移到红叹号之上将会显示详细的错误信息。

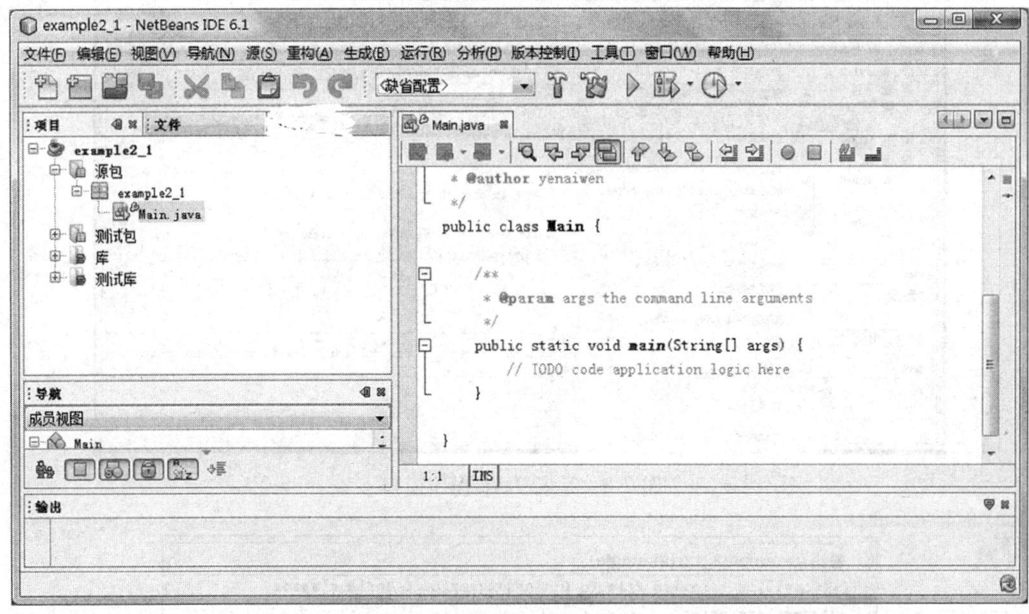

图 2-6　项目操作窗口

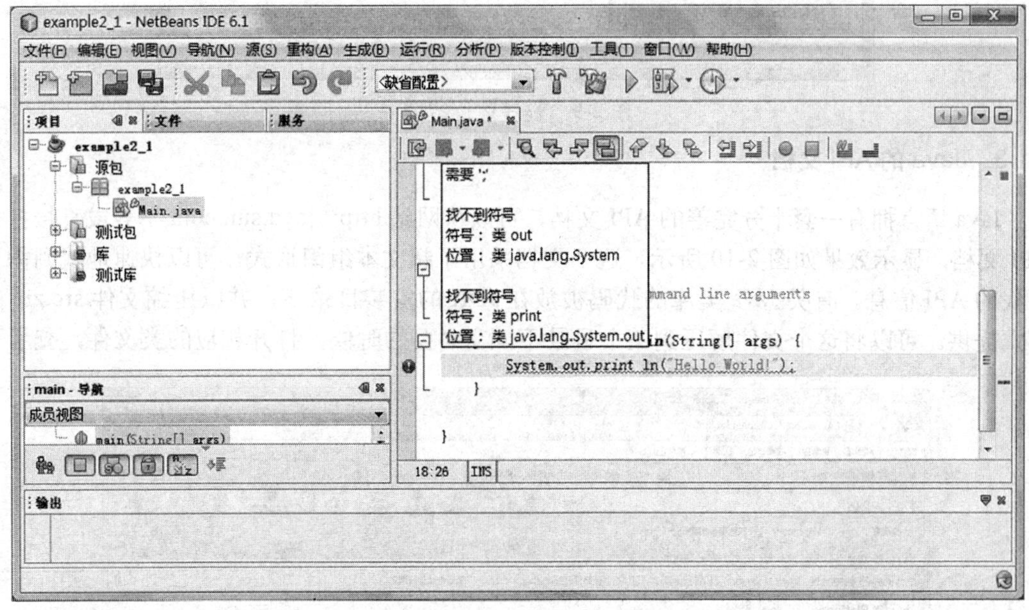

图 2-7　出现语法错误的提示方式

5）用鼠标右键单击左侧“项目”标签中的Main.java，可以看到如图 2-8 所示的弹出式菜单。先选择“编译文件”对程序进行编译，然后再选择“运行文件”运行程序。也可以直接选择“运行文件”，这条命令先判断这个文件是否通过编译，如果编译成功就直接运行；否则，先进行编译，然后再运行。

结果显示在下端的输出结果显示区，如图 2-9 所示。前面是一些编译信息，倒数第 2 行是结果。

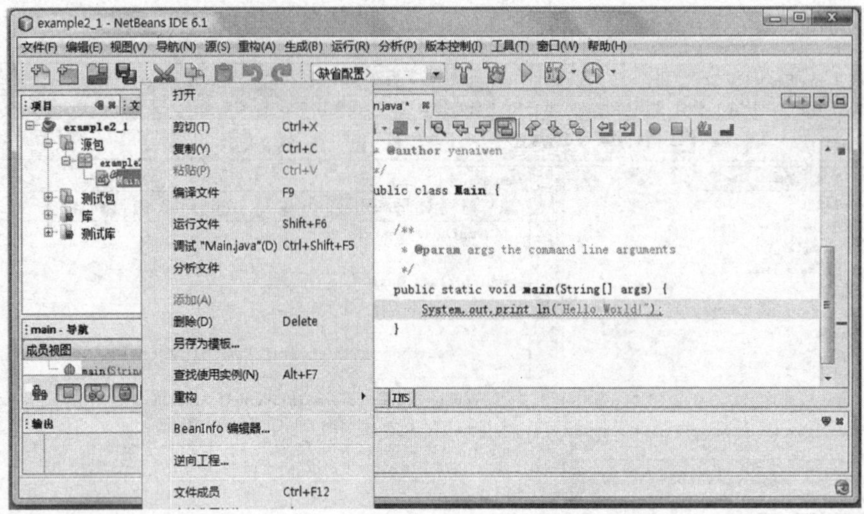

图 2-8 运行 Java 程序窗口

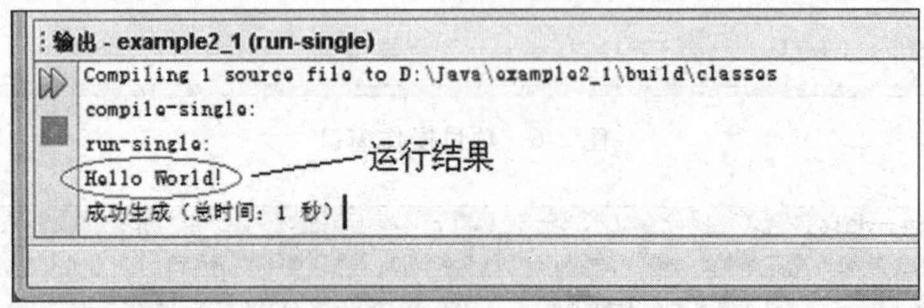

图 2-9 程序运行结果

2.1.3 Java 的 API 文档

Java 语言拥有一套十分完善的 API 文档，可以从网站 http://java.sun.com 下载或直接打开 API 文档，显示效果如图 2-10 所示。这个文档采用了超文本组织形式，可以快速地找到需要查找的 API 信息。有关 Java 类库的代码被放在 JDK 的安装目录下，并以压缩文件 src.zip 的形式提供。可以将这个文件解压到某个目录下，在必要的时候，打开相应的类文件，查看类

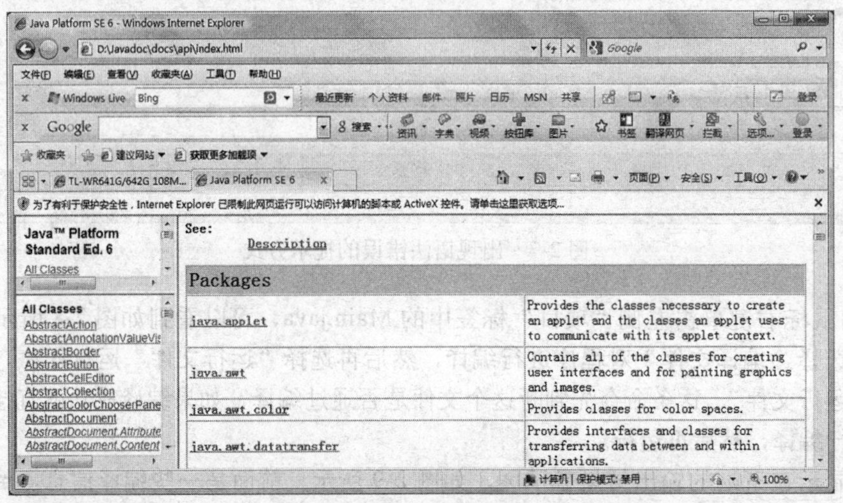

图 2-10 Java API 文档

库中每个类的代码，这对于了解 Java 类的详细内容、学习类设计的基本规范、理解类设计的关键理念十分重要。

2.2 Java 程序的基本结构

Java 是一种完全面向对象的程序设计语言，因此，每个 Java 程序可以看成是类的集合，即每个 Java 程序由若干个类组合而成。根据不同的应用场合，组成 Java 程序的基本类框架有所不同，本书将介绍两种形式的 Java 程序：一种是在控制台窗口中显示且以字符为单位的控制台 Java 程序，另一种是以图形方式显示结果的图形用户界面（GUI）Java 程序。下面通过两个实例来介绍 Java 程序的基本结构。

1. 控制台 Java 程序

下面通过一个实例说明控制台 Java 程序的基本结构及特征。

【例 2-2】判断给定整数是否为质数。

所谓质数是指仅能够被 1 或其本身整除的大于或等于 2 的整数。

下面是这个程序的代码。

```
    // file name : ConsoleApplication.java
1:  public class ConsoleApplication {
2:      public static void main(String[] args) {
3:          int value;                                                // 定义变量
4:          boolean result;
5:
6:          value = 101;                                              // 为 value 赋值
7:          result = isPrime(value);                                  // 判断是否为质数
8:          if ( result == true ) {                                   // 判断结果
9:              System.out.println(value + " is a prime.");           // 显示是质数信息
10:         }
11:         else {
12:             System.out.println(value + " isn't a prime.");        // 显示不是质数信息
13:         }
14:     }
15:
16:     public static boolean isPrime(int value) {
17:         long m = Math.round(Math.sqrt(value));                    // 计算 √value
18:         if ( value == 2 ) return true;                            // 判断是否为质数
19:         for (int i = 2; i <= m; i++) {                            // 不是质数，返回 false
20:             if (value % i ==0) return false;
21:         }                                                         // 是质数，返回 true
22:         return true;
23:     }
24: }
```

在这个程序中包含一个名为 ConsoleApplication 的类，其文件名为 ConsoleApplication.java。这是一个简单且具有代表性的控制台 Java 程序。下面解释一下这个程序的基本结构。

首先需要说明，Java 语言并没有要求每行前面有语句行号，这里出现的行号完全是为了便于描述。在实际编写 Java 程序时，不要书写这些语句行号。

在第 1 行中，public 是访问修饰符，表示这个类的访问特性是公有的，即在程序的任何位置都可以引用它；class 是定义类的保留字；ConsoleApplication 是类名；最后的花括号与 24 行的花括号配对构成类的描述体。这行被称为类的首部。

第 2~14 行定义了一个名为 main 的函数，在 Java 语言中被称为成员方法。与 C/C++ 语言类似，它是程序运行的起始点，每个 Java 程序都应该有一个包含这个成员方法的类，被称为主类。其中，第 2 行是成员方法首部，主要说明了它的访问特性、返回类型、成员方法名和参数表。第 3 ～ 13 行是成员方法所要执行的语句，可以看出，语句结构与 C/C++ 语言中的语句十分相仿，其中的 System.out.println(......) 具有将括号内字符串的内容显示在屏幕上的功能。运行这个程序后，可以在屏幕中看到如图 2-11 所示的输出结果。

```
输出 - example2_2 (run-single)
Compiling 1 source file to D:\BOOK\java\example2_2\build\classes
compile-single:
run-single:
101 is a prime.
成功生成（总时间：1 秒）
```

图 2-11　例 2-2 运行结果

第 16 ～ 23 行定义了一个名为 isPrime 的成员方法，这个成员方法将返回一个布尔类型的值。如果参数带入的 value 为质数，返回 true；否则返回 false。在 main 成员方法中通过调用它实现判断给定整数是否为质数的判断操作。

通过这个实例可以看到：每个控制台 Java 程序由一个或多个类组成。其中有一个且仅一个类中含有 main 成员方法，这个类被称为主类。Java 程序从 main 成员方法开始执行，并由此驱动其他成员方法之间的调用。例如，在这个实例中，在 main 成员方法中调用 isPrime 成员方法实现判定给定数值是否为质数的操作。

除此之外，Java 程序还具有下列基本特征：

1）Java 对大小写敏感，这点秉承了 C/C++ 语言的代码书写规则。

2）Java 语言对存放类定义的文件命名有明确的规定。规定要求：每个文件可以包含一个或多个类定义，但最多只能有一个类的访问属性是 public。文件名的前缀为这个类的名称，后缀为 .java。建议每个类定义存放在一个文件中，这样便于管理与维护。

3）在每个类中，可以包含成员变量与成员方法。如果包含多个成员方法，其定义顺序没有要求，但建议根据成员方法的操作类别进行排列。成员方法的定义格式与 C/C++ 中的函数声明格式很相似，有关更加详细的内容将在第 4 章中介绍。

2. 图形用户界面 Java 程序

所谓图形用户界面 Java 程序，是指在窗口中以图形方式显示应用程序的全部运行结果，又称为 GUI（Graphical User Interface）应用程序。下面通过一个实例说明 GUI 应用程序的基本结构。

【例 2-3】显示乘法口诀表。

实现这个功能的 Java 程序由 3 个类组成，它们分别存放在 3 个不同的文件中。下面是这个程序的代码。

```
// file name: MyFrame.java
import javax.swing.*;
public class MyFrame extends JFrame {                // 窗口类
    public MyFrame() {
        super("GUI 应用程序举例 ");
        setSize(DEFAULT_WIDTH, DEFAULT_HEIGHT);
        getContentPane().add(new MyPanel());
    }
    public static final int DEFAULT_WIDTH = 300;
```

```
        public static final int DEFAULT_HEIGHT = 300;
    }
    // file name : MyPanel.java
    import java.awt.*;
    import javax.swing.*;
    public class MyPanel extends JPanel {                  // 面板类
        public static final int DEFAULT_WIDTH = 300;
        public static final int DEFAULT_HEIGHT = 300;

        public MyPanel() {
            setSize(DEFAULT_WIDTH, DEFAULT_HEIGHT);
        }
        protected void paintComponent(Graphics g) {
            super.paintComponent(g);
            Graphics2D g2 = (Graphics2D) g;

            Font font = new Font(" 黑体 ", Font.PLAIN, 16);
            g2.setFont(font);
            g2.drawString(" 九九乘法口诀表 ", DEFAULT_WIDTH / 2 - 60, 30);

            font = new Font("Times New Roman", Font.PLAIN, 12);
            g2.setFont(font);
            g2.drawString("1  2  3  4  5  6  7  8  9", DEFAULT_WIDTH / 2 - 100, 60);
            g2.drawString("====================", DEFAULT_WIDTH / 2 - 130, 76);
            for (int i = 1; i < 10; i++) {
                g2.drawString(new Integer(i).toString(), DEFAULT_WIDTH / 2 - 126, 76 + i * 18);
                for (int j = 1; j < 10; j++) {
                    g2.drawString(new Integer(i * j).toString(), DEFAULT_WIDTH / 2 - 122 + j * 24, 76 + i * 18);
                }
            }
        }
    }

    // file name : Example2_3Test.java
    import javax.swing.*;
    public class Example2_3Test {                        // 启动应用程序类
        public static void main(String[] ages) {
            MyFrame frame = new MyFrame();
            frame.setDefaultCloseOperation(JFrame.EXIT_ON_CLOSE);
            frame.setVisible(true);
        }
    }
```

运行上述程序后将会看到如图 2-12 所示的运行结果。

在这个程序中，MyFrame 类是 JFrame 的子类，这是一个描述窗口属性与提供窗口操作的系统类，这里，设置了窗口标题栏的显示内容和窗口大小。窗口是 GUI 应用程序的标志，是放置所有其他内容的容器。MyPanel 类是 JPanel 类的子类，这是一个面板类。所谓面板是指一个没有边框的空白区域，人们经常将显示内容放在其中。Example2_3Test 类是一个包含 main 成员方法来启动应用程序的类。

图 2-12　例 2-3 运行结果

从例 2-3 可以看出，除了同样具有 Java 程序的基本特征之外，通常将窗口作为启动一个 GUI 应用程序的标志，所有的显示内容均呈现在窗口中。为了便于界面设计与程序控制，一般建议将显示内容放在一个被称为面板的无边框显示区域中，然后再将面板放置在窗口中。这样可以将不同的显示内容绘制在不同的面板中，当需要更换显示内容时，只要更换一块面板就可以了。因此，典型的 GUI 应用程序应该至少有一个窗口类、一个面板类和一个含有启动应用程序的启动程序类。当然，这 3 个类的功能也可以合并在一起，但这种划清责任分工的设计方式便于维护、重用，是值得倡导的程序设计策略。

以上介绍了两种 Java 程序的基本结构。实际上，Java 程序的应用领域十分广泛，程序结构也随之有所差异，但 Java 是一种完全的面向对象程序设计语言，任何一个 Java 程序都是由类组成的，这是万变不离其宗的根本。

2.3　Java 程序的基本成分及数据类型

数据是程序的操作对象，任何一种程序设计语言都要提供数据的表示方式、数据的引用与操作方式。到目前为止，人们接触的程序设计语言都是将数据的表示按照不同的需求分为不同的类型，这种语言的处理方式优化了数据的组织结构，保证了机器的处理效率，提高了存储空间的利用率。

Java 语言的基本语法吸纳了 C/C++ 语言的许多优秀特征，例如，标识符的命名、注释的书写、变量的定义等。这样既有利于人们延续以往的程序编写习惯，又能够确保 Java 程序的处理能力与效率。

下面分别介绍 Java 语言的标识符、注释、直接量、常量和变量的定义规则以及基本数据类型的相关概念。

2.3.1　标识符、注释

标识符是命名所有程序元素的符号，注释是为提高程序的可读性在代码中书写的注解，Java 语言不但对它们有明确的规定，还提供了一整套建议大家遵守的规范。

1. 标识符

标识符主要作为包、类、接口、成员方法、成员变量、常量、局部变量与参数等程序元素的名称。Java 语言规定：标识符由字母、数字组成，第一个字符必须是字母，其字符序列的长度不限，但不允许与 Java 关键字、布尔类型值（true、false）和空值（null）相同。

这里所说的字母、数字是指 Unicode 字符集中拥有的字母和数字。字母包括 A~Z、a~z、下划线（_）和美元符号（$）；数字包括 0~9。Unicode 是一个较 ASCII 表示范围更大的标准字符集。与 C/C++ 语言不同。为了适应网络程序设计的需求，Java 采用 Unicode 字符集，有关这个字符集的详细内容将在稍后介绍。

所谓关键字是程序设计语言本身已经赋予特殊含义的字符序列。Java 语言包含下列 50 个关键字：

```
abstract   continue   for          new          switch
assert     default    if           package      synchronized
boolean    do         goto         private      this
break      double     implements   protected    throw
byte       else       import       public       throws
case       enum       instanceof   return       transient
catch      extends    int          short        try
char       final      interface    static       void
class      finally    long         strictfp     volatile
const      float      native       super        while
```

下面是几个合法的标识符：

```
MyClass  count  example_1  isLetterOrDigit  MAX_VALUE
```

除了上述标识符命名规则外，Java 还给出了列在表 2-1 中的命名规范，建议在编写程序时按照这个命名规范命名所有的标识符。

表 2-1　Java 语言的标识符命名规范

标识符类型	命名规范	举例
包	建议在对包命名时，标识符的前缀应该为由小写字母组成的顶级域名，如 com、edu、gov、mil、net、org 或由两个字母表示的国家代码。随后的内容可以依据各个部门的命名规范	com.sun.eng com.apple.quicktime.v2 edu.cmu.cs.bovik.cheese
类接口	建议在对类或接口命名时，标识符应该为描述性的名词或名词短语。标识符中的每个单词的第一个字母应该为大写，其余的字母均为小写	DataInput Runnable Cloneable
成员方法	建议在对成员方法命名时，标识符应该为动词或动词短语。标识符中的第一个单词的第一个字母应该为小写，随后的每个单词的第一个字母应该为大写，其余的字母均为小写	run() setValue() getBackground()
成员变量局部变量参数	建议在对成员变量、局部变量和参数命名时，标识符的第一个单词的第一个字母应该为小写，随后的每个单词的第一个字母应该为大写，其余的字母均为小写 变量名应该简短且能够反映它们在程序中的用途。除非是临时变量，否则，应该避免使用像 a、b 这种由一个字母构成的变量名	leftTop nextLink curPos
常量	建议在对常量命名时，标识符的每一个字母均应该为大写，单词之间用下划线（_）分隔	MIN_WIDTH MAX_VALUE

2. 注释

在编写程序时，适当地书写一些注释是一种良好的程序设计习惯。与其他程序设计语言一样，Java 程序中的注释也不会出现在编译后的字节码文件，因此，在程序代码中根据需要添加注释不必担心最终代码的膨胀。在 Java 语言中提供了 3 种注释方式：行注释、块注释和文档注释。下面介绍这 3 种注释的书写规则、建议书写的位置及内容。

1）行注释。顾名思义，行注释就是书写在一行中的注释，这是一种传统的注释方式，其书写格式为：以双斜线（//）开始到本行结束。通常，行注释用于注解某段关键语句的实现过程或功能。

例如：

```
index = 0;
for ( int i = 1; i < a.length; i++ ) {                    // 选择最大值
    if ( a[i] > a[index] ) {
       index = i;
    }
}
```

这里出现的注释说明了这段程序代码的功能是：从数组 a 中选择最大值。行注释可以提供程序的可读性，改善程序的可理解性。

2）块注释。它可以书写多行注释内容，因此又被称为多行注释。其书写格式为：以斜线加星号（/*）开始，以星号加斜线（*/）结束。通常，块注释用于描述程序、类、接口和成员方法的相关信息。在程序开头，应该包含程序的版权说明、文件名和创建时间。在类和接口前面应该包含类和接口的名称、基本责任描述、版本号、创建或修改时间、作者。在成员方法前面应该包含成员方法的功能、参数、返回值。下面是类库中 Observer 接口的程序代码，从中可以看到块注释的使用情况。

```
/*
 * @(#)Observer.java        1.20 05/11/17
 *
 * Copyright 2006 Sun Microsystems, Inc. All rights reserved.
 * SUN PROPRIETARY/CONFIDENTIAL. Use is subject to license terms.
 */
package java.util;

/*
 * A class can implement the Observer interface when it
 * wants to be informed of changes in observable objects.
 *
 * @author  Chris Warth
 * @version 1.20, 11/17/05
 * @see     java.util.Observable
 * @since   JDK1.0
 */
public interface Observer {
    /*
     * This method is called whenever the observed object is changed. An
     * application calls an Observable object's
     * notifyObservers method to have all the object's
     * observers notified of the change.
     *
     * @param o the observable object.
     * @param arg an argument passed to the <code>notifyObservers</code> method.
     */
    void update(Observable o, Object arg);
}
```

注意，块注释 /* ...... */ 中不允许嵌套，也就是说，在注释中不能再次出现 /* 、*/ 符号。

3）文档注释。所谓文档注释是指这部分注释可以自动形成文档的注释形式。文档注释的符号是以斜线加双星号（/**）开始，并以星号加斜线（*/）结束。例如，下面是 Java 类库 Integer 类为 toString 成员方法提供的文档注释。

```
/**
     * Returns a <code>String</code> object representing the
     * specified integer. The argument is converted to signed decimal
     * representation and returned as a string, exactly as if the
     * argument and radix 10 were given as arguments to the {@link
     * #toString(int, int)} method.
     *
     * @param i an integer to be converted.
     * @return a string representation of the argument in base 10.
     */
```

在这个文档中描述了基本功能、参数和返回值的相关信息。

通常，在编写 Java 程序时，建议应该为包、公有类与接口、公有和受保护的成员方法、公有和受保护的成员变量或常量编写文档注释。这样，在程序编写完毕之后，可以利用文档生成工具自动地形成一个规范的、超文本结构的 HTML 格式的技术文档。下面介绍几个在文档注释中控制常用的 HTML 标记符和用于呈现显示项目的标签。

常用的 HTML 标记符有：

• <em>...</em>：这个标记符之间的文字将以斜体的方式显示。

• <strong>...</strong>：这个标记符之间的文字将以粗体的方式显示。

• <code>...</code>：这个标记符之间的文字将以等宽的字体方式显示。

• <img>...</img>：可以使用这个标记符嵌入图片。基本格式为：

• <img src = "pic.jpg" width =100 height = 100>

为了控制文档中显示的项目，Java 文档注释提供了一些用于呈现注释内容类别的标签。下面是几个常用的标签：

• @see：用于链接到其他文档。
• @version：用于进行版本说明。
• @author：用于进行作者说明。
• @since：用于说明程序代码最早使用的版本。
• @param：用于说明成员方法的参数表，需要分别说明每个参数的名称、类型和功能。
• @return：用于说明成员方法的返回值类型。
• @throws：用于说明成员方法可能抛出的异常。

下面是 Java 类库中 EventObject 类的程序代码。

```
/*
 * @(#)EventObject.java     1.21 05/11/17
 *
 * Copyright 2006 Sun Microsystems, Inc. All rights reserved.
 * SUN PROPRIETARY/CONFIDENTIAL. Use is subject to license terms.
 */
package java.util;

/**
 * <p>
 * The root class from which all event state objects shall be derived.
 * <p>
 * All Events are constructed with a reference to the object, the "source",
 * that is logically deemed to be the object upon which the Event in question
 * initially occurred upon.
* @since JDK1.1
 */

public class EventObject implements java.io.Serializable {
    private static final long serialVersionUID = 5516075349620653480L;

    /**
     * The object on which the Event initially occurred.
     */
    protected transient Object source;

    /**
     * Constructs a prototypical Event.
     *
     * @param source The object on which the Event initially occurred.
     * @exception IllegalArgumentException  if source is null.
     */
    public EventObject(Object source) {
        if (source == null)
            throw new IllegalArgumentException("null source");
        this.source = source;
    }

    /**
     * The object on which the Event initially occurred.
     *
     * @return The object on which the Event initially occurred.
     */
    public Object getSource() {
        return source;
```

```
    }

    /**
     * Returns a String representation of this EventObject.
     *
     * @return A a String representation of this EventObject.
     */
    public String toString() {
        return getClass().getName() + "[source=" + source + "]";
    }
}
```

一旦程序编写完毕，就可以利用文档生成工具将全部文档注释从程序中抽取出来，并自动形成与标准类库的API文档格式一样的技术文档，图2-13就是利用文档生成工具将文件EventObject.java中的文档注释生成的HTML格式的技术文档。

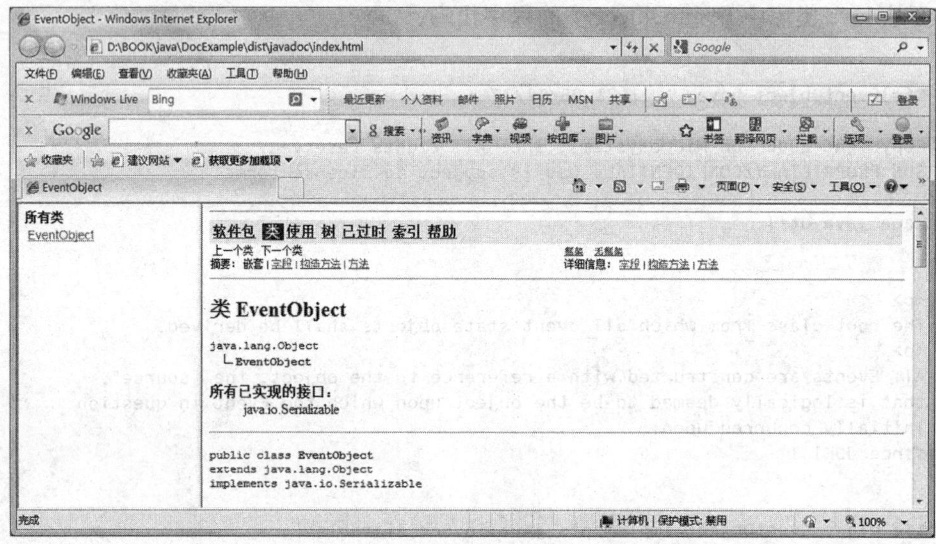

图 2-13　自动生成的技术文档

在NetBeans IDE中，生成文档十分方便。具体方法为：用鼠标右键单击项目名称，然后，从弹出的菜单中选择“生成Javadoc”就可以立即生成相应项目的技术文档，如图2-14所示。

Java语言提供的3种注释方式，给规范化地开发Java程序带来了极大的便捷，使得开发过程与编写文档过程融为一体，确保了文档与程序的一致性，为Java程序的日后维护提供了可靠的保证。

2.3.2 基本数据类型

程序处理的对象是描述各种客观事物的数据。表示不同事物的数据在取值范围、实施的运算与需要的精度方面往往存在着一定的差异，为了降低存储空间的占有率，提高计算机的运算效率，各种程序设计语言都将数据按照不同的需求分为不同的数据类型。每种数据类型在取值范围、实施的运算与表示精度方面都有各自的特征。Java语言也不例外，在吸取了C/C++语言具有丰富的数据类型特性的基础上，除去了一些影响程序的可靠性，且会给人们的理解带来一些困惑的数据类型。

Java语言的数据类型分为基本数据类型和引用类型两个类别。基本数据类型包括4种整

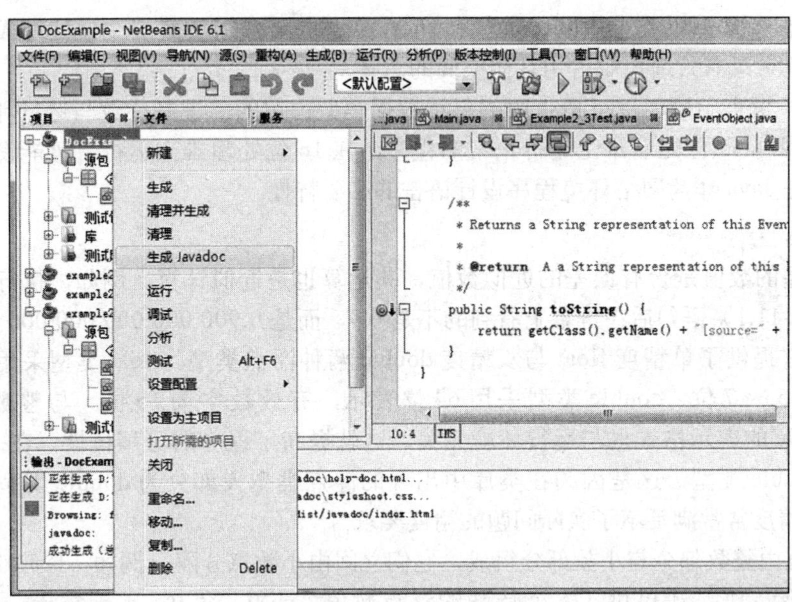

图 2-14　生成技术文档的操作界面

数类型、2 种浮点类型、字符类型和布尔类型。引用类型用于引用对象，这里将介绍基本数据类型的主要特征，在第 4 章中将详细介绍引用类型。

表 2-2 中列出了 Java 语言提供的 8 种基本数据类型的名称、占用的二进制位数和取值范围。

表 2-2　Java 基本数据类型

类别	数据类型	占用二进制位数	取值范围
整数类型	byte（字节型）	8 位	−128 ~ 127 $(-2^7 \sim (2^7-1))$
	short（短整型）	16 位	−32768~32767 $(-2^{15} \sim (2^{15}-1))$
	int（整型）	32 位	−2 147 483 648~2 147 483 647 $(-2^{31} \sim (2^{31}-1))$
	long（长整型）	64 位	−9 223 372 036 854 775 808 ~ 9 223 372 036 854 775 807 $(-2^{63} \sim (2^{63}-1))$
浮点类型	float（单精度浮点类型）	32 位	±1.4E−45f ~ ±3.4 028 235E+38f
	double（双精度浮点类型）	64 位	±4.9E−324 ~ ±1.7 976 931 348 623 157E+308
	char（字符类型）	16 位	\u0000 ~ \uffff (0 ~ 65535)
	boolean（布类型）		true、false

1. 整数类型

有程序设计经历的人们都会知道，整数类型的特征是精确表示与精确计算。所谓精确是指数据的表示与运算都是准确的，没有任何误差。

在 Java 语言中，如果需要准确地表示某个数值，且数据大小在 Java 整数类型可以表示的范围内，就应该选择整数类型。一般情况下，建议选择 int 类型。如果需要表示的数据特别大，应该考虑选择 long 类型。byte 类型和 short 类型主要应用于底层文件处理或者定义大容量数组，这样可以有效地控制占用存储空间的总量。

与 C/C++ 语言不同，Java 语言中的每种数据类型占用的二进制位数与运行环境无关，这样就不会出现在 32 位处理器上运行正常的程序，在 16 位处理器上运行有可能发生整数溢出的错误。这是 Java 作为网络环境程序设计语言的必要特性。

2. 浮点类型

浮点类型的数值是含有误差的近似数值，其运算也是近似计算。例如，执行 System.out.println（12.0-11.1）语句后在屏幕上看到的不是 0.9，而是 0.900 000 000 000 000 4。

Java 语言提供了单精度 float 与双精度 double 两种浮点类型。float 类型采用 32 位表示，有效数字为 6 ～ 7 位，double 类型采用 64 位表示，有效数字为 15 位。与整数类型一样，float 与 double 的表示格式也与运行环境无关，这就提高了程序的可移植性。在一般情况下，建议使用 double 类型，这是因为在类库中出现的浮点类型大部分为 double 类型，这是由于 float 类型的精度常常满足不了实际问题的精度要求。

浮点数值由整数部分与小数部分组成，它们之间由小数点分隔。例如，125.0、−102.987。除此之外，Java 语言还提供了 5 个特殊的浮点数值：正 0、负 0、正无穷大、负无穷大和 NaN。当运算产生“上溢”时将会得到“无穷大”；当运算产生“下溢”时将会得到“0”。根据得到的结果是“正无穷大”还是“负无穷大”；是“正 0”还是“负 0”可以断定“上溢”或“下溢”发生的方向；当计算“0/0”或者试图计算一个负数的开方值时将会得到“NaN”。由于 Java 语言在对浮点进行运算时用“无穷大”和“0”表示“上溢”和“下溢”状态，用“NaN”表示非法的运算结果，所以，在 Java 程序中，浮点运算永远不会抛出异常，这就需要用户根据得到的结果判断运算结果是否正常。

3. 字符类型

字符类型（char）是用于表示单个字符的数据类型。例如，'B' 表示大写字母字符 B；'9' 表示数字字符 9。

Java 语言诞生于计算机技术日趋成熟的发展时期，为了适应计算机全球化的需求，它选择了 Unicode 字符集编码，从而打破了传统字符编码的局限性。这是与 C/C++ 语言在字符表示上的根本区别。

在 Unicode 被广泛使用之前，已经出现了多种不同的字符编码标准。例如，美国的 ASCII、西欧的 ISO 8859-1、前苏联的 KOI-8、中国的 GB118030 和 BIG-5。这些编码标准主要存在 3 个问题：一是同一个字符在不同的编码标准中所对应的编码值不一样，这样就会带来程序的运行结果与运行环境相关；二是不同的编码方法所使用的编码长度有可能不同，例如，西文字符 8 位，中文 16 位等；三是有些编码标准可以表示的字符范围太小，例如，广泛使用的 ASCII 只为 128 个字符进行了编码。在当今全球化的发展时代，这与需要表示的字符量相差甚远。在这个背景下，于 20 世纪 80 年代开始设计能够解决上述问题的字符编码标准——Unicode 编码标准。Unicode 采用 16 位的代码宽度，并用十六进制表示每个字符的编码，具体格式为 U+xxxx，其中 xxxx 为 0000~FFFF 之间的十六进制数值。

例如，U+0000~U+00FF 与 ASCII 字符集对应，U+0041 对应大写字母 A，U+03A9 对应的字符为 Ω。

在 Unicode 设计初期，人们乐观地认为采用 16 位的代码宽度完全可以满足对全球各种语言的字符进行编码的需求。的确，在 1991 年发布 Unicode 1.0 时，16 位代码宽度所能表示的 65536 个字符仅使用了不到一半，但随着加入中文、日文和韩文中的表意文字，很快就超越了 65536 个字符的限制。为此，Unicode 扩展了编码表示方式，将字符分为 17 个级别，第 1 个级别被称为基本的多语言级别，编码在 U+0000 ～ U+FFFF 之间，其中包含了传统的 Unicode 编码；另外 16 个被称为辅助级别，编码在 U+10000 ～ U+10FFFF 之间，其中包含了所有的辅助字符，这部分字符采用连续的 32 位表示编码，具体编码格式及实现算法可以查阅相关网站：http://www.unicode.org。这种编码方法又被称为 UTF-16。在 Java 程序中，注释、标识符、字符及字符串的内容可以使用任意的 Unicode 编码字符，但其余部分只能使用与 ASCII 对应的前 128 个字符。

4. 布尔类型

布尔类型（boolean）是一种表示“真”或“假”状态的数据类型。与 C/C++ 语言不同，为了提供程序的可靠性与可读性，Java 语言将其单独设计为一种数据类型，其中只包括 true、false 两个值。例如，x^2 >= 0 的结果为 true；101 % 2 == 0 的结果为 false。

在使用 boolean 时需要注意，Java 中的 boolean 类型与整数类型是完全不同的两种类型，它们之间既不能相互替代，也不能相互转换。例如，while (1) {.....} 是错误的，需要写成 while (true) {......}。

总之，Java 语言经过优化提出的 8 种基本数据类型，将有利于精练程序设计的相关概念、提高程序的可靠性、改善程序的可移植性，这些都是 Java 成为当今程序设计主流语言的关键要素。

2.3.3　直接量与常量

直接量是指直接书写的各种数据类型的数值。常量是指用标识符表示直接量的形式。下面分别介绍 Java 语言的直接量表示格式与声明常量的基本方式。

1. 直接量

在 Java 语言中，不同数据类型的直接量有不同的表示格式，掌握直接量的正确书写格式是编写 Java 程序的基础。下面分别介绍整数类型、浮点类型、字符类型、字符串类型和布尔类型的直接量书写格式。

1）整数类型的直接量。在 Java 语言中，整数类型的直接量有 3 种表示形式：十进制表示形式、八进制表示形式和十六进制表示形式。

十进制表示形式由 0 ～ 9 的数字序列组成，最左侧可以是一个负号‘−’，表示这个直接量为负整数。例如，6758、0 和 −2647。

整数类型的直接量默认为 int 类型，因此，在书写时需要注意直接量表示的数值大小应该介于 int 类型的取值范围内，否则，Java 编译程序在编译时会给出“integer number too large”的错误信息。如果希望书写 long 类型的直接量，需要在数值最后加一个后缀 L 或 l。例如，20L、−9876543210L、0L 和 496l。由于小写字母 'l' 与数字 '1' 很难辨认，建议使用大写字母 L，以免引起混淆。

八进制表示形式以 0 开头，后面紧跟由 0~7 组成的字符序列。例如：

035　　　　对应十进制表示的 29

0677　　　 对应十进制表示的 447

017777777777 是八进制表示的 int 类型的最大数值；020000000000 是八进制表示的 int 类型的最小数值；037777777777 是八进制表示的 int 类型的 −1；0777777777777777777777L 是八进制表示的 long 类型的最大数值；01000000000000000000000L 是八进制表示的 long 类

型的最小数值；01777777777777777777777L 是八进制表示的 long 类型的 −1L。

十六进制表示形式以 0x 或 0X 开头，后面紧跟由 0~9、A、B、C、D、E、F、a、b、c、d、e、f 组成的字符序列。例如：

0x100　　　　　对应十进制表示的 256

0x 1234　　　　对应十进制表示的 4660

0x DCAF　　　　对应十进制表示的 56495

0x8000CA10　　对应十进制表示的 −2147431920

0x7fffffff 是十六进制表示的 int 类型的最大数值；0x80000000 是十六进制表示的 int 类型的最小数值；0xffffffff 是十六进制表示的 int 类型的 −1；0x7fffffffffffffffL 是十六进制表示的 long 类型的最大数值；0x8000000000000000L 是十六进制表示的 long 类型的最小数值；0xffffffffffffffffL 是十六进制表示的 long 类型的 −1L。

2）浮点类型的直接量。与 C/C++ 语言一样，在 Java 语言中，浮点类型直接量有两种表示形式：十进制小数点表示法和科学表示法。

十进制小数点表示法由整数部分、小数点和小数部分组成。例如，123.563、.1234 和 675.。

如果在最左侧加上一个负号，表明这是一个负浮点数值。例如，−123.563、−.1234、−675.。

科学表示法（又称为指数表示法）由十进制小数点表示部分和指数部分组成。指数部分由 e 或 E 开头，随后紧跟一个整型数值，例如：

1.2345E02　　　　表示 1.2345×10^{2} 或 123.45

1e−6　　　　　　表示 10^{-6} 或 0.000001

−5.762e05　　　　表示 -5.762×10^{5} 或 −576200

科学表示法适用于表示特别大或特别小的浮点数值。例如，分子的质量大约为 0.000 000 000 000 000 000 000 000 000 9 克，用科学表示法可写成 9.0e−28；地球与太阳之间的距离大约为 149 600 000km，用科学表示法可写成 1.496e8。显然，这两个数值用科学表示法书写更加清晰、更加便于阅读。

浮点类型的直接量默认为 double 类型，如果希望将其表示为 float 类型，需要在直接量后面加上后缀 f 或 F。例如，185.2f、9e−28F。注意：尽管 185.2f、9e−28F 与 185.2、9e−28 所表示的数值分别相等，但前者为 float 类型，每个数值占用 32 位，而后者为 double 类型，每个数值占用 64 位。

3）字符类型的直接量。在 Java 程序中，采用的是 Unicode 字符集编码，每个基本字符型的直接量占用 16 位。在 Java 语言中，字符型直接量有两种书写形式：直接书写字符和转义符。

直接书写字符简单且清晰，适于表示绝大部分的可显示字符。其格式为：用一对单引号将要表示的字符括起来。例如，‘*’、‘B’、‘9’、'"'（双引号字符（"））。但有些可显示字符无法用这种形式表示，例如，单引号（'）和反斜杠（\），它们需要借用转义符表示。

转义符由反斜杠（\）和一个控制字符构成，主要用来表示那些不能使用直接书写形式表示的可显示字符、所有的不可显示字符以及无法从输入设备直接输入的字符。例如，换页、换行、回车和水平制表等，表 2-3 中列出了一些常用的转义符。

4）字符串类型的直接量。字符串类型的数值是由零个或多个字符组成的字符序列。在 Java 语言中，字符串类型的直接量采用一对双引号将其字符序列括在其中，所包含的字符个数被称为字符串的长度，例如：

""　　　　　　　　这是空字符串，即不包含任何字符的字符串，长度为 0。

"%"　　这个字符串只包含一个字符 %，长度为 1。

"This is a string"　　这个字符串包含 16 个字符，长度为 16。

如果在字符串中含有双引号（"）或反斜杠（\）字符，必须借助转义符表示，即 \" 和 \\，否则将会产生二义性，导致无法通过编译。

表 2-3　Java 语言中的转义符

转义符	含义
\b	退格
\t	水平 tab 键
\n	换行
\f	换页
\r	回车
\"	双引号
\'	单引号
\\	反斜杠
\uxxxx	xxxx 为十六进制数值，用来表示该十六进制数值所对应的 Unicode 字符

5）布尔类型的直接量。在 Java 语言中，布尔类型作为一个单独的基本数据类型用来表示“真”或“假”的状态。它只有两个直接量：true、false。

例如：

```
for (int i = 0; i < arr.length; i++) { // 将数组 arr 中的每个元素初始化为 true
    arr[i] = true;
};
```

执行语句 System.out.println（30 <= 100）之后，将会在屏幕上看到结果 true。

2. 常量

常量是指在程序中利用某些具有特征含义的标识符表示直接量的形式。例如，利用 PI 表示 3.14159；利用 MAX_NUM 表示所要操作的最大数值。在程序中，凡是出现这些直接量的地方都采用常量替代，这样既可以提高程序的可读性，又有利于程序的可维护性。将直接量尽可能地书写为常量是一种值得倡导的程序设计良好习惯。

在 Java 语言中，声明常量的基本格式为：

```
[修饰符] final 数据类型 常量标识符 [ = 常量表达式]
```

例如：

```
public final float PI = 3.14159f;
public final int MAX_NUM =1000;
```

与 C/C++ 语言不同，这里声明常量的保留字为 final，而不是 const，并且常量的含义是指在程序运行期间仅能被赋值一次，一旦赋值后不能被再次更改，因此，在声明常量时可以不立刻赋予特定的常量值，例如：

```
public final int  PAGE_WIDTH, PAG_EHEIGHT;
```

当在程序中需要为这两个常量赋予特定的数值时，需要利用赋值语句完成赋值操作。

```
PAGE_WIDTH = 600;
PAGE_HEIGHT = 800;
```

此后就不允许再对这两个常量赋值了。

习惯上，常量标识符的命名不但要“见名知义”，还建议采用大写字母。如果由多个单词组成，单词之间可以用下划线（_）分隔。例如，MAX_VALUE、LOOP_NUM、CM_PER_INCH。

2.3.4 变量

变量是程序中的一个重要元素，用来存储程序中处理的数据。每个变量都属于一种数据类型，并且必须先定义后再使用。在 Java 程序中，定义变量的基本格式为：

```
数据类型 变量名1[, 变量名2[, 变量名3[, ......]]]
```

其中，数据类型可以为 8 种基本数据类型和引用类型，变量名应该符合 Java 语言的标识符命名规范，即变量名可以由多个单词组成，除第一个单词的第一个字母应该为小写外，随后的每个单词的第一个字母应该为大写，其余的字母均为小写。例如：

```
double salary;
int hireDay, lineWidth;
float radius, area;
```

从表面上看，定义变量只是确定了变量的名称与变量所属的数据类型。实际上，还明确了变量所需要的存储空间量、变量的取值范围及变量所能够参与的运算。例如，需要为变量 salary 分配 8 个字节的存储空间，它的取值范围为 ±4.9E-324 ～ ±1.7976931348623157E+308，可以参与 double 类型所能实施的运算；需要为变量 hireDay 和 lineWidth 分别分配 4 个字节的存储空间，它的取值范围为 −2147483648 ～ 2147483647，可以参与 int 类型所能实施的运算；需要为变量 radius 和 area 分别分配 4 个字节的存储空间，它的取值范围为 ±1.4E-45f ～ ±3.4028235E+38f，可以参与 float 类型所能实施的运算。

在程序中，定义变量后就可以通过变量名对该变量所对应的存储空间内容进行操作。当然，如果需要引用变量中存储的数据就要先为其赋予一个初始值。例如：

```
double salary = 4500.0;
int month = 12;
boolean tag = true;
```

上述这些变量都属于基本类型变量。在 Java 程序中，为基本数据类型变量分配的存储空间将直接用来存放这个变量的数值，而为引用类型变量分配的存储空间将存放某个类对象的引用或 null（空引用）。有关引用类型的详细内容将在第 4 章中详细阐述。

下面列举一个实例，从中可以看到数据类型、直接量、常量和变量的使用方式。

【例 2-4】确定所输入整数值的范围。

本实例的主要功能是：从键盘输入若干个整数值，输出这些数值介于的范围。例如，输入 29，96，123，-76，94，这 5 个数值介于 -76~123 之间。

假设在程序中声明一个常量 ENTER_NUM 表示输入的整数值个数。为了得到所输入数值的范围，需要获得其中的最大值和最小值。本程序将利用一个循环结构依次输入每个数值，同时分别与最大值和最小值进行比较，如果发现当前输入的数值比最大值还大或比最小值还小，就立即用这个数值替换最大值或最小值。下面是这个程序的代码：

```
// file name: DataRange .java
import java.util.*;
public class DataRange {
    public static final int ENTER_NUM = 10;                    // 声明常量 ENTER_NUM

    public static void main(String[] args) {
        int minValue, maxValue, tempValue;

        Scanner in = new Scanner(System.in);                   // 创建 Scanner 类对象
        minValue = Integer.MAX_VALUE;                          // 初始化 minValue
        maxValue = Integer.MIN_VALUE;                          // 初始化 maxValue

        System.out.printf("Enter " + ENTER_NUM + " integers:");
        for (int i = 1; i <= ENTER_NUM; i++) {                 // 循环 ENTER_NUM 次
            tempValue = in.nextInt();                          // 输入整数值
            if (tempValue < minValue) {                        // 与最小值比较
                minValue = tempValue;
            }
            if (tempValue > maxValue) {                        // 与最大值比较
```

```
                maxValue = tempValue;
            }
        }
        // 显示结果
        System.out.println("The Range of the Values is " + minValue + " ~ " + maxValue);
    }
}
```

运行这个程序后将会在屏幕上看到下列输入提示信息：

```
Enter 10 integers:
```

当从键盘输入下列 10 个数值后：

```
-10  90  345  -900  3234  23  -1234  32222  9874  3292
```

将会在屏幕上显示下列结果：

```
The Range of the Values is -1234 ～ 32222
```

下面对这个程序进行几点说明：

1）在程序中用常量 ENTER_NUM 表示输入的整数值个数，这样设计的好处是：如果希望改动输入整数值的个数，只需要更改这个常量的值即可；否则需要修改程序中的 3 个地方，这样很容易遗漏，从而导致程序运行出错。

2）定义两个变量 maxValue 和 minValue，分别用于保存当前的最大值和最小值。最初，需要将 int 类型可以表示的最小值赋给 maxValue，将 int 类型可以表示的最大值赋给 minValue，这是一种程序设计的基本技巧。这样初始化的原因是当输入任意一个 int 类型的整数值时，都可以正确地保留最大值和最小值。例如，当输入 -10 之后，由于 -10 大于 int 类型的最小值，所以，程序将 -10 保留在 maxValue 中；又由于 -10 小于 int 类型的最大值，所以，程序将 -10 保留在 minValue。int 类型的最大值和最小值在标准类 Integer 中用常量 MAX_VALUE 和 MIN_VALUE 表示，使用它们的格式为 Integer. MAX_VALUE 和 INTEGER. MIN_VALUE。

3）由于这个实例只要求程序输出所输入的整数值范围，所以并不需要将每个整数值都保留起来，而是利用循环控制结构，采用一边输入一边处理的手段，这样可以降低存储空间的开销。

2.4　Java 程序的表达式

表达式是程序中实现数据处理的重要途径之一。Java 语言提供了丰富的运算能力，包括算术运算、关系运算、逻辑运算和位运算等，这些运算确保了利用 Java 程序解决复杂问题的优势，坚定了人们选择 Java 语言的信念。

所谓表达式是一种用来指明程序中求值规则的基本语言成分，它包括参与计算的运算对象（又称为操作数）、运算符和可以改变计算顺序的括号。表达式计算的结果既可以作为另一个运算符的运算对象参与计算，也可以赋给一个变量保存起来，还可以作为参数传递给某个成员方法。表达式的计算能力由所能实施的运算种类决定，下面分别介绍 Java 语言提供的运算符、表达式的计算规则、数据类型转换问题及 Java 提供的标准数学函数。

2.4.1　运算符

在 Java 语言中，可以将运算符分为算术运算符、关系运算符、逻辑运算符、位运算符及其他运算符。

1. 算术运算符

在 Java 语言中，提供了两个类别的算术运算符：一类是双目运算符；另一类是单目运算符。

双目运算符包括：+（加）、-（减）、*（乘）、/（除）和 %（求余），它们的计算含义与 C/C++ 语言中对应的运算符相同，在使用时需要注意以下问题：

1）这些运算符的运算对象可以是 byte、short、int、long、float、double 和 char，其中，char 类型的运算对象在参与计算时将被自动地转换成 int 类型。

2）在 Java 程序中，整数被 0 除或对 0 求余属于非法计算，将抛出异常 ArithemticException。

3）求余运算（%）的两个运算对象不但可以是整数类型，也可以是浮点类型；不但可以是正整数，也可以是负整数，其计算结果的符号与求余运算符（%）左侧的运算对象的符号一致。

4）如果参与除法运算（/）的两个运算对象都属于整数类型，则该运算为整除运算，即商为整数。如果希望得到保留小数部分的商值，就需要将其中一个运算对象的类型强制转换成浮点类型。

5）运算符“+”的运算对象可以是 String，它的操作含义是将两个字符串连接。如果一个运算对象的类型为 String，另一个运算对象的类型为其他的基本类型，则会自动地将这个运算对象转换成字符串，然后再进行字符串的连接。例如：

```
System.out.println("20 + 12 / 3 = " + (20 + 12 / 3));
```

执行这条语句的基本过程为：首先计算 20 + 12 / 3，然后将其结果 24 转换成字符串“24”并连接在字符串“20 + 12 / 3 = ”之后形成字符串 “20 + 12 / 3 = 24”，最后将这个字符串显示在屏幕上。

单目运算符包括：+（正）、-（负）、++（自增）和 --（自减），它们可以应用于所有的数值类型。+(正）运算表示后面的运算对象为正数；-（负）运算表示后面的运算对象为负数；++（自增）运算的功能为将参与运算的数值型变量的内容加 1 后再存储在这个变量中；--（自减）运算的功能是将参与运算的数值型变量的内容减 1 后再存储在这个变量中。例如：

+123，+908，通常人们省略前面的（+）号，即前面两个数值可以写为：123，908。

-67，-403，表示两个负数。

假如定义两个变量：int x,y;

x = 10;

y = -20;

执行 x++ 和 y++ 之后，x 的内容为 11，y 的内容为 -19。如果再执行 x-- 和 y--，x 的内容恢复为 10，y 的内容恢复为 -20。

在使用 ++（自增）和 --（自减）运算符时，需要注意以下几点：

1）++（自增）、--（自减）运算符的运算对象可以为数值型变量，包括：byte、short、int、long、float 和 double。

2）参与 ++（自增）和 --（自减）运算的运算对象既可以写在运算符的左侧，也可以写在运算符的右侧，例如，++x，x++。它们之间的区别可以通过下面两个表达式加以说明。

如果 x 的内容为 100，表达式（x++）-5 * 6 的执行过程是用 x 的原值 100 与 5 * 6 相减，结果为 70，x 自加 1 后其值变为 101。

如果 x 的内容为 100，表达式（++x）-5 * 6 的执行过程是用 x 自加 1 后的结果 101 与 5 * 6 相减，结果为 71，x 自加 1 后其值变为 101。

可以看到，当运算对象在运算符左侧时，用运算对象的原值参与其他计算；否则，用自加 1 或自减 1 后的结果参与其他计算。

3）由于 ++（自增）和 --（自减）运算将更改运算对象的内容，因此会带来操作的副作用，特别是在某些情况下，会降低程序的可读性，甚至有可能给程序的最终结果带来一些不确定的因素。例如，计算表达式（x != 100）&&（++ i < 500）的过程为：首先判断 x 是否不等于 100，如果不等于 100，就继续计算（++ i < 500），即将 i 自加 1 后与 500 进行比较，如果小于 500，这个表达式的结果为 true；否则结果为 false。但无论结果如何，i 的内容都增加了 1。倘若 x 等于 100，则这个表达式就不再继续计算（++ i < 500），直接得出结果 false。需要注意：此时没有执行 ++i，因而 i 的内容没有发生任何变化。这一点经常被许多程序员忽视，导致最终结果有误，且又很难发现问题所在。

2. 关系运算符

在 Java 语言中，提供了 6 个关系运算符：<（小于）、<=（小于等于）、>（大于）、>=（大于等于）、==（等于）、!=（不等于）。这些运算符都属于二元运算符，参与计算的两个运算对象只能为数值类型和 char 类型，计算结果为 boolean 类型。假如有 3 个 int 类型的变量 sum、data1、data2，并已经对它们进行了初始化。对于计算 sum<100，当 sum 的值小于 100 时，计算结果为 true；否则计算结果为 false。对于计算 data1!= data2，当 data1 与 data2 的值不相等时，计算结果为 true；否则计算结果为 false。

3. 逻辑运算符

Java 语言延用了 C/C++ 语言的 &&（逻辑与）、||（逻辑或）和 !（逻辑非）运算符。&&（逻辑与）和 ||（逻辑或）运算符属于二元运算，！（逻辑非）属于一元运算，参与逻辑运算的运算对象必须是 boolean 类型，其计算结果也是 boolean 类型，例如：

(x <−100) || (x >100)　　当 |x| >100 时，结果为 true；否则为 false。

(y > 0) && (y <= 100)　　当 0< y ≤ 100 时，结果为 true；否则为 false。

需要说明的是：Java 语言提供的 &&（逻辑与）、||（逻辑或）运算具有短路特征。所谓短路是指一旦能够准确无误地得到表达式的最终结果，就不再继续进行后面运算符的计算，这样可以提高程序的执行效率。例如，计算表达式（x < 0）&&（y < 0）。当 x ≥ 0 时，结果一定为 false，因此不再计算（y < 0），而只有在 x<0 时才继续计算（y<0）。

但是，也会带来一些副作用。例如，计算表达式（x > 0）||（++y <= 100）。当 x > 0 时，结果一定为 true，因此不再计算（++y <= 100），此时的 y 没有发生变化。

4. 位运算符

在 Java 语言中，提供了两个类别的按位计算的运算符，一类是按位逻辑运算，包括按位与（&）、按位或（|）、按位非（~）和按位异或（^）；另一类是位移运算，包括左移（<<）、右移（>>）和无符号右移（>>>）。

1）按位逻辑运算。它适用于整数类型的运算对象，其运算特点是以二进制位为单位实施各项计算。表 2-4 列出了各种运算符的计算规则。

表 2-4　Java 语言提供的按位逻辑运算符

运算	运算名称	计算规则	用途
op1 & op2	按位与	将两个运算对象对应的二进制位进行“与”	获取某二进制位的值
op1 | op2	按位或	将两个运算对象对应的二进制位进行“或”	将某二进制位置 1
~ op1	按位非	将运算对象的每个二进制位“求反”	按位求反
op1 ^ op2	按位异或	将两个运算对象对应的二进制位进行“异或”	将指定位求反

假设，byte a =106，flags = 0x0f;

a 对应的二进制表示形式为：01101010

flags 对应的二进制表示形式为：00001111

a & flags 的结果为二进制 00001010。此运算的功能为截取 a 的低 4 位值。

a | flags 的结果为二进制 01101111。此运算的功能为将 a 的低 4 位置 1。

~ a 的结果为二进制 10010101。此运算的功能为将 a 的每个二进制位求反。

a ^ flags 的结果为二进制 01100101。此运算的功能为将 a 的右 4 位求反。

2）位移运算。位移运算是指将整型数值的二进制位向左或向右移动若干位，从而实现整型数值乘以 2 的幂次方或除以 2 的幂次方。这是一种高效实现算术乘法或算术除法的常用途径。

在 Java 语言中提供了 3 个位移运算符，表 2-5 中列出了它们的计算规则。

表 2-5 Java 语言提供的按位移动运算符

运算	运算名称	计算规则	用途
op1<<op2	左移	将运算对象 op1 所对应的二进制位向左移动 op2 位。低位填充 0	将 op1 乘以 2 的 op2 次方
op1>>op2	右移	将运算对象 op1 所对应的二进制位向右移动 op2 位。移出的低位被丢弃，高位填充符号位的内容。符号位是原二进制数值最左侧的 1 位	将 op1 除以 2 的 op2 次方
op1>>>op2	无符号右移	将运算对象 op1 所对应的二进制位向右移动 op2 位。移出的低位被丢弃，高位填充 0	将 op1 作为无符号数除以 2 的 op2 次方

假设，byte a = 10，b = 7，c = −1，d = 27，e = −50；

由于

10 对应的二进制表示形式为：00001010

7 对应的二进制表示形式为：00000111

−1 对应的二进制表示形式为：11111111

27 对应的二进制表示形式为：00011011

−50 对应的二进制表示形式为：11001110

所以

$10<<1 \Rightarrow (00001010)_2<<1 \Rightarrow (00010100)_2$，转换成十进制为 20，即 10×2

$7<<3 \Rightarrow (00000111)_2<<3 \Rightarrow (00111000)_2$，转换成十进制为 56，即 7×2^3

$-1<<2 \Rightarrow ((11111111)_2<<2 \Rightarrow (11111100)_2$，转换成十进制为 −4，即 -1×2^2

$10>>1 \Rightarrow (00001010)_2>>1 \Rightarrow (00000101)_2$，转换成十进制为 5，即 7/2

$27>>3 \Rightarrow (00011011)_2>>3 \Rightarrow (00000011)_2$，转换成十进制为 3，即 $27/2^3$

$-50>>2 \Rightarrow (11001110)_2>>2 \Rightarrow (11110011)_2$，转换成十进制为 −13，即 $-50/2^2$

$-50>>>2 \Rightarrow (11001110)_2>>2 \Rightarrow (00110011)_2$，转换成十进制为 51，即 $206/2^2$

$0xff>>>4 \Rightarrow (11111111)_2>>4 \Rightarrow (00001111)_2$，转换成十进制为 15，即 $255/2^4$

注意，op2 的值应小于 op1 的二进制位数。例如，如果 op1 为 int 类型，则 op2 的值应界于 1 ～ 32 之间。

5. 赋值运算符

赋值运算是指将一个表达式的值赋给一个变量，其目的是将程序处理的数据保留在内存空间中，以备随时引用。在 Java 语言中，赋值运算分为两种形式：简单赋值和复合赋值。

简单赋值运算符为 =，属于二元运算。在使用赋值运算符时要求赋值号左侧必须是变量，右侧可以是复合赋值计算规则的任意表达式。计算过程为：首先计算赋值号右侧的表达式，然后将结果转换为赋值号左侧变量的类型。如果转换成功，将其结果存放到变量中；否则给出运行错误的提示信息。例如：

```
x = ( y + 10 ) / 5;
```

假如 y 为 20，首先计算赋值号右侧的表达式，其结果为 6，然后将 6 存放到变量 x 中。

复合赋值运算符是指将某种运算与赋值运算结合在一起进行的计算。表 2-6 中列出了 Java 语言提供的 11 种复合赋值运算符。

表 2-6　Java 语言提供的复合赋值运算符

运算符	运算符名称	运算符	运算符名称
*=	乘法赋值	>>=	右移赋值
/=	除法赋值	>>>=	不带符号右移赋值
%=	求余赋值	&=	按位与赋值
+=	加法赋值	^=	按位反赋值
−=	减法赋值	|=	按位或赋值
<<=	左移赋值		

实际上，复合赋值运算符是一种基本运算与赋值运算合并的简化书写形式。下面通过几个例子说明复合赋值运算符的计算规则。

a += 10　　　　　　　　等价于 a = a +10

a += (a + 5) * 10　　　　等价于 a = a + (a + 5) * 10

a %= 3　　　　　　　　等价于 a = a % 3

这些表达式的计算过程是：首先读取复合赋值号左侧变量的内容，然后利用这个值计算右侧的表达式，最终将结果类型转换后存回左侧的变量。

6. 其他的运算符

除上面介绍的运算符外，在 Java 语言还提供了表 2-7 中列出的几个特殊的运算符。

表 2-7　Java 语言中几个特殊的运算符

运算符	运算名称	运算描述
op1?op2:op3	条件赋值	要求 op1 必须是 boolean 类型的表达式，op2 和 op3 可以是任何类型的值，但它们两个的类型必须一致。例如， (x < 10) ? x + 10 : x 当 x < 10 时，计算结果为 x + 10；否则计算结果为 x

（续）

运算符	运算名称	运算描述

op1 instanceof op2
.
	对象归属
	对象成员访问
		要求 op1 必须是一个对象或数组，op2 是一个引用类型的名称。当 op1 指示的对象或数组属于 op2 给出的引用类型时，运算结果返回 true；否则返回 false。例如：
		`"This is a Java program."instanceof  String`
		由于所有的字符串都是 String 的实例，所以运算结果为 true
		假设
		`int[] array = new int[10];`
		`System.out.println(array instanceof int[]);`
		由于 array 是 int 数组类型的实例，所以显示结果为 true
		注意：当 op1 为 null 时，这个运算的结果永远为 true
		利用这个运算符引用对象中的成员。例如，Math.PI

[ ]	数组元素访问	利用这个运算符引用数组的元素。例如，假设
		`int[]  intArray = new int[10];`
		`float[] floatArray = new float[5];`
		intAyyay[5] 引用 intArray 数组中下标为 5 的元素；floatArray[0] 引用 floatArray 数组中下标为 0 的元素

(type)	强制类型转换	将一种类型强制转换成 type 类型。例如：`(int)123.56`
new	创建对象	利用 new 创建对象。例如：`String str = new String("Hello world.")`

2.4.2 表达式的计算规则

与 C/C++ 语言一样，Java 语言也是利用运算符优先级、结合性及括号控制表达式计算顺序的。具体计算规则为：先括号内，再括号外。在同一层括号中，根据运算符的书写顺序、运算符的优先级和结合性来决定最终的计算顺序。所谓运算符优先级是指为每个运算符赋予的运算级别，两个相邻的运算符，优先级别较高的先计算，优先级别较低的后计算。所谓结合性是一种用来控制相同优先级别的运算符的计算顺序的机制。对于“左结合”而言，两个相同优先级别的相邻运算符将按从左向右的顺序计算；“右结合”将从右向左的顺序计算。表 2-8 中列出了各种运算符的优先级和结合性。

表 2-8 运算符优先级与结合性

运算符	优先级	结合性
[] .	从高到低	左
! ~ ++ -- +（一元）-（一元）(type) new		右
* / %		左
+ -		左
<< >> >>>		左
< <= > >= instanceof		左
== !=		左
&		左
^		左
|		左
&&		左
||		左
? :		右
= += -= *= /= %= &= |= ^= <<= >>= >>>=		右

2.4.3　数据类型之间的转换规则

在表达式计算过程中，每个运算符都对参与计算的运算对象的类型有一定的要求。通常情况下，要求参与计算的运算对象具有相同的类型。例如，在进行 +、−、*、/ 和 % 运算时，如果参与计算的两个运算对象拥有相同的数据类型，则直接进行计算；否则，需要先将两个运算对象转换为同一个数据类型，再进行计算。数据类型的转换规则为：如果两个运算对象中有一个是 double 类型，另一个运算对象将转换为 double 类型；否则，如果其中一个运算对象是 float 类型，另一个运算对象将转换为 float 类型；否则，如果其中一个运算对象是 long 类型，另一个运算对象将转换为 long 类型；否则，两个运算对象都将转换为 int 类型。在数据类型的转换过程中，有可能产生精度损失，具体转换效果如图 2-15 所示。

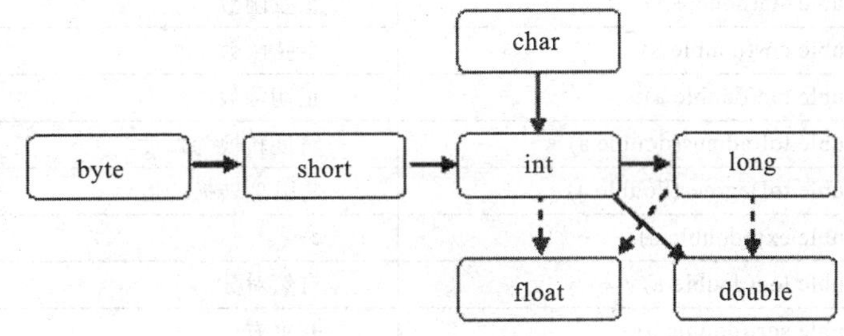

图 2-15　数据类型转换效果

其中，实线表示无信息丢失转换，虚线表示有可能出现精度损失的转换。

在进行赋值运算时，需要按照下列规则将赋值号右侧的表达式结果转换为左侧变量的数据类型，再将其结果存放在变量中。假设 T1 是赋值号左侧的数据类型，T2 是赋值号右侧的表达式类型，在 Java 语言中，赋值运算的类型要求及转换规则为：

- 如果 T1 和 T2 类型相同，则不需要转换直接可以赋值。
- 如果 T1 是 boolean 类型，则 T2 必须是 boolean 类型。
- 如果 T1 和 T2 类型不相同且不是 boolean 类型，则按照向数据范围大的数据类型转换的原则进行操作。表 2-9 中列出了 T2 类型可以赋给 T1 类型的规则。

表 2-9　赋值运算的数据类型规则

T1 的类型	T2 的类型	说明
short、int、long、float、double	byte	
int、long、float、double	short	
int、long、float、double	char	
long、float、double	int	可能会造成有效数字的损失
float、double	long	可能会造成有效数字的损失
double	float	
double	double	不需要进行类型转换
boolean	boolean	不需要进行类型转换

如果不符合上述数据转换的要求，就需要进行强制类型转换。例如：

```
double  x = 100.78;
int  y = (int) x;
```

执行这个赋值运算之后，y 中的结果为 100。

2.4.4 Java 类库中的 Math 类

为了便于程序设计，提高 Java 程序的处理能力，Java 类库提供了一个类 Math，它被放在 java.lang 包中。在这个类中包含两个常量 E（E=2.718 281 828 459 045）和 PI（PI=3.141 592 653 589 793），以及大量的常用数学函数，表 2-10 中列出了其中的一部分。

表 2-10 java.lang.Math 类中的部分成员方法

方 法	描 述
public static double sin(double a)	正弦函数
public static double cos(double a)	余弦函数
public static double tan(double a)	正切函数
public static double toRadians(double a)	将度转换为弧度
public static double toDegrees(double a)	将弧度转换为度
public static double exp(double a)	e^a
public static double log(double a)	自然对数
public static double sqrt(double a)	开平方
public static double ceil(double a)	获取不小于 a 的最小 double 型整数
public static double floor(double a)	获取不大于 a 的最大 double 型整数
public static double rint(double a)	获取最接近 a 的 double 型整数
public static double pow(double a,double b)	a^b
public static int round(float a)	将 flaot 型 a 四舍五入取整为 int 型
public static double random(double a)	获取界于 0.0~1.0 之间的 double 型随机数
public static int abs(int a)	取 a 的绝对值
public static int max(int a,int b)	获取 a 与 b 中较大值
public static int min(int a,int b)	获取 a 与 b 中较小值

从表 2-10 可以看出，所有函数（在 Java 程序中称为成员方法）都是 public static，因此，可以按照下列语法格式直接调用：

Math. 成员方法名（参数表）

例如：

```
double d,value;

d = Math.toRadians(27);        将 27° 转换成弧度
value = Math.cos(d);           计算 d 弧度的余弦值
value = Math.sqrt(d);          计算 d 的开平方值
value = math.pow(10,d);        计算 10^d
```

下面列举一个实例说明在 Java 程序中表达式的计算规则及标准类库 Math 类的应用方式。

【例 2-5】求 $ax^2 + bx + c = 0$ 的根。

假设本题目只要求能够计算实根，即

当判别式 $b^2 - 4ac < 0$ 时，显示没有实根的提示信息；

当 $b^2-4ac=0$ 时输出一个实根：$x=\frac{-b}{2a}$；

当 $b^2-4ac>0$ 时输出两个实根：$x_1=\frac{-b+\sqrt{b^2-4ac}}{2a}$；$x_2=\frac{-b-\sqrt{b^2-4ac}}{2a}$。

鉴于简化问题，在 EquationClass 类中只设计一个 main 成员方法，所有一元多项式的求解过程都在这里实现。首先通过键盘输入一元多项式的 3 个系数，并分别存放在局部变量 a、b、c 中，然后计算判别式 b^2-4ac 的值，最后根据其结果输出小于 0、等于 0 或大于 0 情况下的结果。下面是这个程序的代码。

```
// file name: EquationClass.java
import java.util.*;
public class EquationClass {
    public static void main(String[] args) {
        double a, b, c, disc;
        Scanner in = new Scanner(System.in);

        System.out.println("Enter 3 coefficient ( a, b, c): ");  // 输入3个系数
        a = in.nextDouble();
        b = in.nextDouble();
        c = in.nextDouble();
        disc = Math.pow(b, 2) - 4 * a * c;                  // 计算判别式
        if (disc < 0) {                                    // 小于0情况下的处理
            System.out.println(" There isn't real root.");
            return;
        }
        if (disc == 0) {                                   // 等于0情况下的处理
            double x;
            x = -b / (2 * a);
            System.out.println("x =" + x);
            return;
        }
        double x1, x2;                                     // 大于0情况下的处理
        x1 = (-b + Math.sqrt(disc)) / (2 * a);
        x2 = (-b - Math.sqrt(disc)) / (2 * a);
        System.out.println("x1 = " + x1);
        System.out.println("x2 = " + x2);
    }
}
```

在这个程序中，主要使用了两个表达式：一个是判别式 b^2-4ac，另一个是实根的计算公式。判别式的书写形式为“Math.pow(b, 2)-4*a*c;”，其中使用了 Math 类中提供的 pow 方法，它可以计算 b^2，这个表达式的计算顺序为：首先计算 Math.pow(b,2)，然后计算 4*a*c，最后用 Math.pow(b,2) 的计算结果减去 4*a*c 的计算结果。在计算实根时，根据 Java 表达式的计算规则，(-b+Math.sqrt(disc))/(2*a) 应该首先计算 -b，然后计算 Math.sqrt(disc)，并将 -b 与 Math.sqrt(disc) 的结果相加，再计算 2*a，最后用 -b+ Math.sqrt(disc) 除以 2*a。注意，在书写这个表达式时，一定不能省略 -b+Math.sqrt(disc) 和 2*a 外面的括号，否则，将与原表达式含义不符。例如，如果将表达式写为 (-b+Math.sqrt(disc))/2*a，其表示含义为：$x_1=\frac{-b+\sqrt{b^2-4ac}}{2}\times a$。

2.5　Java 程序的基本输入、输出

输入、输出是程序必须具有的功能，这一点可以从前面列举的实例中看到。Java 语言将输入输出功能封装在若干个标准类中，这样既符合面向对象的设计思想，又便于用户的掌握，并为未来的扩展提供了足够的空间。输入、输出是应用程序与用户交互的主要途径，在 Java

程序中，可以在字符界面和图形用户界面方式下实现输入、输出功能。字符界面简单且资源开销少，只是显示格式比较单一，直观性较差；而图形用户界面视觉效果好，操作更加便捷，并且可以利用鼠标完成一些选项操作，以达到更加符合人们习惯的输入效果。但编写这种界面的程序需要对 Java 语言有足够的了解，并掌握相关标准类的使用方式。为了能够尽快地编写 Java 程序，又不会造成太大的学习负担，这里只介绍字符界面下的输入、输出方式。

1. 输入方式

在 JDK 5.0 版本之前，实现字符界面的输入操作也不是一件容易的事情。由于 Java 本身没有直接提供通过键盘完成输入各种数据类型数据的简便接口，所以需要用户利用若干个标准类自行编写能够解析各种数据类型数据的程序代码，这给初学 Java 的人们带来了不少困难。在 JDK 5.0 版本中，Java 增加了一个专门用于处理数据输入的 Scanner 类，用户利用它可以方便地实现各种数据类型的数据输入。

Scanner 类位于 java.util 包中，因此在使用它的程序前面需要 import 这个包。在这个类中提供了表 2-11 列出的几个用于读取数据的成员方法。

表 2-11　Scanner 类中的几个用于读取数据的成员方法

方　法	描　述
String nextLine()	读取输入的下一行内容
String next()	读取输入的下一个单词
int nextInt()	读取下一个表示整数的字符序列，并将其转换成 int 型
long nextLone()	读取下一个表示整数的字符序列，并将其转换成 long 型
float nextFloat()	读取下一个表示整数的字符序列，并将其转换成 float 型
double nextDouble()	读取下一个表示浮点数的字符序列，并将其转换成 double 型
boolean hasNext()	检测是否还有输入内容
boolean hasNextInt() boolean hasNextLong()	检测是否还有表示整数的字符序列
boolean hasNextFloat() boolean hasNextDouble()	检测是否还有表示浮点数的字符序列

在 Java 程序中，首先需要用参数 System.in 创建一个 Scanner 类对象，System.in 是一个标准输入对象，这里的标准输入是指键盘设备，然后根据需要从表 2-11 中选择适当的成员方法依次读取通过键盘输入的数据。下面通过一个例子说明利用 Scanner 类来实现输入操作的基本过程。

【例 2-6】显示某人的联络信息。

要求从键盘输入某人的姓名、电话号码、通信地址和邮政编码，并将这些信息显示输出。下面是这个程序的代码。

```
// file name: AddressClass.java
import java.util.*;
public class AddressClass {
    public static void main(String[] arg) {
        Scanner in = new Scanner(System.in);          // 创建 Scanner 类对象

        System.out.printf("Enter your name:");
        String name = in.nextLine();                  // 输入姓名

        System.out.printf("Enter your telephone number:");
        String tel = in.nextLine();                   // 输入电话号码
```

```
        System.out.printf("Enter your address:");
        String address = in.nextLine();                 // 输入通信地址

        System.out.printf("Enter your post number:");
        String post = in.nextLine();                     // 输入邮政编码

        System.out.println("Name: " + name);
        System.out.println("Tel:  " + tel);
        System.out.println("Addr: " + address);
        System.out.println("post: " + post);
    }
}
```

在 NetBeans IDE 环境下运行这个程序后，可以看到图 2-16 中的输出窗口，其中包含了提示信息、输入的数据和显示结果。

图 2-16　例 2-6 程序的运行结果

在这个程序中，输入的数据都是 String 类型的，所以选用 nextLine() 读取输入的内容。在很多情况下，需要利用 hasNext_() 成员方法判断是否还存在没有读取的数据。例如，下面的程序段将可以完成连续读取输入行中的 int 类型数据，并显示输出，直到将所有 int 类型数据读取完毕为止。

```
do {
    int d=in.nextInt();                    // 读取一个 int 类型数据
    System.out.print(d+",");               // 显示读取的数据
} while(in.hasNextInt());                  // 判断是否还存在没有读取的 int 数据
```

2. 输出方式

从前面的程序代码中可以看到，如果需要将程序的运行结果显示输出，在字符界面下可以 Sytem.out.print() 或 Sytem.out.println()。其中，System 是一个封装了输入输出功能的标准类；out 是 System 类中定义的一个属于 PrintStream 类的标准输出流对象，print() 和 println() 是 PrintStream 类提供的用于将各种类型的数据输出到屏幕上的两个成员方法。print() 与 println() 的区别是后者在输出参数表中的内容后自动添加一个回车换行，而前者没有。例如：

```
for ( int i = 0; i < 10; i++ ) {
```

```
  System.out.print(i + ",");
}
```

运行这段程序代码后，在屏幕上显示的结果为：0,1,2,3,4,5,6,7,8,9,

```
for ( int i = 0; i < 10; i++ ) {
  System.out.println(i + ",");
}
```

而运行这段程序代码后，在屏幕上显示的结果将会占据10行，格式类似为：

```
0,
1,
.....
9,
```

无论是print()，还是println()，参数中可以利用“+”将各种数据类型的结果连接起来，最终以字符串的形式显示输出。例如，在上面两段程序代码中，参数为i + “,”，具体的执行过程是：首先将int类型的i值转换中字符串表示的形式，然后与仅包含一个逗号的字符串进行连接，最终输出连接后的字符串内容。

虽然使用这两个成员方法可以很轻松地将数据显示到屏幕上，但对于输出格式要求比较高的应用程序来说，有效地控制显示格式是一件比较棘手的问题。为此，Java语言从JDK 5.0版本开始吸纳了C语言中的printf() 函数的格式控制方式，这样既迎合了习惯使用C语言编写程序的那部分开发者，又提高了Java程序在字符界面下的显示控制能力。例如：

```
value = 1000.0 / 3;
System.out.printf("%10.2f", value);
```

将会显示

```
333.33
```

与C语言中的printf() 函数一样，"%10.2f" 是格式控制字符串，它表明在显示value时，共占用10个字符的宽度，小数点后两位精度。也就是说，从左侧开始，4个空格字符，整数部分333占3个字符的位置，小数点占一个字符的位置，小数点后的33占两个字符的位置。

在Java中，printf() 是一个定义在PrintSream类中的成员方法，其定义格式为：

```
public PrintStream printf( String  format, Object ... args)
```

其中，format是一个与C语言的printf() 函数一样的格式控制字符串，它采用格式控制符控制数据的显示格式。常用的格式控制符有：d、x、o、f、e、s、c、b。d表明数据以十进制整数的形式输出；x表明数据以十六进制整数的形式输出；o表明数据以八进制整数的形式输出；f表明数据以十进制小数的形式输出；e表明数据以科学表示法的形式输出；s表明数据以字符串的形式输出；c表明数据以字符类型的形式输出；b表明数据以布尔类型的形式输出。下面通过一个例子来展示printf() 成员方法的使用情况。

【例2-7】输入某个三角形的3个边长，计算它的面积。

为简单起见，假设输入的3个边长可以构成三角形，并且已知求三角形面积的公式为：

$$area = \sqrt{s(s-a)(s-b)(s-c)}$$

其中，$s = (a + b + c) / 2$。

下面是这个程序的代码。

```
// file name: TriangleClass .java
```

```
import java.util.*;
public class TriangleClass {
    public static void main(String[] args) {
        double a, b, c, s, area;
        Scanner in = new Scanner(System.in);

        System.out.printf("Enter 3 edges:");
        a = in.nextDouble();
        b = in.nextDouble();
        c = in.nextDouble();
        s =(a + b + c) / 2;
        area = Math.sqrt(s * (s - a) * (s - b) * (s - c));
        System.out.printf("a = %7.2f,  b = %7.2f, c = %7.2f\n", a, b, c);
        System.out.printf("area = %10.2f\n", area);
    }
}
```

在 NetBeans IDE 环境下运行这个程序后，可以看到如图 2-17 所示的输出窗口，其中包含了提示信息、输入的数据和显示结果。

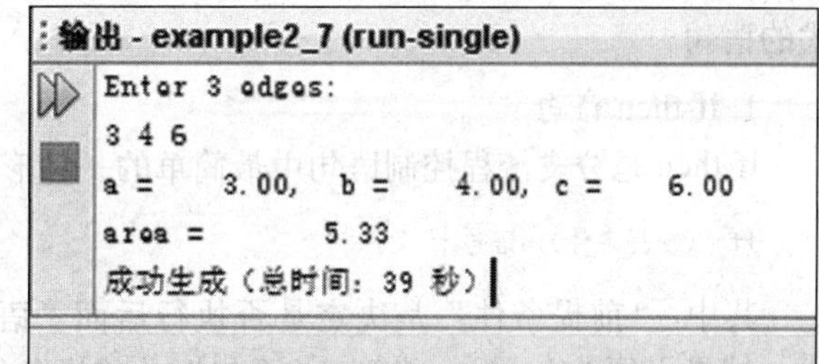

图 2-17　例 2-7 程序的运行结果

这个程序的功能是通过键盘输入某个三角形的 3 个边长，并分别存放在局部变量 a、b 和 c 中，然后计算 s 和 area 的值，最终将计算的结果显示输出。在这个程序中，利用 System.out.printf() 方法中的格式控制字符串来控制 3 个边长和面积的显示格式。例如，边长的实现格式为 "%7.2"，即每个数值总共占用 7 个字符的宽度，小数点后面占用两个字符的宽度，小数点占用 1 个字符的宽度，整数部分和符号位最多占用 4 个字符的位置，如果有剩余前面填充空格。

2.6　流程控制语句

任何一种程序设计语言都将会提供一套完备的流程控制语句，以满足解决各种问题的需要。Java 语言吸纳了 C/C++ 语言的绝大部分流程控制语言，并扩充了一些语句的处理功能，例如，循环控制结构、break 语句和 continue 语句等。下面分别介绍 Java 语言提供的主要流程控制语句。

2.6.1　块作用域语句

块作用域语句又被称为复合语句，其格式为：用一对花括号将若干条语句括起来，目的是从语法上可以将多条语句解释成一条语句。例如：

```
{
    int temp;
    temp = a;
    a = b;
    b= temp;
}
```

在 Java 语言中，块作用域语句可以嵌套，但不允许在嵌套的两层中声明同名的变量。例如，下列程序段就出现了这个错误，因此无法通过编译。

```
int c;
```

```
......
{
    int c;              // 重定义错误
    c = a;
    if (a < b)  c = b;
}
```

从语法上看，很多地方只允许书写一条语句，例如，稍后介绍的分支语句和循环语句就有这种要求。如果在此处需要执行多条语句就可以利用一对花括号将这些语句括起来以构成块作用域语句，以便在语法上被解释为一条语句，这样既符合语法规则的要求，又满足了用户需求。这是块作用域语句的主要用途。

2.6.2　分支流程控制语句

顾名思义，分支流程控制语句具有根据不同需求有选择地执行某些语句的能力。Java 语言完全延续了 C/C++ 语言中的分支流程控制语句，包含 if-then 、if-then-else 和 switch 3 种形式的语句。

1. if-then 语句

if-then 是分支流程控制语句中最简单的一种形式。其语法格式为：

```
if （前提条件） 语句；
```

其中，“前提条件”是决定是否执行后面“语句”的条件，它将采用逻辑表达式形式描述，结果必须为 boolean 类型；“语句”是前提条件成立时应该执行的语句。语法规则要求：这里只能够执行一条语句，如果希望此处执行多条语句，需要利用一对花括号将它们构成一条块作用域语句。

if-then 语句的执行过程是：首先计算“前提条件”，如果结果为 true，执行“语句”；否则不执行任何操作。例如：

```
abs = a;
if (a < 0) {
abs = -a;
}
```

上面这两条语句的执行结果是：首先将 a 变量的值存入 abs 中，然后执行 if-then 语句表示前提条件的表达式 a < 0。如果结果为 true，执行 abs = -a 语句；否则不执行任何操作。可以看到，在执行完 if-then 语句后，abs 中存放着 a 的绝对值。

就这段程序代码而言，由于“前提条件”成立时只执行一条语句，所以 if-then 语句中的一对花括号可以省略，但建议最好保留它，避免在这里扩展语句时，会因为忘记添加块作用域语句的一对花括号而造成语法错误。

2. if-then-else 语句

if-then 只是在“前提条件”成立时，执行特定的语句；否则，不执行任何操作。而 if-then-else 语句将根据“前提条件”的判断结果分别执行不同的特定语句，其语法格式为：

```
if （前提条件） 语句1 else 语句2;
```

if-then-else 语句的执行过程是：首先计算“前提条件”，如果结果为 true，执行“语句1”；否则执行“语句 2”。例如：

```
if (x <= y) {
```

```
System.out.println(x + ", " + y );
}
else {
System.out.println(y + ", " + x );
}
```

这条语句的功能是按照先小后大的顺序显示 x、y 的值。

在 if-then-else 语句中，“语句 1” 和 “语句 2” 可以是任意的流程控制语句，当然也可以是 if-then 或 if-then-else 语句。例如：

```
if (a == b)
  if (b == c) {
    System.out.println("a == c");
  }
else {
   System.out.println("a <> b");
}
```

阅读这条语句后可能会产生这样的疑问：其中的 else 与哪一个 if 相配？Java 语言规定 else 与最接近它的 if 相配，因此，这条语句中的 else 应该与内层的 if (b == c) 相配。这与我们的初衷并不相符。如果想让 else 与外层的 if 相配，需要按照下列格式书写：

```
if (a == b) {                 // 将内层 if 构成一条块作用域语句
  if (b ==c) {
    System.out.println("a == b");
  }
}
else {
  System.out.println("a <> b");
}
```

3. switch 语句

switch 语句是一种具有处理多分支能力的流程控制语句。它可以通过给定表达式的计算结果，从多个执行分支中选择执行其中的一个分支。其语法格式如下：

```
switch  ( 表达式 ) {
  case 值 1: 语句 1;
  case 值 2: 语句 2;
  ......
  [default: 语句 n;]
}
```

其中，“表达式” 的结果决定了选择执行哪个分支的语句，所以，又称为选项表达式，它的结果为整数类型。值 1、值 2、…是整型直接量或整型常量，并且相互之间不允许相同，语句 1、语句 2、…、语句 n 是语句序列。

switch 语句的执行过程是：首先计算 “表达式”，然后用所得到的结果，按照从前往后的顺序与每个 case 后面的整型直接量或整型常量进行比较。如果不相等，继续比较下一个 case 的整型直接量或整型常量；如果相等，执行这个 case 后面的语句，直至遇到 break 语句或执行到 switch 语句结束处。如果与所有的 case 整型直接量或整型常量都进行比较后，仍没有找到相等的选项，就执行 default 后面的语句序列 " 语句 n"；如果没有 default 部分就直接结束 switch 语句。例如：

```
switch (score / 10) {
   case 1:
   case 2:
   case 3:
```

```
    case 4:
    case 5: System.out.print("E"); break;
    case 6: System.out.print("D"); break;
    case 7: System.out.print("C"); break;
    case 8: System.out.print("B"); break;
    case 9:
    case 10: System.out.print("A"); break;
  default: System.out.print("Data error."); break;
}
```

这条switch语句的功能是：假设score为int类型，内部存放着某个学生的百分制考试成绩，根据score/10计算的结果输出相应的成绩等级。90~100为“A”级，80～89分为“B”级，70～79分为“C”级，60~69分为“D”级，60分以下为“E”级。

2.6.3 循环流程控制语句

循环流程控制语句具有控制某些语句执行多次的功能，这是程序设计语言中不可缺少的一种流程控制语句。Java语言提供了4种格式的循环流程控制语句，它们分别是while循环流程控制语句、do...while循环流程控制语句、for循环流程控制语句和for...each循环流程控制语句。这里介绍while、do...while和for这3种循环流程控制语句书写格式及控制循环的方式，for...each循环流程控制语句将在第3章中介绍。

1. while 循环流程控制语句

while循环流程控制语句的书写格式为：

```
while ( 循环条件 ) 语句;
```

其中，“循环条件”用于控制是否继续重复执行后面列出的“语句”；“语句”是需要重复执行的内容，又称为循环体。Java语言的语法规定，循环体只能包含一条语句，如果希望重复执行多条语句，需要利用一对花括号将它们构成一条块作用域语句。此时的书写格式为：

```
while ( 循环条件 ) {
   语句序列
};
```

无论循环体是一条语句还是多条语句，建议大家采用这种方式书写while语句。

while循环流程控制语句的执行过程为：首先计算“循环条件”。如果结果为true，重复执行循环体，随后，再次计算“循环条件”，如果结果还为true，继续重复执行“循环体”，这个过程不断反复，直到“循环条件”的结果为false为止。

简单地说，while语句的执行过程是：当“循环条件”为true时重复执行“循环体”。

下面是两个应用while语句的片段。

```
sum = 0;
i = 1;
while (sum < 100) {              // sum < 100 是循环条件
   sum += i;                     // 循环体包含两条语句
   i++;
}
```

这个程序段的功能是：计算1+2+3+4+…，直到sum大于100为止。运行这个程序段后，sum的结果为1+2+3+4+…+14 = 105，i的结果为15。“循环条件”计算了15次，“循环体”重复执行了14次。每重复执行一次，将当前i的值累加到sum中，i自身在原来的基础上加1。

```
Scanner in = new Scanner(System.in);
a = in.nextInt();              // 将从键盘输入的第一个整型数值赋给变量 a
while (a != 0) {               // 当 a 不等于零，重复执行循环体
   System.out.print(a);        // 显示变量 a 的内容
   a = in.nextInt();           // 接受下一个从键盘输入的整型数值
}
```

这个程序段的功能是：从键盘连续输入整型数值，并打印输出，直到输入零为止。

在使用 while 语句时需要注意以下两点：

1）“循环条件”计算的结果一定是 boolean 类型，而不能用数值类型代替。例如，下列程序段将会出现语法错误，while 语句的循环条件不能够是整数类型。

2）如果在进入 while 语句时，“循环条件”为 false，则“循环体”一次也没有执行。

```
Scanner in = new Scanner(System.in);
while (1) {    // 此句中的 " 循环条件 " 将出现数据类型错误
   a = in.nextInt();
if  (a == 0) break;
System.out.print(a);
}
```

2. do...while 循环流程控制语句

do...while 循环流程控制语句的书写格式为：

```
while {
 语句序列
} do ( 循环条件 );
```

其中，“语句序列”是需要重复执行的语句，即循环体，这里可以放置多条语句。“循环条件”用于控制是否继续重复执行“循环体”。

do...while 循环流程控制语句的执行过程为：首先执行“循环体”，随后计算“循环条件”。如果结果为 true，重复执行“循环体”，然后，再次计算“循环条件”，如果结果还为 true，继续重复执行“循环体”，这个过程不断反复，直到“循环条件”的结果为 false 为止。

简单地说， do...while 语句的执行过程是：重复执行“循环体”，直到“循环条件”为 false 为止。

下面是一个应用 do...while 语句的片段。

```
mul = 1;
i = 1;
do {                   // sum < 100 是循环条件
   mul *= i;           // 循环体包含两条语句
   i++;
} while ( mul <= Integer.MAX_VALUE / i);
```

这个程序段的功能是：计算 1*2*3*4*...，直到 mul 将要超出 int 类型所允许的最大值为止。int 类型的最大值由 Integer 类中的常量 MAX_VALUE 表示。运行这个程序段后，mul 的结果为 479001600，i 的结果为 13。“循环条件”计算了 12 次，“循环体”重复执行了 12 次。每重复执行一次，将当前 i 的值累加到 sum 中，i 自身在原来的基础上加 1。

从上面的执行过程可以看出，do...while 语句的“循环体”至少执行一次，这是因为在执行“循环体”一次之后，才开始计算“循环条件”。

3. for 循环流程控制语句

for 循环流程控制语句是一种人们普遍偏爱使用的循环流程控制语句。它利用每次迭代之后更新的计数器来控制循环体的重复执行次数，其书写格式为：

for（初始化表达式；检测表达式；更新表达式）语句；

其中，“初始化表达式”是 for 循环语句第一个被执行且仅被执行一次的部分。在此处，既可以声明局部变量，也可以计算表达式。通常，用于放置一些与执行 for 循环语句有关的初始化工作。这里声明的局部变量只能够在 for 循环的语句块中使用。“检测表达式”是一个 boolean 类型的表达式，用于决定是否继续重复执行“循环体”。“更新表达式”在每次“循环体”执行完毕后自动地执行，其中应该包含一些更新与循环控制有关的变量内容，以便“检测表达式”的计算结果在“循环体”执行若干次以后可以由 true 变为 false，最终能够终止 for 循环语句的执行。“语句”是“循环体”，与 while 语句一样，这里只可以放置一条语句，如果希望执行多条语句，需要利用一对花括号将它们构成一条块作用域语句。

for 循环流程控制语句的执行过程为：首先执行“初始化表达式”，然后计算 “检测表达式”，如果结果为 true，则执行“循环体”，之后计算“更新表达式”，然后再计算“检测表达式”，如果结果为 true，再次执行“循环体”，直到“检测表达式”的计算结果为 false 为止。

下面是两个应用 for 的语句片段。

```
for (int i = 1, sum = 0; i <= 100; i++)
   sum += i;
```

这个程序段的功能是：计算 1+2+3+4+...+100。

在上面这个程序片段中，“初始化表达式”声明了两个局部变量 i、sum，并分别初始化为 1 和 0；“检测表达式”用于判断 i 是否小于或等于 100；“更新表达式”将 i 的值在原来的基础上加 1。

```
for (int i=1; i <= 10; i++) {              // 外部循环
for (int j = i - 1; j < 10; j++) {         // 内部循环
System.out.printf("%3d", i+j);
}
System.out.println();
}
```

这个程序段的功能是显示下列内容：

```
  1   2   3   4   5   6   7   8   9  10
  3   4   5   6   7   8   9  10  11
  5   6   7   8   9  10  11  12
  7   8   9  10  11  12  13
  9  10  11  12  13  14
 11  12  13  14  15
 13  14  15  16
 15  16  17
 17  18
 19
```

这是两个 for 循环语句嵌套使用的典型实例。外部循环语句的循环体包含一条 for 循环语句和一条具有换行功能的 System.out.println() 语句，它们将重复执行 10 次。内部循环语句的循环体只包含一条具有显示功能的 System.out.printf(“%3d”，i+j) 语句，它的重复执行次数取决于外部循环的变量 i。当 i 等于 1 时，它重复执行 10 次；当 i 等于 2 时，它重复执行 9 次，以此类推，当 1 等于 10 时，它执行 1 次。

在使用 for 循环语句时需要注意以下几点：

1）“初始化表达式”只在进入 for 循环语句时执行一次。

2）“初始化表达式”、“检测表达式”和“更新表达式”都可以省略，但相应的位置必须保留分号，以起到占位的作用。

3）无论“循环体”是一条语句还是多条语句，建议使用下列书写格式：

```
for ( 初始化表达式 ; 检测表达式 ; 更新表达式 ) {
语句序列
    }
```

在实际应用中，经常会遇到几种循环语句相互并列或嵌套使用的情形，以完成一些复杂的数据计算或输入、输出功能。在 2.7 节的综合应用举例中，将会看到一些典型的应用实例。

2.6.4　中断流程控制语句

在 Java 语言中，具有中断流程控制功能的语句主要包括 break、continue 和 return。下面分别介绍它们的特征、使用方法与适用场合。

1. break 语句

在 Java 语言中，break 语句可以应用在 switch、while、do...while 和 for 语句中，用于控制程序执行流程的转移。它有两种使用格式：一种不带标签；另一种带标签。下面分别介绍它们的使用方式。

1）不带标签的 break 语句。语句格式为：

```
break;
```

它的主要功能是中断当前语句块的执行。通常出现在 switch 和各种循环流程控制语句中。下面列举两个程序片段说明 break 的使用效果。

下列程序片段的功能是：根据给出的月份返回相应月份的天数。

```
switch (month) {
  case 1:
  case 3:
  case 5:
  case 7:
  case 8:
  case 10:
  case 12: day = 31; break;
  case 4:
  case 6:
  case 9:
  case 11: day = 30; break;
  case 2:  if (year % 400 == 0 || year % 4 == 0 && year % 100 != 0) {
                day = 29;
           }
           else {
             day = 28;
          }
          break;
}
```

可以看出，在每个分支的执行语句最后都加了一条 break 语句，以此达到每种情形只执行一个分支语句序列的目的。也就是说，如果 month 等于 1、3、5、7、8、10 和 12，则执行 day = 31 语句之后结束 switch 语句的执行；如果 month 等于 4、6、9 和 11，则执行 day = 30 语句之后结束 switch 语句的执行；如果 month 等于 2，则执行 if 语句，这条语句将根据 year 是否为闰年，选择为 day 赋予 28 或 29。如果每种情形所对应的分支语句序列最后没有 break 语句，则会依次执行之后的全部分支语句序列，直至遇到 break 或 switch 语句结束处为止。例如，如果 month 等于 8，则将会执行 day = 31; day = 30; 和 if 语句，这与我们的设计初衷是不相符的。

下列程序片段的功能是：判断 number 是否为质数。

```
boolean  prime = true;
int limit = (int)Math.ceil(Math.sqrt(number));

for  (int i = 2; i < limit; i++){
  if (number % i == 0) {
  prime = false;
  break;
}
```

在上面这个程序片段中，定义了一个 boolean 类型的变量 prime，用来作为 number 是否为质数的标志。如果 number 为质数，这段程序执行完毕之后 prime 为 true；否则 prime 为 false。其中 Math.sqrt(number) 将返回 number 的开平方值，Math.ceil(...) 将参数表带入的 double 型数值取整。具体的判断算法是：用 number 依次除以 2~limit 之间的每个整数值，一旦发现 number 能够整除以其中的某个数值，就说明 number 一定不是质数，将 prime 修改为 false 之后，利用 break 语句立即结束 for 循环语句。

从上面两个程序片段可以看出：将无语句标识的 break 语句应用于 switch 语句中可以实现每种情形只执行一个分支语句序列的设想；应用在循环流程控制结构的语句中可以提前终止循环语句的执行。

2）带标签的 break 语句。语句使用格式为：

```
break 语句标签;
```

这种格式的 break 语句往往应用于跳出多层嵌套的循环语句。在有些情况下，嵌套层数很深的循环语句会发生一些不可预料的问题，此时可能希望迅速地跳到所有循环语句之外，带标签的 break 语句就可以实现这个效果。例如：

```
for (int i = 0; i < count; i++){
  …
  for (int j = 0; j < count; j++){
    …
    for (int k = 0; k < count; k++){
      …
      if ( i * j * k >MAX_NUM ) break outside:
      …
    }
    …
  }
   …
}
outside:
…
```

上面这个嵌套多层的循环结构语句将会在 i、j 与 k 相乘大于 MAX_NUM 时执行 break outside 语句，以便立即跳至 outside 处，继续执行后面的语句。

2. continue 语句

与 break 语句对应，continue 语句也有带标签与不带标签两种使用格式。continue 语句只要应用在循环流程控制结构的语句中，用以提前结束本次的循环，提早进入下一次循环。

下面列举两个应用 continue 语句的程序片段。

```
for (int i = 1; i <1000; i++){
  if (i % 5 != 0)  continue;
  System.out.print(i);
}
```

这个程序片段的功能是输出 1~1000 之间所有能被 5 整除的数值。它的执行过程是：用 1 ～ 1000 之间的每一个数值与 5 求余，如果结果不等于 0，说明这个数值不能被 5 整除，执行 continue 语句，以便立即结束本次的循环，即不执行 System.out.print(i) 语句，转而开始检测下一个数值。

在使用 continue 语句时，需要注意以下两点：

- 当在 while 和 do...while 循环语句中执行 continue 语句时，控制流程将转去计算“循环条件”，如果结果为 true，继续执行“循环体”。
- 当在 for 循环语句中执行 continue 语句时，控制流程将转去计算“更新表达式”，然后再计算“检测表达式”，如果结果为 true，继续执行“循环体”。

与 break 类似，带标签的 continue 语句可以实现从内层循环跳至外层循环，并直接执行外层循环语句的下一次循环。下面是一个应用带标签的 continue 语句的程序片段。

```
outside:
for (int i = 1; i < 100; i++){
    long factorialValue = 1;
    for (int j = 2; j <= i; j++){          // 计算 i!
      if (factorialValue > Long.MAX_VALUE / j) {
        i = 100;      // 如果超出 long 数值范围，将 i 置成 100，结束循环
        continue outside;
      }
      factorialValue = factorialValue * j;           // 累乘
    }
    System.out.println(i + " != " + factorialValue);    // 输出 i! 的结果
}
```

这个程序片段的功能是：从 1 开始计算并输出每个数值的阶乘值，直至结果超出 long 类型的数值表示范围为止。尽管这段程序的效率不高，但却是一个应用带标签 continue 语句的实例。在这段程序中，有两层 for 循环，外层循环将负责控制整体操作重复 100 次，内层循环负责计算每个数值的阶乘。在计算阶乘的过程中，首先判断用当前的累乘值 factorial 再乘上一个 j 值是否会超出 long 类型的取值范围 Long.MAX_VALUE，如果超出这个取值范围，就将 i 修改为 100，并利用 continue outside 语句结束本层循环，转至 outside 指示的外层循环处继续执行 for 括号内的“更新表达式”i++，然后再计算“检测表达式”i < 100。由于此时 i 等于 101，使得计算结果为 false，所以外层循环将结束继续执行。

这个程序片段的运行结果应该为：

```
1!=1
2!=2
3!=6
......
19!=121645100408832000
20!=2432902008176640000
```

3. return 语句

return 语句可以终止成员方法的执行并返回至调用这个成员方法的位置。如果这个成员方法需要返回值，将通过它把返回值带出。return 语句有以下两种使用格式：

格式一：`return;`

格式二：`return` 表达式 `;`

第一种格式只能用在返回类型为 void 的成员方法中，否则将出现编译错误。下面是一个应用 return 语句的实例。

```
void printValue(int[] value) {
    if (value.length == 0)  {
        System.out.println(" No value !");
        return;
    }
    for (int i = 0; i < value.length; i++ ){
        System.out.print( value[i] + "  ");
    }
}
```

这个成员方法的功能是显示由参数带入的一维数组 value 的全部内容。这个成员方法的过程是：首先执行 if 语句，用来判断数组 value 中是否没有任何数值。如果 value.length 等于零，表明数组是空的，没有任何数值，显示一个提示，并执行 return 语句结束这个成员方法的执行，返回调用这个成员方法的位置。如果 value.length 不等于零，执行后面的 for 语句，显示数组 value 中的全部内容。

第二种格式应用在返回类型不是 void 的所有成员方法中。这种方法必须返回一个与成员方法声明的返回类型一致的值，而这个值只能通过 return 返回。下面是一个应用这种 return 语句的成员方法声明，它的功能是计算 xy。

```
long Power(int x, it y) {
  long power;
  power = 1;
  for ( int i = 1; i < y; i++) {
     power *= x;
  }
  return power;
}
```

在这个成员方法中，定义了一个局部变量 power，用于暂存计算结果。当根据参数带入的 x 和 y 计算完毕之后，利用 return 语句将 power 返回。

在使用这种格式的 return 语句时需要注意下面几点：

- 成员方法的返回类型可以是 Java 语言提供的 8 种基本类型、数组类型和类的引用。在 return 语句中的“表达式”的类型必须与成员方法声明的返回类型满足赋值相容的要求，否则将出现编译错误。
- 在一个成员方法中可以出现多个 return 语句，但必须保证在任何情况下能够有一条 return 语句被执行，否则将出现编译错误。
- 如果带返回值的成员方法返回后，其结果没有被立即使用或保存起来，将自动丢失。

2.7 综合应用举例

本章介绍了 Java 程序的开发工具、Java 程序的基本结构、Java 程序的基本数据类型、Java 程序的表达式、Java 语言提供的流程控制语句和 Java 程序的基本输入、输出。下面列举几个应用实例，进一步展示综合应用这些知识内容的基本方法与使用技巧。

【例 2-8】对于给定的两个正整数 m 和 n，计算其最大公约数和最小公倍数。

（1）问题分析

所谓最大公约数是指两个正整数共同拥有的最大约数；所谓最小公倍数是指两个正整数共同拥有的最小倍数。例如，40 与 36 的最大公约数是 12，最小公倍数是 144。

（2）设计说明

设计两个成员方法，一个用于计算两个正整数的最大公约数；另一个用于计算两个正整数的最小公倍数。

```
public static int maxCommonDivisor(int m, int n)  // 计算 m 和 n 的最大公约数
public static int minCommonMultiple(int m, int n)  // 计算 m 和 n 的最小公倍数
```

（3）程序代码

```
// file name: MaxDivisorMinMultiple.java
import java.util.*;
public class MaxDivisorMinMultiple {
    public static void main(String[] agrs) {
        Scanner in = new Scanner(System.in);
        int m, n;

        System.out.println("Enter m,n:");       // 输入两个正整数
        m = in.nextInt();
        n = in.nextInt();
        // 计算并显示两个正整数的最大公约数和最小公倍数
        System.out.println(m + "," + n + " max common divisor is "
                                  + maxCommonDivisor(m, n));
        System.out.println(m + "," + n + " min common multiple is "
                                  + minCommonMultiple(m, n));
    }
    // 计算两个正整数 m 和 n 的最大公约数
    public static int maxCommonDivisor(int m, int n) {
        int commonDivisor;
        if (m < n) {
            commonDivisor = m;
        } else {
            commonDivisor = n;
        }
        while (m % commonDivisor != 0 || n % commonDivisor != 0) {
            commonDivisor--;
        }
        return commonDivisor;
    }
    // 计算两个正整数 m 和 n 的最小公倍数
    public static int minCommonMultiple(int m, int n) {
        int commonMultiple;
        if (m > n) {
            commonMultiple = m;
        } else {
            commonMultiple = n;
        }
        while (commonMultiple % m != 0 || commonMultiple % n != 0) {
            commonMultiple++;
        }
        return commonMultiple;
    }
}
```

（4）运行结果

如果输入两个正整数 48 和 36，将会在屏幕上看到下列结果：

```
48,36 max common divisor is 12
48,36 min common multiple is 144
```

（5）程序说明

上述程序的基本结构是：一个类中包含 3 个成员方法，一个是主方法 main；另外两个是用户自定义的成员方法，它们分别负责计算两个正整数的最大公约数和最小公倍数。其中，应用了输入输出、分支语句和 while 循环语句，两个成员方法都利用 return 将计算结果返回。

在成员方法 maxCommonDivisor 中，计算最大公约数的基本算法是：由于最大公约数不会大于两个正整数之中较小者，所以，首先将两个正整数中较小者作为初始值赋给局部变量 commonDivisor，然后利用“循环条件”检测当前局部变量的值是否是两个正整数的约数，如果不是，则将 commonDivisor 的当前值减 1，继续进行“循环条件”的检测，直到检测到 commonDivisor 是两个正整数的约数为止，此时 commonDivisor 中的值就是所要的结果，结束循环并将其值返回。

在成员方法 minCommonMultiple 中，计算最小公倍数的基本算法是：由于最小公倍数不会小于两个正整数之中较大者，所以，首先将两个正整数中较大者作为初始值赋给局部变量 commonMultiple，然后利用“循环条件”检测当前局部变量的值是否是两个正整数的倍数，如果不是，则将 commonMultiple 的当前值加 1，继续进行“循环条件”的检测，直到检测到 commonMultiple 是两个正整数的倍数为止，此时 commonMultiple 中的值就是所要的结果，结束循环并将其值返回。

当然，从时间复杂性上看，上述两个算法并不是最有效的。读者可以思考一下对其优化的方法，以便改进程序的时间性能。

【例 2-9】利用下列公式计算 π 的近似值，要求精确到 10^{-6} 为止。

$$\pi/4 \approx 1-\frac{1}{3}+\frac{1}{5}-\frac{1}{7}+\dots$$

（1）问题分析

这是利用级数公式近似计算某个特定值的典型实例。计算结果的精确程度取决于累加的项数，即累加项数越多，精度越好。用户可以根据需求自行控制计算的准确程度。

（2）设计说明

设计一个用于计算 π 近似值的成员方法。

（3）程序代码

```
// file name: CalculatePI.java
public class CalculatePI {
    public static void main(String[] agrs) {
        System.out.printf("π = %.6f", Pi());
    }
    public static double Pi() {      // 计算 π 近似值
        double result, item;         // result 存放计算结果，item 存放每一项的数值
        int denominator, sign;       // denominator 存放每一项分母的值，sign 存放符号状态
        result = 0;
        denominator = 1;
        sign = 1;
        do {
            item = (double) sign / denominator;     // 计算每一项数值
            result += item;                         // 累加
            sign = -sign;                           // 修改符号状态
            denominator += 2;                       // 修改分母
        } while (Math.abs((double) sign / denominator) >= 1e-6);
        return result;                              // 返回计算结果
    }
}
```

（4）显示结果

在 NetBeans IDE 环境下运行例 2-9 程序后，可以看到如图 2-18 所示的输出窗口，其中包含了通过计算所得到的 π 的近似值。

（5）程序说明

上述程序的基本结构是：一个类中包含两个成员方法，一个是主方法 main；另外一个是

```
输出 - example2_9 (run-single)
deps-jar:
Compiling 1 source file to D:\Java\example2_9\build\classes
compile-single:
run-single:
π = 3.141591
成功生成（总时间：0 秒）
```

图 2-18　例 2-9 运行结果

用户自定义的成员方法，负责计算 π 的近似值。在这个成员方法中，主要应用了 do...while 循环语句，并利用 return 将计算结果返回。

成员方法 Pi 所使用的算法是一种计算级数的常规算法。基本过程是：首先初始化存放中间计算结果的局部变量中，然后，依次计算每个数据项，并累加到充当累加器角色的变量（result）中，直至满足计算精度为止。

另外，在这个算法实现中，使用了一个变换数据项符号的程序设计技巧。即定义一个局部变量 sign 并初始为 1，将它作为分子计算数据项的值，此时得到的数据项结果为正值，然后执行 sign = -sign，使得 sign 由原来的 1 变为 -1，随后再次计算数据项时就变为负值。如此，sign 在 1 与 -1 之间不断地交替变换，达到所得到的数据项正负交替的效果。

【例 2-10】根据给定年份、月份，打印相应的月历。

（1）问题分析

打印月历需要知道所打印月份的总天数和该月第 1 天是星期几，某个月份的总天数可以通过年份和月份得到，而某个月份第 1 天是星期几则需要知道本年份第 1 天是星期几。例如，2009 年 1 月 1 日是星期四，知道这点，计算 2009 年任何一个月份第 1 天是星期几就是一件很容易的事情了。鉴于简化问题的考虑，这里只谈及打印 2009 年某个月份的月历。如果希望打印 2009 年之后某年某月的月历，只要将程序稍作修改即可。

（2）设计说明

设计 4 个成员方法：第一个负责计算所打印月份的总天数，第二个负责计算所打印月份第 1 天是星期几，第三个负责打印月历头，第四个负责打印整个月历。

```
public static int getDays(int year, int month)                // 计算 month 月份的总天数
public static int getStartPosition(int year, int month)       // 计算 month 月 1 日的星期数
public static void printHead()                                // 打印月历头
public static void printMenology(int year, int month)         // 打印月历
```

（3）程序代码

```
// file name: Menology.java
import java.util.*;
public class Menology {
    public static final int FIRST_DAY = 4;            // 2009 年 1 月 1 日是星期四
    public static final int YEAR = 2009;              // 2009 年

    public static void main(String[] agrs) {
        Scanner in = new Scanner(System.in);
        int month;

        System.out.print("Enter month:");             // 输入所要打印的月份
        month = in.nextInt();
```

```
        printMenology(YEAR, month);      // 打印月历
    }
    public static int getDays(int year, int month) {  // 计算month月份的总天数
        int days;
        switch (month) {
            case 1:
            case 3:
            case 5:
            case 7:
            case 8:
            case 10:
            case 12: days = 31; break;
            case 4:
            case 6:
            case 9:
            case 11: days = 30; break;
            case 2: // 根据是否为闰年决定 2 月份的天数
                if (year % 400 == 0 || year % 4 == 0 && year % 100 != 0) {
                    days = 29;
                } else {
                    days = 28;
                }
                break;
            default:
                days = -1;
        }
        return days;
    }
    public static int getStartPosition(int year, int month) {  // 计算month月 1 日的星期数
        int allDays, firstDay;
        allDays = 0;
        for (int i = 1; i < month; i++) {  // 累加从 1～month-1 月份之间的天数
            allDays += getDays(year, i);
        }
        firstDay = (allDays + FIRST_DAY) % 7;  // 计算month月份第 1 天是星期几
        return firstDay;
    }

    public static void printHead() { // 打印月历头
        System.out.println("  SUN  MON  TUE  WED  THU  FRI  SAT");
    }
    public static void printMenology(int year, int month) {  // 打印月历
        int allDays, firstDay, day;
        allDays = getDays(year, month);                    // 得到总天数
        firstDay = getStartPosition(year, month);          // 得到第 1 天是星期几
        printHead();                                       // 打印月历头
        for (int i = 0; i < firstDay; i++) {               // 打印前面的空白
            System.out.print("     ");
        }
        day = firstDay;                                    // 打印月历内容
        for (int i = 1; i <= allDays; i++) {
            System.out.printf("%5d", i);
            day = (day + 1) % 7;
            if (day == 0) {
                System.out.println();
            }
        }
    }
}
```

（4）显示结果

在 NetBeans IDE 环境下运行例 2-10 程序后，可以看到如图 2-19 所示的输出窗口，其中包含了 2009 年 8 月的月历。

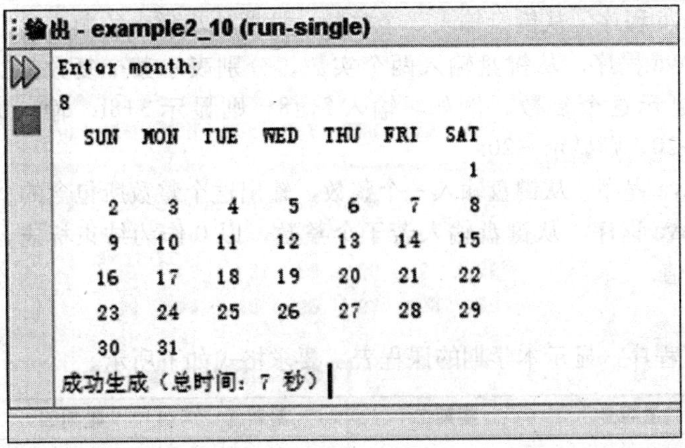

```
输出 - example2_10 (run-single)
Enter month:
8
  SUN  MON  TUE  WED  THU  FRI  SAT
                                 1
    2    3    4    5    6    7    8
    9   10   11   12   13   14   15
   16   17   18   19   20   21   22
   23   24   25   26   27   28   29
   30   31
成功生成（总时间：7 秒）
```

图 2-19　例 2-10 的运行结果

（5）程序说明

上述程序的基本结构是：一个类中包含 5 个成员方法，一个是主方法 main；另外 4 个是用户自定义的成员方法，它们分别负责计算所打印月份的总天数，第 1 天是星期几，打印月历头和打印月历整个内容。在这些成员方法中，综合应用了 Java 语言提供的大部分流程控制语句，体现了这些流程控制语句的控制能力及执行特点。

值得提及的程序设计技巧是在打印月历内容时控制换行的方法。这里定义了一个用于记录当前所打印位置的局部变量 day，每打印 1 天的日期，其内容就加 1 并与 7 取余，当 day 等于 0 时说明下一个日期应该打印在星期日的位置，此时执行具有换行作用的语句 System.out.println()。

上面 3 个实例从不同侧面体现了 Java 程序的基本结构、数据类型、表达式计算和流程控制语句的综合应用，掌握这些内容是继续学习 Java 语言程序设计后续内容的必要基础。

练习题

一、基本概念

1. 阐述 Java 程序的基本结构。

2. 如何生成字节码文件？字节码文件名的后缀是什么？字节码文件的特点是什么？

3. 阐述 Java 语言提供的 boolean 数据类型有何特征？适用何种场合？与 C/C++ 语言中的布尔类型表示有何区别？

4.JDK 中提供的 javac.exe 和 java.exe 是运行 Java 程序的两个重要程序。它们是什么程序？主要功能是什么？

5. 阐述控制台 Java 程序与图形用户界面 Java 程序的基本特点。

二、程序设计

1. 设计一个 Java 程序，按照下列格式显示个人信息。

学　　号：
姓　　名：
所学专业：
家庭地址：
联系电话：

2. 设计一个 Java 程序，从键盘输入 3 个整数，按照从小到大的顺序输出。

3. 设计一个 Java 程序，从键盘输入两个实数，分别表示某个复数的实部和虚部，按照复数的书写规则显示这个复数。例如，输入 3，8，则显示 3+8i；输入 10，−16，则显示 10-16i；输入 0，−20，则显示 −20i。

4. 设计一个 Java 程序，从键盘输入一个整数，输出这个整数所包含的全部质因子。

5. 设计一个 Java 程序，从键盘输入若干个整数，以 0 作为结束标志，计算其中的最大值、最小值及平均值。

三、上机题

设计一个 Java 程序，显示本学期的课程表。要求格式如下所示。

	星期一	星期二	星期三	星期四	星期五
1					
2					
3					
4					
5					
6					

自测题

一、填空题（每小题 8 分）

1.JDK 的含义是______________________________。

2.Java 源程序文件的命名规则是______________________________。

3. 运行 Java 程序的基本过程是______________________________。

4.Java 提供的数据类型种类有______________________________。

5.GUI 的含义是______________________________。

二、编程题（每小题 20 分）

1. 设计一个 Java 程序，其功能为：显示自己的学号、姓名和所学专业。

2. 设计一个 Java 程序，其功能为：从键盘输入两个正整数 m，n（$m < n$），显示这两个数值之间的全部质数。例如，输入 20 和 200，程序会将 20 ～ 200 之间的全部质数显示出来。

3. 设计一个 Java 程序，其功能为：从键盘输入 x，利用下列公式计算 $\cos(x)$ 的近似值。要求准确度达到 10^{-8}。

$$\cos x = 1 - \frac{x^2}{2!} + \frac{x^4}{4!} - \frac{x^6}{6!} + \frac{x^8}{8!} - \cdots$$

Chapter 第 3 章

数组与字符串

在程序设计中，数组类型是一种表示数据集合的常用手段，字符串是一种表示姓名、提示信息等类似数据的常见形式。Java 语言为数组类型与字符串都定义了相应的标准类，Arrays 是实现数组类型的组织与操作的类，String 是实现字符串存储与操作的类。这样既体现了 Java 面向对象的完整性，又增强了这两种数据的操作能力，为简化程序设计过程，提高程序的可靠性提供了可能性。不仅如此，Java 语言的设计者始终将尊重人们以往的使用习惯作为设计目标之一，在语法结构上延续了 C/C++ 语言的数据类型变量的操作形式。因此，减轻了人们学习使用 Java 语言程序设计的负担。

本章主要介绍数据类型的使用、字符串类的操作和 Array 标准类提供的操作功能等，然后再通过几个综合实例进一步说明它们的应用方法。

3.1 数组类型

根据数据类型的构成方式不同，可以将所有的数据类型分成两个类别：简单数据类型和复合数据类型。所谓简单是指用于组织单值数据的数据类型，例如，一个 int 类型的变量，每一时刻的取值只能对应一个介于 int 取值范围之内的整型数值；所谓复合是指组织数据集合的数据类型，即将若干个数值作为元素组织在一起。数组属于复合数据类型，它由若干个数据类型相同的元素组成。在编写程序时，常常用来存放类型相同的数据集合。从严格意义上讲，在 Java 语言中，数组是一个动态创建且属于 Arrays 的类对象，因此它又属于引用类型。

由唯一确定某个数组元素所需要的下标个数可以将数组分为一维数组、二维数组及多维数组。由于一维数组的使用频度最高，其次是二维数组，而多维数组的定义与使用可以通过二维数组导出，因此，下面仅介绍一维数组与二维数组的定义、创建、初始化和访问的基本方式。

3.1.1 一维数组

所谓一维数组是指每个元素由一个下标值唯一确定的数组类型。这是一种使用十分频繁的数据类型，它的特征明显、操作方便、易于理解，是每个程序设计者在编写程序的过程中无法回避使用的一种数据类型。下面分别介绍一维数组的定义、创建、初始化与访问方式。

1. 一维数组的定义

与其他程序设计语言一样，在 Java 程序中，使用数组类型也需要事先定义，只是在概念及实现方式上有所差异。

在 Java 程序中，数组类型属于引用类型，也就是说，定义的数组型变量是一个数组的引用，因此，系统仅为这个变量分配一个引用所需要的存储空间，此时所引用的数组有可能根本不存在，还需要通过创建过程给予构造，由此导出，在定义数组型变量时，不需要（Java 语法也不允许）给出数组所含有的元素数目。

下面是 Java 语言规定的定义数组型变量的语法格式：

```
数组元素类型[]  数组型变量名；
```

或者

```
数组元素类型  数组型变量名[];
```

其中，"数组元素类型"为组成一维数组的元素类型，"数组型变量名"为定义的数组型变量名称，它应该符合 Java 语言的标识符命名规则，建议遵守 Java 语言的标识符命名规范。例如：

int[ ] intArray; 或者 int intArray[ ];
float[ ] floatArray; 或者 float floatArray[ ];
String[ ] stringArray; 或者 String stringArray[ ];

建议使用前一种格式风格，这种格式风格的好处是将数据类型集中表示，即前面是数据类型，后面是变量名称，而后面一种格式风格的数据类型被变量名称分隔为前后两个部分。Java 语言保留这种定义格式风格完全是为了尊重人们的使用习惯。

2. 一维数组的创建

前面已经说过，数组型变量属于引用类型，即内部存储的是与引用数组有关的信息，而数组本身需要利用 new 运算符创建。

一个数组可以包含多个元素，所含的元素数目被称为数组的长度，数组中也可以没有任何元素，此时称为空数组。正因为如此，在创建数组时需要给出组成数组的元素数目。下面是利用 new 运算符创建数组的语法格式：

```
new 数组元素类型[数组元素数目];
```

其中，"数组元素类型"为组成数组的元素类型，"数组元素数目"为组成数组的元素数目，这个值要求大于或等于零。例如：

```
intArray = new int[100];          //intArray 由 100 个 int 类型的元素组成
floatArray = new float[50];       //floatArray 由 50 个 float 类型的元素组成
stringArray = new String[10];     //stringArray 由 10 个 String 类型的元素组成
```

也可以将数组的定义与创建合并在一起。例如：

```
char[] name = new char[30];
double doubleData[] = new double[10];
```

一旦创建数组后，系统就会为其分配相应的存储空间，并将数组的所有引用信息存放在某个数组型变量中。对数组元素的任何操作都需要通过引用实现。例如，执行上面两条语句后将会产生下列效果。

	0	1	2	3	4	…	28	29
name:						…		

	0	1	2	3	4	…	8	9
doubleData:						…		

需要注意的是：Java 语言与 C/C++ 语言就数组类型的实现而言有一个根本的区别，就是 Java 中的数组只能动态创建且动态分配存储空间，这是人们最初使用 Java 语言时经常容易忽

视的一个问题。另外，数组一旦被创建就无法改变其长度。如果经常需要在程序的运行过程中扩展数组的长度，就应该使用数组列表（ArrayList）。

3. 一维数组的初始化

在创建数组的同时，为数组元素赋予初始值的过程被称为数组的初始化。在 Java 语言中，为一维数组初始化的基本格式为：

```
int [] intArray = {10,20,30,40,50,60,70,80,90,100};
```

这条语句的操作过程是：首先为 intArray 数组分配 10 个 int 型元素所需要占用的存储空间，然后将初始值 10，20，30，40，50，60，70，80，90，100 依次赋给 intArray[0] ~ intArray[9]。

```
String [] name = {"zhang", "wang", "li", "zhao"};
```

由于在 Java 语言中字符串属于 String 类对象，所以这条语句的操作过程会稍复杂一些。首先，要为 4 个 String 型引用分配存储空间，然后再根据 4 个初始值为 4 个字符串分配存储空间，最后将初始值“zhang”、“wang”、“li”、“zhao”的引用依次赋给 name[0] ~ name[3]。

Java 语言规定，利用这种方式初始化数组时，不需要事先创建数组，也不允许在方括号中指出数组元素的数目，而是由赋值号右侧花括号中的初始值数目决定。

4. 一维数组元素的访问

创建数组后，就可以通过引用访问数组元素以达到对数组操作的目的。在 Java 语言中，数组元素的下标从 0 开始，例如：

```
int intArray[] = new int[20];
```

表示 intArray 数组共有 20 个元素，下标从 0 开始，到 19 为止。从另外一个角度说，这 20 个元素都借助于数组型变量 intArray 引用，它们各自需要依靠下标来区别。

与 C/C++ 语言相同，Java 访问数组元素的格式为：

```
arrayName[ 下标表达式 ]
```

intArray[0]、intArray[1]、…、intArray[18]、intArray[19] 就是 intArray 数组的元素访问格式。在运行程序时，Java 语言会严格地检查每个“下标表达式”的取值范围，一旦发生越界就会抛出 ArrayIndexOutOfBoundsException 异常。

当需要对数组中的每个元素进行操作时，可以利用数组对象中封装的 length 属性获得当前数组中包含的元素数目。下面这个程序段将实现对 value 数组中的元素值进行累加的操作，其中包含访问数组元素与使用 length 属性的应用。

```
int value[] = {10,9,40,20,12,8,9};                    // 创建一维数组 value 并初始化
for (int i = 0, sum = 0; i < value.length; i++){      // sum 变量为累加器
    sum += value[i];
}
```

在 for 语句中，将循环上界设定为 value.length 的好处是：当 value 数组的长度发生变化时不需要修改程序的其他地方。

另外，在 JDK 5.0 版本中增加了一个专门用于操作数据集合的循环流程控制语句 for each，其功能更加强大、书写更加简洁。这种语句的书写格式为：

```
for ( 数组元素型变量 : 数组型变量 )
语句;
```

其中，“数组元素型变量”是一个与数组元素同类型的变量，“数组型变量”是一个表示

数组引用的变量。例如，可以将上述数组元素累加的程序段改写成：

```
int sum = 0;
for (int v : value) {
    sum += v;
}
```

这条语句的执行过程可以描述为：循环访问 value 数组中的每个元素并将其内容累加到变量 sum 中。

5. 一维数组的复制

在 Java 语言中，数组型变量可以实现两种形式的复制操作。

第一种复制操作被称为数组引用的复制。下面通过一个实例说明这种复制操作的效果。

```
int[] firstArray = {10,20,30,40,50,60};
int[] secondArray;
secondArray = firstArray;
```

上面这条赋值语句的执行效果是将 firstArray 的引用信息赋给 secondArray，此时 firstArray 与 secondArray 共同引用一个数组。如果执行语句 secondArray[1] = 100，再分别显示 firstArray[1] 与 secondArray[1] 的内容，得到的结果完全一样。

第二种复制操作被称为数组的复制。在 JDK 6 之前可以利用 System 类提供的 arraycopy 方法实现这个功能，在 JDK 6 之后还可以利用 Arrays 类中的 copyOf 方法实现。这里，介绍前一种复制方式，后一种复制方式将在稍后讲述 Array 类时给出。

arraycopy 是 System 类中的一个静态方法。定义格式为：

```
void arraycopy(Object src, int srcPos, Object dest, int destPos, int length)
```

其中，src 为被复制的原始数组，srcPos 为原始数组中将要复制的数组元素的起始位置，dest 为目标数组，destPos 为复制到目标数组中后放置数组元素的起始位置，length 为复制的数组元素数目。

使用这个方法可以将数组 src 中从下标 srcPos 开始的 length 个数组元素复制到数组 dest 中。在 dest 中，这些数组元素从下标 destPos 开始放置。即将数组 src 中，srcPos ～ srcPos+length-1 之间的数组元素复制到数组 dest 的 destPos ～ destPos+length-1 位置上。与前面引用复制不同，src 与 dest 是两个不同的数组引用，各自在内存中拥有不同的存储区域。这个方法的执行过程是：根据给定的参数，将 src 数组中的元素值依次复制到 dest 数组对应的数组元素中。例如：定义两个数组 arraySrc 和 arrayDest。

```
int[] arraySrc = {5,10,15,20,25,30,35,40,45,50};
int[] arrayDest = new int[10];
```

执行 System.arraycopy(arraySrc, 0, arrayDest, 0, 10) 后，两个数组的状态变化如图 3-1 所示。

执行 System.arraycopy 方法前两个数组的状态：

arraySrc:	5	10	15	20	25	30	35	40	45	50
arrayDest:										

执行 System.arraycopy 方法后两个数组的状态：

arraySrc:	5	10	15	20	25	30	35	40	45	50
arrayDest:	5	10	15	20	25	30	35	40	45	50

图 3-1 执行复制操作后两个数组的变化情况

为了测试两个数组是不同的引用，可以试着修改其中某个数组的某个元素值，然后，再分别显示两个数组的内容，它们的结果一定不相同。

注意，在调用System.arraycopy方法时，可能会根据出现的异常情况抛出相应的Java异常信息。这时需要根据异常信息对可能出现的异常错误做出尽可能准确地判断，以便及时纠正错误。

下面列举一个实例说明借助一维数组组织数据的基本操作方式。

【例3-1】假设有n个候选人参加学生会主席的竞选，最后将根据学生的投票情况决定学生会主席的获胜人选。编写一个程序，完成选票的统计工作，并显示最终的获胜者。

为了利用程序解决这个问题，假设为每位候选人编号1..n。当希望为某位候选人投票时，就从键盘上输入这位候选人的编号。

每位候选人所获的选票存储在一个含有n个元素的一维数组中。由于含有n个元素的一维数组的下标范围在0..n−1之间，所以，在程序实现中，需要将候选人的编号与数组元素的下标做一个映射，即1号候选人在数组中用下标0表示，2号候选人在数组中用下标1表示，依此类推，n号候选人在数组中用下标n−1表示。

下面是这个程序的代码。

```
//file name: VotingClass.java。
import java.util.*;

public class VotingClass {
    public static final int N = 20;  // 候选人数
    public static void main(String[] agrs) {
        int[] v = new int[N];       // 创建存储选票的一维数组
        enterVotes(v);             // 输入每张选票
        printVotes(v);             // 显示每位候选人获选票情况
        System.out.println("Winner is " + statistics(v));  // 显示最终获胜者
    }
    public static void enterVotes(int[] v) { // 输入每张选票
        Scanner in = new Scanner(System.in);
        int vote;

        for (int i = 0; i < N; i++) {         // 初始化一维数组内容
            v[i] = 0;
        }
        System.out.println("Enter voter NO.:");  // 显示输入提示信息
        do {    // 输入每张选票，直到输入一个候选人编号之外的数值
            vote = in.nextInt();
            if (1 <= vote && vote <= N) {
                v[vote - 1]++;
            }
        } while (1 <= vote && vote <= N);
    }
    public static void printVotes(int[] v) {  // 显示每位候选人获选票情况
        System.out.print("( ");
        for (int i = 0; i < N; i++) {
            if (i != N - 1) {
                System.out.print(v[i] + ",");
            } else {
                System.out.print(v[i]);
            }
        }
        System.out.println(" )");
    }
    public static int statistics(int[] v) {  // 统计最终获胜者
        int index = 0;
        for (int i = 1; i < N; i++) {
```

```
            if (v[i] > v[index]) {
                index = i;
            }
        }
        return index + 1;
    }
}
```

在 NetBeans IDE 环境下运行这个程序后，可以看到如图 3-2 所示的输出窗口，其中包含了提示信息、输入的数据和显示结果。

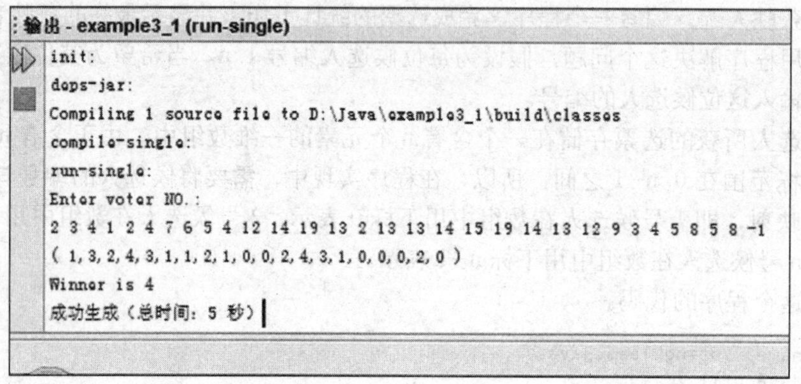

图 3-2　运行例 3-1 的显示结果

在例 3-1 程序中，除 main 成员方法外，还定义了 3 个成员方法，成员方法 enterVotes 用于实现输入选票的操作；成员方法 printVotes 用于显示每位候选人获得选票的情况；成员方法 statistics 用于统计最终获胜者。它们分别展示了数组的输入、输出与操作的基本格式。

在成员方法 enterVotes 中，为了保证累计选票的正确性，首先将每位候选人对应的选票累加元素初始化为零，然后根据输入的候选人编号将其选票累加到相应的数组元素中，例如，输入 20，将这张选票累加到下标为 19 的数组元素中。在程序中，利用定义的常量 N 表示参加选举的人数。当输入的选票不在所有候选人的编号范围之内时结束选票的输入操作。

在成员方法 printVotes 中，首先显示一个左括号，然后，显示每个数组元素的值，任意两个数值之间用逗号隔开，最后显示一个右括号。为了避免在最后一个数值后面出现逗号，程序中将最后一个数值单独处理，此时 i 等于 N−1，仅显示数组元素的值，而没有后面的逗号。从图 3-2 中可以看到显示效果为 (1,3,2,4,3,1,1,2,1,0,0,2,4,3,1,0,0,0,2,0)。

在成员方法 statistics 中，实现了从数组中选择最大值的操作。从一维数组中选择最大值的基本方法是：首先，假设一个数组元素的值最大，将这个下标记录在变量 index 中，然后用下标 index 对应的值与数组中的每个元素依次进行比较，如果发现某个数组元素的值更大，立即将 index 更改为这个更大值对应的下标。当所有元素都比较完毕后，index 对应的元素数值最大。

仔细观察图 3-2 的运行结果可能会发现，存在多个人所获得的选票数一样的情况。在遇到这种情况时，例 3-1 的程序将认为编号小者获胜。显然，这样处理缺乏合理性。读者可以思考一下，如何修改例 3-1 程序来解决这个问题？

3.1.2　二维数组

在 Java 语言中，一维数组的元素可以属于任意类型，包括基本数据类型和引用数据类型。也就是说，一维数组的元素又可以是一维数组类型，这就支持了二维数组，乃至多维数组的概念。由于可以借助于二维数组表示具有二维关系的数据，所以它的应用十分广泛。这里详细地介绍在 Java 程序中二维数组的使用方式。至于多维数组的应用完全可以由此推导得出。

1. 二维数组的定义与创建

在使用二维数组时，同样需要经历定义、创建、初始化与访问 4 个阶段。

Java 语言规定，二维数组的定义格式为：

```
数组元素类型 [][] 数组型变量名；
```

或者

```
数组元素类型 数组型变量名 [][];
```

或者

```
数组元素类型 [] 数组型变量名 [];
```

其中，“数组元素类型”为二维数组的元素类型，“数组型变量名”为二维数组型变量名称。例如：

```
int[][] intArray;
float floatArray[][];
double[] doubleArray[];
```

在这 3 种定义格式中，建议使用第一种格式。第二种格式完全是为了尊重习惯使用 C/C++ 定义格式的人们而保留的，第三种格式清晰度较差，不提倡使用。

上面几条定义语句的含义是：intArray 是一个一维数组型变量的引用，其中包含的每个元素是类型为 int 的一维数组的引用；floatArray 是一个一维数组型变量的引用，其中包含的每个元素是类型为 float 的一维数组的引用；doubleArray 是一个一维数组型变量的引用，其中包含的每个元素是类型为 double 的一维数组的引用。

定义二维数组变量后，就需要利用运算符 new 创建二维数组，并将相应的引用信息存放在二维数组变量中。日后对二维数组元素的操作都需要通过二维数组变量实现。

由一维数组的定义可以推导出：二维数组由两个下标唯一确定一个数组元素。可以将二维数组元素排列成一个阵列，用第一个下标表示行号，第二个下标表示列号。

Java 语言规定，创建二维数组的格式为：

```
new 数组元素类型 [行数][列数];
```

其中，“数组元素类型”为二维数组元素的类型，“行数”与“列数”表明了在行方向与列方向的元素数量。例如：

```
intArray = new int[10][5];
floatArray = new float[3][4];
```

上述创建的结果为：intArray 含有 10 个元素，每个元素是一个含有 5 个 int 型元素的一维数组型引用；floatArray 含有 3 个元素，每个元素是一个含有 4 个 float 型元素的一维数组型引用。

同样，也可以将数组型变量的定义与创建合并在一起。例如：

```
int[][] intArray = new int[10][5];
String strArray[][] = new String[3][4];
```

由于 Java 语言规定，一个二维数组型变量是一个含有若干个一维数组型变量的引用，因此也可以先创建行元素，再创建列元素。例如：

```
intArray = new int[10][];
for (int i = 0; i <10; i++) {
  intArray[i] = new int[5];
}
```

利用这种方式看似与利用 new int[10][5] 方式创建的二维数组的效果完全一样，但是，它们的存储分配过程将有较大的区别。前者的存储分配方式为：首先为 10 个一维数组的引用分配一片连续的存储空间，然后再分别为每个含有 5 个 int 型元素的一维数组分配存储空间，即 10 块各自连续的存储空间，每块存储空间存放 5 个 int 型数值。而后者将一次性地分配能够容纳 50 个 int 型数值的连续存储空间。

可以看出，在 Java 语言中，二维数组的第一维元素只是指向同类型数组的一个引用，并没有要求每个元素所对应的一维数组的长度相同，因此，可以借助上述形式创建不定长的行数组。这个特点在解决数据的行列组织不规范时非常有用。例如：

```
floatArray = new float[5][];
for (int i = 0; i < 5; i++){
  floatArray[i] = new float[i+1];
}
```

执行这个程序段后将会得到如图 3-3 所示的存储分配情况。

floatArray[0]	☐
floatArray[1]	☐☐
floatArray[2]	☐☐☐
floatArray[3]	☐☐☐☐
floatArray[4]	☐☐☐☐☐

图 3-3 不规则二维数组的存储空间分配情况

2. 二维数组的初始化

二维数组的初始化要比一维数组略复杂些。由于二维数组中的元素可以排列成一个二维阵列，所以，在初始化时需要表示清楚每个初始值的行列关系。例如：

```
int[][] intArray={{1,2,3,4}, {5,6,7,8}, {9,
  10, 11,12}};
```

这条语句的执行效果是：首先创建二维数组，然后，将第 1 个括号中的 3 个数值分别赋给第 1 行的 3 个元素；再将第 2 个括号中的 3 个数值分别赋给第 2 行的 3 个元素；最后将第 3 个括号中的 3 个数值分别赋给第 3 行的 3 个元素。初始化后的数组元素状态为：

1	2	3	4
5	6	7	8
9	10	11	12

同样，利用这种方式初始化二维数组时不需要事先创建数组型变量，也不允许在方括号中指出数组元素的数目，而是由赋值号右侧花括号中所包含的花括号数目确定二维数组的行数，每个花括号中的初值数目决定每一行的列数。

3. 二维数组元素的访问

创建二维数组之后，就可以通过引用变量对数组元素进行操作了。顾名思义，二维数组必须用两个下标唯一地确定一个元素，第一个下标为行下标，第二个下标为列下标，下标的起始编号从 0 开始。例如：

```
int intArray[] = new int[5][4];
```

这个数组共有 20 个元素，下标分别为 [0][0]~[4][3]。数组元素的排列顺序为：

intArray[0][0]　intArray[0][1]　intArray[0][2]　intArray[0][3]
intArray[1][0]　intArray[1][1]　intArray[1][2]　intArray[1][3]
intArray[2][0]　intArray[2][1]　intArray[2][2]　intArray[2][3]
intArray[3][0]　intArray[3][1]　intArray[3][2]　intArray[3][3]
intArray[4][0]　intArray[4][1]　intArray[4][2]　intArray[4][3]

可以利用下面这个语句段以阵列的形式输出二维数组的每个元素。

```
for  (int i = 0; i < intArray.length; i++) {
    for (int j = 0; j < intArray[i].length; j++) {
         System.out.print(intArray[i][j]);
    }
    System.out.println();
}
```

其中，intArray.length 为 intArray 数组所含的一维数组的数量，即二维数组的行数，intArray[i].length 为每行所含的列数。

在运行程序时，Java 语言会严格地检查每个下标表达式的取值范围，一旦发生越界现象就会产生 ArrayIndexOutOfBoundsException 异常。

下面列举两个简单的实例说明二维数组的基本应用方式。

【例 3-2】利用二维数组表示矩阵，并实现两个矩阵相乘的操作。

矩阵可以用来表示统计数据等方面的各种有关联的数据。在数学上，矩阵可以是由方程组的系数及常数构成的方阵。下面给出一个方程组与之对应的矩阵表示。

$$\begin{aligned} 2x_1 - x_2 + 3x_3 &= 1 \\ 4x_1 - 2x_2 + 5x_3 &= 4 \\ 2x_1 - x_2 + 4x_3 &= -1 \end{aligned} \quad \rightarrow \quad \begin{bmatrix} 2 & -1 & 3 & 1 \\ 4 & -2 & 5 & 4 \\ 2 & -1 & 4 & -1 \end{bmatrix}$$

可以看出，在矩阵中每个元素之间具有二维关系，即位于某行某列，所以，可以直接利用二维数组表示矩阵。

另外，在矩阵的运算中，要求两个相乘的矩阵必须满足第 1 个矩阵的列数等于第 2 个矩阵的行数。即对于 $A_{m1\times n1}$ 和 $B_{m2\times n2}$，要求 $n1=m2$，且结果矩阵 C 的行列数为 $m1\times n2$，其中的每个元素内容为：$c_{i,j}=\sum_{k=1}^{n1}a_{i,k}b_{k,j}$。

根据上面的分析，可以编写下列程序实现题目所要求的功能。

```
// file name: Matrix.java
public class Matrix {
    public static final int M1 = 5;     // 第 1 个矩阵的行数
    public static final int N1 = 4;     // 第 1 个矩阵的列数
    public static final int M2 = 4;     // 第 2 个矩阵的行数
    public static final int N2 = 6;     // 第 2 个矩阵的列数

    public static void main(String[] args) {
        int[][] a = new int[M1][N1];      // 创建第 1 个矩阵
        int[][] b = new int[M2][N2];      // 创建第 2 个矩阵

        enterMatrix(a, M1, N1);           // 输入第 1 个矩阵
        enterMatrix(b, M2, N2);           // 输入第 2 个矩阵
        printMatrix(a, M1, N1);           // 显示第 1 个矩阵
        printMatrix(b, M2, N2);           // 显示第 2 个矩阵
```

```
        if (N1 == M2) {                                    // 检测是否符合矩阵相乘要求
            int[][] c = new int[M1][N2];                   // 创建结果矩阵
            MulMatrix(a, M1, N1, b, M2, N2, c);            // 矩阵相乘
            printMatrix(c, M1, N2);                        // 显示结果矩阵
        }
    }
    public static void enterMatrix(int[][] m, int row, int col) {  // 输入矩阵
        for (int i = 0; i < row; i++) {
            for (int j = 0; j < col; j++) {
                m[i][j] = (int) Math.round(Math.random() * 10);
            }
        }
    }
    public static void printMatrix(int[][] m, int row, int col) {  // 显示矩阵
        System.out.println();
        for (int i = 0; i < row; i++) {
            for (int j = 0; j < col; j++) {
                System.out.printf("%4d",m[i][j]);
            }
            System.out.println();
        }
        System.out.println();
    }
   // 两个矩阵相乘
    public static void MulMatrix(int[][] a, int row1, int col1,int[][] b, int row2, int
      col2, int[][] c) {
        for (int i = 0; i < row1; i++) {
            for (int j = 0; j < col2; j++) {
                c[i][j] = 0;
                for (int k = 0; k < col1; k++) {
                    c[i][j] += a[i][k] * b[k][j];
                }
            }
        }
    }
}
```

在例 3-2 程序中，除 main 成员方法外，还定义了 3 个成员方法，成员方法 enterMatrix 用于实现为矩阵赋值的操作；成员方法 printMatrix 用于显示矩阵；成员方法 MulMatrix 用于实现两个矩阵相乘的操作。

在成员方法 enterMatrix 中，为了避免调试程序时需要输入大量数据所带来的烦恼，利用 Math 类中提供的成员方法 random 随机产生 0 ～ 1 之间的数值，并经过乘以 10 再四舍五入的处理，映射为 0 ～ 10 之间的整数，以此模拟用户键盘输入，这是一种在调试程序时经常使用的手段，程序调试完毕后，再根据题目的需求，重写实现输入功能的成员方法即可。

在成员方法 printMatrix 中，给出的是一种显示矩阵的常规格式，即外层循环控制行的输出，内层循环控制列的输出，每行的内容输出完毕后执行一条换行语句，以此达到矩阵内容按照行列的格式输出。

在成员方法 MulMatrix 中，利用三重循环实现了两个矩阵相乘的操作，这也是一种常规的书写格式，在有些书籍中，又将此称为古典的据称相乘算法。

上述 3 个成员方法分别展示了矩阵的输入、输出与操作的基本格式。

【例 3-3】编写一个 Java 程序，将 $N\times N$ 的方阵转圈赋值，并显示输出。

假设 N=5，下面就是 5×5 方阵的转圈填数结果。

```
1     2     3     4     5
16    17    18    19    6
```

15　　24　　25　　20　　7
14　　23　　22　　21　　8
13　　12　　11　　10　　9

这是一个依靠矩阵中每个元素的下标对其进行操作的典型实例。题目要求将 $1 \sim N^2$ 之间的整数按照从外向里的顺时针方向将其放入其中，并显示输出。

这个问题的关键是：如果按照从 $1 \sim N^2$ 的顺序放入数值，应该如何控制每次将要放置数值的下标？

下面是这个程序的代码。

```
// file name: RotatitonClass.java
public class RotatitonClass {
    public static final int N = 5;                // 方阵的大小

    public static void main(String[] agrs) {
        int[][] m = new int[N][N];                // 创建 N×N 的方阵
        rotating(m, N);                           // 向方阵中填写数值
        printSquareMatrix(m, N);                  // 显示方阵
    }
    public static void rotating(int[][] m, int num) {        // 向方阵中填写数值
        int  k = 1;                                          // 将要填写的数值
        for (int i = 0; i <= num / 2; i++) {                 // 将要填写的圈数
            for (int j = i; j < num - i; j++) {              // 上方行方向
                m[i][j] = k++;
            }
            for (int j = i + 1; j < num - i; j++) {          // 右侧列方向
                m[j][num - i - 1] = k++;
            }
            for (int j = num - i - 2; j >= i; j--) {         // 下方行方向
                m[num - i - 1][j] = k++;
            }
            for (int j = num - i - 2; j > i; j--) {          // 左侧列方向
                m[j][i] = k++;
            }
        }
    }
    public static void printSquareMatrix(int[][] m, int num) {  // 显示方阵
        System.out.println();
        for (int i = 0; i < num; i++) {
            for (int j = 0; j < num; j++) {
                System.out.printf("%4d", m[i][j]);
            }
            System.out.println();
        }
    }
}
```

在例 3-3 程序中，除 main 成员方法外，还定义了 2 个成员方法，成员方法 rotating 用于实现按照题目要求为方阵转圈填数的操作；成员方法 printSquareMatrix 用于显示方阵。

成员方法 rotating 是这个程序的核心，它采用每循环一次填写一圈的算法将 N^2 个整数填入方阵中。具体做法是从外向内依次填写每圈的内容，每一圈按照上、右、下、左的顺时针顺序填写。每圈需要填写的元素数量由方阵大小（num）和圈数（i）决定。

3.2　字符串与 String 类

在应用程序中，像标题、名字、地址或产品说明这类说明性信息都可以借助字符串描述。在 Java 语言中提供了两个类别的字符串：一类是用 String 标准类实现的字符串常量；另一类

是用 StringBuffer 标准类实现的可编辑修改的字符串。在这里仅介绍 String 类的使用，有关 StringBuffer 类的使用方式将在第 4 章中阐述。

与 C 语言一样，Java 语言中的字符串直接量使用双引号将字符序列括在其中。例如：

```
"this is a string literal!"
```

这样书写的直接量将属于 String 类。如果在字符串直接量中包含一些不能够直接通过键盘输入或有特殊意义的字符，例如，双引号、回车等，可以使用转义序列。例如，\" 表示双引号，\n 表示换行，\\ 表示反斜杠。

除了直接书写字符串直接量以外，还可以将某个字符串存储在 String 的类对象中。由于 String 类提供了很多对字符串常量操作的成员方法，所以，这样做既便于字符串的重复利用，又可以提高对字符串的控制能力。

String 类被定义在 java.lang 包中。使用 String 类表示字符串需要经过定义、创建、初始化和访问几个阶段。

定义一个 String 类对象的语法格式为：

```
String    字符串变量名;
```

其中 String 为类名，字符串变量名为对象名。需要注意，这里定义的字符串对象只是一个引用型变量，需要按照下列格式创建及初始化对象。

```
字符串变量名 = 字符串值 ;
```

或

```
字符串变量名 =  new String( 字符串值 );
```

字符串变量名为引用型的 String 类对象，字符串值为字符串直接量或另外一个引用型的 String 类对象。例如：

```
String str1, str2, str3;
str1 = "This is a string";
str2 = new String("This is a string");
str3 = str1;
```

也可以将定义、创建与初始化三个阶段合并在一起，例如：

```
String str = "This ia Java program.";
```

在使用 Sting 类对象时，需要注意下面几点：

- 在 Java 语言中，字符串直接量中的每个字符使用 Unicode 编码，占用两个字节。
- 如果定义 String 类对象之后，没有引用任何一个字符串，就应该赋予 null。
- String 类对象所引用的字符串是常量，不能对其字符串内容进行修改。
- String 类提供了很多成员方法，可以通过这些方法更加方便、灵活地使用字符串。表 3-1 中列出了其中的部分方法。

下面是一个应用 String 的实例，其功能是对任意输入的字符串判断是否为回文字符串。

【例 3-4】判断给定的字符串是否为回文字符串。

所谓回文字符串是指将字符串逆置后与原字符串相同。例如，“ABCDCBA”逆置后还是“ABCDCBA”，这是一个回文字符串；但“Program”逆置后为“margorP”，与原字符串不相同，这不是回文字符串。

表 3-1　String 类的主要成员方法

方法	描述
int length()	返回字符串的长度
char charAt(int index)	返回指定位置的字符
boolean equals(Object anObject)	与参数带入的 anObject 对象进行比较。 如果 anObject 不是 String 类对象，返回 false； 如果 anObject 是 String 类对象，且两个字符串内容相等，返回 true；否则返回 false
int compareTo(String anotherString)	与参数带入的 anotherString 对象进行比较。如果小于 anotherString，返回负整数；如果相等，返回 0；否则返回正整数
int indexOf(int ch)	返回字符 ch 在字符串中的位置
int indexOf(String str)	返回字符串 str 在字符串中的位置
String substring(int beginIndex)	返回从 beginIndex 开始到字符串结束处的子串
String concat(String str)	将当前字符串与 str 相连接，并将连接后的字符串返回
String replace(char oldChar, char newChar)	将字符串中的 oldChar 替换为 newChar，并将替换后的新字符串返回
String toLowerCase()	将字符串中所有的大写字母转换成小写字母
String toUpperCase()	将字符串中所有的小写字母转换成大写字母
String valueOf(Object obj) String valueOf(boolean b) String valueOf(char c) String valueOf(int i) String valueOf(long l) String valueOf(float f) String valueOf(double d)	将各种类型的值转换成字符串

下面是这个程序的代码。

```
// file name: Palindrome.java
import java.util.*;
public class Palindrome {
    public static void main(String[] args) {
        String str;
        Scanner in = new Scanner(System.in);

        System.out.print("Enter a string: ");
        str = in.nextLine();                                    // 输入字符串
        System.out.println("You've entered string:  " + str);     //输出用户输入的字符串
        if (isPalindrome(str)) {                      //调用 isPalindrome()判断 str 是否为回文
            System.out.println("\"" + str + "\" is a  palindrome.");
        } else {
            System.out.println("\"" + str + "\" isn't a palindrome.");
        }
    }
    public static boolean isPalindrome(String str) {  //判断 str 是否为回文字符串
        int len = str.length();                        //返回字符串长度

        for (int index = 0; index < len / 2 ; index++) {
            if (str.charAt(index) != str.charAt(len - index - 1)) { //对称的两个字符比较
                return false;
            }
        }
        return true;
    }
}
```

在 NetBeans IDE 环境下运行这个程序后，可以看到如图 3-4 所示的输出窗口，其中包含了回文字符串与非回文字符串的显示结果。

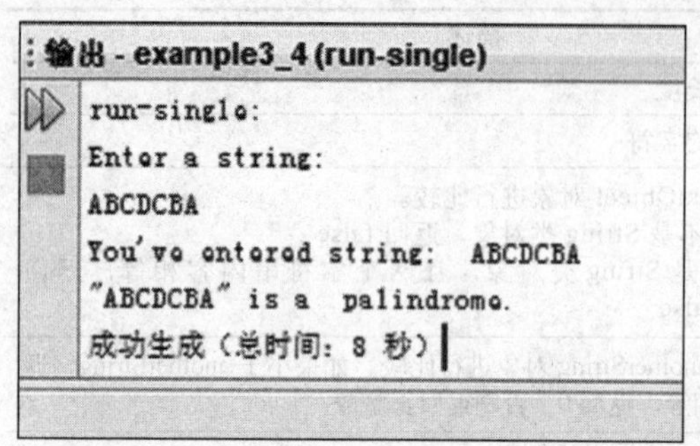

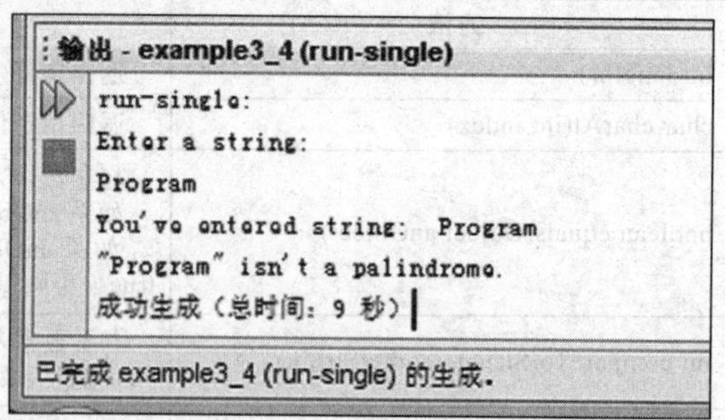

图 3-4　运行例 3-4 的显示结果

在例 3-4 程序中，除 main 成员方法外，还定义了一个成员方法 isPalindrome 用于实现是否是回文字符串的操作。其中应用了 String 类提供的两个成员方法：一个是 length()，它可以返回字符串的长度；另一个是 charAt()，它将返回字符串中给定位置的字符。注意，在这个成员方法中，对字符串的所有操作仅是获取字符串的信息，而没有对字符串进行任何修改，这是使用 String 类对象的基本特点。

3.3　数组操作与 Arrays 类应用

Arrays 是 Java 类库提供的一个位于 java.util 包中的标准类，其中包含了许多静态成员方法，通过它们可以方便地对数组进行排序、比较与填充等一系列操作，由于这些成员方法都是经过精心设计、严格检测，所以，使用它们不但可以大大地减轻程序设计人员的负担，还可以提高程序的质量、增加程序的清晰度与优化程序的执行效率。在表 3-2 中列出了几个常用的静态成员方法。在使用这些静态成员方法时需要注意：当数组型变量为 null 时，每个成员方法将会抛出 NullPointerException 异常。

表 3-2　Arrays 类中的几个常用的静态成员方法

方　法	功能描述
static elementType copyOf(elementType[ ] original, int newLength)	复制数组 original 的内容
static void sort(elementType[ ] a)	采用优化的快速排序算法对数组 a 进行排序
static int binarySearch(elementType[ ] a, elementType v)	采用二分查找算法在数组 a 中搜索 v
static void fill(elementType[ ] a, elementType v)	用 v 填充数组 a 的每个元素
static boolean equals(elementType[ ] a, elementType[ ] b)	判断两个数组 a、b 是否相等，即两个数组长度相同，对应下标的元素都相等

下面列举一个实例，说明 Arrays 类中常用静态成员方法的使用方式。

Arrays 类中的 copyOf 方法的格式为：

```
elementType[] copyOf(elementType[]original, int newLength)
```

其中，elementType 是数组元素类型，original 是被复制的原始数组，newLength 是复制的元素个数，成员方法将返回原始数组的复制。例如：

```
int[]array_dest = Arrays.copyOf(array_src, array_src.length);
```

【例 3-5】有关 Arrays 类提供的常用方法的应用。程序代码如下：

```
// file name : ArraysClassDemo.java
import java.util.*;
public class ArraysClassDemo {
    public static void main(String[] args) {
        int length, key, index;
        int[] array1, array2;

        Scanner in = new Scanner(System.in);
        System.out.print("Enter length of array: ");         // 输入数组长度
        length = in.nextInt();
        array1 = new int[length];

        for (int i = 0; i < array1.length; i++) {            // 产生 length 个随机数
            array1[i] = (int) (Math.random() * 1000);
        }
        array2 = Arrays.copyOf(array1, array1.length);       // 数组复制
        for (int element : array1) {                          // 显示原始的数组内容
            System.out.printf("%6d", element);
        }
        System.out.println();
        Arrays.sort(array2);                                  // 将数组内容重新排序
        for (int element : array2) {                          // 显示排序后的数组内容
            System.out.printf("%6d", element);
        }
        System.out.println();

        System.out.print("Enter a key: ");                    // 输入希望查找的数值
        key = in.nextInt();

        index = Arrays.binarySearch(array2, key);             // 二分查找
        if (index >= 0) {                                     // 显示结果
            System.out.printf("%6d at %d after sorted.\n", key, index);
        } else {
            System.out.printf("%6d isn't exist.", key);
        }
    }
}
```

在 NetBeans IDE 环境下运行这个程序后，可以看到类似如图 3-5 所示的输出窗口，其中包含生成的数组原始内容、排序之后的效果以及进行查找操作后的结果。

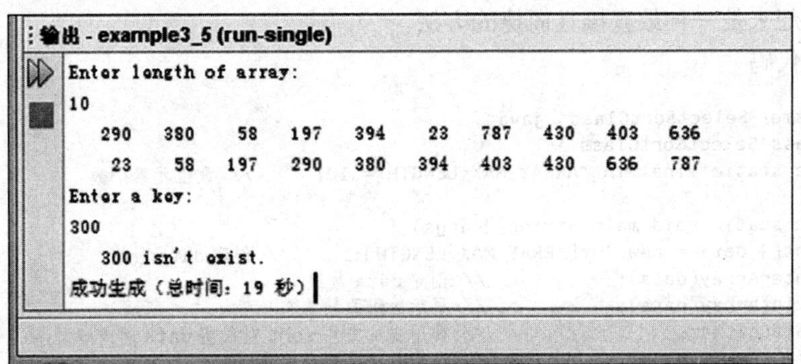

图 3-5　运行例 3-5 的显示结果

在这个程序中，应用了一系列 Arrays 类提供的静态成员方法。首先，根据用户输入的数组长度 length 创建一个包含 length 个元素的数组 array1，并产生 length 个小于 1000 的整数填充到 array1 的每个元素中；然后，利用成员方法 Arrays.copyOf 将 array1 的内容复制到生成的 array2 数组中，随后，调用成员方法 Arrays.sort 对数组 array2 进行排序，最后再利用二分

查找算法在数组 array2 中搜索给定数值 key。显然，在这个程序中，由于使用了 Arrays 类中提供的成员方法，大大简化了编写程序的工作量，缩短了程序代码的篇幅。

3.4 综合应用举例

本章主要介绍了 Java 语言提供的数组类型概念、实现手段及使用方法。根据唯一确定一个数组元素所需要的下标个数，数组可以分为一维数组、二维数组及多维数组。由于一维数组与二维数组的应用十分广泛，所以将这两部分内容做了比较详细的论述，有关多维数组的定义及使用方式可以由此推导得出。

另外，还介绍了 String 类与 Arrays 类的应用方法。String 类用于提供字符串常量的表示与操作，Arrays 类提供了许多用于对数组操作的静态成员方法。充分了解这两个类提供的功能，并恰当地应用它们，对于提高软件开发的效率、保证程序的质量、改善程序的可读性有着不可忽视的功效。下面列举几个应用实例，进一步展示综合应用这些知识内容的基本方法与使用技巧。

【例 3-6】随机产生若干个整数，并采用选择排序的算法，按照从大到小重新进行排列。

（1）问题分析

这是一个典型的一维数组问题。为了展示一维数组的操作方式，在这个实例中，自定义选择排序的成员方法。选择排序是一种利用选择手段实现排序操作的方法。具体排序过程为：假设有 n 个整数参加排序，第 1 趟从 1 ～ n 个整数之间选择一个最大数，并交换到第 1 个位置；第 2 趟从 2 ～ n 个整数之间选择一个最大数，并交换到第 2 个位置；第 3 趟从 3 ～ n 个整数之间选择一个最大数，并交换到第 3 个位置；依此类推，直到最后剩 2 个整数，从中选择较大者，并交换到第 n−1 个位置。可以看出，在一个区间中找一个最大数，并交换到前面的操作总共执行 n−1 次。

（2）设计说明

设计三个成员方法：一个用于生成一维数组的内容；一个用于显示一维数组的内容；另一个用于实现选择排序算法。

由于在排序过程中，需要随时查看或操作每个整数，所以，利用一维数组将参加排序的所有整数保存起来是一种最直接且简捷的方法。

（3）程序代码

```
// file name: SelectSortClass .java
public class SelectSortClass {
    public static final int ARRAY_MAX_LENGTH = 10;      // 数组元素个数

    public static void main(String[] args) {
        int[] data = new int[ARRAY_MAX_LENGTH];      // 创建 data 数组
        enterArray(data);                // 创建 data 数组
        printArray(data);                // 显示数组原始状态
        sort(data);                      // 调用成员方法 sort 对数组 data 的内容排序
        printArray(data);                // 显示数组排序后的状态
    }

    public static void enterArray(int[] data) {      // 生成数组内容
        for (int i = 0; i < data.length; i++) {  // 产生 data.length 个随机整数
            data[i] = (int) (Math.random() * 100);
        }
    }
    public static void printArray(int[] data) {      // 显示数组内容
        System.out.println();
```

```
        for (int element : data) {
            System.out.printf("%4d", element);
        }
    }
    public static void sort(int[] data) {       // 选择排序
        int index;

        for (int i = 0; i < data.length - 1; i++) {  // 执行 n-1 趟选择操作
            index = i;
            for (int j = i + 1; j < data.length; j++) {  // 从 i ～ n-1 选择最大数
                if (data[j] > data[index]) {
                    index = j;
                }
            }
            if (index != i) {         // 将最大数交换到第 i 个位置
                int temp = data[i];
                data[i] = data[index];
                data[index] = temp;
            }
        }
    }
}
```

（4）运行结果

在 NetBeans IDE 环境下运行这个程序后，可以看到类似如图 3-6 所示的输出窗口，其中包含生成的数组原始内容和排序之后的结果。

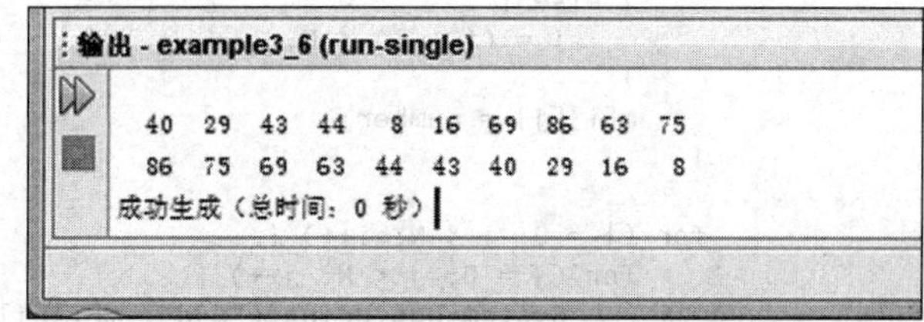

图 3-6　运行例 3-6 的显示结果

（5）程序说明

上述程序的基本结构是：一个类中包含 4 个成员方法，一个是主方法 main；另外三个是用户自定义的成员方法，它们分别负责生成数组内容、显示数组内容和实现选择排序算法。

在成员方法 sort 中，采用两层循环结构实现选择排序的过程。外层循环控制基本选择操作的执行次数，在内部包含两个基本操作，一个是选择最大数，内层 for 循环语句完成了这项操作，基本过程是：假设第 i 个元素所对应的整数最大，并将 i 保留在 index 中；然后从第 i+1 个元素开始，依次与数组中的每个元素比较一次，一旦发现更大的数值，就将其下标保留在 index。当每个元素都比较完毕后，index 的内容就是这个区间最大值所对应的下标。

在利用一维数组存储所操作的数据时，应该充分利用下标，将下标与元素的某些特性对应起来，这是常用的程序设计技巧。例如，用下标表示数值的位置；用下标表示字母的序号；当数组的内容按照从小到大或从大到小排序后，下标将表示所对应元素在整个数组中是第几个小或第几个大的数值。

【例 3-7】打印“魔方阵”。

（1）问题分析

这是一个典型的二维数组应用的实例。所谓“魔方阵”是指每一行、每一列和对角线之和均相等的方阵。图 3-7 就是一个 5×5 的“魔方阵”。

17	24	1	8	15
23	5	7	14	16
4	6	13	20	22
10	12	19	21	3
11	18	25	2	9

图 3-7　5×5 的“魔方阵”

（2）设计说明

在这个题目中，关键问题是要知道构造“魔方阵”的算法。

下面就是一个人们普遍应用的“魔方阵”算法。

1）首先将数值 1 放在第 1 行中间的位置。

2）从 2 开始到 N^2 为止，按照下列规则放置每个数值：如果上一个数值的右上方为空（数组元素为 0 表示该位置为空），则当前数值放在上一个数值的右上方；否则放在上一个数值的正下方。

显然，“魔方阵”是一个具有二维关系的实例，应用二维数组来编程是一种最佳的选择方案。

（3）程序代码

```
// file name: MagicMatrixClass.java
public class MagicMatrixClass {
    public static final int N = 5;                          // 方阵的大小

    public static void main(String[] args) {
        int m[][] = new int[N][N];                  // 创建二维数组
        int i, j, number;

        i = 0;
        j = N / 2;
        m[i][j] = 1;                                              // 将 1 放在第 1 行的中间
        for (number = 2; number <= N * N; number++) {  // 放置 2 ~ N² 之间的数值
            if (m[(i - 1 + N) % N][(j + 1) % N] == 0) {   // 判断右上方是否为空
                i = (i - 1 + N) % N;
                j = (j + 1) % N;                                  // 计算右上方位置
            } else {
                i = (i + 1) % N;                                   // 计算正下方位置
            }
            m[i][j] = number;                                    // 将当前数值放在 m[i][j]
        }

        for (i = 0; i < N; i++) {                                // 显示“魔方阵”
            for (j = 0; j < N; j++) {
                System.out.printf("%4d", m[i][j]);
            }
            System.out.println();
        }
    }
}
```

（4）运行结果

在 NetBeans IDE 环境下运行这个程序后，可以看到如图 3-8 所示的输出窗口，其中包含一个 5×5 的“魔方阵”。

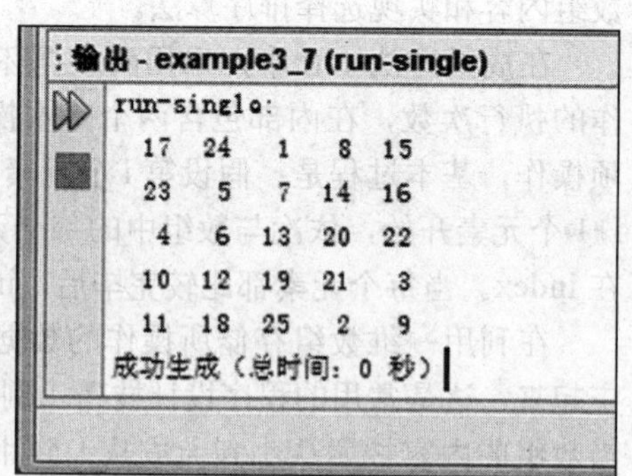

图 3-8　运行例 3-7 的显示结果

（5）程序说明

这个程序所涉及的关键技术是根据要求计算二维数组的下标。如果当前位置的下标是（i, j)，它的右上方下标就是（(i−1 + N) % N，(j + 1) % N)，它的正下方的下标就是（(i + 1) % N，j)。需要注意，在计算右上方行下标时，i−1 有可能产生负值，所以需要加上 N，以保证其结果位于 0 ～ N−1 之间。

【例 3-8】计算“杨辉三角形”。

（1）问题分析

这是一个不规则二维数组的典型应用实例。所谓不规则二维数组是指在数组中每行包含的列数不相同。

1									
1	1								
1	2	1							
1	3	3	1						
1	4	6	4	1					
1	5	10	10	5	1				
1	6	15	20	15	6	1			
1	7	21	35	35	21	7	1		
1	8	28	56	70	56	28	8	1	
1	9	36	84	126	126	84	36	9	1

图 3-9 “杨辉三角形”前 10 行

图 3-9 是“杨辉三角形”的前 10 行结果。

从图 3-9 可以看出，“杨辉三角形”的第 1 行有一个数值，第 2 行有两个数值，以此类推，第 10 行有 10 个数值。每一行中包含的数值规律是：第一个数值与最后一个数值都是 1，其余的数值为上一行对应的两个数值之和，即第 i 个数值等于上一行第 i–1 个和第 i 个数值之和。

（2）设计说明

在 Java 程序中，可以根据每行数值的个数创建包含不同元素个数的行数组，这样既可以满足题目的要求，又可以保证存储空间的利用率。

（3）程序代码

```
// file name: YangHuiTriangleClass.java
public class YangHuiTriangleClass {
    public static final int N = 10;          // 所计算的 " 杨辉三角形 " 行数
    public static void main(String args[]) {
        int[][] data = new int[N][];         // 创建引用一维数组的元素
        for (int i = 0; i < N; i++) {
            data[i] = new int[i + 1];        // 创建引用的一维数组
        }
        data[0][0] = 1;                      // 计算第 1 行的数值
        for (int i = 1; i < N; i++) {
            data[i][0] = 1;                  // 每行的第一个 1
            for (int j = 1; j < i; j++) {
                data[i][j] = data[i - 1][j - 1] + data[i - 1][j];  // 计算中间数值
            }
            data[i][i] = 1;                  // 每行的最后一个 1
        }

        for (int i = 0; i < N; i++) {        // 显示“杨辉三角形”
            for (int j = 0; j <= i; j++) {
                System.out.printf("%4d", data[i][j]);
            }
            System.out.println();
        }
    }
}
```

（4）运行结果

在 NetBeans IDE 环境下运行这个程序后，可以看到如图 3-10 所示的输出窗口，其中包含一个 10 行的“杨辉三角形”。

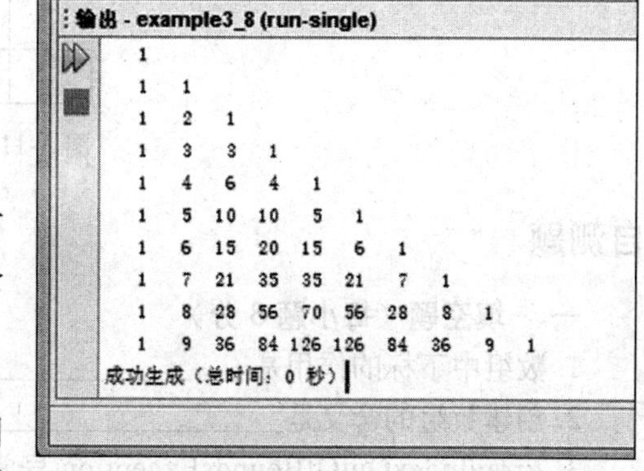

图 3-10　运行例 3-8 的显示结果

（5）程序说明

这个程序涉及的关键技术是如何创建不规则二维数组的基本方法。首先，利用一个 for 循环语句创建一个一维数组，其元素类型为引用一维数组的引用，个数为二维数组的行数；然后，再利用一个 for 循环语句分别创建每行所对应的一维数组，其元素类型为 int，个数由每行所包含的数值个数决定。这是一种常规的书写形式，建议理解与掌握这种使用方式。

上面 3 个实例从不同侧面体现了在 Java 程序中一维数组与二维数组的使用方式。当然，在编写 Java 程序时，尽可能地利用标准类库中提供的类。

练习题

一、基本概念

1. 在什么情况下，应该选择数组类型存储将要操作的数据？与 C/C++ 语言相比较，Java 语言提供的数据类型在概念、定义与操作上有哪些明显的区别？

2. 在 Java 语言中，二维数组的含义是什么？有几种主要的方式创建二维数组？

3.String 类表示的字符串有何特征？尽可能地用 String 类对象表示字符串有什么好处？

4.Arrays 类用于描述哪种数据类型？在这个类中主要提供了什么功能？

5. 在 JDK 5.0 版本之后，提供了一种专门用于操作数组或其他集合类型的 for each 循环结构语言，举例说明它的使用方法。

二、程序设计

1. 设计一个 Java 程序，从键盘输入 *n* 个整数，计算它们的最大值、最小值及平均值，然后再统计其中大于平均值的整数个数及小于平均值的整数个数。

2. 设计一个 Java 程序，从键盘输入某班某门课程的考试成绩（假设一个班有 *n* 名学生），然后根据分数按照从高到低的顺序重新排列，并统计不及格人数。

3. 设计一个 Java 程序，对给定的 $N \times N$ 方阵判断是否是“魔方阵”。有关“魔方阵”的定义参见例 3-7。

4. 设计一个 Java 程序，从键盘输入一句话，统计其中包含的单词个数。假设单词之间用空格、逗号及句号分隔。

5. 设计一个 Java 程序，从键盘输入一段短文，统计每个字母出现的频率。

三、上机题

设计一个 Java 程序，利用二维数组实现井字游戏。这个游戏的具体规则是：在一个 3×3 的方阵中，两个人轮流在空白处做符号标记，例如，一个人做√标记，另一个人做○标记，先将同一种标记在一行、一列或者两个对角线上连成线者为胜。图 3-11 中表示√方胜。

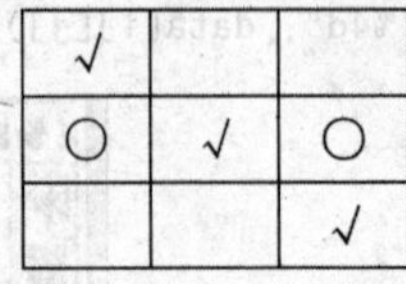

图 3-11　井字游戏

自测题

一、填空题（每小题 8 分）

1. 数组中下标的作用是____________________________。

2. 创建数组的含义是____________________________。

3. ArrayIndexOutOfBoundsException 异常的含义是________________。

4.String 类表示的字符串属于常量字符串，其特征是____________________。

5.for each 语句的语法格式是__________________________________。

二、编程题（每小题 20 分）

1. 设计一个 Java 程序，其功能为：随机生成 n 个介于 0..100 之间的整数，统计每个整数的出现次数，并根据这个统计结果，按照从小到大的顺序显示生成的每个整数。

2. 设计一个 Java 程序，其功能为：从键盘输入一个 $m \times n$ 的矩阵，并对这个矩阵进行转置操作，即将矩阵中所有的 a_{ij} 内容与 a_{ji} 内容互换。

3. 设计一个 Java 程序，其功能为：从键盘输入一句话，并显示输出。要求在显示过程中，过滤其中多余的空格，即出现多个连续的空格只输出一个即可。

第4章 Chapter

类与对象

Java 语言是一种完全支持面向对象程序设计方法的程序设计语言，而面向对象程序设计的精髓就是抽象性、封装性、继承性与多态性，这 4 种特性给提高软件开发效率、降低软件开发成本、保证软件产品质量带来了极大的可能。其中，抽象是指从众多事物中舍弃个别的、非本质的属性，抽取出共同的、本质的属性的过程；封装是面向对象程序设计实现软件系统的基本手段，它将对象的属性及行为绑定在一起，用户只能够通过外部接口对对象内部的属性进行操作，从而达到更高层次的模块化，使最终的软件系统具有较高的可靠性、安全性、可维护性、可重用性与可扩充性。

任何一种面向对象的程序设计语言都应该提供支持抽象与封装概念的机制。在 Java 语言中，用类与对象体现抽象与封装的程序设计特性。

本章将介绍 Java 语言提供的类与对象的概念、实现机制以及应用方式。

4.1 类

面向对象程序设计方法是指用面向对象的方法指导程序设计的整个过程。所谓面向对象是指以对象为中心，分析、设计及构造应用程序的机制，其特点是将分析问题的视角定位于现实世界中存在的实体，它既可以是书籍、人物、建筑这些有形的物体，也可以是信息、数学公式、数据类型这些抽象的概念。在未来开发的程序中，用对象模拟这些实体，用对象之间的关系模拟各个实体之间的关系，用对象之间的通信模拟实体之间的相互交流及相互作用，从而达到将现实世界中的实体直接映射成程序中对象的目的，最终实现计算机系统对现实世界环境的真正模拟。

当人们以对象为中心分析将要解决的问题时，需要拥有一种描述对象特征的工具。例如，在设计学籍管理系统时，需要涉及学生基本信息、考试成绩、学分完成情况等实体信息，尽管每个学生的姓名有可能不同，所修的课程及考试分数也可能不一样，但在学籍系统中，所描述的信息项目应该相同，因此，应该通过对实际问题的分析，根据用户的需求，整理出需要描述的所有信息项目，这就是抽象的过程。抽象的结果将会得到一类实体所应该具有的共同特征。这些特征包括实体的属性与应该具有的行为能力，将它们包装在一起，构成一个描述实体特性的封装体，并借助某种手段加以实现。Java 语言用类承担这个神圣职责。下面分别介绍类的定义、类的表示、类的成员变量初始化及类的成员方法重载。

4.1.1 类的定义

在 Java 语言中，类是一种引用型数据类型。它是对现实世界实体抽象的结果，其主要包含对实体属性及作用在这些属性上的行为能力的描述。在编写程序时，首先需要对抽象的实体特征用类加以描述，即进行类的定义。

Java 语言规定，最简单的类定义格式为：

```
[修饰符] class 类名 {
    类体
}
```

其中“修饰符”可以是类的访问特性说明符，用于控制类的被访问权限与类的类别；class 为定义类的关键字，“类名”为类的名称，它既要符合 Java 语言的标识符命名规则，又建议遵守在第 2 章中给出的 Java 命名规范。“类体”是类的具体描述内容，包含成员变量、成员方法、类、接口、构造方法、静态初始化器等，但其中最主要的是成员变量与成员方法。成员变量用来描述实体的属性，成员方法用来描述实体所应该具备的行为能力。

例如，任何一个矩形应该包含的属性有长、宽，应该具备的行为能力有设置长、宽的当前值，获取长、宽的当前值，计算矩形的面积与计算矩形的周长等。下面就是描述矩形实体的类定义。

```
// file name: Rectangle.java
public class Rectangle {                    // 矩形类
    private int length;                     // 表示长
    private int width;                      // 表示宽

    public void setLength (int lengthValue) { length = lengthValue;}
    public void setWidth (int widthValue ){ width = widthValue;}
    public int getLength() { return length; }
    public int getWidth() { return width; }
    public int getArea() { return length * width; }
    public int getPerimeter (){ return 2 * ( length + width); }
}
```

应该将这个类定义的程序代码保存在名为 Rectangle.java 的文件中。

从上面的类定义中可以看出，Rectangle 类中定义了 2 个成员变量 length 和 width，分别用来表示矩形的长、宽属性。另外还定义了 6 个成员方法，前 2 个名称类似 set__ 的成员方法用来表示设置长、宽的当前值的操作能力，又称为更改器；中间两个名称类似 get__ 的成员方法用来表示获取长、宽的当前值的操作能力，又称为获取器；最后 2 个成员方法分别表示计算矩形面积和计算矩形周长的操作能力。

在软件设计阶段，希望用一种简单、易懂且无二义性的方式描述类的状况。目前广为流行的统一建模语言就是为此目的而设计的，通常被简称为 UML，是 Unified Modeling Language 的缩写。UML 始于 1997 年，是一种面向对象建模的图形表示法。利用它可以从不同侧面描述所开发的软件系统的特征，为构造更加符合用户需求、更加可靠、更加安全、更加易于扩展的软件系统奠定了良好的基础。

近几年，UML 倍受关注。它的出现使面向对象的软件开发方法又向科学化、规范化的方向迈进了一步。由于 UML 的内容已经超出本课程的教学范围，因此，本书不打算详细地介绍它的全部内容，只是选用其中的“类图”作为对类及类关系的描述，这里只介绍 UML 中“类图”的描述符号。

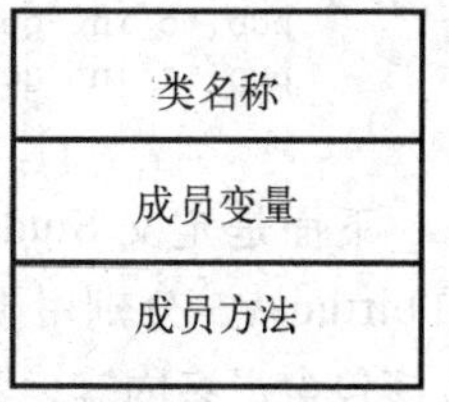

图 4-1　类的 UML 表示

“类图”是 UML 中用来描述类及类之间静态关系的图。图 4-1 展示了描述类的基本结构。

每个类用一个矩形表示，其中由 3 部分组成：上方部分是所描述的类名，中间部分是类包含的成员变量，下方部分是类包含的成员方法。在成员变量与成员方法的描述中，用“+”

表示 public（公有）访问特性；“#”表示 protected（保护）访问特性；“-”表示 private（私有）访问特性。

图 4-2 是 Rectangle 类的 UML 类图描述。

通常，在类体中包含的成员变量与成员方法可以有两种形式：一种被称为实例变量与实例方法；另一种被称为静态变量与静态方法。它们的区别主要表现在归属不同、创建时机不同、存储管理方式不同等。在这里，只讨论实例变量和实例方法。有关静态变量和静态方法的相关内容将在稍后介绍。

Rectangle
- int length - int width
+ void setLength() + void setWidth() + int getLength() + int getWidth() + int getArea () +int getPerimeter()

图 4-2　Rectangle 类的 UML 类图

在 Rectangle 类中，定义的成员变量与成员方法都属于实例变量和实例方法。所谓实例变量与实例方法是指每个成员变量与成员方法与唯一的一个对象相关联，即在创建对象时，才创建所有实例变量的副本，关联所有的实例方法，致使每个对象拥有一套自己独享的实例变量副本。

在类的定义中，成员变量可以属于 Java 语言提供的所有基本数据类型与引用类型。在 Rectangle 类中，两个成员变量均为 int 类型。下面列举一个实例，类中的某个成员变量属于另外一个类。Date 是描述日期的类，Student 是描述学生基本信息的类。在 Student 类中，包含一个表示出生日期的成员变量，它属于 Date 类。

下面先定义 Date 类。在这个类中，含有 3 个成员变量，分别是 year、month、day，分别表示年、月、日，4 个用于设置日期的成员方法，3 个用于获取日期的成员方法。

```
// file name: Date.java
public class Date {               // 日期类
    private int year;             // 表示年
    private int month;            // 表示月
    priavte int day;              // 表示日

    public void setYear(int y) {year = y;}
    public void setMonth(int m) {month = m;}
    public void setDay(int d) {day = d;}
    public void setDate(int y,int m,int d) {
        year = y;
        month = m;
        day = d;
    }
     public int getYear() {return year;}
     public int getMonth() {return month;}
     public int getDay() {return day;}
}
```

下面是定义 Student 类的程序代码。在这个类中，定义了 4 个成员变量 No、name、sex 和 birthday，分别用于描述学号、姓名、性别与出生日期。在实际应用上，学生的基本信息还应该包含很多内容，鉴于篇幅有限，在此将内容简化为仅包含 4 项。

```
// file name: Student.java
public class Student {        // 学生类
     private long No;          // 表示学号
     private String name;      // 表示姓名
     private char sex;         // 表示性别
     private Date birthday;    // 表示出生日期

     public void setNo(long n) { No = n; }
```

```
    public void setName(String n) { name = n; }
    public void setSex(char s) { sex = s; }
    public void setBirthday(Date b) { birthday = b; }
    public long getNo() { return No; }
    public String getName() { return name; }
    public char getSex() { return sex; }
    public Date getBirthday() { return birthday; }
}
```

这两个类之间具有依赖关系。即 Student 类中的成员方法需要访问 Date 类对象查看出生日期。在 UML 中，这种关系用如图 4-3 所示的一个带箭头的虚线表示，这里出现的仅在矩形中标记类名的表示形式是类的一种简易表示法。通常可以在仅关注类之间的关系，而不强调类中的内容时这样使用。

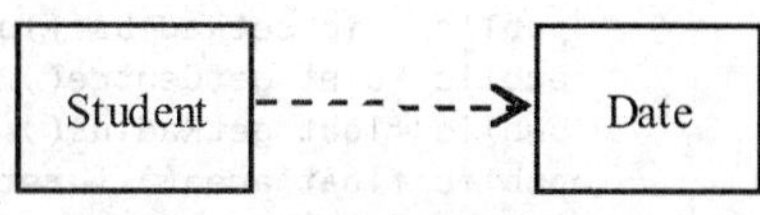

图 4-3　UML 的“依赖”关系符号

在 Student 类中定义的 birthday 只是 Date 类的引用，因此，要想真正对其进行操作，需要先创建这个成员对象。这项任务既可以在定义成员变量时完成，也可以在某个成员方法中完成。一般提倡在类的构造方法中完成。构造方法是创建类对象之后，系统自动调用的第一个成员方法。有关构造方法的详细内容将在稍后讲述。

Java 语言规定，每个源文件可以包含一个或多个类的定义，但其中只有一个类能够被赋予 public 访问特性，因此上面这个实例可以有两种存储方式：一种是将其中一个类的 public 访问特性去掉，将两个类定义存放在一个源文件中，文件名为访问特性为 public 的类名，再加上后缀 .java。例如，将 Date 类前面的 public 去掉，两个类定义存放在名为 Student.java 的文件中；另一种是将两个类分别存放在两个不同的文件中，一个文件名为 Date.java，一个为 Student.java。无论哪种存放方式，编译后都为每个类生成一个字节码文件，且文件名的前缀为类名，后缀为 .class。为了便于管理、增加代码的重用性，建议使用第二种存储方式。

4.1.2　类中的成员变量

每个对象的状态通过属性体现。在程序中，对对象的操作主要是指更改对象属性的状态值和获取对象属性的当前状态值。Java 语言的成员变量有两种形式：一种是静态（static）的，被称为静态变量；另一种是非静态的，被称为实例变量。本章出现的成员变量都属于实例变量，它的显著特点是：一个对象一个副本，即同一个类的不同对象有相同的属性项目，但各自拥有独立的副本，进而导致在同一时刻，不同对象可以拥有不同的状态值，例如，尽管都是学生，但在同一时刻每个人的出生年月不尽相同。这与现实世界的情况完全吻合。

在定义成员变量时，如果没有使用 static 修饰符就属于实例变量。定义实例变量的格式为：

```
[修饰符] 数据类型　成员变量名
```

其中，修饰符是控制成员变量的被访问权限与类别的说明符；数据类型是成员变量所属的数据类型，它既可以是 Java 语言提供的 8 种基本数据类型，也可以是数组或类的引用类型，成员变量名是成员变量的名称，其命名既要符合 Java 标识符的定义规则，又建议遵循在第 2 章中给出的 Java 命名规范。

与其他数据类型一样，一旦创建对象之后，对象中的每个实例变量也面临着初始化问题。在 Java 语言中，提供了 5 个初始化实例变量的途径。

1）Java 为每种数据类型的实例变量提供了默认的初始值。例如，byte、short、int 与 long 类型的初始值为 0；float 与 double 类型的初始值为 0.0；boolean 类型的初始值为 false；char

类型的初始值为 '\u0000'；引用类型的初始值为 null。

2）如果希望将实例变量初始化为其他值，可以在定义的同时赋予相应的初始值。例如：

```
public class Circle {          // 圆形类
    private Point centre = new Point(50,50);          // 表示圆心坐标
    private float radius = 10.0f;                     // 表示圆的半径

    public void setCentre(Point p) { centre = p; }
    public void setRadius(float r) { radius = r; }
    public Point getCentre() { return centre; }
    public float getRadius() { return radius; }
    public float area() { return radius * radius * 3.14159f; }
    // 其他的成员方法
    ……;
}
```

在 Circle 类中，radius 在定义的同时被初始化为 10.0f，centre 是 Point 类对象的引用，在定义的同时利用 new 运算符创建了一个 Point 对象。这里使用的 Point 类是 Java 类库中提供的一个标准类，对于这类标准类库中已存在的类，应该尽量使用，这是面向对象程序设计方法所倡导的。

3）在某个成员方法中，为实例变量赋值。但使用这种方式赋初值，需要在程序中显式地调用赋初值的成员方法。一旦遗忘就有可能出现问题。

4）在类的构造方法中实现初始化实例变量的操作，这是提倡使用的初始化方式。有关构造方法的详细内容将在稍后介绍。

5）利用初始化块对成员变量进行初始化。Java 规定在类定义中可以包含多个初始化块。只要创建了这个类的对象，就会在调用构造方法之前执行这些初始化块，因此，可以利用这些初始化块对成员变量进行初始化。初始化块是位于类定义中且用一对花括号括起来的语句组。

下面是一个含有初始化块的 Circle 类定义。

```
public class Circle {                // 圆形类
    private Point centre;            // 表示圆心坐标
    private float radius;            // 表示圆的半径

    { // 初始化块
        centre = new Point(50,50);
        radius = 10.0f;
    }
    public void setCentre(Point p) { centre = p; }
    public void setRadius(float r) { radius = r; }
    public Point getCentre() { return centre; }
    public float getRadius() { return radius; }
    public float area() { return radius * radius * 3.14159f; }
    // 其他的成员方法
    ……;
}
```

一旦创建这个类对象，系统首先自动地执行初始化块中的语句来完成实例变量初始化的任务，即将实例变量 centre 初始化为引用所创建的 Point 对象；将实例变量 radius 初始化为 10.0f。

4.1.3 类中的成员方法

类中的成员方法主要承担对象的外部接口任务。在一个类中，至少应该包含对类中的每个成员变量设置状态值，获取成员变量的当前状态值等功能的一系列成员方法。面向对象程序设计方法反复强调：在设计类时，应该将描述对象属性的成员变量隐藏起来，用实现操作行为的成员方法作为对象之间相互操作的外部接口。因此，设计一套合理的成员方法，对于

该类对象的可操作性至关重要。与成员变量一样，成员方法也分为静态（static）和非静态两种形式，分别被称为静态方法与实例方法。这里只介绍实例方法，有关静态方法的相关内容将在稍后讲述。

1. 实例方法的定义

Java语言规定，实例方法的定义格式为：

```
[修饰符] 返回类型 成员方法名(参数列表) [throws 异常类型列表] {
    成员方法体
}
```

其中，修饰符决定了成员方法的被访问权限，返回类型是成员方法的返回结果类型，成员方法名是成员方法的名称，其命名既要符合Java标识符的定义规则，又要遵循第2章中给出的Java命名规范。参数列表列出了调用这个成员方法时需要提供的参数格式。在Java语言中，成员方法具有抛出异常的能力，而异常类型列表列出了这个成员方法能够抛出的异常种类。下面是一个时间类Time的定义，其中包含了多个实例方法的定义。

```
// file name: Time.java
public class Time {                       // 时间类
    private int hour;                     // 表示小时
    private int minute;                   // 表示分钟
    private int second ;                  // 表示秒

    public void setTime(int h, int m, int s) {
          hour = (h<0) ? 0 : h % 24;
          minute=(m<0)? 0: m % 60;
          second=(s<0)? 0: s % 60;
    }
    public int getHour() { return hour; }
    public int getMinute() { return minute; }
    public int getSecond() { return second; }
}
```

在Time类中，定义了3个记录时间属性的成员变量，4个实例方法。利用这些实例方法可以设置时间或读取当前的时间。

2. 成员方法的重载

所谓成员方法的重载是指在一个类中，同一个名称的成员方法被多次定义的现象。下面是一个成员方法重载的实例。在Time类中增加了一个设置时间的成员方法，但这个成员方法的参数类型为String类。

```
// file name: Time.java
public class Time {                       // 时间类
    private int hour;                     // 表示小时
    private int minute;                   // 表示分钟
    private int second ;                  // 表示秒

    public void setTime(int h, int m, int s) { // 参数为3个int类型
          hour = (h<0) ? 0 : h % 24;
          minute = (m<0)? 0: m % 60;
          second = (s<0)? 0: s % 60;
    }
  public void setTime(String time) {       // 参数为String类对象
        hour = Integer.parseInt(time.substring(0,1));
        hour = (hour < 0) ? 0 : hour % 24;
        minute = Integer.parseInt(time.substring(3,4));
        minute = (minute < 0) ? 0 : minute % 60;
        second = Integer.parseInt(time.substring(6,7));
```

```
            second = (second < 0) ? 0 : second % 60;
        }
        public int getHour() { return hour; }
        public int getMinute() { return minute; }
        public int getSecond() { return second; }
    }
```

合理地重载某些成员方法，可以丰富调用成员方法的格式，使之更加人性化。例如，当用下列语句创建 Time 类对象后，可以采用两种参数格式调用 setTime 成员方法。

```
Time t = new Time();                    // 创建 Time 对象
t.setTime("13:04:20");                  // 传递 String 类对象的 setTime() 方法
t.setTime(20,30,38);                    // 传递 3 个 int 型数值的 setTime() 方法
```

执行上述两条语句时，系统将会根据提供的参数类型，调用与之匹配的成员方法。

为了支持成员方法的重载，Java 语言规定：具体调用哪个成员方法将由方法名与参数列表共同决定，且称此为成员方法的签名。也就是说，在 Java 语言中，每个成员方法是由方法签名唯一标识的。因此，在同一个作用域中，不能够出现两个签名完全一样的成员方法，否则将产生编译错误。如果在一个类中，有多个同名的成员方法，调用规则为：先在类定义中寻找方法签名完全匹配的成员方法，如果没有，继续寻找通过类型的隐式转换可以匹配的成员方法，否则，此次调用失败。例如，如果在一个类中，只有一个成员方法 void setTime(double h, double m, double s)；则 setTime(12, 34, 40) 将调用这个成员方法。如果还有成员方法 void setTime(int h, int m, int s)，则会调用后面这个成员方法。

3. 构造方法

顾名思义，构造方法是一类在构造类对象时使用的成员方法，其主要作用是初始化成员变量。下面介绍它的定义与调用规则。

构造方法属于实例成员方法，它的主要作用是初始化实例变量，因此不需要返回任何值。Java 语言规定，构造方法不允许定义返回类型。构造方法的具体定义格式为：

```
[修饰符] 类名(参数列表)
```

其中，修饰符是用于控制被访问权限的说明符；类名是类的名称；参数列表调用构造方法时需要提供的参数格式。可以看出，构造方法的名称与类的名称相同，并且没有返回类型，甚至在类名前面也不允许书写 void。每个构造方法将默认地返回一个自身对象的引用 this。下面是 Rectangle 类的定义，其中包含构造方法。

```
public class Rectangle {                // 矩形类
    private int length;                 // 表示长
    private int width;                  // 表示宽

    public Rectangle(int lengthValue, int widthValue) {
        length = lengthValue;
        width = widthValue;
    }
    public void setLength (int lengthValue) { length = lengthValue;}
    public void setWidth (int widthValue ){ width = widthValue;}
    public int getLength() { return length; }
    public int getWidth() { return width; }
    public int getArea() { return length * width; }
    public int getPerimeter (){ return 2 * ( length + width); }
}
```

可以看出，在上面的构造方法中，为两个成员变量赋予了初值。当利用 new 运算符创建

Rectangle类对象时，系统会自动地调用这个构造方法，实现对实例变量初始化的任务。与利用默认值或初始化块对实例变量进行初始化相比较，利用构造方法可以在创建对象时带入不同的参数值，进而达到为每个对象赋予不同初始值的目的。

与其他成员方法一样，类中的构造方法也可以重载，即有多个参数列表不同的构造方法。这样可以在创建对象时，给予用户更大的灵活性与便捷性。例如，下面的Time类就包含多个构造方法。

```
public class Time {                    // 时间类
    private int hour;                  // 表示小时
    private int minute;                // 表示分钟
    private int second ;               // 表示秒

    public Time(int h, int m, int s) {......}        // 含有3个int类型的参数
    public Time(long time) {......}                  // 含有一个long类型的参数
    public Time(String time) {......}                // 含有一个String类的参数
    public void setTime(int h,int m,int s) {......}
    public int getHour() {......}
    public int getMinute() {......}
    public int getSecond() {......}
}
```

在这个类中，有3个构造方法，它们的参数表均不相同。这样就可以用3种不同格式的参数创建并初始化对象。

如果在定义类时没有任何构造方法，系统就会提供一个参数列表为空的默认构造方法，其方法体只有一条调用父类无参数构造方法的语句super()。

4. 类定义的基本原则

在面向对象的程序设计中，最主要的问题是根据实际需求设计尽可能合理的类，并整理出类与类之间的关系。这些类可以直接源于Java类库提供的标准类；也可以将标准类作为基类，进一步构造更加能够表示特定问题的子类。在设计类时应该掌握以下基本原则：

1）封装：将描述一个实体特征的所有内容封装在一起，包括表示实体属性的成员变量与表示实体行为能力的成员方法。

2）信息隐藏：将描述实体属性的成员变量设定为private访问特性，使其对外屏蔽起来，外界只能通过类提供的公共接口进行操作。

3）接口清晰：接口是外界与类对象沟通的渠道。接口设计既要清楚简洁又要符合人们的使用习惯。

4）通用性：可重用性是面向对象程序设计希望达到的主要目标之一，而通用性是保证可重用性的关键要素。

5）可扩展性：任何事物都是不断发展的，软件产品也应该能够随着用户需求的变化而加以扩展，这是软件设计必须要考虑的问题。

另外，在确定了设计哪些类以及类中应该包含哪些成员变量之后，就应该着眼考虑如何设计与外界沟通的成员方法了。通常，在一个类中，应该包含以下成员方法：

1）构造方法：至少应该包含一个不带参数的构造方法与一个带完整参数的构造方法。要求定义一个不带参数的构造方法的原因是：在很多情况下，将会默认地调用不带参数的构造方法，如果没有定义这个构造方法，在有些情况下就会出现错误。要求定义一个带完整参数的构造方法的原因是：这样可以保证在创建对象时，为所有成员变量提供初始值。

2）更改器：可以保证在对象创建之后，更改对象的状态。

3）获取器：可以保证随时获得对象的状态值。

4）toString：可以将对象的状态值转换为字符串。

5）equals：可以实现判断两个对象是否相等的操作。

下面介绍一下Object的主要内容，及覆盖成员方法toString()与equals()的方式与用途。

在Java中，任何类都是Object的直接子类或间接子类。表4-1中列出了Object类中的部分public成员方法。

表4-1 Object类中的部分public成员方法

成员方法	描述
toString()	这个成员方法以String类对象的形式返回当前对象的状态值描述。其内容为：类名，后跟‘@’及当前对象的十六进制编码
equals()	这个成员方法通过参数带入一个对象，并将它与当前对象进行比较。如果两个对象变量同时引用一个对象，返回true；否则返回false
getClass()	这个成员方法返回一个Class类对象，该对象内部包含了一些能够标识当前对象的信息
hashCode()	这个成员方法计算对象的编码，并将其返回。在运行Java程序时会为每个对象分配一个编码，这是对象的唯一标识
notify()	这个成员方法可以唤醒一个与当前对象关联的线程
notifyAll()	这个成员方法可以唤醒与当前对象关联的所有线程
wait()	这个成员方法将导致线程等待一个指定的时间间隔或等待另一个线程调用当前对象的notify()或notifyAll()方法

表4-1中列出的成员方法都将被所有的子类继承，在子类中覆盖它们可以实现子类所需要的特定操作效果。toString与equals就是其中最具代表性的两个成员方法。

与其他成员方法相比较，toString有一种特殊的调用方式：当在出现字符串的地方用对象替代时，系统将会自动地调用这个对象所包含的成员方法toString，实现将对象的当前状态值转换成字符串的操作。这样给编写程序带来了极大的便捷。建议在定义类时，覆盖这个方法，以便返回更加符合用户需求的对象信息。

另外，从表4-1中可以看出，成员方法equals的原始功能是比较两个对象变量是否同时引用一个对象，建议在定义类时，覆盖这个成员方法，使其能够比较两个对象的内容是否相等，这是在很多情况下希望实现的比较操作效果。

下面列举一个实例说明定义成员方法toString与equals的基本方法。

```
public class Time {                        // 时间类
    private int hour;                      // 表示小时
    private int minute;                    // 表示分钟
    private int second ;                   // 表示秒

    public Time(){......}
    public Time(int h, int m, int s) {......}        // 含有3个int类型的参数
    public Time(long time) {......}                  // 含有一个long类型的参数
    public Time(String time) {......}                // 含有一个String类的参数
    public void setTime(int h,int m,int s) {......}
    public int getHour() {......}
    public int getMinute() {......}
    public int getSecond() {......}
   public String toString() {
        return h + ":" + m + ":" + s;      // 将当前时间信息拼接成一个字符串
   }
   public boolean equals(Object obj) {
        if (this == obj) return true;      // 是否引用同一个对象
```

```
        if (obj == null) return false;    // 是否为空
        if (getClass() != obj.getClass()) return false;  // 是否属于同一个类型
        Time other = (Time)obj;
        if (other.hour == hour && other.minute == minute && other. second == second)
          return true;
        else return false;
    }
}
```

假设利用下面两条语句创建两个 Time 的类对象，

```
object1 = new Time(12, 30, 15);
object2 = new Time("10:20:20");
```

然后再执行下列语句，

```
System.out.println(object1);
```

系统将会自动地调用 Time 类的成员方法 toString()，并按照用户的设计将 object1 的当前内容拼接成字符串 12:30:15 显示在屏幕上。

如果执行调用语句 object1. equals(object2) 将会返回 false。

5. 类之间的关系

不同的类代表不同类别的实体特征，因此，类之间既有独立的一面，又有相互关联的一面。通常，可以将类之间的关系归结为 3 种：依赖、聚合与继承。

- 依赖关系是指“uses-a”关系，这是一种最明显、最常见的关系，当 A 类的成员方法调用 B 类的成员方法时，就说 A 类依赖 B 类。依赖关系既可以是单向的，也可以是双向的。例如，在学籍管理系统中，可以设计一个考试成绩单类和一个学分类，学分类需要借助考试成绩类中的成员方法查看考试通过情况，以此记录获得的学分数。在这里，学分类依赖于考试成绩类。
- 聚合关系是指“has-a”关系，即类 A 的对象包含类 b 的对象。例如，汽车类中应该包含发动机、轮胎、车体等类的对象。
- 继承关系是指“is-a”关系，它主要反映“一般与特殊”的关系。例如，大学生、中学生、小学生都属于学生，但是他们各自又拥有各自的特征。

表 4-2 中列出了 UML 中上述类之间关系的表示方式。

表 4-2　类之间的关系表示

关系	图形表示	描述
依赖	类 1 - - - -> 类 2	表示类 1 依赖于类 2 存在。即类 1 应用了类 2。依赖关系可以是单向的，也可以是双向的
聚合	类 1 ◇—— 类 2	表示“整体 - 部分”关系。位于菱形一端的类为“整体”，另外一端为“部分”
继承	父类 △ 子类 子类	表示“一般与特殊”关系。位于三角一端的类为“父类”，另一端为“子类”

4.2 对象

对象是用于模拟现实世界中实体的程序元素。如果将需要解决的问题称为问题空间，将解决问题的程序称为解空间，在问题空间中的实体就会被映射成解空间中的对象。从面向对象程序设计的观点看，对象是程序操作的基本单位。所谓程序运行就是对象之间不断相互驱动、相互作用的过程。因此，在定义类之后，需要将类进行实例化，即构造对象。在 Java 语言中，对象属于引用型变量，需要经历定义、创建、初始化、使用与清除几个阶段。

4.2.1 对象的创建

Java 规定，对象的定义、创建与初始化几个阶段，既可以分别实现，也可以合并在一起实现。

定义对象的语法格式为：

```
[修饰符] 类名  对象名 [, 对象名 ];
```

例如：

```
Date dateObject;
Time timeObject1, timeObject2;
```

此时仅定义了对象的引用，需要用运算符 new 创建对象。创建对象的语法格式为：

new 类名(参数列表)

其中，类名是对象所属的类名称，参数列表是创建对象时提供的参数，其格式取决于类定义时提供的构造方法的参数列表。例如：

```
timeObject1= new Time(10,20,30);
timeObject2 = new Time("08:25:15");
```

如果将定义与创建对象合并在一起，可以这样书写：

```
Time timeObject3 = new Time("14:50:24");
Time timeObject4 = new Time(09,20,45);
```

new 运算符主要完成下面两项工作：

1）为对象分配存储空间。从严格意义上讲，它是为类中每个实例变量分配空间。尽管在逻辑上，每个对象也应该有一套实例方法，但由于同一个类的不同对象所拥有的成员方法的代码都一样，所以为了节省存储空间，所有对象共享一个成员方法的代码副本，每个对象只保留代码区的地址，Java 语言本身提供了解决不同对象调用相同代码段的技术。

2）根据提供的参数格式调用与之匹配的构造方法，实现初始化成员变量的操作，然后返回本对象的引用。

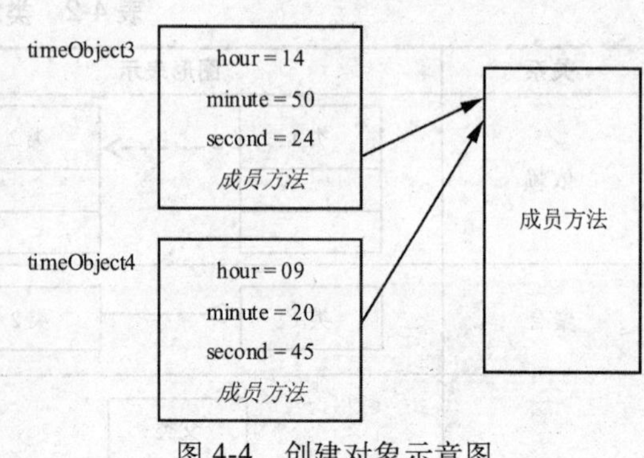

图 4-4 创建对象示意图

执行上面两条语句后，将会得到如图 4-4 所示的结果。

为了能够正确地创建对象，必须清楚对象所属类提供的构造方法的参数格式。这些内容往往应该在用户文档中给出。

4.2.2　对象成员的引用

对象创建后，就可以通过引用不同对象的成员变量或者调用不用对象的成员方法达到对象之间相互驱动的程序运行效果。Java 语言规定，引用对象的成员变量及调用对象的成员方法的语法格式为：

```
对象名 . 成员变量
对象名 . 成员方法 ( 参数列表 )
```

例如，引用 timeObject3 对象的成员变量：timeObject3.hour、timeObject3.minute、timeObject3.second；调用 timeObject3 对象的成员方法：timeObject3.setTime(07,20,35)、timeObject3.getHour()、timeObject3. getMinute()、timeObject3.getSecond()。

对象可以作为数组的元素、类的成员，也可以出现在成员方法的参数表与方法体中。下面列举一些实例，说明它们的使用方法。

【例 4-1】设计一个 Java 程序，其功能为：随机产生某个班级、某门课程的考试成绩，然后按照考试分数从高到低的顺序重新排列，并显示输出。

为了解决这个问题，需要设计两个类：一个是考试成绩类 ScoreClass，鉴于简化问题的考虑，将每个学生的成绩用学号（No）与成绩（score）两个成员变量表示，除此之外，还包含必要的成员方法；另一个是测试类 TestScoreClass。在这个类中，除了一个 mian 成员方法外，还包含 3 个成员方法。成员方法 enterScore 负责随机产生一个班的学生考试成绩；成员方法 printScore 负责显示全班的考试成绩；成员方法 sort 负责按照考试成绩从高到低的顺序重新排列。这几个成员方法用存放全班学生考试成绩的一维数组作为参数，因此这是一个数组元素的类型属于某个类的典型实例。

下面是定义考试成绩类 ScoreClass 的程序代码。

```
// file name: ScoreClass.java
public class ScoreClass {
    private int No;          // 学号
    private int score;       // 成绩

    public ScoreClass() { No = 1000; score = 0; }
    public ScoreClass(int n, int s) { No = n; score = s; }
    public void setInfo(int n, int s) { No = n; score = s; }
    public int getNo() { return No;  }                    //获取学号
    public int getScore() { return score; }               //获取成绩
    public String toString() {                            // 覆盖 Object 中的成员方法
        return No + "\t" + score;
    }
     public boolean equals(Object obj) {                  // 覆盖 Object 中的成员方法
        if (this == obj) {                                // 是否引用同一个对象
            return true;
        }
        if (obj == null) {                                // 是否为空
            return false;
        }
        if (getClass() != obj.getClass()) {               // 是否属于同一个类型
            return false;
        }
        ScoreClass other = (ScoreClass) obj;
        if (other.No == No && other.score == score) {
            return true;
        } else {
            return false;
        }
    }
}
```

鉴于完整性的考虑，在这个类中，按照前面讲述的类定义的基本原则，将表示学号、考试成绩两个成员变量设计为private，以将其隐藏起来，并遵循建议设计了构造方法、更改器成员方法、获取器成员方法，覆盖了Object类中的成员方法toString()与equals()。这是设计一个类的基本形式。

下面是测试类TestScoreClass的程序代码。

```
// file name: TestScoreClass.java
public class TestScoreClass {
    public static final int NUM = 30;    // 学生人数
    public static void main(String[] args) {
        ScoreClass[] score = new ScoreClass[NUM]; // 定义并创建一维数组
        enterScore(score);                 // 随机产生考试成绩
        printScore(score);                 // 显示结果
        sort(score);                       // 按照考试分数从高到低的顺序重新排序
        printScore(score);                 // 显示结果
    }
    public static void enterScore(ScoreClass[] score) {  // 随机产生考试成绩
        for (int i = 0; i < score.length; i++) {
            score[i] = new ScoreClass(1000 + i, (int) (Math.random() * 100));
        }
    }
    public static void printScore(ScoreClass[] score) {  // 显示数组内容
        for (int i = 0; i < score.length; i++)
            System.out.println(score[i]);
        }
    }
    public static void sort(ScoreClass[] score) {  // 按照考试分数从高到低的顺序排序
        int index;
        for (int i = 0; i < score.length - 1; i++) {
            index = i;
            for (int j = i + 1; j < score.length; j++) {
                if (score[j].getScore() > score[index].getScore()) {
                    index = j;
                }
                if (index != i) {
                    ScoreClass s = score[i];
                    score[i] = score[index];
                    score[index] = s;
                }
            }
        }
    }
}
```

之所以将其称为测试类，主要原因在于：这个类并不是用于描述一个实体特征的，而是一个用于运行程序的类，其中包含的成员方法main是Java程序运行的启动点。在这个成员方法中，定义了一个用于存储全班学生考试成绩的一维数组。从这个实例可以看出，如果数组元素为对象，需要经过以下几个操作步骤：

- 首先，利用运算符new创建数组。此时，每个数组元素为null引用。
- 再利用循环结构，为每个数组元素创建对象。这部分内容写在成员方法enterScore中。
- 通过引用成员变量或调用成员方法对数组中每个对象进行操作，其引用格式为：

```
数组型变量[下标表达式].成员变量名
数组型变量[下标表达式].成员方法名(参数列表)
```

4.2.3 对象的清除

创建对象的主要任务是为对象分配存储空间，而清除对象的主要任务是回收对象占用的所有资源，其中最主要的是空间资源。为了提高系统资源的利用率，Java 语言提供了“自动回收垃圾”的机制。即在 Java 程序的运行过程中，系统会周期性地监控对象是否还被他人引用，如果发现某个对象没有被任何引用型变量引用，会自动地回收为其分配的存储空间。

“自动回收垃圾”具体操作的过程是：在 Java 运行环境中，有一个用软件实现的“垃圾回收器”。当一个对象正在处于被引用状态时，Java 运行系统会将其对应的存储空间做一个标记；当结束对象引用时，自动地取消这个标记。Java“垃圾回收器”周期性地扫描程序中所有对象的引用标记，没有标记的对象就被列入清除队列中。待系统空闲或需要存储空间时将其资源回收。

类 Object 中的成员方法 finialize() 是回收对象前系统自动调用的最后一个成员方法。由于在 Java 程序中，任何类都是 Object 类直接或间接子类，所以，这个成员方法也被继承到每个类中。如果需要在清除对象前做一些特别的处理，需要在定义类时覆盖它。

4.3　访问特性控制

面向对象程序设计方法主张将描述实体特征的属性隐藏起来，对象与外界仅通过公共接口进行交流，这样做的好处是：可以提高程序的可靠性，改善程序的可维护性，有利于程序的调试，真正做到将实体的属性与操作行为封装在一起，形成一个完整的整体。一旦出现问题，可以迅速地缩小查错范围，减少错误带来的影响区域。Java 语言是通过访问特性控制符来实现隐藏数据，开放对外接口目的的。

在 Java 语言中，提供了 4 种访问特性控制符。它们分别是默认访问特性、public（公有）访问特性、private（私有）访问特性与 protected（保护）访问特性。在定义类、接口、成员变量与成员方法时只需要将 public、private 或 protected 关键字写在最前面就可以达到指定访问特性的目的。也正因为如此，又将它们称为访问特性修饰符。在指定访问特性修饰符时需要注意以下几点：

- 如果没有指定任何访问特性修饰符，则为默认访问特性。
- protected 和 private 只能应用于内部类，不能应用于顶层类。有关内部类的相关内容将在稍后介绍。
- 在定义类、接口、成员变量和成员方法时，不允许出现多个访问特性修饰符，否则属于编译错误，在编译时会给出错误提示。

下面分别讨论几种访问特性的具体访问规则。

1. 默认访问特性

如果在定义类、接口、成员变量与成员方法时没有指定访问特性修饰符，它们的访问特性就为默认访问特性。具有默认访问特性的类、接口、成员变量与成员方法，只能被本类和同一个包中的其他类、接口及成员方法引用。因此，有人又将默认访问特性称为包访问特性，它可以阻止其他包的任何类、接口或成员方法的引用。

包是类与接口的集合，它是 Java 为更好地管理类库中的类提出的概念。实际上，也可以将包看成文件管理器中的目录，将上千个类与接口按照不同的类别分放在不同的目录下，既有利于查找，又便于被访问特性的控制。有关包的详细内容将在第 5 章中讲述。

2. public 访问特性

拥有 public 访问特性的类、接口、成员变量和成员方法可以被本类和其他任何类及成员方法引用。它们既可以位于同一个包中，也可以位于不同包中。

public 访问特性最具有开放性。通常，应该将公共类或者作为公共接口的成员方法指定为这种访问特性，建议不要将成员变量指定为 public 访问特性，否则将会破坏数据的隐藏性。

3. private 访问特性

数据隐藏是面向对象程序设计倡导的设计思想。将数据与其操作封装在一起，并将数据的组织隐藏起来，利用成员方法作为对外的操作接口，这样不但可以提高程序的安全性和可靠性，还有益于日后的维护、扩展和重用。将类中的数据成员指定为 private 访问特性是实现数据隐藏机制的最佳方式。

private 访问特性可以应用于类成员，包括成员变量、成员方法、内部类和内部接口。具有 private 访问特性的成员只能被本类直接引用。

注意，前面列举的所有实例，在定义类时，都将成员变量指定为 private 访问特性，并设计一系列更改器、获取器作为外界更改或获取对象信息的通道。下面再列举一个实例展示类的设计理念。

【例 4-2】设计一个名片类 CardClass，并按照要求的格式显示名片的内容。

假设要求名片的显示格式为：

```
----------------------------------------------------
软件开发公司
            王军       先生

            Tel：800900
            手机：13912345678
            Email：wangjun@163.com
----------------------------------------------------
```

首先，根据要求定义一个名片类 CardClass，其中包括名片中出现的全部信息。下面是类 Card 的程序代码。

```
// file name：CardClass.java
public class CardClass {                // 名片类
    private String name;                // 姓名
    private String appellation;         // 称呼
    private String department;          // 工作单位
    private String tel;                 // 电话号码
    private String handset;             // 手机号码
    private String email;               // 电子邮箱

    public CardClass() { }
    public CardClass(String n, String a, String d, String t, String h, String e) {
        name = new String(n);
        appellation = new String(a);
        department = new String(d);
        tel = new String(t);
        handset = new String(h);
        email = new String(e);
    }
    // 更改器
    public void setInfo(String n, String a, String d, String t, String h, String e) {
        name = new String(n);
        appellation = new String(a);
        department = new String(d);
        tel = new String(t);
        handset = new String(h);
        email = new String(e);
    }
```

```
    public String getName() { return name; }                    // 返回姓名
    public String getAppellation() { return appellation; }  // 返回称呼
    public String getDepartment() { return department; }    // 返回部门
    public String getTel() { return tel; }                      // 返回电话
    public String getHandset() { return handset; }             // 返回手机号码
    public String getEmail() { return email; }                  // 返回电子邮箱
    public String toString() {           // 将名片信息转换成 String
        return department + "\n\t" + name + "\t" + appellation
              + "\n\n" + "\tTel:" + tel + "\n\t 手机 :"
              + handset + "\n\tEmail:" + email;
    }
}
```

可以看出，为了将数据隐藏起来，将所有的成员变量指定为private访问特性。这样一来，其他类将不能直接引用这些私有成员变量，而只能通过具有默认或public访问特性的成员方法对它们进行访问。

下面是测试类TestCardClass的程序代码。

```
// file name: TestCardClass.java
public class TestCardClass {
    public static void main(String[] args) {
        CardClass card = new CardClass(" 王军 ", " 先生 ",
                " 软件开发公司 ", "800900", "13912345678", "wangjun@163.com");
        System.out.println("------------------------------------------");
        System.out.println(card);
        System.out.println("------------------------------------------");
    }
}
```

需要提及一点，在成员方法main中，利用System.out.println(card)实现显示名片的操作。在执行这条语句时，首先调用card对象的toString成员方法，将名片内容按照toString中的字符串拼接规则将其转换为字符串，然后再显示输出。由此可以看出，在定义类时，覆盖toString的必要性。

在NetBeans IDE环境下运行这个程序后，可以看到如图4-5所示的输出窗口，其中包含了名片的输出结果。

图 4-5 运行例 4-2 的显示结果

4. protected访问特性

具有protected访问特性的类成员可以被本类、本包中的其他类和其他包中的子类访问。它的可访问性介于默认与public之间。如果希望只对本包及其他包中的子类开放，就应该选择这个protected访问特性。

归纳上述4种不同的访问特性，可以将各种访问特性的可访问权限总结在表4-3中。

表 4-3 Java 语言提供的访问特性修饰符

	本类	本包	不同包中的子类	不同包中的所有类
private	√			
默认	√	√		
protected	√	√	√	
public	√	√	√	√

4.4 内部类

在 Java 语言中，类定义可以相互嵌套，即在一个类的定义中嵌套定义另外一个类。被嵌套在内部的类称为内部类。如果需要，在一个内部类中还可以继续嵌套其他的类。没有嵌套在任何类中的类被称为顶层类。使用内部类的主要原因有下面几点：

1）内部类中的成员方法可以访问内部类作用域范围内的任何数据。也就是说，内部类中的成员方法可以访问嵌套该类的外部类中的任何成员，甚至包含 private 成员。

2）内部类可以对同一个包中的其他类隐藏起来。

3）可以采用匿名内部类的手段简化某些场合的程序代码书写量。

下面是一段带有内部类定义的程序代码。

```
// file name: OutClass .java
public class OutClass {          // 顶层类定义
    private int conut;
    private InClass in ;
    private class InClass {           // 内部类定义
        public void printConut() {
            System.out.println("conut: " + (++conut));
        }
    }

    public void createInObject() { in = new InClass(); } // 创建内部类对象
    public void printOutCount(){ in.printConut(); }      // 显示内部类对象
}
```

从上面这段类定义中可以看出以下几点：

1）OutClass 是顶层类，在其中包含了一个内部类 InClass。需要注意：如果内部类没有指定为静态（static），则不能含有静态的成员。

2）相对于外部类来说，内部类也是一种类的成员，因此在外部类的成员方法中可以直接引用内部类名 InClass。如果内部类没有用 private 指定为私有访问特性，在其他类的成员方法中也可以访问内部类中的成员，但是需要给出完整的类名称。例如，OutClass.InClass。

3）通常，可以借助外部类的 public 成员方法创建内部类的对象，否则需要先创建外部类 OutClass 的对象，再通过外部类对象创建内部类对象。

4）将内部类 InClass 指定为 private 的目的是对外界隐藏起来。

5）内部类可以访问外部类的所有成员，包括指定为 private 的成员。

例如，下面为 OutClass 设计一个测试类，用来检测内部类 InClass 的使用情况。

```
// file name: TestInClass.java
public class TestInClass {
    public static void main(String[] args) {
        OutClass outObj = new OutClass();    //创建外部类对象
        outObj.createInObject();             //创建内部类对象
        outObj.printOutCount();              //显示内部类对象
    }
}
```

可以看到，在 main 中，通过 OutClass 提供的 public 成员方法访问内部类成员的。

内部类是一种非常有用的应用形式。它可以将一些逻辑上具有关联性的类组织在一起，并控制外部对它们的访问能力。有关内部类的其他应用形式在后面的章节中将会陆续看到。

4.5 类的静态成员

与 C++ 语言类似，Java 语言也提供了两种形式的成员：一种是静态，被称为静态成员，主要包括静态成员变量与静态成员方法；另一种是非静态，被称为实例成员，主要包括实例变量与实例方法。有关实例变量与实例方法的相关知识已经在前面讲述，本节主要讨论静态变量与静态方法的定义与使用。

4.5.1 静态成员变量

在类中定义成员变量时，如果在访问特性修饰符之后加上 static 修饰符就成为静态成员变量，例如：

```
public static int staticMember;
```

静态成员变量只在加载类时创建一个副本，无论将来创建同一个类的多少个对象都将共享同一个副本，因此，静态成员变量与类共存亡，而与具体的对象无关，因此，很多人将其称为类变量。

实际上，将常量定义为静态成员的情况更加普遍，例如，在 Java 类库中提供的 Math 类中，将 π 与 e 两个常量用下列语句定义为静态成员：

```
public static final double E = 2.7182818284590452354;
public static final double PI = 3.14159265358979323846;
```

这样定义的好处是：不需要创建 Math 对象就可以直接引用它们。例如，Math.PI、Math.E。

将成员变量定义为静态成员的情况比较少。下面是一个应用静态成员变量的典型实例。

设计一个 Employee（雇员）类。鉴于篇幅的原因，其中只包含 4 个成员变量，name、salary 和 id 是实例变量，对于这 3 个成员变量，每个对象独享一个副本；nextId 是静态成员变量，无论创建多少个同类的对象都只有一个副本。利用这个特性可以实现在每次创建对象时获得一个新编号的目的。

下面是定义 Employee 类的程序代码。

```
// file name: Employee .java
public class Employee{                    // 雇员类
    private String name;                  // 姓名
    private double salary;                // 工资
    private int id;                       // 编号
    private static int nextId = 1;        // 类成员变量

    public Employee(String n, double s) {
        name = n;
        salary = s;
        id = nextId++;
    }
    public String getName() { return name; }          // 返回姓名
    public double getSalary() { return salary; }      // 返回工资
    public int getId() { return id; }                 // 返回编号
    public static int getNextId() {                   // 静态成员方法，返回下一个新的编号
       return nextId;
    }
}
```

针对 Employee 类的定义，执行下列语句将会产生如图 4-6 所示的对象状态。

```
Employee[]  staff= new Employee[3];
staff[0] = new Employee("Zhang lin",4000.0);
```

```
staff[1] = new Employee("Wang liang",6000.0);
staff[2] = new Employee("Li li",5000.0);
```

执行上面4条语句的基本过程可以描述为：首先，加载Employee类，并为静态成员变量nextId分配空间，然后创建staff数组并为数组中每个元素创建对象Employee。可以从图4-6中看到，只有一个nextId副本，有3个Employee类对象的副本，每个副本中包含独自的实例成员变量的副本。

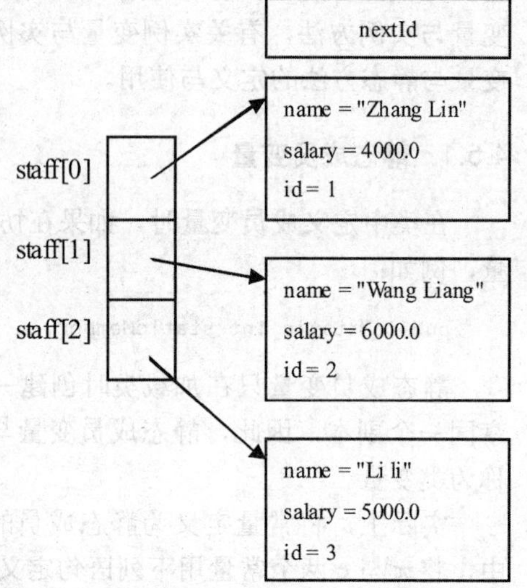

图4-6 创建含有静态成员变量的对象状态

由于静态成员变量伴随类的加载而创建，所以，在没有创建类对象之前静态成员变量就已经存在了，因此，Java提供了两种引用静态成员的方式：一种是"类名.静态成员名"，用类名作为前缀；另一种是"对象名.静态成员名"，用对象名作为前缀。例如，Employee. nextId、staff[0].nextId、staff[1].nextId与staff[2].nextId都是合法的引用格式。它们访问的都是同一个变量。

与实例变量一样，如果在定义类时，没有提供初始化值，系统将其自动初始化为所属数据类型的默认值。如果不希望使用这些初始值，就需要利用静态成员变量的初始化器，其语法格式为：

```
static {
    ......    // 静态成员变量初始化
}
```

将上面的Employee类增加一个记录雇员最低工资的成员，由于所有雇员的最低工资值都是统一规定的，所以应该将这个成员变量定义成static。在这个类中利用静态成员变量初始化器对两个静态成员变量nextId与minSalsry进行初始化。

```
public class Employee {                    // 雇员类
    private String name;                   // 雇员姓名
    private double salary;                 // 雇员工资
    private int id;                        // 雇员编号

    static int nextId;                     // 下一个雇员编号
    static double  minSalary;              // 雇员最低工资
    static{                                // 静态变量初始化器
      minSalary = 250;
      nextId = 1000;
    }
    Employee() {......}
    ......    // 其他成员方法
}
```

注意，静态成员变量不能在构造方法中初始化。原因在于构造方法只有在创建对象时才被调用，而静态成员变量在没有创建对象之前就已经存在，并可以被引用；另外，每当创建一个对象时，构造方法就被调用一次，而静态成员变量只需要被初始化一次。

4.5.2 静态成员方法

定义成员方法时，在访问特性修饰符之后指定static就可以达到将这个成员方法定义为静态成员方法的目的。在下面两种情况下，应该使用静态成员方法。

1）在成员方法中，只对局部变量与静态成员变量进行操作，而不会引用实例成员变量或调用实例成员方法。

2）在类中，希望其中的成员方法，在没有创建对象的情况下就可以被调用。例如，在 Java 类库中提供的 Math 类中，封装了大量的数学函数，sin()、cos()、sqrt()、random() 等，由于将这些函数都定义为静态成员方法，所以，不需要创建 Math 类对象，就可以采用 Math.sin()、Math.cos()、Math.sqrt()、Math.random() 的形式调用它们。

4.6　可编辑字符串类

Java 提供了一个内容丰富的类库，这就使得提高软件开发效率、保证软件产品质量、减低程序开发工作量成为可能。特别是 Java 类库中提供的标准类，责任清晰、安全可靠，便于开发者根据需求准确地选择使用相应的类。例如，在前面介绍的 String 是 Java 专门为字符串常量设计的标准类。当在程序中需要采用字符串形式记录一些数据，而并没有对其进行编辑的需求时，就应该选择 String 类型。这样既可以提高字符串处理效率，又可以保证字符串内容不会被随意篡改。如果要求能够对字符串表示的数据进行编辑，就应该选择另外一个标准类 StringBuffer。它与 String 类的区别在于可以对 StringBuffer 类表示的字符串进行编辑，由此被称为可变字符串。

StringBuffer 类定义在 java.lang 包中，其中包含以下 3 个 private 成员变量。

private char value[]：存放字符串的缓冲区。

private int count：缓冲区中存放字符的个数。

private boolean shared：缓冲区是否共享的标志。

另外，还提供了 3 个构造方法。它们分别是：

public StringBuffer() 参数列表为空的构造方法。默认缓冲区的大小为 16 个字符。

public StringBuffer(int length) 缓冲区的大小为 length 个字符。

public StringBuffer(String str) 缓冲区的大小为字符串 str 的长度加上 16，并将 str 存入缓冲区中。

例如，可以采用下列方式创建可变字符串对象。

```
StringBuffer str1 = new StringBuffer();
StringBuffer str2 = new StringBuffer(100);
StringBuffer str3 = new StringBuffer(new String("This is a string example."));
```

与 String 对象不同，创建 StringBuffer 对象后，可以对其内容进行编辑操作。下面是 StringBuffer 类提供的几个用于获取可变字符串相关信息的 public 成员方法。

1）int length()。这个成员方法将返回当前可变字符串的长度。

2）int capacity()。这个成员方法将返回当前缓冲区的大小。

3）char charAt(int index) 。这个成员方法将返回下标为 index 的字符。第 1 个字符的下标为 0。如果 index 非法将抛出 IndexOutOfBoundsException 异常。

4）void getChars(int srcBegin, int srcEnd,char dst[], int dstBegin) 。这个成员方法将获取从 srcBegin 至 srcEnd 的子串，并存入 dst 数组中，在 dst 中的起始位置是 dstBegin。如果 srcBegin 和 srcEnd 非法将抛出 StringIndexOutOfBoundsException 异常。

5）String substring(int start, int end) 。这个成员方法将返回从 start 至 end 的子串。

6）int indexOf(String str, int fromIndex) 。这个成员方法将返回字符串 str 在缓冲区从

fromIndex 开始，第一次出现的首字符下标。

7）String toString()。这个成员方法将 StringBuffer 内容转换成用 String 描述形式。例如：

执行语句 System.out.println(str3.length()) 之后将会在屏幕上显示 25。

执行语句 System.out.println(str1.capacity()) 之后将会在屏幕上显示 16。

执行语句 System.out.println(str3.charAt(5)) 之后将会在屏幕上显示 i。

执行语句 System.out.println(new String(dest)) 之后将会在屏幕上显示 is-a。

执行语句 System.out.println(str3.substring(5, 9)) 之后将会在屏幕上显示 is-a。

执行语句 System.out.println(str3.indexOf("a", 10)) 之后将会在屏幕上显示 19。

下面是 StringBuffer 类提供的几个用于编辑可变字符串内容的 public 成员方法，利用它们可以实现对字符串进行插、删、改的操作。

1）void setCharAt(int index, char ch)。这个成员方法将字符串中下标为 index 的字符设置为 ch。如果 index 非法将抛出 StringIndexOutOfBoundsException 异常。

2）StringBuffer append(obj)。这个成员方法利用 String 类中的 valueOf() 方法，将 obj 转换成字符串描述形式，并将这些字符追加在缓冲区尾部。这里的 obj 可以是 Object 对象，也可以是各种基本数据类型的数值。

3）StringBuffer delete(int start, int end)。这个成员方法删除缓冲区中从 start 至 end 的所有字符。如果 start 和 end 非法将抛出 StringIndexOutOfBoundsException 异常。

4）StringBuffer replace(int start, int end,String str)。这个成员方法将用 str 字符串替换从 start ～ end−1 的子字符串并返回修改后的 StringBuffer 对象。如果 start 小于 0，大于 StringBuffer 的长度或大于 end 将抛出 StringIndexOutOfBoundsException 异常。

5）StringBuffer insert(int index, char str[],int offset, int len)。这个成员方法将 str 数组，从 offset 开始，长度为 len 的字符串插入到缓冲区从 index 起始的位置处。

6）StringBuffer insert(int offset, Object obj)。这个成员方法将 obj 字符串插入到缓冲区偏移量为 offset 的位置处。这里的 obj 可以是 Object 对象，也可以是各种基本数据类型的数值。

下面列举一个应用 StringBuffer 类的实例。

【例 4-3】设计一个英文短句的模板，根据需要替换相应的关键词。

```
// file name：TestStringBufferClass.java
import java.io.*;
public class TestStringBufferClass {
    public static String statement = new String("This is a *** example.");  // 短句模板
    public static void main(String[] args) throws IOException {
        BufferedReader in = new BufferedReader(new InputStreamReader(System.in));
        for (;;) {
            System.out.print("\n> ");
            String line = in.readLine();      // 从键盘输入一个字符串
            if (line.equals("quit")) {  // 输入结束
                break;
            }
            StringBuffer buf = new StringBuffer(statement); // 创建 StringBuffer 对象
            buf.replace(10, 13, line);                      // 替换关键词
            System.out.println(buf);                        // 显示结果
        }
    }
}
```

在这个程序中，应用了具有替换子串功能的成员方法 replace，并显示了替换子串后的结果。例如：

如果输入 C#，将在屏幕上显示 This is a C# example.

如果输入 Java，将在屏幕上显示 This is a Java example.

如果输入 Pascal，将在屏幕上显示 This is a Pascal example.

4.7　高精度数值类

Java 语言提供了 8 种基本数据类型，其中包括数值类型、字符类型与布尔类型。数值类型又分为整型与浮点型，从第 2 章的介绍中可以看出：这两种数据类型都有取值范围与精度的限制。如果这些数据类型不能满足精度需求可以使用 java.math 包中提供的 BigInteger 类与 BigDecimal 类。BigInteger 类实现了高精度的整数运算，BigDecimal 类实现了高精度的浮点数运算。

在使用这两个类时需要清楚以下几点：

1）一旦创建这两个类的对象后，其值不允许改变。通常，将两个数值的运算结果用一个新对象表示。

2）由于这两个对象表示的数值均为高精度，即认为取值范围可以无限大，精确度可以满足任意要求，所以对这两个类对象表示的数值进行各种运算时不会产生溢出现象。

3）由于用这两个类表示的数值被封装在对象中，所以不能直接使用人们熟悉的运算符号 +、-、*、/ 等表示相应的运算，必须调用类中定义的成员方法。表 4-4 中列出了 BigInteger 类与 BigDecimal 类中的部分 public 成员方法

表 4-4　BigInteger 类与 BigDecimal 类的部分 public 成员方法

成员方法	描　述
BigInteger value(long x) BigDecimal value(long x)	将 x 转换为 BigInteger 或 BigDecimal 对象
BigInteger add(BigInteger other) BigDecimal add(BigDecimal other)	将两个 BigInteger 或 BigDecimal 对象相加
BigInteger subtract(BigInteger other) BigDecimal subtract (BigDecimal other)	将两个 BigInteger 或 BigDecimal 对象相减
BigInteger mutiply(BigInteger other) BigDecimal mutiply (BigDecimal other)	将两个 BigInteger 或 BigDecimal 对象相乘
BigInteger divide(BigInteger other) BigDecimal divide (BigDecimal other)	将两个 BigInteger 或 BigDecimal 对象相除
int compareTo(BigInteger other) int compareTo (BigDecimal other)	将两个 BigInteger 或 BigDecimal 对象比较大小

下面列举一个应用 BigInteger 类的实例。

【例 4-4】计算 50！。

我们知道，22！ = 51 090 942 171 709 440 000，而 long 类型的最大值为 9 223 372 036 854 775 807，已经超出了 long 类型的取值范围。如果希望计算更大整数值的阶乘就必须借助 BigInteger 类。

下面是应用 BigInteger 类计算 50! 的程序代码。

```
// file name: TestBigIntegerClass.java
import java.math.*;
public class TestBigIntegerClass {
    public static void main(String[] args) {
        BigInteger value, result;
```

```
        result = BigInteger.valueOf(1);
        for (long i = 2; i < 50; i++) {
            value = BigInteger.valueOf(i);
            result = result.multiply(value);
        }
        System.out.println("50! = " + result);
    }
}
```

运行这个程序后将会在屏幕上看到下列结果。

```
50! = 608281864034267560872252163321295376887552831379210240000000000
```

4.8 综合应用举例

本章主要介绍了 Java 程序中定义类、创建对象、初始化成员变量、引用对象成员、访问特性控制、内部类与静态成员特点等与编写 Java 程序息息相关的一系列知识。面向对象程序设计的关键是设计类，根据设计类的基本原则，可以通过对实际问题的分析，标识未来系统的类，每个类中的成员变量与成员方法，并利用 Java 语言提供的各种技术，有效地封装、隐藏相应的类成员。

另外，本章还介绍了 StringBuffer 类、BigInteger 类与 BigDecimal 类的应用方法。通过有效地使用这些类可以增强程序的处理能力，降低编写程序的工作量，为能够让程序设计的初学者编写功能强大的程序奠定基础。下面列举几个应用实例，进一步展示综合应用这些知识内容的基本方法与使用技巧。

【例 4-5】设计描述颜色概念的颜色类及调色板。

（1）问题分析

颜色是装扮人类生存环境的重要元素。正是由于成千上万种不同的颜色才使得我们的生活环境五彩斑斓。如此之多的颜色种类，如何度量是一个必须要解决的问题。长期以来，人们发明了很多度量颜色的方法，而其中 RGB 方式普遍被人们认可，特别是在计算机领域中，这种表述方法简单、易处理，已成为计算机环境下度量颜色的主流方式。

在这个题目中，也采用 RGB 表述颜色的方式。所谓 RGB 是指用红、绿、蓝三种原色配置其他颜色的表示方式。每种颜色的强度用 0 ～ 255 之间的整数表示，当三种颜色的光强最大时，即（255, 255, 255）为白色；当三种颜色的光强最小时，即（0, 0, 0）为黑色。（255, 0, 0）为红色；（0, 255, 0）为绿色；（0, 0, 255）为蓝色。也就是说，任何一种颜色，可以用红、绿、蓝唯一确定，这是 RGB 颜色表述方式的关键属性。

所谓调色板是指用一张表记录所使用的各种颜色，并且在使用各种颜色时，不直接利用 RGB 表述，而是用颜色表中相应颜色的编号。通常，调色板应用在使用颜色较少的情况下，这样可以提高空间利用率。例如，RGB 三种颜色需要 3 个字节，而一张包含 256 种颜色的调色板，在使用每种颜色时，只需要 1 个字节。

（2）设计说明

在这个程序中，需要设计 3 个类。一个是描述颜色的 ColorClass 类；一个是描述调色板的 PaletteClass 类；还有一个用于测试这两个类使用情况的测试类 TestPaletteClass。

在描述颜色的 ColorClass 中，包含表示红、绿、蓝三色光强的属性，以及构造方法、更改器、获取器、加亮操作、变暗操作，覆盖了成员方法 equals() 与 toString()。

在描述调色板的 PaletteClass 中，包含一个表示颜色表的一维数组，其元素类型为 ColorClass，以及表示调色板颜色数目的属性。鉴于简化问题的考虑，只包含了构造方法、更改调色板、返回指定编号的颜色的成员方法，覆盖了成员方法 toString()。

ColorClass 与 PaletteClass 类之间是聚合关系，即 PaletteClass 类聚合了 ColorClass。

在测试类 TestPaletteClass 中，随机创建了一个包含 16 种颜色的调色板，并将调色板中的每种颜色所对应的 RGB 显示输出。

由于在 main() 中，创建了上述两个类的对象，所以 TestPaletteClass 类依赖于 ColorClass 与 PaletteClass 类。它们的类关系图如图 4-7 所示。

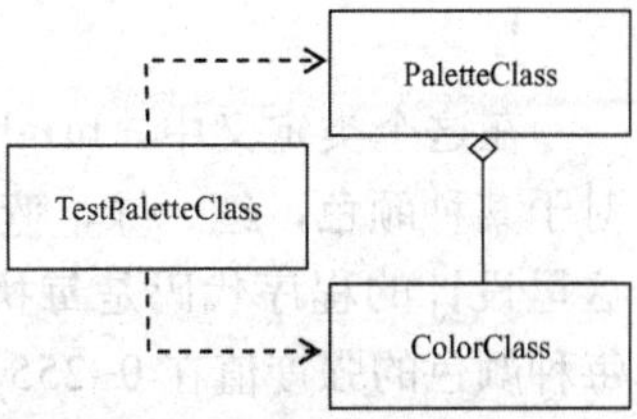

PaletteClass
TestPaletteClass
ColorClass

图 4-7　例 4-5 类关系图

（3）程序代码

下面是定义颜色类 ColorClass 的程序代码。

```
// file name: ColorClass.java
public class ColorClass {    // 颜色类
    private int red;         // 红色
    private int green;       // 绿色
    private int blue;        // 蓝色

    public ColorClass() {
        red = 0;
        green = 0;
        blue = 0;
    }
    public ColorClass(int r, int g, int b) {
        red = r;
        green = g;
        blue = b;
    }
    public void setBlue(int blue) { this.blue = blue; }
    public void setGreen(int green) { this.green = green; }
    public void setRed(int red) { this.red = red; }
    public int getBlue() { return blue; }
    public int getGreen() { return green; }
    public int getRed() { return red; }
    public void bright() {    // 加亮
        if ((red + 5 <= 255) && (green + 5 <= 255) && (blue + 5 <= 255)) {
            red += 5;
            green += 5;
            blue += 5;
        }
    }
    public void dark() {    // 变暗
        if ((red - 5 >= 0) && (green - 5 >= 0) && (blue - 5 >= 0)) {
            red -= 5;
            green -= 5;
            blue -= 5;
        }
    }
    public boolean equals(Object obj) {
        if (this == obj) {
            return true;
        }
        if (this.getClass() != obj.getClass()) {
            return false;
        }
        ColorClass c = (ColorClass) obj;
        if (red == c.red && green == c.green && blue == c.blue) {
            return true;
        }
        return false;
```

```
    }
    public String toString() {
        return "Red: " + red + "\tGreen: " + green + "\tBlue: " + blue;
    }
}
```

在这个类定义中，bright() 与 dark() 两个成员方法分别实现加亮、变暗颜色的操作。如果对于某种颜色，红、绿、蓝的强度同时增加或减少，就可以达到加亮或变暗且不变色的目的。这里设计的程序代码是每执行一次 bright()、dark()，加亮或变暗 5 个单位。当然，需要保证每种颜色的强度值在 0~255 之间，如果超越这个范围，将不进行加亮或变暗操作。

下面是定义调色板类 PaletteClass 的程序代码。

```
// file name: PaletteClass.java
public class PaletteClass {           // 调色板类
    public int colorNum;              // 调色板颜色数目
    private ColorClass[] palette;     // 颜色表

    public PaletteClass() {
        colorNum = 256;
        palette = new ColorClass[colorNum];
    }
    public PaletteClass(ColorClass[] palette, int num) {
        colorNum = num;
        this.palette = palette;
    }
    public void setPalette(ColorClass[] palette, int num) {
        colorNum = num;
        this.palette = palette;
    }
    public ColorClass getAt(int index) {
        return palette[index];
    }

    public String toString() {
        String str = "";
        for (int i = 0; i < colorNum; i++) {
            str += i + " : " + palette[i] + "\n";
        }
        return str;
    }
}
```

从这个类定义可以看出，使用默认构造方法创建调色板对象时，默认 256 种颜色。如果不是 256 种颜色，可以采用第 2 个带参数的构造方法创建对象。

另外，在覆盖的成员方法 toString() 中，利用字符串拼接的形式将整个颜色表中的各种颜色信息拼成一个字符串，并将其返回。从后面的应用中可以看到这样做带来的便捷性。

下面是定义检测 ColorClass 与 PaletteClass 类使用情况的测试类 TestPaletteClass 的程序代码。

```
// file name: TestPaletteClass.java
public class TestPaletteClass {
    public static final int COLORNUM = 16;    // 调色板颜色数目

    public static void main(String[] agrs) {
        PaletteClass palette;
        int red, green, blue;
        ColorClass[] color = new ColorClass[COLORNUM];
        for (int i = 0; i < COLORNUM; i++) {  // 随机生成各种颜色
            red = (int)( Math.random() * 256);
```

```
            green = (int)( Math.random() * 256);
            blue = (int) ( Math.random() * 256);
            color[i] = new ColorClass(red, green, blue);
        }
        palette = new PaletteClass(color, COLORNUM);  // 创建调色板
        System.out.println(palette);    // 显示调色板中的颜色信息
    }
}
```

在 main() 成员方法中，首先随机产生了 16 种颜色，并存放在一维数组 color 中，然后将其作为参数创建调色板对象，最后将调色板中的颜色信息利用 System.out.println(palette) 语句显示输出。可以看到，这条语句十分简单，它实现了将 PaletteClass 全部内容显示输出的操作，之所以这样简练是因为在 ColorClass 与 PaletteClass 类中都覆盖了 toString() 成员方法。当需要显示某个对象的内容时，系统会自动调用相应对象的 toString() 成员方法，并将其返回的字符串作为结果输出。

（4）运行结果

在 NetBeans IDE 环境下运行这个程序后，可以看到如图 4-8 所示的输出窗口，其中包含调色板中的 16 种颜色信息。

```
输出 - example4_5 (run-single)
0 : Red: 31     Green: 13     Blue: 18
1 : Red: 195    Green: 228    Blue: 215
2 : Red: 93     Green: 59     Blue: 47
3 : Red: 109    Green: 188    Blue: 106
4 : Red: 114    Green: 236    Blue: 92
5 : Red: 224    Green: 213    Blue: 207
6 : Red: 132    Green: 185    Blue: 234
7 : Red: 250    Green: 209    Blue: 52
8 : Red: 213    Green: 91     Blue: 61
9 : Red: 97     Green: 245    Blue: 63
10 : Red: 138   Green: 20     Blue: 173
11 : Red: 66    Green: 9      Blue: 221
12 : Red: 43    Green: 50     Blue: 65
13 : Red: 161   Green: 17     Blue: 34
14 : Red: 189   Green: 54     Blue: 221
15 : Red: 86    Green: 122    Blue: 68
```

图 4-8　运行例 4-5 的显示结果

（5）程序说明

这个程序中包含了 3 个类，它们之间的关系比较明显。在应用面向对象程序设计方法时，首先需要根据题目的要求标识未来系统中可能包含的类，然后设计类中应该包含的成员变量与成员方法。通常，成员方法应该包含构造方法、更改器、获取器和基本的操作，另外，为了对象未来具有比较是否相等，并便于显示输出，应该覆盖成员方法 equals() 与 toString()。

【例 4-6】设计扑克牌类，实现模拟扑克牌洗牌的过程。

（1）问题分析

纸制扑克牌共有 54 张牌，并分为黑桃（spade）、红桃（heart）、方块（diamond）与梅花（club）4 种花色。不同的国家将这 4 种花色赋予了不同的含义。例如，中国人将 4 种花色理解为春、夏、秋、冬四个季节；法国人将 4 种花色理解为矛、方形、丁香叶和红心；德国人把 4 种花色理解为树叶、铃铛、橡树果和红心；意大利人将 4 种花色理解为宝剑、硬币、拐杖和酒杯；瑞士人将 4 种花色理解为橡树果、铃铛、花朵和盾牌；英国人则将 4 种花色理解为铲子、钻石、三叶草和红心。每种花色又包含 13 种面值：A、2、3、…、J、Q 与 K。除了上述 4 个花色的 52 张牌之外，还有两张代表特殊身份的大王、小王。

在设计扑克牌类时，要将这些信息表示完整。

（2）设计说明

本题共设计 3 个类：一个是描述一张纸牌的 CardClass 类；一个是描述一副扑克的 PlayingCardClass 类；另一个是用于检测这两个类使用情况的测试类 TestPlayingCardClass。

在描述一张纸牌的 CardClass 类中，包含表示每张纸牌花色与面值的属性，用整数 0 代

表黑桃；用 1 代表红桃；用 2 代表方块；用 3 代表梅花；用 4 代表王，另外还包含构造方法、更改器、获取器，并覆盖了成员方法 equals() 与 toString()。

在描述一副扑克的 PlayingCardClass 类中，包含一个表示 54 张纸牌的一维数组，其元素类型为 CardClass。鉴于简化问题的考虑，只包含了构造方法、洗牌的成员方法，覆盖了成员方法 toString()。

CardClass 与 PlayingCardClass 类之间是聚合关系，即 PlayingCardClass 类聚合了 CardClass。

在测试类 TestPlayingCardClass 中，创建了一个扑克牌对象，并执行洗牌操作后显示输出此刻扑克牌中每张纸牌的排列顺序。

由于在 main() 中创建了上述两个类的对象，所以 TestPlayingCardClass 类依赖于 CardClass 与 PlayingCardClass 类。它们的类关系图如图 4-9 所示。

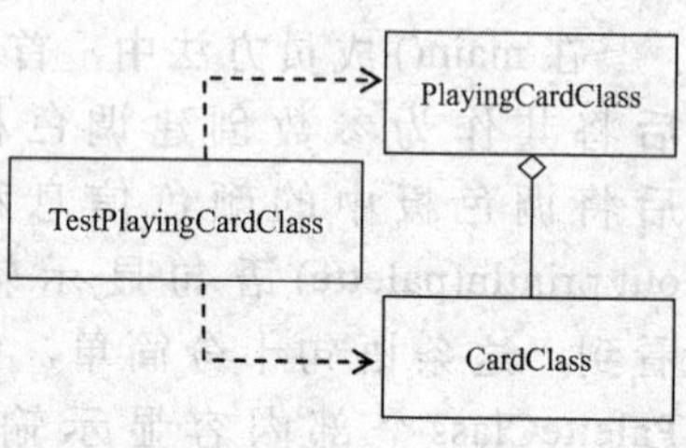

图 4-9 例 4-6 类关系图

（3）程序代码

下面是定义纸牌类 CardClass 的程序代码。

```
// file name: CardClass.java
public class CardClass {          // 纸牌类
    private int kind;             // 花色
    private int value;            // 面值

    public CardClass() {
        kind = 4;                 // 王
        value = 0;                // 大王
    }
    public CardClass(int kind, int value) {
        this.kind = kind;
        this.value = value;
    }
    public void setKind(int kind) { this.kind = kind; }
    public void setValue(int value) { this.value = value; }
    public void SetCard(int kind, int value) {
        this.kind = kind;
        this.value = value;
    }
    public int getKind() { return kind; }
    public int getValue() { return value; }
    public boolean equals(Object obj) {
        if (this == obj) {
            return true;
        }
        if (this.getClass() != obj.getClass()) {
            return false;
        }
        CardClass c = (CardClass) obj;
        if (kind == c.kind && value == c.value) {
            return true;
        }
        return false;
    }
    public String toString() {
        String str;
        switch (kind) {        // 拼接花色与面值
            case 0:            // 黑桃
                str = "( spade ," + value + ")";
                break;
```

```
            case 1:  // 红桃
                str = "( heart , " + value + ")";
                break;
            case 2:  // 方块
                str = "( diamond , " + value + ")";
                break;
            case 3:  // 梅花
                str = "( club , " + value + ")";
                break;
            case 4: // 大小王
                if (value == 0) {
                    str = "( Joker , Big)";
                } else {
                    str = "( Joker , Small)";
                }
                break;
            default:
                str = "";
        }
        return str;
    }
}
```

在这个类定义中，给出了两个构造方法：一个不带参数的构造方法，利用它创建的纸牌对象默认为大王；另一个带参数的构造方法，通过参数代入相应纸牌的花色与面值。在覆盖的成员方法 toString() 中，为了让字符串描述的结果更加具有可读性，根据不同的花色拼接代表不同花色的英文单词。在这里，面值用 1、2、…、13 表示，读者可以试着对 toString() 中的源代码稍作修改，让 1、11、12、13 用人们习惯的 A、J、Q、K 表示。

下面是定义扑克牌类 PlayingCardClass 的程序代码。

```
// file name: PlayingCardClass.java
public class PlayingCardClass {                  // 扑克牌类
    private CardClass[] card;                    // 存放 54 张纸牌

    public PlayingCardClass() {
        card = new CardClass[54];
        for (int i = 0; i < 52; i++) {           // 构造 4 种花色的 52 张纸牌
            card[i] = new CardClass(i / 13, i % 13);
        }
        card[52] = new CardClass(4, 0);          // 大王
        card[53] = new CardClass(4, 1);          // 小王
    }
    public CardClass getAt(int index) {          // 获取给定位置的纸牌对象
        return card[index];
    }
    public void shuffle() {                      // 洗牌
        CardClass c;
        int index1, index2;
        for (int i = 0; i < 1000; i++) {
            index1 = (int) (Math.random() * 54); //  随机产生两个位置
            index2 = (int) (Math.random() * 54);
            if (index1 != index2) { // 交换
                c = card[index1];
                card[index1] = card[index2];
                card[index2] = c;
            }
        }
    }
    public String toString() {
        String str = "";
        for (int i = 0; i < 54; i++) {
```

```
            str += i + " : " + card[i] + "\n";
        }
        return str;
    }
}
```

在这个类中，不带参数的构造方法将 54 张纸牌按照黑桃、红桃、方块、梅花与大小王的顺序排列起来，每种花色中的 13 张纸牌按照 1、2、3……的顺序依次排列。实现洗牌操作的成员方法 shuffle() 是通过不断地随机产生 0 ～ 53 之间的整数，并交换所产生的两个位置的纸牌。当这种操作的执行次数多到一定程度时，就可以用来模拟洗牌的效果。

下面是定义检测 CardClass 与 PlayingCardClass 类使用情况的测试类 TestPlayingCardClass 的程序代码。

```
// file name: TestPlayingCardClass .java
public class TestPlayingCardClass {
    public static void main(String[] args) {
        PlayingCardClass playCard;
        playCard = new PlayingCardClass();
        playCard.shuffle();
        System.out.println(playCard);
    }
}
```

在 main() 成员方法中，首先创建一个扑克牌类 PlayingCardClass 对象，然后调用模拟洗牌操作的成员方法 shuffle()，最后利用 System.out.println() 语句将洗牌后的纸牌排列顺序显示输出。

（4）运行结果

在 NetBeans IDE 环境下运行这个程序后，可以看到如图 4-10 所示的输出窗口，其中包含调色板中的 16 种颜色信息。

```
输出 - example4_6 (run-single)
0 : ( spade , 10)
1 : ( spade , 12)
2 : ( heart , 12)
3 : ( heart , 5)
4 : ( club , 8)
5 : ( diamond , 1)
6 : ( club , 4)
7 : ( diamond , 5)
8 : ( heart , 1)
9 : ( diamond , 11)
10 : ( heart , 2)
11 : ( diamond , 12)
12 : ( spade , 5)
13 : ( club , 1)
14 : ( Joker , Big)
15 : ( diamond , 0)
```

图 4-10 运行例 4-6 的显示结果

（5）程序说明

与例 4-5 一样，在这个题目中，3 个类之间的关系比较明显。在应用面向对象程序设计方法时，首先需要根据题目的要求标识未来系统中可能包含的类，然后设计类中应该包含的成员变量与成员方法。通常，成员方法应该包含构造方法、更改器、获取器、基础的操作，另外，为了对象未来具有比较是否相等，并便于显示输出的目的，应该覆盖成员方法 equals() 与 toString()。

【例 4-7】设计与学生选课有关的类。

（1）问题分析

学生选课问题需要包含一个描述课程基本信息的类；一个描述学生基本信息的类；一个专门用于记录选课结果的类。为了检测所设计类的使用情况，还应该有一个测试类。

当然，在现实情况下，这几个类中应该包含很多信息，例如，学生目前已经修过的课程、年级等；承担课程的教师情况等，鉴于简化问题的考虑，在稍后给出的程序中只包含很少的信息，读者可以试着将其他信息添加到定义的类中。

（2）设计说明

在课程基本信息类 CourseClass 中，包含课程编号、课程名、学分 3 个属性，以及构造方法、更改器、获取器，覆盖了 toString() 成员方法。

在学生基本信息类 StudentClass 中，包含学号、姓名、专业方向 3 个属性，以及构造方法、更改器、获取器，覆盖了 toString() 成员方法。

在选课情况类 SelectingCourseClass 中，包含课程编号、一个用于存放所有选修这门课程的学生信息的一维数组，另外还有本课程的最多选修人数及当前选修人数这 4 个属性，以及构造方法、更改器、获取器、添加选修学生几个成员方法，覆盖了 toString() 成员方法。

在测试类 TestSelectingCourseClass 中，通过创建课程对象与选修课程的学生对象，构建学生选修课程对象，并添加选课学生，检测各个类的使用情况。

在上述 4 个类中，SelectingCourseClass 类依赖于 CourseClass 与 StudentClass；TestSelectingCourseClass 类依赖于 SelectingCourseClass、CourseClass 与 StudentClass 类。它们的类关系图如图 4-11 所示。

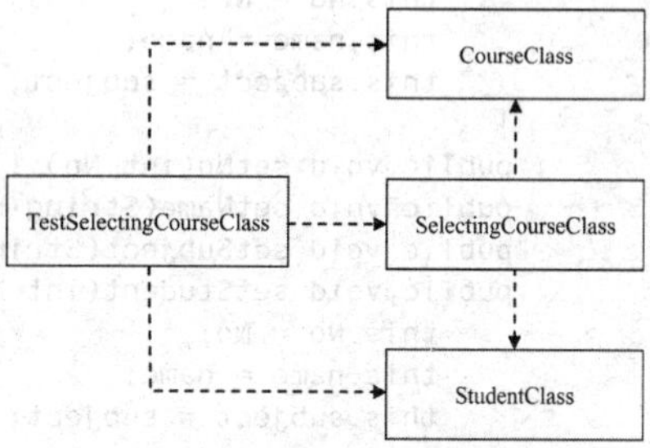

CourseClass

TestSelectingCourseClass

SelectingCourseClass

StudentClass

图 4-11　例 4-7 类关系图

（3）程序代码

下面是定义课程类 CourseClass 的程序代码。

```
// file name: CourseClass.java
public class CourseClass {                  // 课程类
    private int cNo;                        // 课程编号
    private String cName;                   // 课程名
    private int credit;                     // 学分

    public CourseClass() {
        cNo = 0;
        cName = "";
        credit = 0;
    }
    public CourseClass(int cNo, String cName, int credit) {
        this.cNo = cNo;
        this.cName = cName;
        this.credit = credit;
    }
    public void setCNo(int cNo) { this.cNo = cNo; }
    public void setCname(String cName) { this.cName = cName; }
    public void setCredit(int credit) { this.credit = credit; }
    public void setCourse(int cNo, String cName, int credit) {
        this.cNo = cNo;
        this.cName = cName;
        this.credit = credit;
    }
    public int getCNo() { return cNo; }
    public String getCname() { return cName; }
    public int getCredit() { return credit; }
    public String toString() {
        return "No.  " + cNo + "  Course name : " + cName + "  Credit: " + credit + "\n";
    }
}
```

在这个类定义中，给出了一个不带参数的构造方法与一个带完整参数的构造方法，这是为了能够在创建课程对象时，提供更加灵活的参数格式。更改器也给出了一个带完整参数的构造方法，这种格式更加符合人们更改课程对象的习惯。

下面是定义学生类 StudentClass 的程序代码。

```
// file name: StudentClass.java
```

```
public class StudentClass {                    // 学生类
    private int No;                            // 学号
    private String name;                       // 姓名
    private String subject;                    // 专业方向

    public StudentClass() {}
    public StudentClass(int No, String name, String subject) {
        this.No = No;
        this.name = name;
        this.subject = subject;
    }
    public void setNo(int No) { this.No = No; }
    public void setName(String name) { this.name = name; }
    public void setSubject(String subject) { this.subject = subject; }
    public void setStudent(int No, String name, String subject) {
        this.No = No;
        this.name = name;
        this.subject = subject;
    }
    public int getNo() { return No; }
    public String getName() { return name; }
    public String getSubject() { return subject; }
    public String toString() {
        return "No.    " + No + "  Name : " + name + "  Subject: " + subject + "\n";
    }
}
```

在这个类中，覆盖的成员方法 toString() 将学生信息拼接成字符串，为以后显示学生的当前状态提供了方便。

下面是定义选课情况类 SelectingCourseClass 的程序代码。

```
// file name: SelectingCourseClass.java
public class SelectingCourseClass {
    private CourseClass course;                    // 课程
    private StudentClass[] student;                // 选课的学生
    private int maxNum;                            // 课程最多人数
    private int curNum;                            // 当前人数

    public SelectingCourseClass() { }
    public SelectingCourseClass(CourseClass course, StudentClass[] student, int maxNum,
      int curNum) {
        this.course = course;
        this.student = student;
        this.maxNum = maxNum;
        this.curNum = curNum;
    }
    public void SelectingCourse(CourseClass course, StudentClass[] student, int maxNum,
      int curNum) {
        this.course = course;
        this.student = student;
        this.maxNum = maxNum;
        this.curNum = curNum;
    }
    public void setCourse(CourseClass course) { this.course = course;}
    public void setCurNum(int curNum) { this.curNum = curNum; }
    public void setMaxNum(int maxNum) { this.maxNum = maxNum; }
    public void setStudent(StudentClass[] student) { this.student = student; }
    public CourseClass getCourse() { return course; }
    public StudentClass[] getStudent() { return student; }
    public int getCurNum() { return curNum;}
    public int getMaxNum() { return maxNum; }
    public StudentClass getAt(int index) { return student[index]; }
    public void appenStudent(StudentClass s) {
```

```
        if (curNum < maxNum) {
            student[curNum++] = s;
        }
    }
    public String toString() {
        String str = "";
        str += course;
        for (int i = 0; i < curNum; i++) {
            str += student[i];
        }
        return str;
    }
}
```

在这个类中，定义了一个添加选课学生的成员方法 appenStudent()，它可以根据当前选课人数的情况决定是否允许当前这位学生先修这门课程。

下面是定义用于检测上述类使用情况的测试类 TestSelectingCourseClass 的程序代码。

```
// file name: TestSelectingCourseClass.java
public class TestSelectingCourseClass {
    public static final int NUM = 100;          // 最多人数

    public static void main(String[] args) {
        SelectingCourseClass sCourse;      // 定义、创建课程对象
        CourseClass course = new CourseClass(1, new String("Java programming"), 3);
        StudentClass[] s = new StudentClass[NUM];  // 定义、创建选课学生对象
        for (int i = 0; i < NUM; i++) {
            s[i] = new StudentClass(100 + i, "name_" + i, "Compute");
        }
        sCourse = new SelectingCourseClass(course, s, 100, 10);  // 创建选课对象
        sCourse.appenStudent(new StudentClass(200, "name_last", "Compute"));
        System.out.println(sCourse);   // 显示选课情况
    }
}
```

（4）运行结果

在 NetBeans IDE 环境下运行这个程序后，可以看到如图 4-12 所示的输出窗口，其中包含选修“Java programming”课程的学生名单。

```
输出 - example4_7 (run-single)
run-single:
No.  1   Course name : Java programming   Credit: 3
No.  100  Name : name_0  Subject: Compute
No.  101  Name : name_1  Subject: Compute
No.  102  Name : name_2  Subject: Compute
No.  103  Name : name_3  Subject: Compute
No.  104  Name : name_4  Subject: Compute
No.  105  Name : name_5  Subject: Compute
No.  106  Name : name_6  Subject: Compute
No.  107  Name : name_7  Subject: Compute
No.  108  Name : name_8  Subject: Compute
No.  109  Name : name_9  Subject: Compute
No.  200  Name : name_last  Subject: Compute
```

图 4-12　运行例 4-7 的显示结果

（5）程序说明

这是一个类之间存在依赖关系的典型实例。SelectingCourseClass 类依赖于 CourseClass 与 StudentClass；TestSelectingCourseClass 类依赖于 SelectingCourseClass、CourseClass 与 StudentClass 类。

上面 3 个实例从不同侧面体现了在 Java 程序中定义类、创建对象的重要性，展示了类之间的依赖与聚合关系。在面向对象的程序设计方法中，要求从分析问题开始，以对象为中心，用抽象的手段归纳整理出未来系统所包含的类以及类之间的关系，再不断地细化类中的内容，这是保证未来系统结构清晰、可重用性高的关键。

练习题

一、基本概念

1. 什么是类、对象？定义类的作用是什么？

2. 定义类对象与创建对象有何区别？举例说明。

3. 在 Java 中，提供了几种初始化对象中成员变量的方式？各自有什么特点？

4.StringBuffer 类有何特点？主要提供了哪几种编辑字符串的功能？

5.BigInteger 类与 BigDecimal 类分别用于描述哪种数据类型？各自有什么特点？

二、程序设计

1. 设计一个有理数类，其中包括能够反映有理数特征的属性与操作行为，然后再设计一个测试类，检测有理数类的使用情况。

2. 设计一个一元二次方程类，其中包括能够反映一元二次方程特征的属性与操作行为，然后再设计一个测试类，检测一元二次方程类的使用情况。

3. 设计一个文件类，其中包括能够反映文件特征的属性（创建日期、文件名、大小、最近修改日期等）与操作行为，然后再设计一个测试类，检测文件类的使用情况。

4. 设计一个教材类、一个课程类，及一个为某门课程指定参考教材的类。注意，一门课程可以有多本参考教材，然后再设计一个测试类，并检测这几个类的使用情况。

5. 利用 BigInteger 类，计算 $\sum_{i=1}^{100} i!$。

三、上机题

设计一个二维表格类，其中包括能够反映二维表格特征的属性（表名，行头名、列头名、行数、列数、边框线型等）与操作行为，然后再设计一个测试类，检测二维表格类的使用情况。要求能够根据创建的二维表格对象属性画出二维表格。

自测题

一、填空题（每小题 8 分）

1. 类是用于描述 ____。

2. 类中包括成员变量与成员方法，成员变量描述 ______________________，成员方法描述 ____。

3.Java 语言提供了 4 种访问特性修饰符，它们分别是 ______________________。

4. 类中构造方法的作用是 ____。

5. 静态成员变量与非静态成员变量的根本区别是 ______________________。

二、编程题（每小题 20 分）

1. 设计一个复数类，其中包括能够反映复数特征的属性与操作行为，然后再设计一个测试类，检测复数类的使用情况。

2. 设计一个矩阵类，其中包括能够反映矩阵特征的属性、操作行为及各种运算，然后再设计一个测试类，检测矩阵类的使用情况。

3. 利用 StringBuffer 类设计一个 Java 程序，其功能为：从键盘输入一段短文，然后，根据用户给出的原始单词与新单词，将短文中的所有原始单词替换为新单词。

Chapter 第5章

继承与多态

继承性与多态性是面向对象程序设计的另外两个重要特性。在Java语言中，提供了能够实现继承性与多态性的完备技术，这使得更多的人们愿意将Java作为软件开发语言，进而充分地施展面向对象抽象性、封装性、继承性与多态性的优势，为构筑新时代的软件开发理念奠定了坚固的基础。

本章将介绍Java语言对继承性与多态性的实现技术。其中包括子类的定义、抽象类的应用、接口的实现意义以及利用包组织类与接口的基本方法。

5.1 类的继承

继承机制是面向对象程序设计不可缺少的关键概念，是实现软件可重用的根基，也是提高软件系统的可扩展性与可维护性的主要途径。所谓继承，是指一个类的定义可以基于另外一个已经存在的类，即子类基于父类，从而实现父类代码的重用。在有些教材中，又将父类称为超类或者基类。两个类之间的这种继承关系可以用UML图形符号表示为图5-1所示的形式。

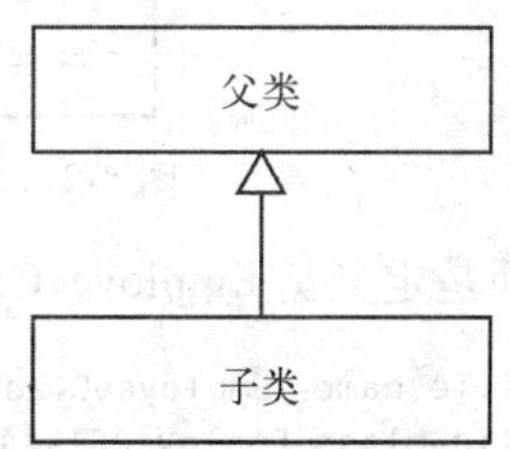

图5-1 继承关系的UML图形符号表示法

两个类的继承关系可以用“is-a”表示，即子类是父类所描述的实体集中的子集。也就是说，父类涵盖更加共性的特征，更加具有一般性，子类增加的内容更加具有个性，是一般性之外的特殊内容，因此，又可以说，这种类的继承关系充分地反映了“一般与特殊”的关系。

类的继承具有传递性，即子类还可以再继续派生子类，最终形成一个类层次结构，位于上层的概念更加抽象，位于下层的概念更加具体。所以说，从下往上是逐步抽象的过程，从上往下是逐步分类的过程。实际上，解决问题的过程就是不断抽象与分类的过程。

在Java语言中，通过定义子类支持面向对象的继承性。

5.1.1 定义子类

在Java语言中，定义子类的语法格式为：

```
[修饰符] class 子类名 extends 父类名 {
   子类体
}
```

其中，修饰符可以是子类的访问特性说明符等，用于控制子类的被访问权限和子类的类别；class为定义类的关键字；子类名是子类的名称，它既要符合Java语言的标识符命名规则，又建议遵守在第2章中给出的Java命名规范；extends是关键字；子类体是子类在继承父类内容的基础上添加的特有内容，可以包含成员变量、成员方法、类、接口、构造方法、静态初始化器等。例如，在一个公司中，雇员是公司聘用的工作人员，经理是管理公司的一种特殊雇员，这类雇员不但拥有普通雇员的所有特征外，还可以得到公司发给的特殊津贴，因此这两个类之间是明显的继承关系，即符合“is-a”规则，“经理”是“雇员”。在这里，雇员类 EmployeeClass 是父类，经理类 ManagerClass 是子类。假设 EmployeeClass 类只包含姓名、所在部门和基本工资三个属性及相关的行为能力，ManagerClass 类在继承 EmployeeClass 类全部内容的基础上，还需要增加一个描述特殊津贴的属性及相关的行为能力。图 5-2 是这两个类的 UML 表示。

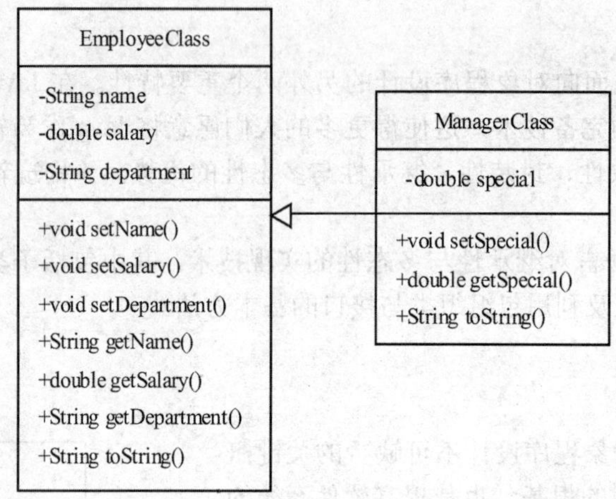

图 5-2 EmployeeClass 类与 ManagerClass 类的关系图

下面是定义类 EmployeeClass 的程序代码。

```
// file name: EmployeeClass.java
public class EmployeeClass {                      // 雇员类
    private String name;                          // 姓名
    private double salary;                        // 工资
    private String department;                    // 部门

    public EmployeeClass() {
            name = "";
            salary = 0.0;
            department = "";
    }
    public EmployeeClass(String name, double salary, String department)    {
            this.name = new String(name);
            this.salary = salary;
            this.department = new String(department);
    }
    public void setName(String name) { this.name = new String(name); }
    public void setSalary(double salary) { this.salary = salary; }
    public void setDepartment(String department) {
            this.department = new String(department);
    }
    public String getName() { return name; }
    public double getSalary() { return salary; }
    public String getDeparyment() { return department; }
    public String toString(){
            return "Name: " + name + "\nSalary: " + salary + "\nDepartment: " +
              department;
    }
}
```

在这个类中，除了 3 个分别描述姓名、工资与部门属性的成员变量外，还定义了构造方法、更改器、获取器以及覆盖了成员方法 toString()。

下面是定义子类 ManagerClass 的程序代码。

```
public ManagerClass extends EmployeeClass {              // 经理类
    private double special;                              // 特殊津贴

    public ManagerClass() { super();  special = 0.0; }
    public ManagerClass(String name, double salary, String department, double special) {
            super(name, salary, department);
            this.special = special;
    }
    public void setSpecial(double special) { this.special = special; }
    public double getSpecial() {return special; }
    public String toString() {
            return super.toString() + "\nspecial: " + special;
    }
}
```

实际上，在这个类中包含 4 个成员变量，除了在子类体中定义的 special 外，其余 3 个成员变量 name、salary 和 department 都是由 EmployeeClass 类继承而来的，由于它们均被指定为 private 访问特性，所以在 ManagerClass 类中不能直接访问，需要通过 EmployeeClass 类中提供的 public 成员方法达到操作它们的目的。另外，由于在 EmployeeClass 类中定义的成员方法都是 public 访问特性，所以继承至 ManagerClass 类之后，其待遇与类中定义的 public 成员方法一样。

下面介绍一个具有继承关系的经典实例 ——几何图元。

【例 5-1】设计与几何图元有关的类。

几何图元是指可以绘制的基本几何图形，如矩形、正方形、圆形、多边形等。鉴于篇幅的考虑，这里只考虑矩形与正方形。设计其他几何图元类的原理基本相同。

假设任何一种几何图元都有颜色与位置两个属性，因此应该将这些共有特性定义在一个类中，它是顶层类。而矩形还应该有长（length）、宽（width）两个属性，由于矩形是一种几何图元，所以自然应该拥有几何图元的共有特性，因此可以将矩形类设计为几何图元类的子类；又因为正方形是一种特殊的矩形，它的特殊性在于长与宽相等，所以应该将正方形类设计为矩形的子类。这 3 个类之间的关系可以用图 5-3 的 UML 类图描述。为了能够更加清晰地反映类之间的关系，图中只写出了类名称，没有写出每个类中定义的成员变量与成员方法，这是类的简化表示形式。

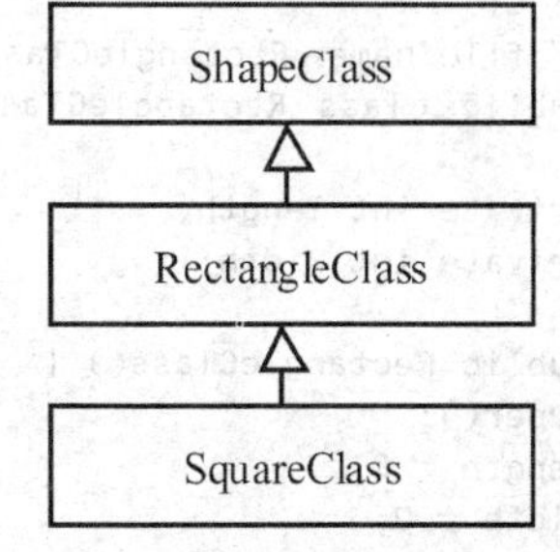

图 5-3　ShapeClass 类、RectangleClass 类与 SquareClass 类之间的关系类图

从图 5-3 中可以看出，ShapeClass 类是几何图元的通用类；矩形是一种特定的几何图元，因此，RectangleClass 类应该是 ShapeClass 的子类；正方形又是一种特殊的矩形，所以 SquareClass 类应该是 RectangleClass 类的子类。下面分别讨论这 3 个类的设计情况。

在 ShapeClass 类中需要设定两个属性：一个是几何图元的颜色，在第 4 章列举的 ColorClass 类采用 RGB 方式度量颜色，即用红、绿、蓝三色的不同光强确定某一种特定的颜色，这里，可以直接使用 ColorClass 类表示颜色；另一个是几何图元的位置，在这里，直接使用 Java 类库提供的 Point 类。

图 5-4 是 ShapeClass 类的 UML 类图。在这个类中包含两个成员变量：一个是几何图元的颜色 color，另一个是几何图元的显示位置 place；另外还给出了构造方法、更改器和获取器，覆盖了成员方法 toString()。

ShapeClass
-ColorClass color
-Point place
+void setColor()
+void setPlace()
+ColorClass getColor()
+Point getPlace()
+String toString()

图 5-4　ShapeClass 类的 UML 类图

下面是定义类 ShapeClass 的程序代码。

```
// file name: ShapeClass.java
import java.util.*;
public class ShapeClass {                    // 几何图元类
  private ColorClass color;                  // 颜色属性
  private Point place;                       // 位置属性

  public ShapeClass(){
      color = new ColorClass();
      place = new Point();
  }
  public ShapeClass(ColorClass color, Point place){
      this.color = color;
      this.place = place;
  }
  public void setColor(ColorClass color) {   this.color = color; }
  public void setPlace(Point place) { this.place = place; }
  public ColorClass getColor(){ return color; }
  public Point getPlace(){ return place; }
  public String toString() {
  return color.toString() + "\n" + place.toString();
  }
}
```

矩形是一种具体的几何图元，因此可以通过继承 ShapeClass 类来定义 RectangleClass 类。图 5-5 是 RectangleClass 类的 UML 类图以及与 ShapeClass 类之间的关系图。

下面是定义类 RectangleClass 的程序代码。

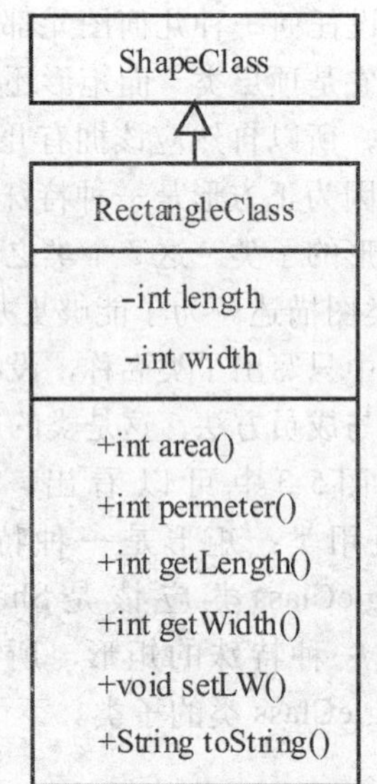

图 5-5　RectangleClass 类与 ShapeClass 类之间的关系图

```
// file name: RectangleClass.java
public class RectangleClass extends ShapeClass {
                                          // 矩形类
private int length;                       // 长
private int width;                        // 宽

public RectangleClass() {
super();
length = 0;
width = 0;
}
public RectangleClass(ColorClass color, Point
  place, int length, int width) {
      super(color, place);
      this.length = length;
      this.width = width;
  }
  public int area() { return length * width; }                // 计算矩形的面积
```

```
    public int permeter() { return 2* (length * width); }     // 计算矩形的周长
    public int getLength() { return length; }
    public int getWidth() { return width; }
    public void setLW(int length, int width) {
       this.length = length;
       this.width = width;
    }
    public String toString() {
       return "length: " + length + " width: " + width;
    }
}
```

当矩形的长与宽相等时就是正方形，也就是说，正方形是一种特殊的矩形，因此，SquareClass 类不需要增加新的成员变量，只重新定义一些适用于正方形操作的成员方法即可。例如，将 RectangleClass 类中需要带入长与宽的成员方法修改为只带入一个边长。这也是一种常见的子类成员方法的定义形式。图 5-6 是 SquareClass 类图及与 RectangleClass 类之间的关系图。

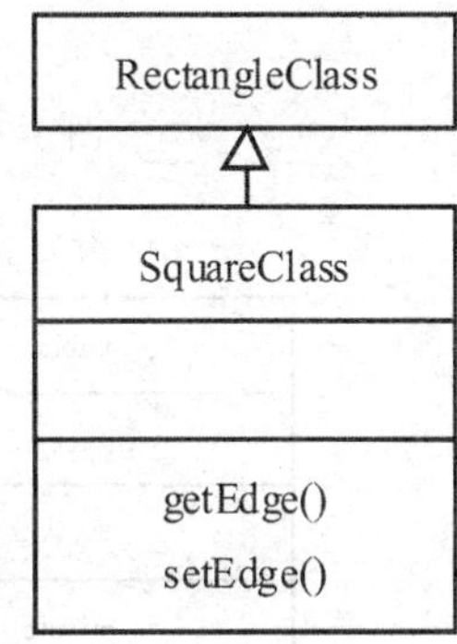

图 5-6　SquareClass 类与 RectangleClass 类之间的关系图

下面是定义类 SquareClass 的程序代码。

```
// file name: SquareClass.java
public class SquareClass extends RectangleClass {          // 正方形类
   public SquareClass() { super(); }
   public SquareClass(ColorClass color, Point place, int edge) {
      super(color, place, edge,edge);
   }
   public int getEdge() {  return getLength();  }
   public void setEdge(int edge)  {  setLW(edge, edge);  }
}
```

从上面几何图元类的定义可以看出，子类描述的对象是父类概念的一种特例，即父类较子类更加抽象、更加普遍，子类较父类更加具体、更加特殊，这正是“is-a”规则反映的类之间的特有关系，即矩形是一种几何图元，正方形是一种矩形。

5.1.2　子类对父类成员的可访问特性

实际上，子类是对父类概念的延伸，它不但继承了父类的内容，还可以扩展父类的某些功能。在 Java 语言中，子类将继承父类的成员，但对父类成员的可访问性却由访问特性控制。

如果子类与父类在同一个包中，子类可以直接访问父类具有 public、protected 与默认访问特性的成员，不能直接访问 private 成员，这部分内容需要通过父类提供的操作接口实现间接访问，具体规则如图 5-7 所示。

如果子类与父类不在同一个包中，子类只能够直接访问父类具有 public 与 protected 访问特性的成员，而具有 private 与默认访问属性的成员需要通过具有 public 或 protected 访问属性的成员方法实现访问目的，具体访问规则如图 5-8 所示。

对于子类中不可直接访问的那部分父类成员，并不意味着它们是无用的包袱。很显然，它们也是子类不可缺少的成员，子类对象只是需要通过父类提供的访问接口对它们进行操作，这样可以更好地保证类之间的独立性，提高整个系统的可维护性。

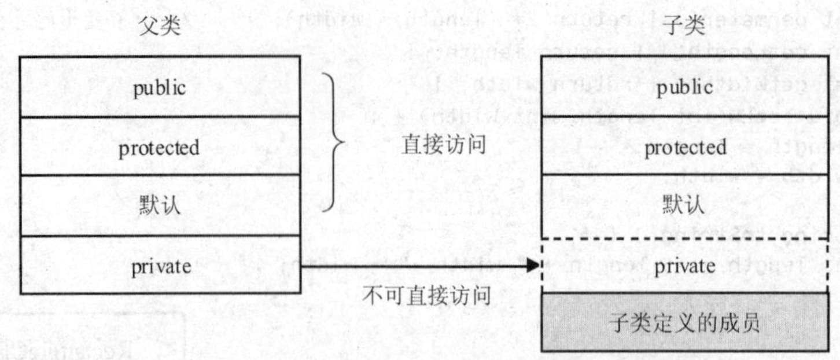

图 5-7 在同一个包中子类访问父类成员的规则

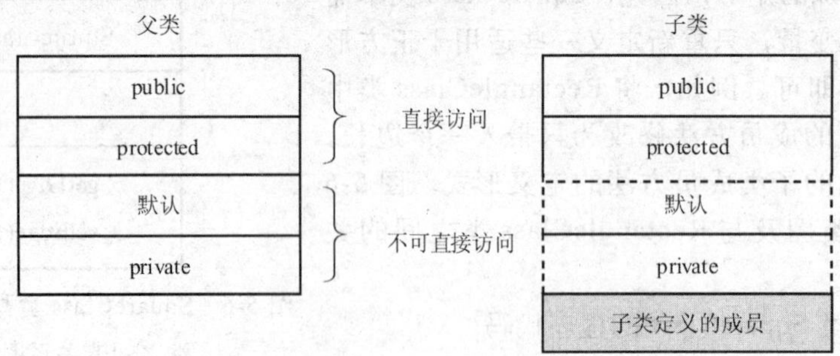

图 5-8 在不同包中子类访问父类成员的规则

5.1.3 子类构造方法的定义与执行

在 Java 程序中，子类不负责调用父类中带参数的构造方法。在创建子类对象时需要在构造方法中利用 super(...) 调用父类的构造方法，以便能够对从父类继承过来的成员变量初始化。Java 语言规定，必须将调用父类构造方法的这条语句放在子类构造方法的第一条语句位置。如果第一条语句没有调用父类的构造方法，系统将会自动地在这个位置上插入一条调用父类默认构造方法的语句。由于默认的构造方法不带参数，所以如果在父类中定义了带参数的构造方法而没有定义不带参数的构造方法，将会出现编译错误。这也正是建议大家在定义带参数的构造方法时一定要定义一个不带参数的构造方法的原因所在。对于父类中那些带参数的构造方法，子类将不会自动地调用它们，必须人工地将调用它们的语句写入子类的构造方法中。

在前面定义的几何图元类就展示了子类构造方法调用父类构造方法的执行过程。在几何图元类 ShapeClass 中定义了两个构造方法，一个不带参数，一个有 2 个参数；在矩形类 RectangleClass 中也定义了两个构造方法，一个不带参数，一个有 4 个参数；在正方形类 SquareClass 中也定义了两个构造方法，一个不带参数，一个有 3 个参数。

由于在 RectanglcClass 类的构造方法中要对从 ShapeClass 类继承过来的 2 个成员变量初始化，所以需要利用 super 调用 ShapeClass 类中的构造方法，这条语句一定要放在构造方法的第一条语句位置，否则系统将会在这里自动地插入一条调用默认构造方法的语句，在有些情况下，这种做法所产生的效果并不是人们所希望的。

而 SquareClass 类则不然，这个类并没有增加新的成员变量，但需要修改一下创建对象提供的参数格式，即在矩形中需要提供长、宽，在正方形中需要提供边长，因此在构造方法中，只含有一条调用父类构造方法的语句即可，其作用是修改参数格式。

调用父类构造方法所使用的 super 是 Java 语言的关键字，用来表示直接父类的引用。前面已经看到，如果在子类中调用父类的构造方法就需要借助于这个关键字。另外，如果在子类中调用父类中被子类覆盖的那些成员也需要使用 super。

5.2 类成员方法的重载与覆盖

在子类继承父类成员的同时，子类自己还可以定义新的成员。当子类中定义的新成员变量的名字与父类中某个成员变量的名字相同时，子类会把父类中的相应成员变量隐藏起来。当子类中定义的成员方法的名字与父类中某个成员方法的名字相同时属于成员方法的重载或覆盖，这是常用的程序设计技术。因为不提倡将父类中的成员变量隐藏起来，所以这里仅讨论成员方法的重载与覆盖。

5.2.1 重载与覆盖

在子类中，除了从父类继承的成员方法之外，还可以自定义一些成员方法，其中主要包括下列几种形式：

1）在父类中没有的、全新的成员方法。

2）对父类中已有的成员方法进行重载。

3）对父类中已有的成员方法进行覆盖。

在子类中，经常可以看到采用这三种形式定义的成员方法。第一种形式的成员方法主要用来扩展父类的接口形式，增加子类对象的操作功能，它完全属于子类的内容，与父类没有任何连带关系。后两种形式的用途非常广泛，理解起来稍许有些复杂，下面分别讨论一下它们的特点及适用场合。

1. 成员方法的重载

所谓成员方法的重载，是指当子类中定义与父类中同名的成员方法，但参数列表不同，在子类与父类之间重载成员方法，或者在一个类中定义多个同名的成员方法，但它们之间的参数列表不同，在一个类中重载成员方法。无论是在子类与父类之间重载成员方法，还是在一个类中重载成员方法，其主要目的都是为了扩展操作的接口格式，使之更加适于人们的操作习惯，提高软件系统操作的方便性与灵活性。

在重载成员方法时，经常会遇到调用父类相应成员方法的情况。例如，可以为 5.1.1 中定义的雇员类 EmployeeClass 与经理类 ManagerClass 分别增加一个给定全部参数、设置对象内容的成员方法。在雇员类 EmployeeClass 中的定义为：

```
EmployeeClass {             // 雇员类
    private String name;                                    // 姓名
    private double salary;                                  // 工资
    private String department;                              // 部门
    ……                                                      // 其他成员方法
    public void setInfo (String name, double salary, String department)      {
        this.name = new String(name);
        this.salary = salary;
        this.department = new String(department);
    }
}
```

在经理类 ManagerClass 中的定义为：

```
public ManagerClass extends EmployeeClass {             // 经理类
    private double special;                                 // 特殊津贴
    ……                                                      // 其他成员方法
```

```
    public void setInfo(String name, double salary, String department, double special) {
        super(name, salary, department);
        this.special = special;
    }
}
```

可以看到，在子类 ManagerClass 中重载了父类中的 setInfo() 成员方法，但两个成员方法的参数列表不一样，在子类中的 setInfo() 的参数列表中增加了一个表示特殊津贴的 special。当通过子类对象调用成员方法 setInfo() 时，系统需要根据提供的参数情况与上述两个同名的成员方法匹配，并最终调用符合匹配要求的那个成员方法。

2. *成员方法的覆盖*

当子类中定义的成员方法的名称与参数列表和父类中某个成员方法的名称与参数列表完全一样时，称为成员方法的覆盖。在 Java 中，成员方法的名称与参数列表统称为签名。这样设计的主要原因是父类中成员方法提供的操作功能不能满足子类的需求，所以要采用覆盖手段将父类中相应的成员方法隐藏起来，而用子类中定义的成员方法替代。

在定义具有覆盖特征的成员方法时，通常有下面两种形式：

1）在子类定义的成员方法中，首先调用父类中被覆盖的成员方法，再添加一些操作语句，这种形式可以对父类被覆盖成员方法的功能给予补充、增强。

2）在子类定义的成员方法中，没有调用父类中被覆盖的成员方法，而是全新的语句组，这种形式可以实现对父类被覆盖成员方法的全部覆盖。当子类对象的某项操作与父类对象相应的操作过程完全不同时，常常采取这种方式实现。

下面列举一个全部覆盖父类中成员方法的实例。

前面曾经讲过，在 Object 类中包含一个判断两个对象是否相等的成员方法 equals()， 在 Object 中的源代码为：

```
public boolean equals(Object obj) {
    return (this == obj);
}
```

可以看出，在 Object 类中，这个成员方法的功能是比较两个对象是否同时引用一个对象。如果是，返回 true；否则，返回 false。然而，人们往往希望它能够实现比较两个同类型对象的内容是否相等的功能，这就需要类设计者在自定义类时覆盖由 Object 类继承的这个成员方法。例如，设计一个复数类，每个复数由一个实部与一个虚部组成。要想让复数类具有比较两个复数是否相等的功能，可以这样定义：

```
// file name: ComplexNumber.java
public class ComplexNumber{                          // 复数类
    private double re;                               // 实部
    private double im;                               // 虚部

    public ComplexNumber() { re = 0.0; im = 0.0; }
    public ComplexNumber(double re, double im){
        this.re = re;
        this.im = im;
    }
    public void setRe(double re) { this.re = re; }
    public void setIm(double im) { this.im = im; }
    public double getRe() { return re; }
    public double getIm() { return im; }
    public boolean equals(Object otherObject) {
        if (this == otherObject) return true;                     // 是否引用同一个对象
```

```
        if (otherObject == null) return false;                 // otherObject 是否为空
        if (getClass() != otherObject.getClass())              // 是否属于同一个类型
            return false;
        ComplexNumber other = (ComplexNumber)otherObject;
        if ((re == other.re) && ( im == other.im)) return true;    // 比较实部和虚部
        else  return false;
    }
    public String toString()        {
            String str = "";
            if ( re != 0) str += re;
            if  ( im == 0 ) return str;
            if ( im < 0) str += im + "i";
            else str += " + " + im + "i";
            return str;
    }
}
```

在这个类中覆盖了 Object 类中的成员方法 equals()，它实现了比较两个复数内容的操作。可以利用下列语句检测一下判断两个复数是否相等的操作效果。

```
ComplexNumber c1,c2;
c1 = new ComplexNumber(2,3);
c2 = new ComplexNumber(2,-3.4);
if (c1.equals(c2)) {
    System.out.println("(" + c1 + ") == (" + c2 + ")");
}
else{
    System.out.println("(" + c1 + ") <> (" + c2 + ")");
}
```

运行这个程序段后会在屏幕上看到下列结果。

```
(2.0 + 3.0i) <> (2.0-3.4i)
```

在编写 Java 程序时，这样控制通用操作的接口格式可以使得程序更加规范、更加易读和更加人性化。

5.2.2　多态性的实现

类的继承性是面向对象程序设计的重要标志。它不但可以让人们在定义新类时充分利用已存在的类，即将新类作为子类，已存在的类作为父类，形成子类继承父类的结构，从而实现父类代码的重用，提高软件开发的效率，还可以在子类与父类之间构建多态性效果，以此增加系统的灵活性、可理解性与可扩展性。

面向对象程序设计提出了消息驱动的概念。所谓消息是指一个对象请求另外一个对象帮助完成某项操作的规格说明。消息中至少应该包含接收方的信息及具体请求的操作说明。当一个对象向另外一个对象发送消息时，接收到消息的对象就会给予响应，使原本静止的对象被激活，这就是人们常说的消息驱动。在 Java 程序中，所谓发送消息是指一个对象调用另外一个对象的成员方法；所谓响应消息是指执行被调用成员方法的过程。例如，在第 4 章的例 4-7 中，SelectingCourseClass 对象可以向 CourseClass 对象发送消息 course.getCname() 请求返回课程名，course 执行成员方法 getCname() 给予响应。

将同一个消息发送给不同的类对象，可能会得到完全不同的相应效果，称此现象为多态性。在 Java 程序中，多态性是指不同的类对象调用同一个签名的成员方法时将执行不同代码段的现象。具体实现方式是：首先，在子类中覆盖父类的某个成员方法，然后，定义父类的对象引用，并由它引用创建的子类对象。当在调用成员方法时，根据实际引用的对象类型确定最终调用哪个成员方法。由于直到程序执行时才会得知引用的对象类型，所以究竟执行哪个成员方法在程序执行时才能够动态地确定，而不是在程序编译时确定，这种连接机制称为动态联编。

归纳起来，要想实现多态性，需要具备以下两个条件。

1）多态性作用于子类对象，它是依赖于类层次结构中的一项功能。在Java语言中，允许父类对象的引用具体指向其任何子类对象，人们将此称为置换法则，即在出现父类对象的地方可以用其子类对象置换。这是实现多态性的先决条件，因此需要先定义一个指向父类的引用，然后，根据需要在程序的运行过程中让它引用其子类的对象，并根据当前引用的对象类型调用相应的成员方法。

2）具有多态性的成员方法必须同时包含在父类与子类中，且对应的成员方法签名完全一样，即是子类覆盖父类的成员方法。

下面介绍一个实现多态性的典型实例。

【例5-2】设计学校的人事管理系统。

在学校的人事管理系统中应该包含对教师与学生的基本信息管理。其中有些信息是教师与学生共同拥有的，例如，编号、姓名、性别、出生日期等；而有些信息则是教师、学生特有的。例如，教师应该包含所在部门、职称、工资等；学生应该包含高考分数、所学专业等。为此将共同拥有的部分抽象成人员类PersonClass，并在此基础上定义教师类TeacherClass与学生类StudentClass。这3个类之间的关系可以用图5-9所示的UML类图来描述。

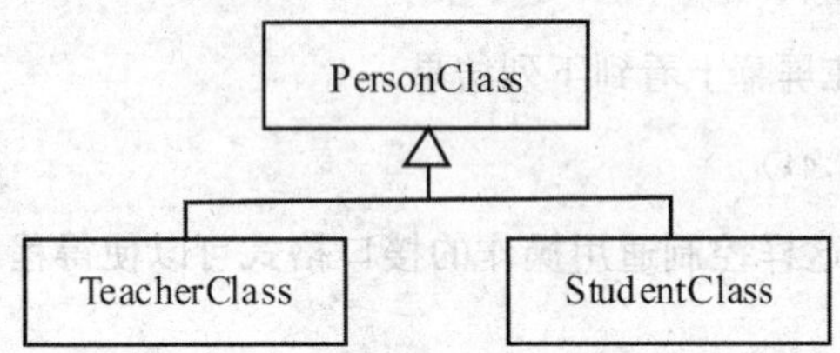

图5-9 PersonClass、TeacherClass与StudentClass类的关系图

下面是定义人员类PersonClass的程序代码。

```
// file name: PersonClass.java
import java.util.*;
public class PersonClass {                    // 人员类
    private int No;                           // 编号
    private String name;                      // 姓名
    private boolean sex;                      // 性别
    private Date birthday;                    // 出生日期

    public PersonClass() { }
    public PersonClass(int No, String name, boolean sex, int year, int month, int day) {
        this.No = No;
        this.name = new String(name);
        this.sex = sex;
        this.birthday = new Date(year, month - 1, day);
    }
    public void setNo(int No) { this.No = No; }
    public void setName(String name) { this.name = new String(name); }
    public void setSex(boolean sex) { this.sex = sex; }
    public void setBirthday(int year, int month, int day) {
        this.birthday = new Date(year, month - 1, day);
    }
```

```
    public int getNo() { return No; }
    public String getName() { return name; }
    public boolean getSex() { return sex; }
    public Date getBirthday() { return birthday; }
    public boolean equals(Object otherObject) {
        if (this == otherObject) {
            return true;            // 是否引用同一个对象
        }
        if (otherObject == null) {
            return false;                   // otherObject 是否为空
        }
        if (getClass() != otherObject.getClass()) { // 是否属于同一个类型

            return false;
        }
        PersonClass other = (PersonClass) otherObject;
        if (No == other.No) {
            return true;            // 比较编号
        } else {
            return false;
        }
    }
    public String toString() {
        return "\nNo: " + No + "\nName: " + name + "\nSex: " + sex + "\nBrithday: " +
          String.format("%tF", birthday);
    }
}
```

在 PersonClass 类中定义了所有人员都共有的 4 个属性以及构造方法、更改器、获取器，并覆盖了 Object 类中的两个成员方法：一个是用于比较两个对象是否相等的成员方法 equals()，另一个是将对象的属性值转化成字符串形式的成员方法 toString()。假设两个同类型对象相等的判断条件是编号相同，这样只需要在 PeronClass 类中覆盖 equals 方法就可以了，在教师类与学生类中不需要再考虑这个问题。在 toString() 方法中出现的 String.format("%tF", birthday) 可以实现将出生日期按照年 - 月 - 日的格式转换为字符串。

下面是定义教师类 TeacherClass 的程序代码。

```
// file name: TeacherClass .java
public class TeacherClass extends PersonClass {        // 教师类
    private String department;                          // 所在部门
    private String duty;                                // 职称
    private double salary;                              // 工资

    public TeacherClass() { super(); }
    public TeacherClass(int No, String name, boolean sex, int year,
        int month, int day, String department, String duty, double salary) {
        super(No, name, sex, year, month, day);
        this.department = new String(department);
        this.duty = new String(duty);
        this.salary = salary;
    }
    public void setDepartment(String department) {
        this.department = new String(department);
    }
    public void setDuty(String duty) { this.duty = new String(duty); }
    public void setSalary(double salary) { this.salary = salary; }
    public String getDepartment() { return department; }
    public String getDuty() { return duty; }
    public double getSalary() { return salary; }
    public String toString() {
        return  super.toString() + "\nDepartment: " + department
```

```
            + "\nDuty: " + duty + "\nSalary: " + salary;
    }
}
```

在这个类中，增加了教师特有的3个属性，以及构造方法、更改器与获取器。注意：在这里再次覆盖了成员方法toString()，其目的是将这个类中增加的3个属性值追加在父类中4个属性值的后面，因此在拼接字符串时，先利用super调用父类的toString()方法得到父类中4个属性值的字符串形式，再将该类的3个属性值追加在后面。

下面是定义学生类StudentClass的程序代码。

```
// file name: StudentClass.java
public class StudentClass extends PersonClass {      // 学生类
    private String major;                             // 所学专业
    private int score;                                // 高考成绩

    public StudentClass() { super(); }
    public StudentClass(int No, String name, boolean sex,
            int year, int month, int day, String major, int score) {
        super(No, name, sex, year, month, day);
        this.major = new String(major);
        this.score = score;
    }
    public void setMajor(String major) { this.major = new String(major); }
    public void setScore(int score) { this.score = score; }
    public String getMajor() { return major; }
    public int getScore() { return score; }
    public String toString() {
        return super.toString() + "\nMajor: " + major + "\nScore: " + score;
    }
}
```

在这个类中，增加了学生特有的3个属性，以及构造方法、更改器与获取器。同样，在这里也再次覆盖了toString()成员方法，其目的是将该类中增加的2个属性值追加在父类中4个属性值的后面。

在这3个类中，两个子类都覆盖了父类中的成员方法toString()，所以这个成员方法具有多态性特征。

下面是用于检测多态性效果的测试类TestPersonClass的程序代码。

```
// file name: TestPersonClass.java
public class TestPersonClass {
    public static void main(String[] agrs) {
        PersonClass[] info = new PersonClass[3];

        info[0] = new PersonClass(1, "Wang", true, 88, 10, 2);
        info[1] = new TeacherClass(2, "Zhang", true, 70, 8, 12, "software", "professor", 5000.0);
        info[2] = new StudentClass(3, "Sun", false, 87, 3, 22, "Compter", 610);

        for (int i = 0; i < info.length; i++) {
            System.out.println(info[i]);
        }
    }
}
```

在NetBeans IDE环境下运行这个程序后，可以看到图5-10的输出窗口，其中包含3种类对象的显示结果，体现了同一个消息发送给不同类对象，调用不同代码块的效果。

下面进一步解释这段程序的执行过程。在main()方法中首先定义了一个元素类型为PersonClass的一维数组。根据Java提供的置换法则，这个数组中的元素可以引用其子类对象。在这段程序中让 info[0] 引用一个 PersonClass 类对象，info[1] 引用一个 TeacherClass 类对象，info[2] 引用一个 StudentClass 类对象。当执行显示每个对象内容的语句时，将会自动调用对象所属类中的 toString() 方法，即显示 info[0] 引用的对象时调用 PersonClass 类中的 toString()，显示 info[1] 引用的对象时调用 TeacherClass 类中的 toString()，显示 info[2] 引用的对象时调用 StudentClass 类中的 toString()。这一点完全可以从运行结果中看出，每个对象的显示项目不一样。这种调用相同签名的成员方法，执行不同程序块的现象就是多态性。

多态性是面向对象程序设计的一个主要特性。在 Java 语言中，它是在父类与子类的类层次结构中，利用父类对象引用子类对象，并调用某个在父类与子类中同时定义的成员方法来实现的。多态性进一步提高了程序的灵活性和可扩展性。

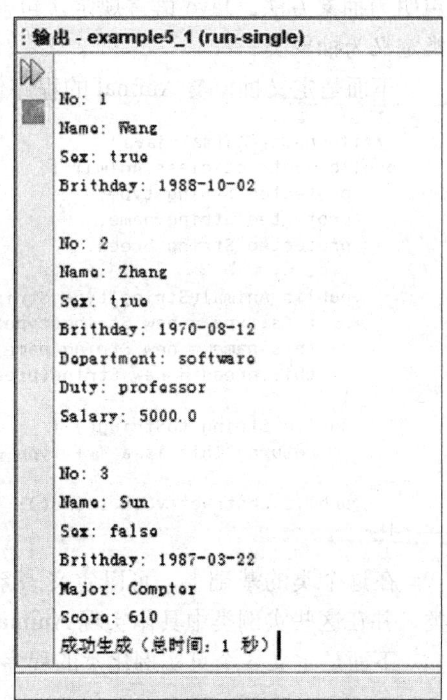

图 5-10　运行例 5-2 的显示结果

5.3　抽象类

抽象是人们解决问题的基本手段。随着抽象层次的不断增加最终会将可实例化的类概念化。例如，学生就是一个经过抽象形成的概念，所谓学生就是将学习作为主要任务的一类群体，其中包括小学生、中学生、大学生、研究生等。所有学生都拥有学号、姓名、性别、出生年月等属性。除此之外，不同类别的学生还有一些特有的属性，例如，大学生应该包含专业信息；研究生还应该有导师信息、发表论文情况等。在实际问题中，遇到的学生一定属于某个特定的学生群体，因此，可以说：概念是对类进行高层抽象的结果，可实例化的类是抽象概念的具体表现。在 Java 语言中，用抽象类表示概念性的事物，用类表示可实例化的实体类别，例如，可以用一个抽象类描述“学生”概念，用“小学生”、“中学生”、“大学生”等描述具体的学生类别，这些类可以被实例化，是“学生”概念的具体体现。

在 Java 语言中，抽象类就是用 abstract 修饰符定义的类，其格式为：

```
[ 修饰符 ] abstract class 抽象类名 ...... {
  // 成员变量与成员方法
}
```

其中，修饰符可以是抽象类的访问特性说明符等，用于控制抽象类的被访问权限；抽象类体中的成员方法既可以是抽象方法，也可以是普通的成员方法。所谓抽象方法是指只声明原型的成员方法，具体声明格式为：

```
[ 修饰符 ] abstract 返回类型 抽象方法名 ( 参数列表 )
```

由于抽象方法是不完整的成员方法，因此只能在不能被实例化的抽象类中出现。

下面通过一个实例说明抽象类的定义及使用形式。

设计一个抽象类 Animal 用于表示动物这个概念，其中包含一个成员方法 sound() 用来以字符串的形式模拟每种动物的叫声。由于任何一只动物都属于一种具体的类别，每种类别的动物都有独特的叫声，所以在Animal类中无法给出sound()成员方法的具体实现，只能将其声明为抽象方法。Java语言规定，包含抽象方法的类必须是抽象类，所以这里只能将Animal类定义为抽象类。

下面是定义抽象类Animal的程序代码。

```
//file name：Animal.java
public abstract class Animal {
    protected String type;                        // 种类
    protected String name;                        // 名称
    protected String breed;                       // 品种

    public Animal(String type,String name,String breed) {
       this.type = new String(type);
       this.name = new String(name);
       this.breed = new String(breed);
    }
    public String toString() {
       return "This is a " + type + "\nIt's " + name + "   the   " + breed;
    }
    public abstract void sound();              // 抽象方法
}
```

在这个类的基础上，可以定义一系列可实例化的动物类，例如，Dog类、Cat类和Duck类，并在这些实例类中具体实现Animal类的抽象方法sound()。

下面是定义3个可实例化类的程序代码。

```
// file name：Dog.java
public class Dog extends Animal { // 狗类
    public Dog(String name) { super("Dog" ,name, "Unknow"); }
    public Dog(String name,String breed) { super("Dog", name, breed); }
    public void sound() { System.out.println("Woof Woof"); }
}
// file name：Cat.java
public class Cat extends Animal { // 猫类
    public Cat(String name) { super("Cat", name, "Unknow"); }
    public Cat(String name,String breed) { super("Cat", name, breed); }
    public void sound() { System.out.println("Miiaooww"); }
}

// file name：Duck.java
public class Duck extends Animal {  // 鸭子类
    public Duck(String name) { super("Duck", name, "Unknow"); }
    public Duck(String name,String breed) { super("Duck", name, breed); }
    public void sound() { System.out.println("Quack quackquack"); }
}
```

上面这3个类都实现了抽象类Animal中的抽象方法sound()，所以构成了完整的可实例化类，因此，可以创建这3个类的对象。

下面是一种应用方式。

```
Animal[] theAnimals = {  new Dog("Rover","Poodle"),
                         new Cat("Max","Abyssinian"),
                         new Duck("Daffy","Aylesbury")
};
for (int i = 0; i < theAnimals.length; i++) {
   theAnimals[i].sound();
}
```

定义一个数据类型为引用Animal对象的一维数组，运行上面程序片段后，将会在屏幕上看到下列结果。

```
Woof  Woof
Miiaooww
Quack quackquack
```

将成员方法 sound() 声明在 Animal 类中主要有两个考虑：一是可以统一各种动物类别关于 sound 操作的接口格式，二是可以享有多态性特征。

在使用抽象类时，需要注意以下几点：

1）任何包含抽象方法的类都必须声明为抽象类，否则将出现编译错误。

2）由于抽象类不是一个完整的类，因此不能够被实例化，即不能够创建抽象类的对象，但可以定义抽象类的引用，并用它引用该抽象类的某个可实例化子类的对象，这是实现多态性的另一种常见方式。

3）抽象类主要用于派生子类，且在子类中实现抽象类中的所有抽象方法。如果在子类中没有实现全部的抽象方法，则必须继续将没有被实现的方法声明成抽象方法，此时的子类仍然需要声明为抽象类。

4）static、private 和 final 修饰符不能应用于抽象方法。

在上面这个实例中，使用抽象类的原因比较容易理解。实际上，有时在一个类中并没有抽象方法，但也可以将这个类指定为抽象类，其目的是为了限制在程序中直接创建这种类的对象。例如，在例 5-2 中，一旦创建某个对象，不属于教师；就应该属于学生，绝对不应该出现直接属于 PersonClass 的对象，因为它既不代表教师，也不代表学生，在学校人事管理系统中，不应该出现这种情况。因此，应该将 PersonClass 定义为抽象类，具体定义的程序代码为：

```
public abstract class PersonClass { // 人员类
    private int No;                 // 编号
    private String name;            // 姓名
    private boolean sex;            // 性别
    private Date birthday;          // 出生日期
    ……                              // 成员方法与例 5-1 下相同
}
```

其他部分的程序代码与例 5-2 完全一样。将 PersonClass 定义为抽象类后，可以限制在程序中直接创建 PersonClass 对象，从而提供程序的可靠性和安全性。

5.4 接口

在 Java 中，接口是一种特殊的抽象类，其特殊性在于：接口的内部只允许包含常量和抽象方法。常量默认为 public static final，成员方法默认为 public abstract。使用接口的主要目的是统一公共常量、规范公共的操作接口的管理。如果希望某个类能够拥有接口中声明的操作，就需要让这个类实现相应的接口，即按照接口中每个抽象方法的声明格式具体实现其内容。下面通过介绍 SwingConstants 与 Comparable 接口的使用方式说明在 Java 程序中声明及实现接口的方式。

下面是一个利用接口管理公共常量的典型实例。在 javax.swing 包中有一个名为 SwingConstants 的接口，这是一个管理有关方向、对齐方式与次序关系等常量的标准接口，其程序代码为：

```
public interface SwingConstants {
    public static final int CENTER  = 0;
    public static final int TOP     = 1;
```

```
        public static final int LEFT     = 2;
        public static final int BOTTOM   = 3;
        public static final int RIGHT    = 4;
        public static final int NORTH        = 1;
        public static final int NORTH_EAST = 2;
        public static final int EAST         = 3;
        public static final int SOUTH_EAST = 4;
        public static final int SOUTH        = 5;
        public static final int SOUTH_WEST = 6;
        public static final int WEST         = 7;
        public static final int NORTH_WEST = 8;
        public static final int HORIZONTAL = 0;
        public static final int VERTICAL     = 1;
        public static final int LEADING    = 10;
        public static final int TRAILING = 11;
        public static final int NEXT = 12;
        public static final int PREVIOUS = 13;
}
```

可以看到，这些常量均为 public static final，因此，在需要使用它们时，直接采用类似 SwingConstants.LEFT 的格式即可。

这样处理的好处有：便于统一管理、规范常量的命名、避免重复定义，体现了代码的重用性。

Comparable 是规范公共操作接口的一个典型实例。Comparable 是 Java 类库中提供的一个很有用的接口，用于规范所有对象比较大小的操作格式。这个接口的声明程序代码为：

```
public interface Comparable {
    int compareTo(Object otherObject);           // 比较两个对象大小
}
```

其中 compareTo() 是完成比较操作的抽象方法，其含义为：调用这个方法的对象与 otherObject 对象进行比较，如果前者小返回 -1；如果相等返回 0；否则返回 1。

如果希望自定义的类能够具有比较大小的操作功能就需要实现 Comparable 接口。下面是 EmployeeClass 类实现 Comparable 接口的具体方法。

假设两个 EmployeeClass 类对象大小的依据是工资的多少，下面是这个类实现 Comparable 接口的程序代码。

```
public class EmployeeClass implements Comparable {
    private String name;                            // 姓名
    private double salary;                          // 工资
    private String department;                      // 部门
    ......                       // 与本章 5.1 中的 EmployeeClass.java 相同
    public int compareTo(Object otherObject) {
        EmployeeClass  other = (EmployeeClass)otherObject;

        if ( salary < other.salary) return -1;        // 比较工资多少
        if ( salary == other.salary) return 0;
        else return 1;
    }
}
```

可以看出，在上面的类定义中增加了两部分内容：一是在类名后面增加了 implements Comparable，其中，implements 是实现接口的关键字，Comparable 是将要实现的接口名称；二是增加了实现 compareTo() 方法的代码段。在这个成员方法中，首先将参数带入的对象强制转换为 EmployeeClass，然后再根据 salary 的值返回比较结果。如果执行下列语句：

```
EmployeeClass  e1 = new EmployeeClass("Wang", 2000.0, "Software");
EmployeeClass  e2 = new EmployeeClass("Sun", 3000.0, "Math");
switch (e1.compareTo(e2)) {
```

```
        case  -1:  System.out.println("<"); break;
        case  0:  System.out.println("=="); break;
        case  1:  System.out.println(">"); break;
    }
```

将会看到屏幕上显示一个 “<”。

不仅如此，在 Java 中，每个类可以同时实现多个接口，这样将会使某个类同时具有多个接口规定的操作能力。

5.5　包

在 Java 语言中，包是用于组织类与接口的机制。面向对象程序设计方法强调程序代码的重用性，重用的基本单位将以类或接口的形式展现，因此，对于从事软件开发的人士，积累可重用程序代码将是一个不可回避的问题。按照功能将类与接口分装在不同的包中有两点好处：一是便于将若干个已存在的类或接口整体地加载到一个程序中；二是避免出现名称冲突的现象。Java 语言规定，在一个包中不允许有相同名称的类文件，但对于在不同包中的类没有这种限制，为了便于区分，可以在加载每个类时将指出类所在的包，这样便可以区别不同包中的类。

下面介绍包的创建与导入方式。

在 Java 语言中，包的概念是通过创建目录实现的。所谓创建一个包就是用包的名称在文件系统下创建一个目录。在创建的目录下，既可以存放类文件或接口文件，也可以包含子目录，这些子目录是这个包中的子包。

创建一个包且将类文件放入其中的语法格式为：

```
package packageName;
```

例如，如果希望将类文件放入名字为 userPackage 的包中，可以这样写：

```
package userPackage;
```

这是一条包语句，它必须放置在文件中的第一条语句。如果在一个类文件中包含了这样一条语句，系统就会自动地在指定路径下寻找这个包，即目录名。如果不存在就会立即创建它，并将这个文件放入这个包中。如果希望将所定义的类或接口放在不同的包中，就只能将它们分别放在不同的文件中，并利用包语句指定不同的包。

如果要指定一个包中的子包就需要按层次顺序书写包序列，包之间用逗号分隔。例如，如果希望将一个类文件放入 userPackage1 的子包 userPackage2 的子包 userPackage3 中，就应该将包语句写成：

```
package userPackage1. userPackage2. userPackage3;
```

迄今为止，所给出的大部分类代码都没有使用包语句指定存放的位置。Java 语言规定，这些类文件将被放在一个无名的包中。由于没有名称，所以文件中定义的类与接口无法被其他包中的类引用。

可以通过导入语句（import）将包中的类加载到程序中，并通过类名或接口名引用这些类或接口。导入语句的基本格式为 import 后跟包名序列及类名。例如，要将上面创建的包中的类加载到程序中，应该在程序的开始（包语句之后）书写下列导入语句：

```
import userPackage.*;
```

其中，userPackage 是包名，.* 代表将包中的所有类和接口都加载进来。实际上，在此也可以使用类名直接指定某个特定的类。

```
import userPackage1. userPackage2. userPackage3.*;
```

这条导入语句表示将userPackage1包中的子包、userPackage2的子包、userPackage3中的所有类和接口加载进来。注意，.*只表明加载当前包中的所有类和接口，而不表明加载其中的子包。如果要加载被嵌套多层的包需要将子包的名字列出来。

在Java语言中，提供的所有标准类或接口都放置在标准包中。表5-1中列出了部分Java标准包，供大家编写程序时参考。

表5-1 Java提供的部分标准包

包名	描 述
java.lang	包含Java语言使用的基础类。例如，Math类。对于所有的类文件，系统自动地将这个包加载进去
java.io	包含支持输入/输出操作的所有标准类
java.awt	包含支持Java的图形用户接口（GUI）的标准类
javax.swing	包含提供支持Swing的GUI组件的类。它比java.awt中提供的类更灵活、更易用、功能更加强大
javax.swing.border	包含支持生成Swing组件的边框类
javax.swing.event	包含支持Swing组件的事件处理类
java.awt.event	包含支持事件处理的类
java.awt.geom	包含用二维图元绘画的类
java.awt.image	包含支持图象处理的类
java.applet	包含编写Applet程序的类
java.util	包含支持管理数据集合、访问数据与时间信息，以及分析字符串的类
java.util.zip	包含支持建立.Jar（Java Archive）文件的类
java.sql	包含支持使用标准SQL对数据库访问的类

5.6 综合应用举例

继承性与多态性是面向对象程序设计的两个重要特性。是否能够设计一个可重用性高、可维护性好、安全可靠的软件系统，在很大程度上要看是否对继承性与多态性有比较深刻地理解，并能够合理地应用在软件设计中，下面剖析Java类库中的几个标准类，说明定义子类、抽象类、接口的应用方式，以此展示继承性与多态性的实现机制。

1. *数值类型数据的类层次结构*

在Java类库中，为数值类型数据的表示与处理设计了完备的类结构。所有的数值类型的父类是Number，这是一个抽象类，其中涵盖了所有数值型数据应该包含的操作接口，具体的类定义程序代码为：

```
public abstract class Number implements java.io.Serializable {
    public abstract int intValue();          // 返回数值所对应的int值
    public abstract long longValue();        // 返回数值所对应的long值
    public abstract float floatValue();      // 返回数值所对应的float值
    public abstract double doubleValue();    // 返回数值所对应的double值
    public byte byteValue() {                // 返回数值所对应的byte值
      return (byte)intValue();
    }
    public short shortValue() {            // 返回数值所对应的short值
      return (short)intValue();
```

```
    }
}
```

这个抽象类实现了接口 java.io.Serializable，这是一个内容为空的标准接口，Java 要求凡是具有串行化功能的对象所属的类必须实现这个接口。实际上，对于这个接口来说，所谓实现就是在定义类时写上 implements java.io.Serializable 即可。

另外，在这个类中有 4 个抽象方法，2 个非抽象方法，这说明在这个类的子类中，需要给出 4 个抽象方法的实现。这样设计的目的是规范各种数值类型的转换接口。

这个抽象类主要拥有的子类有：Byte、Short、Integer、Long、Float 和 Double。具体类层次结构如图 5-11 所示。Java 通过这种手段将不同类型的数值封装成对象，以此简化程序的处理。

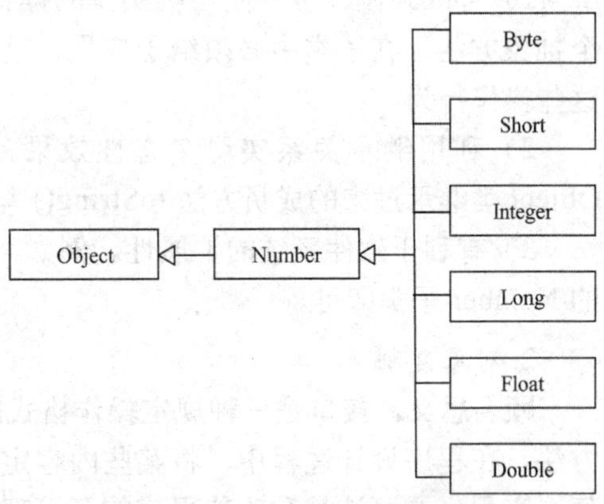

图 5-11 数值类型的类结构图

下面以 Integer 类为例，说明各种数值类型的类定义的主要内容，借此了解 Java 中各种数据类型的主要处理功能。

在 Integer 类中定义了两个常量，用于表示整型最大值与最小值。

```
public static final int   MIN_VALUE = 0x80000000;
public static final int   MAX_VALUE = 0x7fffffff;
```

另外，还定义了一个成员变量 value 用于存放整型数值。

```
private final int value;
```

在表 5-2 中列出了 Integer 类中定义的部分成员方法。

表 5-2 Integer 类中的部分成员方法

成员方法	描 述
public Integer(int value) public Integer(String s)	这是两个构造方法，分别可以带入 int 型数值与 String 形式表示的数值
public static String toString(int i, int radix)	将 i 转换为 radix 进制，并以字符串形式返回
public static String toHexString(int i) public static String toOctalString(int i) public static String toBinaryString(int i) public static String toString(int i)	将 i 分别转换为十六进制、八进制、二进制和十进制，并以字符串形式返回
public static int parseInt(String s, int radix)	将以 String 形式表示的数值转换为 radix 进制的 int 类型数值
public static int parseInt(String s)	将以 String 形式表示的数值转换为 int 类型
public static Integer valueOf(String s)	将以 String 形式表示的数值转换为 Integer 对象
public static Integer valueOf(int i)	将以 int 类型的数值转换为 Integer 对象
public int intValue() public long longValue() public float floatValue() public double doubleValue()	这些是抽象类 Number 中定义的抽象成员方法，在这个类中给予实现。其功能为将当前 Integer 对象所对应的数值分别转换为 int、long、float、double、String
public String toString()	将当前 Integer 对象所对应的数值转换为 String
public boolean equals(Object obj)	覆盖 Object 类中的成员方法 equals()
public int compareTo(Integer anotherInteger)	实现 Comparable 接口，实现对象比较大小的功能

可以看出，Integer 类对象提供的功能要强于 int 类型，其中包含了不同类型之间数值的转换与不同进制数值之间的转换。其余各种类型的类定义内容基本相同。

上述这种设计方式体现了将同一类实体的共同特性抽取出来，并采用不可实例化的抽象类进行描述，将每个具体类别的实体特征用子类形式描述的理念，其好处有以下几点：

1）可以强制、统一同一类实体的操作行为与操作接口。例如，在 Number 类中定义的 4 个抽象方法，在子类中必须给予实现，这就迫使各个数值类型的类用统一的接口形式去完成这些操作行为。

2）利用继承关系实现多态性效果。例如，在 Number 类中定义的几个抽象方法与从 Object 类继承过来的成员方法 toString() 与 equals() 都具有多态性效果。

3）有利于软件系统的扩展性。例如，如果日后需要增加新的数据类型，只要定义一个新的 Number 子类即可。

2. 对象复制

顾名思义，接口是一种规定操作格式的机制。在 Java 语言中，接口中只包含常量与抽象方法。在程序设计过程中，将某些内容定义在接口中的目的就是要规范通用操作的格式，以便提高程序的可读性和改善程序的可管理性。对象复制就是一个实现接口的典型实例。下面介绍一个对象复制的实现方式，说明接口设计的基本意图及实现接口的基本方式。

首先，说明对象引用的复制与对象复制之间的区别。

当在程序中定义一个对象的引用型变量后，可以创建一个相应类型的对象并将其引用信息存放在对象的引用型变量中，此后，对所创建对象的访问必须通过引用型变量实现。例如，

```
Employee e1 = new Employee("Zhang",3000);
```

此时，e1 中存放着所创建对象的引用信息。如果再定义一个引用型变量，并将 e1 的内容赋给 e2，将会产生 e1 与 e2 同时引用一个对象的效果。如图 5-12 所示。这是因为此操作是将所创建对象的引用信息存入 e2 中，即将 e1 对象引用复制到 e2 对象引用中。

```
Employee  e2 = e1;
```

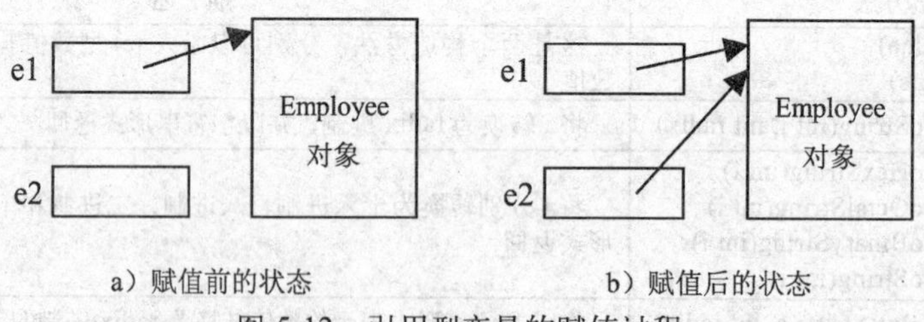

图 5-12 引用型变量的赋值过程

在很多情况下，所希望的不是对象引用的复制，而是对象本身内容的复制。在 Java 语言中，提供了一种构建对象复制的机制，称为克隆（cloning），它主要有两种方式：浅复制和深复制。所谓浅复制是指按照二进制位串进行对象复制，新创建的对象严格地复制原始对象的值。如果原始对象的某个成员变量是其他对象的引用，将会原样复制这个引用，这样就可能会出现多个对象的成员引用同一个子对象的情形。例如，对在 4.1.2 中定义的 Circle 类做下列操作：

```
Point p = new Point(10,10);
Circle c1 = new Circle();
c1. setCentre(p);
Circle c2 = new Circle();
```

如果将 c1 引用的对象浅复制给 c2 引用的对象，可以看到如图 5-13 所示的效果。

此时，c1 与 c2 的成员变量 centre 同时引用一个 Point 对象，在有些情况下并不希望得到这种复制效果，原因在于这样有可能会带来一些副作用，即修改一个对象的内容将会影响到另一个对象，从而增加了对象管理的复杂度。

所谓深复制是指对象的完全复制。如果对象的某个成员变量是其他对象的引用，也对所指的子对象依次进行复制，使得复制后的对象双方各自拥有不同的副本，只是内容相同，如图 5-14 所示。

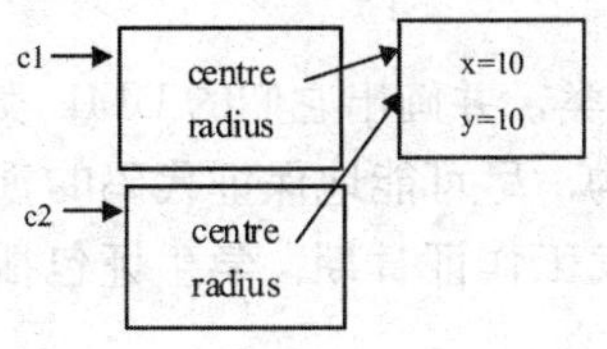

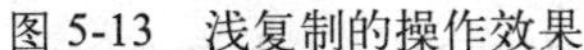
图 5-13　浅复制的操作效果

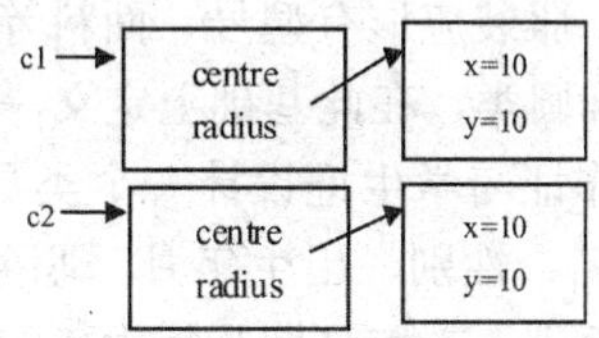

图 5-14　深复制的执行效果

在 Java 语言中，提供了一个 Cloneable 接口用来支持浅复制与深复制方式的对象克隆。如果希望某个类对象具有克隆功能，就应该让这个类实现 Cloneable 接口，并对标准 Object 类的 clone 方法进行重载。实现 Cloneable 接口只是通知 Java 编译器该类对象可以被复制，而具体实现过程是由 Object.clone() 成员方法完成的。默认的 Object.clone() 方法只提供对象的浅复制。如果要实现深复制，需要在子类中覆盖 Object.clone() 方法，并在成员方法中先调用父类的 clone() 完成对象的浅拷贝，然后再对子对象进行复制。如果所有的子对象都实现了 Cloneable 接口，只要简单地调用 clone() 成员方法就可以实现对象的克隆。对于需要深复制的对象，建议其子对象都实现 Cloneable 接口。

下面是让 Circle 类实现 Cloneable 接口的定义形式。

```
public class Circle implements Cloneable {          //圆形类
    private Point centre = new Point(50,50);         //表示圆心坐标
    private float radius = 10.0f;                    //描述圆的半径

    ……        // 其他的成员方法
    public Circle clone() throws CloneNotSupportedException {
         Circle c = (Circle)super.clone();
         c.centre = (Point) centre.clone();
         return c;
    }
}
```

经过上述定义，可以执行下列语句实现对象之间的克隆。

```
c2 = c1. clone();
```

执行这条语句之后，将会达到如图 5-14 的效果。此时，如果修改其中某个对象的 centre 内容，不会对另一个对象产生影响。

上面讲述了数值类型的类层次结构及对象的问题。数值类型的类层次体现了抽象类的应用理念，对象的复制展示了接口的设计与实现方法。深入理解这些内容，有助于更好地应用 Java 语言开发程序。

练习题

一、基本概念

1. 阐述面向对象程序设计的继承性概念。简要说明 Java 语言如何实现继承性。

2. 阐述面向对象程序设计的多态性概念。简要说明 Java 语言如何实现多态性。

3. 什么叫接口？接口有何用途？如何实现接口？

4. 什么叫抽象类？什么叫抽象方法？何时应该声明抽象类？

5. 什么叫包？包有何用途？如何创建包？如何将一个类放入给定包中？

二、程序设计

1. 定义一个商品类，在此基础上定义一个食品子类，一个服装子类。假设任何商品都应该有商品编号、商品名称、出厂日期、产品厂家名称等信息，除此之外，食品应该有保质期、主要成分等信息，服装应该有型号、面料等信息。

2. 定义一个椭圆类，在此基础上定义一个圆形类，并画出它们的 UML 类图。

3. 为教师工作证与学生证设计一个类层次结构，尽可能地保证代码的重用率。假设工作证包括编号、姓名、性别、出生年月、职务和签发工作证日期；学生证包括编号、姓名、性别、出生年月、系别、入校日期及每学年的注册信息。

4. 为普通矩阵、三角矩阵、对角矩阵与稀疏矩阵设计一个类层次结构，其中三角矩阵、对角矩阵与稀疏矩阵应该采用相应的压缩形式存储。考虑一下，在这个题目中应该如何对各种类进行抽象？如何利用多态性？

5. 为排序操作设计一个接口，并让顺序表与链式表实现这个接口。

三、上机题

设计一个小型的图书管理系统。假设在小型图书馆中有书籍、期刊、报纸，为此设计一个类层次结构，用来描述书籍、期刊与报纸的相关信息，并编写一个设计类，验证所设计类的使用情况。要求如下：

1）尽可能保证程序代码的可重用性。

2）程序运行后，显示一个菜单，从中选择所希望的操作。这些操作至少应该有：增加书籍、期刊与报纸；更新书籍、期刊与报纸信息；删除选定的书籍、期刊与报纸信息；查询指定的书籍、期刊与报纸信息。

自测题

一、填空题（每小题 8 分）

1. 在 Java 程序中，继承性的实现方式是 ________________。

2. 定义抽象类的标志是 ________________。

3. 接口中只能包含 ________________。

4. 实现多态性的关键是 ________________。

5. 构造方法的执行顺序为 ________________。

二、编程题（每小题 20 分）

1. 设计一个 Java 程序，其功能为：设计一个多边形类，在此类的基础上，设计三角形、四边形、八边形类，然后再设计一个测试类，用于检测所定义类的使用情况。

2. 设计一个 Java 程序，其功能为：设计一个整数序列类，在此类的基础上，设计一个有序的整数序列类，然后再设计一个测试类，用于检测所定义类的使用情况。

3. 设计一个 Java 程序，其功能为：设计一个矩形类，其中包含矩形的左上角位置与右下角位置，要求这个类具有对象克隆的功能，然后再设计一个测试类，用于检测对象克隆功能的实现情况。

Chapter 第 6 章

GUI 应用程序设计

图形用户界面（Graphics User Interface，GUI）是指以图形的显示方式与用户实现交互操作的应用程序界面，设计具有 GUI 特征的应用程序被称为 GUI 应用程序设计。在计算机应用极度普及的今天，将应用程序的交互界面设计的美观、友善与清晰已经是人们对软件产品的基本要求。Java 提供了十分完善的图形用户界面功能，使得软件开发人员可以轻松地开发出功能强大、界面友善、安全可靠的应用程序，充分体现了 Java 语言的时代感与面向对象程序设计的优越性。

本章主要介绍与 GUI 应用程序设计有关的知识，主要包括 Swing 用户界面的组件、容器、布局管理器和事件处理机制。

6.1 Java 图形用户界面概述

随着计算机技术的迅猛发展，以及计算机软件行业的日趋成熟，人们对应用程序的可操作性的要求越来越高，是否拥有一个美观、友善、清晰的交互界面已经成为是否能够被更多用户认可的重要因素。早期的应用程序都是以字符形式显示结果，用户以命令行方式向计算机发出操作命令，这种交互方式不但形式单一、难以记忆，而且功能也很有限，在此背景下，人们提出了图形用户界面的概念，利用绘图的方式构造用户界面可以大大改进其效果，使得普通人也能轻而易举地操纵计算机。

在 Java 语言中，为 GUI 应用程序设计提供了强大的功能，其相关的类主要封装在两个包（java.awt 和 javax.swing）中，其中包含了实现图形用户界面的所有基本元素，这些基本元素主要包括容器、组件、绘图工具与布局管理器等。组件是与用户实现交互操作的部件，容器是包容组件的部件，布局管理器是管理组件在容器中布局的部件，绘图工具是绘制图形的部件。

java.awt 是 java1.1 用来建立 GUI 的图形包，这里的“awt”是抽象窗口工具包（Abstract Windowing Toolkit）的缩写，其中的组件常被称为 AWT 组件，这种组件的结构简单、外观固定，在 Java 语言的发布初期是构建用户界面的主要元素，现在已经被基本淘汰。javax.swing 是 JDK1.2 之后提出的 AWT 改进包，它改善了组件的显示外观，增强了组件的控制能力，为 Java 满足人们对用户界面的更高要求给予了可靠保证。

与 AWT 相比较，Swing 具有以下几点优势：

1）AWT 是基于同位体（peer）的体系结构，这种设计策略严重限制了用户界面中可以使用的组件种类及功能，成为一个致命的缺憾；而 Swing 不需要本地提供同位体，这样可以给设计者带来更大的灵活性，有利于增强组件的功能。

2）在 AWT 中，有一部分代码是用 C 编写的；而 Swing 是 100% 的纯 Java，增强了应用程序的与环境无关性。

3）Swing 具有控制外观（pluggable look and feel）的能力，即允许用户自行定制桌面的显示风格，例如，更换配色方案，让窗口系统更加适应用户的习惯和需要，而 AWT 组件完全依赖于本地平台。

4）增加了裁剪板、鼠标提示和打印等功能。

所有 Swing 组件类都存在于 javax.swing 包中。为了避免混淆，Swing 包中的所有类名都在原 AWT 类名的前面冠与“J”字符，例如，JPanel、JFrame、JButton 等。

对于用户界面，除了设计可视化组件的显示外观外，还需要设计处理用户操作请求的方式，这就是事件处理。

在 Java 程序中，设计用户界面需要经历以下 4 个基本步骤：

1）创建与设置组件。在 Java 语言中，每一种组件都有相应的标准类支持。所谓创建组件就是定义一个相应组件类的对象引用，并利用 new 运算符创建对象，随后可以通过调用组件类提供的成员方法设置组件的属性。

2）将组件加入到容器中。在 Java 的图形用户界面中，所有的组件必须放在容器中，每种容器都提供了 add() 成员方法，用于将某个组件添加到容器中。

3）布局组件。Java 是编写网络程序的首选语言工具。为了满足网络环境程序设计的基本要求，Java 语言提出了布局管理器的概念，用户可以根据不同的需求，选择不同的布局管理器。布局管理器可以自动地布局放置在容器中的每个组件的显示位置，控制其大小。当然，也可以不使用布局管理器，完全由用户自行控制，但这样很难保证这个应用程序在任何环境下都能够将全部内容正确地显示出来。

4）处理由组件产生的事件。以上 3 个步骤完成了应用程序的用户界面外观设计，但没有任何操作行为。如果希望应用程序能够对用户通过交互界面发出的操作命令给予响应，就需要实现事件处理。例如，单击窗口右上角的“关闭窗口”按钮时，窗口会被关闭；单击某个菜单项时，将会执行该菜单项所对应的操作。

6.2 Swing 容器

Swing 是在 AWT 基础上发展而来的，目前人们在图形用户界面中使用的元素都属于 Swing，其原因在于 Swing 扩展了 AWT 的功能，提高了 Java 程序的控制能力，体现了 Java 人性化的设计理念。

容器是 GUI 设计中必不可少的一种界面元素，它是用来放置其他组件的一种特殊部件，Java 类库中提供了丰富的容器类，为选择与创建容器带来了极大的便捷。下面介绍两种常用的容器：顶层容器和面板容器。

6.2.1 顶层容器

所谓顶层容器是指最外层的容器，即包含所有组件或容器的那层容器。例如，运行应用程序后打开的最外层窗口。每一个可视化的 GUI 应用程序都应该有一个顶层容器。一个容器可以包含其他的容器，即容器之间可以具有嵌套关系，这样就形成了一个层次结构。如果将这个容器层次结构用树型结构描述，顶层容器就是这棵树的根。

一个 GUI 应用程序应该包含一个用 JFrame 作为根的容器层级结构。JFrame 是 Swing 组件中承担顶层容器责任的类，包含了描述顶层容器的所有属性及操作行为，其类层次结构如图 6-1

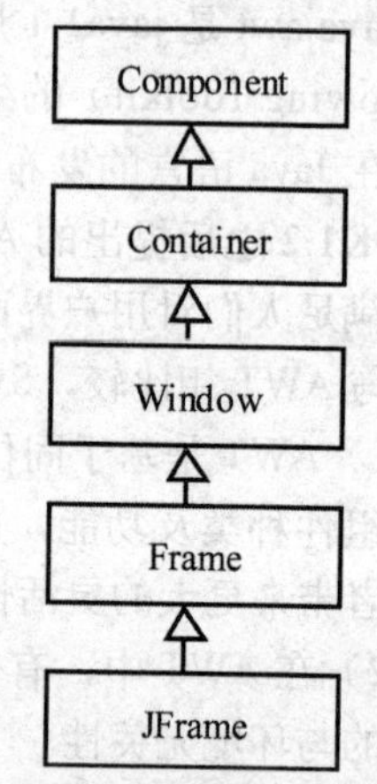

图 6-1 JFrame 类层次结构图

所示。按照自上而下的顺序可以看到：Component 是组件类；Container 是容器类；Window 是窗口类；Frame 是 AWT 顶层容器类；JFrame 是 Swing 顶层容器类。

在使用顶层容器时，需要注意以下几点：

1）为了能够在屏幕上显示出来，每个 GUI 组件都必须放置在一个容器中。

2）每个 GUI 组件只能被添加到一个容器中。如果一个组件已经被添加到一个容器中，又把它添加到另外一个容器中，它将首先被从第一个容器中删除，然后再移入第二个容器。

3）在 Swing 中，顶层容器包含一个内容窗格（Content pane），所有的可视组件都必须放在内容窗格中。可以调用顶层容器中 getContentPane() 方法得到当前容器的内容窗格，并使用 add() 方法将组件添加到其中。

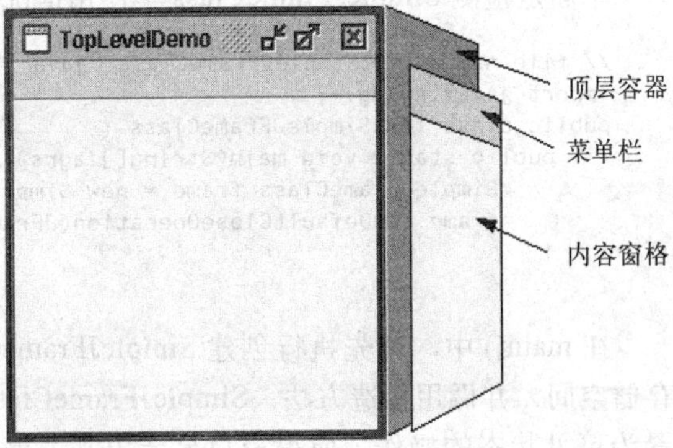

4）可以在顶层容器中添加菜单栏，它将位于顶层容器的约定位置。例如，在 Window 环境下，菜单栏位于窗口标题栏的下面。图 6-2 表示的是顶层容器、内容窗格和菜单栏的位置关系。

图 6-2 顶层容器、内容窗格和菜单栏的位置关系

下面分别介绍顶层容器的创建、定位和调整大小的基本方法。

1. 创建顶层容器

通常，顶层容器就是人们看到的最外层窗口，创建这个窗口的基本过程如下：

1）定义一个 JFrame 的子类。

2）创建上述子类对象。

3）设置窗口关闭操作。

【例 6-1】创建顶层容器——最外层窗口。

下面是定义 JFrame 子类的程序代码。

```
// file name: SimpleJFrameClass .java
import javax.swing.*;
public class SimpleJFrameClass extends JFrame {
    public static final int DEFAULT_WIDTH = 300;     // 窗口默认宽度
    public static final int DEFAULT_HEIGHT = 200;    // 窗口默认高度

    public SimpleJFrameClass() {
        setSize(DEFAULT_WIDTH, DEFAULT_HEIGHT);      // 设置窗口大小
        setTitle("Simple JFrame Window");            // 设置标题栏
        setVisible(true);                            // 设置可见性
    }
}
```

这是一个最简单的用户自定义窗口类。需要说明以下几点：

1）有关 Swing 容器与组件的类都被封装在 javax.swing 包中，因此，在设计 sing 的图形用户界面应用程序时，需要将这个包加载进来。

2）定义一个 JFrame 的子类。JFrame 类是 Java 类库提供的顶层窗口类，定义其子类的目的是针对用户的需求，在子类中给予相应的设置或重定义。

3）DEFAULT_WIDTH 与 DEFAULT_HEIGHT 是子类中定义的两个常量，用于表示窗口最初打开时的大小，这是一种常用的设计方式。

4）在构造方法中设置窗口的大小，并将窗口的可视状态设置为可见。在上面程序中，setSize() 用于设置窗口的大小，setVisible() 用于设置窗口是否可见的状态。如果参数带入 true 表示将窗口设置为可见；否则将窗口设置为不可见。需要说明的是如果不设置窗口的大小，窗口的默认大小为 0；如果不设置窗口的可视状态，其默认的可视状态为隐藏。

5）setTitle() 用于设置窗口标题栏显示的内容，也可以利用 getTitle() 获取当前标题栏的现实内容。

下面是检测 SimpleJFrameClass 类使用情况的测试类 TestSimpleJFrameClass 的程序代码。

```
// file name: TestSimpleJFrameClass .java
import javax.swing.*;
public class TestSimpleJFrameClass {
    public static void main(String[] agrs) {
        SimpleJFrameClass frame = new SimpleJFrameClass();  // 创建窗口
        frame.setDefaultCloseOperation(JFrame.EXIT_ON_CLOSE); // 设置关闭窗口操作
    }
}
```

在 main() 中，首先执行创建 SimpleJFrameClass 对象的语句，此时，系统将为对象分配存储空间，并调用构造方法，SimpleJFrameClass 的构造方法将完成设置窗口大小，将窗口设置为可见状态的操作，使得窗口显示出来。第二条语句的功能是调用 JFrame 类的成员方法 setDefaultCloseOperation()，以便设置窗口关闭时所做的操作。JFrame.EXIT_ON_CLOSE 的含义是关闭窗口的同时结束相应的应用程序。在默认情况下，关闭窗口时并不结束相应的应用程序。在很多情况下，这并不是希望得到的效果。其他几种常见的操作设置有：

JFrame.DO_NOTHING_ON_CLOSE 表示“关闭窗口”按钮失效。

JFrame.HIDE_ON_CLOSE 表示将窗口隐藏起来，但没有关闭。

JFrame.DISPOSE_ON_CLOSE 表示撤销窗口。

在 NetBeans IDE 环境下运行例 6-1 后，可以看到如图 6-3 所示的输出窗口。

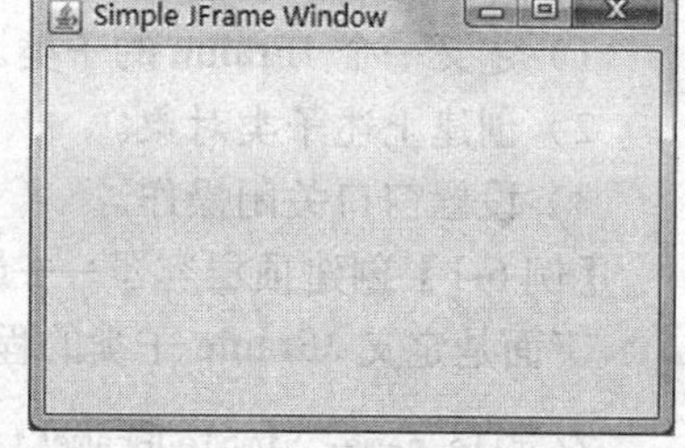

图 6-3　运行例 6-1 的显示结果

在 JFrame 类中，提供了以下两种格式的构造方法：

- JFrame()。这是无参数的构造方法，它将创建一个初始不可见且标题为空的窗口。可以调用 setVisible(true) 将窗口设置为可见。
- JFrame(String title)。这个构造方法将创建一个初始不可见，标题为 title 的窗口。可以调用 setTitle() 方法重新设置窗口的标题。

2. 定位顶层容器

JFrame 类从各层父类中继承了许多用于处理窗口大小及位置的方法。其中定位顶层容器的成员方法主要有 setLocation() 与 setBounds()。

setLocation 的定义格式为：

```
public void setLocation(int x,int y)
```

这个成员方法的功能是将顶层窗口移至屏幕坐标（x,y）的位置。

setBounds() 的定义格式为：

```
public void setBounds(int xleft,int yleft,int width,int height)
```

这个成员方法的功能是将顶层窗口的左上角移至屏幕坐标为（xleft,yleft）处，宽为

width，高为 height。

例如，将例 6-1 中 SimpleJFrameClass 类的构造方法修改为：

```
public SimpleJFrameClass() {
    setSize(DEFAULT_WIDTH, DEFAULT_HEIGHT);
    setLocation(100,100);         // 定位窗口位置
    setTitle("Simple JFrame Window");
    setVisible(true);
}
```

窗口的左上角位置位于屏幕（100，100）处。

如果将例 6-1 中 SimpleJFrameClass 类的构造方法修改为：

```
public SimpleJFrameClass() {
    setBounds(200,200,400,400);
    setTitle("Simple JFrame Window");
    setVisible(true);
}
```

窗口的左上角位置位于屏幕（200，200）处，窗口的大小为 400×400。

3. 设置顶层容器大小

前面已经介绍过，setSize() 用于设置顶层容器的大小，另外，还可以利用 setResizable() 通过带入 true 或 false 确定顶层容器的大小是否可调节。

下面是一段根据屏幕大小确定顶层窗口大小的程序代码：

```
Toolkit kit = Toolkit.getDefaultToolkit();
Dimension screenSize = kit.getScreenSize();
int screenWidth = screenSize.width;
int screenHeight = screenSize.height;
setSize(screenWidth / 2, screenHeight / 2);
setTitle("Simple JFrame Window");
setVisible(true);
setResizable(false);
```

上述程序段的运行效果为：显示一个宽与高分别为屏幕一半的顶层容器——窗口。

这是一种常用的方式。其中 Toolkit 是一个 Java 类库提供的标准类，其中包含了许多与本地窗口系统有关的成员方法，调用它的 getScreenSize() 可以获取当前屏幕的大小。最后一条语句 setResizable(false) 将窗口大小设置为不可调节，即用户无法使用鼠标调节当前窗口的大小，通常，用户界面比较复杂的应用程序都需要将窗口设置为不可随意调节的状态。

6.2.2　面板容器

面板是一种没有边框、没有标题栏的中间层容器。常见的面板容器有两种：一种是普通的面板容器，在 Swing 中用 JPanel 类实现；另一种是带滚动视图的容器，在 Swing 中用 JScrollPane 类实现。下面分别介绍这两种面板容器的使用方式。

1. 普通面板容器

这是一种常用的容器种类。在默认情况下，除了背景外不会自行绘制任何东西。当然，可以利用相应的成员方法为它添加边框或定制想要绘制的内容。

在默认情况下，面板容器不透明，但可以调用 setOpaque() 成员方法将其设置为透明。如果面板容器透明，就没有背景，这样就会让位于容器覆盖区域下面的组件全都显现出来。

JPanel 的默认布局管理器是 FlowLayout。所谓布局管理器是指能够布局容器中每个组件所放位置和大小的部件，不同的布局管理器对应不同的组件布局策略。可以在创建容器时指

定布局管理器或调用 setLayout() 成员方法更改布局管理器。

在 JPanel 类中提供了以下两种格式的构造方法：

- JPanel()。这是无参数的构造方法，它将创建一个布局管理器为 FlowLayout 的面板容器。
- JPanel(LayoutManager layout)。这个构造方法将创造一个布局管理器为 layout 的面板容器。

通常，将整个用户界面划分成若干个区域，每个区域用一块面板容器。将所有组件分放在不同的面板容器中，然后再将这些面板容器摆放在顶层窗口的内容窗格中，这样处理的好处是：将窗口内容结构化，有利于管理、更换、调试。也可以利用成员方法 add() 将组件放置在容器中。

下面通过一个实例说明面板容器的应用方法。

【例 6-2】显示一个如图 6-4 所示的用户登录界面。

本例为这个程序定义 3 个类：一个是实现面板容器的类；一个是实现外层窗口的顶层容器类；还有一个用于检测前两个类使用情况的测试类。

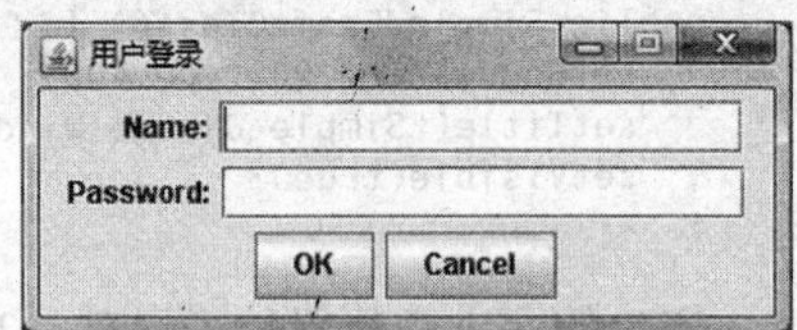

图 6-4 用户登录界面

下面是定义面板容器类 SimpleJPanelClass 的程序代码。

```
// file name: SimpleJPanelClass.java
import javax.swing.*;
public class SimpleJPanelClass extends JPanel {
    JLabel nameLabel, passwordLabel;        // 标签
    JTextField name;                        // 文本域
    JPasswordField password;                // 密码框
    JButton okButton, cancelButton;         // 按钮

    public SimpleJPanelClass() {
        // 创建组件对象
        nameLabel = new JLabel("Name:");
        passwordLabel = new JLabel("Password:");
        name = new JTextField(20);
        password = new JPasswordField(20);
        okButton = new JButton("OK");
        cancelButton = new JButton("Cancel");
        // 将组件依次添加到面板容器中
        add(nameLabel);
        add(name);
        add(passwordLabel);
        add(password);
        add(okButton);
        add(cancelButton);
    }
}
```

SimpleJPanelClass 类是标准面板容器类 JPanel 的子类，在继承 JPanel 全部内容的基础上，增加了 6 个组件，并在构造方法中，完成了创建组件对象，并利用 add() 将其放置到面板容器中的任务。

下面是定义外层窗口类 SimpleJFrameClass 的程序代码。

```
// file name: SimpleJFrameClass .java
import javax.swing.*;
public class SimpleJFrameClass extends JFrame {
  SimpleJPanelClass panel;     // 面板容器对象
  public static final int DEFAULT_WIDTH = 320;
```

```
    public static final int DEFAULT_HEIGHT = 120;

    public SimpleJFrameClass() {
        setSize(DEFAULT_WIDTH, DEFAULT_HEIGHT);
        setTitle("用户登录");
        panel = new SimpleJPanelClass();  // 创建面板容器对象
        getContentPane().add(panel);  // 将面板放置到窗口中
        setVisible(true);
        setResizable(false);
    }
}
```

SimpleJFrameClass 类在继承 JFrame 类全部功能的基础上，增加了一个 SimpleJPanelClass 面板容器对象，并在构造方法中创建后将其添加到内容窗格中。实际上，外层窗口的内容窗格也是一种没有边框的面板容器，利用成员方法 getContentPane() 可以获取它。为了保证用户界面的美观，在这里，将窗口大小设置为不可调节，这是很有必要的。

下面是定义测试类 TestJPanelClass 的程序代码。

```
// fille name: TestJPanelClass .java
import javax.swing.*;
public class TestJPanelClass {
    public static void main(String[] agrs) {
        SimpleJFrameClass frame = new SimpleJFrameClass();
        frame.setDefaultCloseOperation(JFrame.EXIT_ON_CLOSE);
    }
}
```

可以看到，这段程序代码与例 6-1 的测试类完全一样。

例 6-2 是一个很简单的例子。实际上，在复杂的用户界面设计中，面板容器非常重要，巧妙地使用它可以简化界面的实现难度，便于对界面布局的管理，提高界面的可维护性。

2. 带滚动视图的容器

在 Swing 中，用 JScrollPane 类实现具有滚动功能的容器。由于屏幕大小的限制，有些组件不能在一屏中全部显示出来或显示内容的大小动态地发生变化，此时，可以使用带滚动功能的视口容器，利用它提供的滚动条移动窗口，让其中的组件能够分区域地显示出来。

应用 JScrollPane 容器的方式很简单，只要创建一个 JScrollPane 对象，并为它指定将要显示的内容即可。下面是一个创建带滚动视图的容器的应用实例。

【例 6-3】编写一个具有文本滚动功能的 Java 应用程序。

为这个程序设计两个类：一个是 JFrame 类的子类，一个是用于检测运行效果的测试类。

下面是定义 JFrame 子类的程序代码。

```
// file name: JFrameClass .java
import java.awt.*;
public class JFrameClass extends JFrame {
    public static final int DEFAULT_WIDTH = 320;
    public static final int DEFAULT_HEIGHT = 120;
    JTextArea textArea;      // 多行文本域
    JScrollPane scrollPane; // 带滚动视图的容器

    public JFrameClass() {
        textArea = new JTextArea(5, 30);                  // 创建多行文本域对象
        scrollPane = new JScrollPane(textArea);           // 创建滚动容器对象
        setSize(DEFAULT_WIDTH, DEFAULT_HEIGHT);           // 设置窗口大小
        setTitle("带滚动视图的容器");  // 设置标题栏显示内容
        // 将滚动容器放入内容窗格中
        getContentPane().add(scrollPane, BorderLayout.CENTER);
```

```
        setVisible(true);
        setResizable(false);
    }
}
```

在这个类定义中，最关键的是构造方法中的下面这条语句：

```
scrollPane = new JScrollPane(textArea);
```

这条语句将创建带滚动视图的容器，并与多行文本域对象 textArea 建立关联，一旦 textArea 中需要显示的内容超出了显示区域，将自动启动滚动功能，用户可以通过拖曳滚动条将隐藏部分滚动显示出来。

下面是定义测试类 TestJScrollPaneClass 的程序代码。

```
// file nama: TestJScrollPaneClass.java
import javax.swing.*;
public class TestJScrollPaneClass {
    public static void main(String[] agrs) {
        JFrameClass frame = new JFrameClass();
        frame.setDefaultCloseOperation(JFrame.EXIT_ON_CLOSE);
    }
}
```

在 NetBeans IDE 环境下运行例 6-3 后，可以看到图 6-5 显示的输出窗口，窗口中的内容可以通过拖曳滚动条看到。

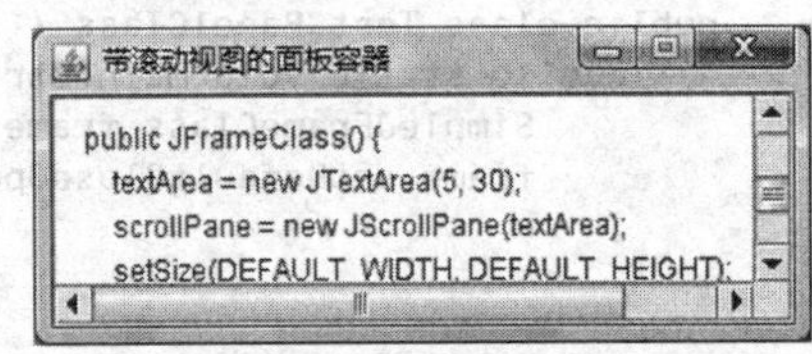

图 6-5　运行例 6-3 的显示结果

6.3　布局管理器

前面讲述了 Swing 容器和将组件放入容器中的基本方法。但是，如何在容器中摆放各个组件，每个组件的大小如何控制是界面设计者需要十分清楚的事情。本节将介绍 Java 布局组件的基本策略及所涉及的相关类。

6.3.1　布局管理器概述

Java 是一种面向网络环境编程的语言，因此，必须顾及应用程序在各种环境下运行的效果。如果直接使用坐标确定每个组件在容器中的位置，就可能会由于各种计算机系统的坐标系差异，造成应用程序在不同的环境中运行，所显示的效果不同，为此 Java 提出了布局管理器的概念。所谓布局管理器是指按照特定的策略安排每个组件在容器中摆放位置及大小的一种特殊对象。Java 提供的布局管理器的类层次结构如图 6-6 所示。

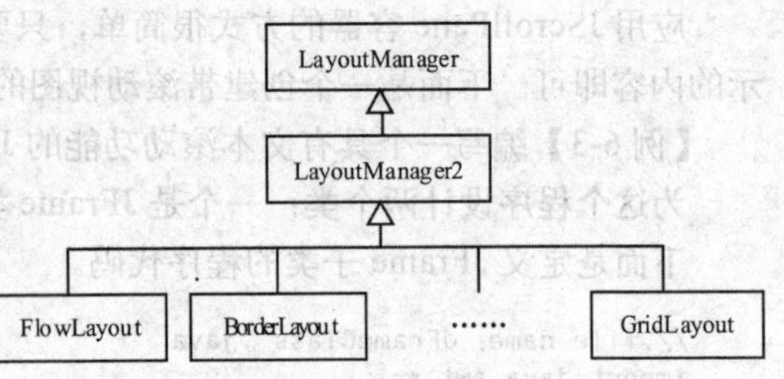

图 6-6　Java 提供的布局管理器类层次结构

在图 6-6 中，LayoutManager 和 LayoutManager2 是两个接口，且 LayoutManager2 是 LayoutManager 的子接口，其余 3 个是实现了上述两个接口的类，它们都被放在 java.awt 包中。在程序中，这 3 个类的对象就是布局管理器，利用它们可以控制组件在容器中的布局方案。

在 LayoutManager 接口中主要声明了下面几个关于增加、删除组件以及控制布局管理器大小的抽象方法。

• public void addLayoutComponent(String name,Component comp)　这个抽象方法将组件

comp 添加到布局管理器中，并用 name 与之关联。

- public void removeLayoutComponent(Component comp)　这个抽象方法将从布局管理器中删除组件 comp。
- public Dimension preferredLayoutSize(Container parent)　这个抽象方法将返回给定容器的最佳尺寸。
- public Dimension minimumLayoutSize(Container parent)　这个抽象方法将返回给定容器的最小尺寸。

在 LayoutManager2 接口中，除了继承 LayoutManager 接口中的所有抽象方法外，还补充了几个可以更加准确地控制组件布局的抽象方法。

在设计 GUI 应用程序界面时，根据不同的需要选择一种合适的布局管理器是一个十分关键的问题。在 Java 语言中提供了多种布局管理器，并随着广大用户的需求以及 Java 版本的不断升级，布局管理器的种类也在不断地增加。下面分别介绍几种常用的布局管理器的特点及使用方式。

6.3.2　FlowLayout 布局管理器

FlowLayout 被称为流程布局管理器，它是 JPanel 面板容器的默认布局管理器。这种布局管理器按照从上到下、从左到右的规则将添加的组件依次摆放在容器中。如果一行中没有足够的空间放下一个组件，FlowLayout 将其放在新的一行上。

在创建 FlowLayout 对象时可以指定一行中组件的对齐方式，默认对齐方式为居中，还可以指定每个组件之间在水平和垂直方向上的间隙大小，默认值为 5 个像素。这种布局管理器并不调整每个组件的大小，而是永远保持每个组件的最佳尺寸，剩余的空间填补空格。

在 FlowLayout 类中，提供了以下 3 种格式的构造方法：

- FlowLayout()　这是无参数的构造方法。它将创建一个对齐方式为居中，水平和垂直间距为 5 个像素的布局管理器对象。
- FlowLayout(int align)　这个构造方法将创建一个对齐方式为 align 的布局管理器对象。align 可以为在 FlowLayout 类定义的常量 LEFT（居左）、RIGHT（居右）、CENTER（居中）、LEADING（沿容器左侧对齐）和 TRAILING（沿容器右侧对齐）之一。
- FlowLayout(int align, int hgap, int vgap)　这个构造方法将创建一个对齐方式为 align、水平间隙为 hgap 个像素和垂直间隙为 vgap 个像素的布局管理器对象。

另外，在 FlowLayout 类中，除了实现 LayoutManager 接口中的所有成员方法外，还提供了几个用于获取和设置对齐方式、组件间距等属性的成员方法。表 6-1 中列出了其中的部分成员方法。

表 6-1　FlowLayout 类中的部分成员方法

方法	描　述
int getAlignment()	这个成员方法将返回布局管理器的对齐方式：0 表示居左；1 表示居右；2 表示居中；3 表示沿容器左侧对齐；4 表示沿容器右侧对齐
void setAlignment(int align)	这个成员方法将布局管理器的对齐方式设置为 align
int getHgap()	这个成员方法返回组件之间的水平间距。以像素为单位
void setHgap(int hgap)	这个成员方法将组件之间的水平间距设置为 hgap 个像素
int getVgap()	这个成员方法返回组件之间的垂直间距。以像素为单位
void setVgap(int vgap)	这个成员方法将组件之间的垂直间距设置为 hgap 个像素

下面通过一个实例说明使用 FlowLayout 布局管理器的基本方法。

【例 6-4】设计一个如图 6-7 所示的应用程序界面。

图 6-7 应用 FlowLayout 布局管理器

下面是实现图 6-7 界面效果的顶层窗口类 JFrameClass 的程序代码。

```
// file name: JFrameClass .java
import java.awt.*;
import javax.swing.*;
public class JFrameClass extends JFrame {
    JButton[] button = new JButton[9];                      // 定义 9 个按钮类对象
    FlowLayout layout;                                      // 定义布局管理器对象

    public JFrameClass() {
        super("FlowLayout 应用举例 ");                       // 设置窗口标题
        String label;

        layout = new FlowLayout(FlowLayout.LEFT, 10, 10);  // 创建 FlowLayout 对象
        getContentPane().setLayout(layout);                 // 设置布局管理器

        for (int i = 0; i < 9; i++) {  // 创建 9 个按钮对象并放置在窗口的内容窗格中
            label = "Button #" + (i + 1) + " ";
            button[i] = new JButton(label);
            getContentPane().add(button[i]);
        }
        setSize(320, 150);                                  // 设置窗口大小
        setVisible(true);                                   // 将窗口设置为可见状态
        setResizable(false);                                // 将窗口设置为不可调节大小
    }
}
```

在这个类定义中，JFrameClass 是 JFrame 的子类，因此是一个 JFrame 类型的顶层容器，利用 getContentPane() 方法可以获取它的内容窗格，再利用 setLayout() 方法可以将内容窗格的布局管理器设置为 FlowLayout，并将 9 个按钮放置在其中，它们的对齐方式为左对齐，按钮之间的间距为 10 个像素。这里，将窗口大小设置为不可调节。如果窗口大小可以调节，当将窗口的宽度扩展到一定程度时，下一行的按钮将会移到第一行，如图 6-8 所示，后面的按钮也会随之产生移动。通常，在设计用户界面时，将窗口大小计算好后，将其设置为不可调节，以保证用户界面的美观、完整。

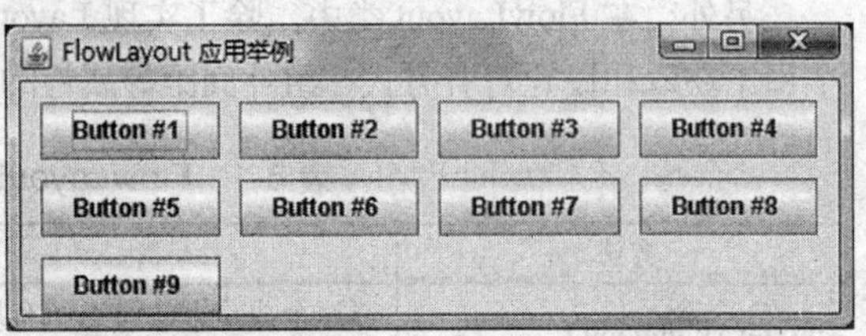

图 6-8 扩展窗口宽度后的效果

下面是用于检测 JFrameClass 类使用情况的测试类 TestFlowLayoutClass 的程序代码。

```
// file name: TestFlowLayoutClass.java
import javax.swing.*;
public class TestFlowLayoutClass {
    public static void main(String[] args) {
      JFrameClass frame = new JFrameClass();    // 创建顶层窗口对象
```

```
        frame.setDefaultCloseOperation(JFrame.EXIT_ON_CLOSE); // 设置窗口关闭操作
    }
}
```

在 NetBeans IDE 环境下运行例 6-4 后，可以看到如图 6-7 所示的窗口，其中包含 9 个按钮组件。可以看到，由于顶层窗口的内容窗格使用 FlowLayout 布局管理器，所以，9 个按钮按照从上到下，从左到右的顺序依次排列。

6.3.3 BorderLayout 布局管理器

BorderLayout 被称为边框布局管理器，它是 JFrame 内容窗格的默认布局管理器。这个布局管理器的特点是将容器分为 5 个部分，分别命名为 North、South、West、East 和 Center，如图 6-9 所示。

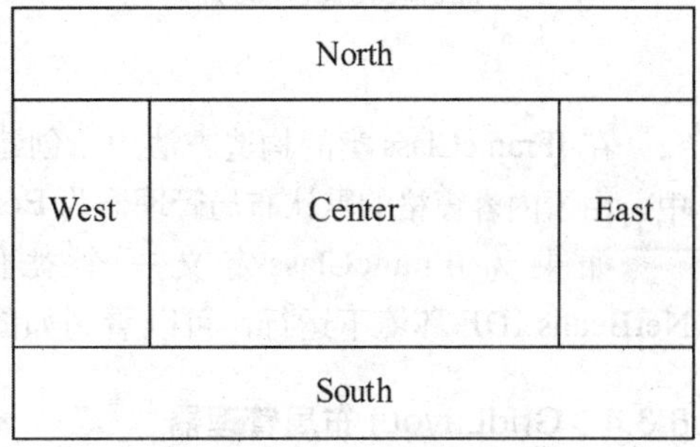

图 6-9 BorderLayout 布局管理器的布局方式

从图 6-9 中可以看出，有 4 个部分位于容器的四个周边，1 个位于中间。在使用这种布局管理器管理组件的排列时，需要为组件指定组件放置的具体位置。默认位置为中间，如果将组件放在 North 或 South，组件的宽度将延长至与容器的宽度一样，而高度不变。如果将组件放置在 West 或 East，组件的高度将延长至容器的高度减去 North 和 South 之后的高度，而宽度不变。如果将两个组件放在同一个位置，后面放置的组件将覆盖前面放置的组件。

BorderLayout 类提供了两种格式的构造方法：

- BorderLayout()　这是无参数的构造方法，它将创建一个组件之间水平和垂直间距均为零的布局管理器对象。
- BorderLayout(int hgap, int vgap)　这个构造方法将创建一个组件之间水平间距为 hgap，垂直间距为 vgap 的布局管理器对象。

另外，除了 BorderLayout 实现了 LayoutManger2 接口的全部方法外，还提供了表 6-2 列出的有关获取和设置组件间距的成员方法。

表 6-2 BorderLayout 类定义的部分成员方法

方法	描 述
int getHgap()	这个成员方法将返回容器中组件之间的水平间隙
void setHgap(int hgap)	这个成员方法将容器中组件之间的水平间隙设置为 hgap
int getVgap()	这个成员方法将返回容器中组件之间的垂直间隙
void setVgap(int vgap)	这个成员方法将容器中组件之间的垂直间隙设置为 Vgap

下面通过一个实例说明使用 BorderLayout 布局管理器的基本方法。

【例 6-5】设计一个如图 6-10 所示的应用程序界面。

下面是实现图 6-10 界面效果的顶层窗口类 JFrameClass 的程序代码。

图 6-10 应用 BorderLayout 布局管理器

```
// file name: JFrameClass.java
import javax.swing.*;
public class JFrameClass extends JFrame {
```

```
    JButton North, South, West, East, Center;          // 定义 5 个按钮对象

    JFrameClass() {
        super("Borderlayout 布局管理器应用举例 ");       // 设置窗口标题
        North = new JButton("North");                  // 创建 5 个按钮对象
        South = new JButton("South");
        West = new JButton("West");
        East = new JButton("East");
        Center = new JButton("Center");
        getContentPane().add(North, "North");          // 将 5 个按钮放置到窗口中
        getContentPane().add(South, "South");
        getContentPane().add(West, "West");
        getContentPane().add(East, "East");
        getContentPane().add(Center, "Center");
        setSize(300, 200);                             // 设置窗口大小
        setVisible(true);
    }
}
```

在 JFrameClass 类的构造方法中，创建 5 个按钮，并将这 5 个按钮放在顶层窗口的内容窗格中。由于内容窗格的默认布局管理器为 BorderLayout，所以在放置按钮时需要给出具体的位置。

如果为 JFrameClass 定义一个类似例 6-4 中 TestFlowLayoutClass 的测试类，并在 NetBeans IDE 环境下运行，可以看到如图 6-10 的窗口，其中包含 5 个按钮组件。

6.3.4 GridLayout 布局管理器

GridLayout 被称为网格布局管理器，它是一种非常容易理解的布局管理器。这种布局管理器的特点是将容器按照指定的行数、列数分成大小相等的网格。可以有两种将组件放入容器的方法：一是使用默认的布局顺序，即按照从上到下、从左到右的次序将组件放入容器的每个网格中；二是采用 add() 方法将组件放入指定的网格中。

GridLayout 类提供了以下 3 种格式的构造方法：

- GridLayout()　这是无参数的构造方法，它将创建一个在一行内放置所有组件的网格布局管理器对象，组件之间没有间隙。
- GridLayout(int rows, int cols)　这个构造方法将创建一个 rows 行、cols 列的网格布局管理器对象，组件之间没有间隙。
- GridLayout(int rows,int cols,int hgap,int vgap)　这个构造方法将创建一个 rows 行、cols 列的网格布局管理器对象，组件之间的水平间隙为 hgap，垂直间隙为 vgap。

除此之外，这个类还提供了有关获取与设置行数、列数以及与 BorderLayout 类似的一组获取与设置组件间隙的成员方法。

下面通过一个实例说明使用 GridLayout 布局管理器的基本方法。

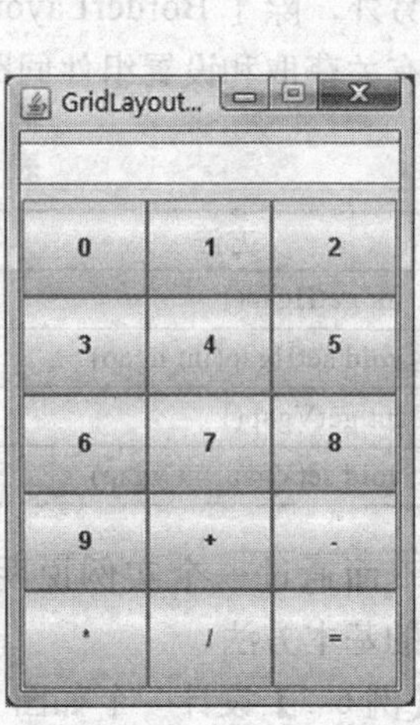

图 6-11　应用 GridLayout 布局管理器

【例 6-6】设计一个如图 6-11 所示的应用程序界面。

下面是实现图 6-10 界面效果的顶层窗口类 JFrameClass 的程序代码。

```
// file name: JFrameClass.java
import java.awt.*;
```

```
import javax.swing.*;
public class JFrameClass extends JFrame {
    String[] str = {"0", "1", "2", "3", "4", "5", "6", "7", "8", "9", "+", "-", "*", "/", "="};
    JButton[] button;                      //声明按钮对象
    JPanel panel1, panel2;                 //声明面板容器对象
    JTextField text;                       //声明 TextField 对象

    public JFrameClass() {
        super("GridLayout 布局管理器举例 ");            // 设置顶层窗口标题
        button = new JButton[15];                      // 创建 15 个按钮对象
        panel1 = new JPanel();                         // 创建两个 Panel 对象
        panel2 = new JPanel();
        getContentPane().add(panel1, "North");         // 将面板容器放到内容窗格中
        getContentPane().add(panel2, "Center");
        text = new JTextField(20);    // 创建 TextField 对象且添加到 panel1 面板中
        panel1.add(text);
        panel2.setLayout(new GridLayout(5, 3));        // 设置 5×3 的网格布局管理器

        for (int i = 0; i < 15; i++) {                 // 创建 15 个按钮并放到 panel2 面板中
            button[i] = new JButton(str[i]);
            panel2.add(button[i]);
        }
        setSize(200, 300);                             // 设置窗口大小
        setVisible(true);                              // 将窗口设置为可见
        setResizable(false);                           // 将窗口大小设置为不可调节
    }
}
```

这个应用程序界面是一个最简单的计算器界面。在这个类的构造方法中，为了开辟一块显示计算结果的区域，需要创建两个面板容器。由于内容窗格的默认布局管理器是BorderLayout，所以，可以将一块面板放在内容窗格的North，另一块面板放在内容窗格的Center，然后再将位于Center的面板的布局管理器设置成GridLayout，最后将15个按钮按照默认顺序依次放在其中。

如果为JFrameClass定义一个类似例6-4中TestFlowLayoutClass的测试类，并在NetBeans IDE环境下运行，可以看到如图6-11所示的窗口。

从上面介绍的3种布局管理器的使用可以总结出以下几点：

1）每种容器有一种默认的布局管理器，利用Java设计应用程序界面时需要清楚这一点，以便在没有为容器设置布局管理器时，了解摆放组件时采用的排列规则。

2）如果希望为某个容器设置特定的布局管理器，首先需要创建相应的布局管理器对象，然后再利用成员方法setLayout()进行设置。

3）巧妙地设置布局管理器，并利用面板容器将界面结构化是设计复杂应用程序界面的基本手段。尽管在很多Java开发环境中提供了可视化界面开发工具，但是，掌握程序代码的书写方法仍然十分重要。

Java语言的类库还提供了几种功能更加强大的布局管理器，尽管不同的布局管理器的布局策略有所不同，但基本的使用方式是相同的。在必要的时候，读者可以查阅Java文档，了解有关这些布局管理器的相关内容。

6.4　Swing组件

组件是应用程序界面中的重要组成元素，丰富的组件种类构成了强大的软件开发资源。在程序开发过程中，根据不同的需求，选择适合的组件是一件技术性很强的工作，它关系到应用程序界面的美观性、适用性、方便性与安全性。

6.4.1 Swing 组件概述

在 Swing 中，所有的组件都是 JComponent 类的子类，这个类为子类提供了以下功能：

- 工具提示。可以调用 setToolTipText() 成员方法指定一个字符串，当光标停留在某个组件上时，会在组件附近开辟一个小区域，并在其中显示这个字符串作为提示信息。
- 绘画和设置边框。可以调用 setBorder 成员方法为组件设置一个边框。如果希望在组件内绘制图形，需要覆盖成员方法 paintComponent()。
- 控制显示外观。在每个组件的背后都有一个 ComponentUI 对象与之对应，由此完成组件的所有绘画、事件处理和定制尺寸任务。使用的 ComponentUI 对象与当前的显示外观有关，而显示外观可以通过调用 UIManager.setLookAndFeel() 成员方法进行设置。
- 定制属性。可以将任何 JComponent 组件的一个或多个属性进行组合。例如，一个布局管理器可以利用属性将多个约束条件组合在一起，使其作用在一个组件上。调用成员方法 getClientProperty() 可以获取组件的属性，调用成员方法 setClientProperty() 可以设置组件的属性。
- 支持拖曳功能。JComponent 类提供了设置拖曳组件操作的 API。
- 支持双缓冲。在刷新组件时会产生闪烁的现象。为了解决这个问题，提供了双缓冲技术，它可以使屏幕刷新更加平滑。在默认情况下，JPanel 容器是双缓冲。
- 击键绑定。当用户按下键盘时，组件可以做出反应。例如，当一个按钮具有焦点时，按下“空格”键就等于在按钮上按下鼠标。外观自动地将按下和释放“空格”键绑定在一起，并显示相应的外观。

JComponent 不仅从 Component 和 Container 类继承了大量的成员方法，还增加了部分成员方法，它们分别用来实现定制组件外观、设置或获取组件状态、处理事件、绘制组件、处理组件层次、布局组件、获得组件大小和放置位置、指定组件绝对大小和位置等。

与 AWT 组件相比较， Swing 组件增加了以下几个新功能：

- 按钮与标签组件不仅可以显示文本串，还可以显示图标。
- 可以轻松地为大多数组件添加或更改边框。
- 可以通过调用成员方法或创建一个子类对象改变 Swing 组件的外观和行为。
- Swing 组件不仅可以为矩形，还可以为其他形状。例如，可以创建一个圆形按钮。

在 javax.swing 包中，包含了 40 多种 Swing 组件，例如，标签组件、输入文本组件和按钮组件等。下面介绍几种典型的组件使用方式。

6.4.2 静态文本组件

在 Java 中，静态文本组件是用标签组件实现的，这是一种不响应组件，主要用于显示一些说明性描述信息的组件，它的使用方式简单、应用频度高，是一种在 GUI 应用程序界面设计中必不可少的组件。在 Swing 中，用 JLabel 类实现这个组件的功能，与 AWT 中的标签组件相比较，它的显示形式得到了扩展，不仅可以显示文字，还可以显示图标。图 6-12 中显示了几种标签的显示效果。

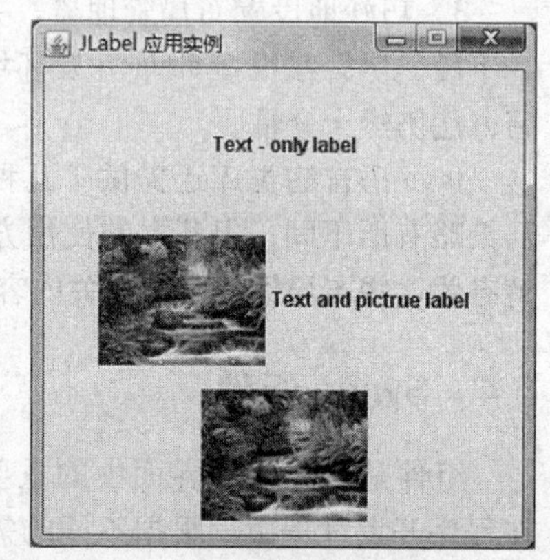

图 6-12　多种标签显示效果

在 JLabel 类中，提供了多种格式的构造方法：

- JLabel() 这是无参数的构造方法，它将创建一个内容为空的标签对象。
- JLabel(Icon icon) 这个构造方法将创建一个带有图标 icon 的标签对象。图标对象用 ImageIcon 实现，因此可以利用下列语句创建一个图标对象：

  ```
  new ImageIcon("picture.jpg")
  ```

  这里的字符串 picture.jpg 为图标所对应的文件名。
- JLabel(Icon icon,int horizontalAlignment) 这个构造方法将创建一个带有图标 icon 的标签对象且图标的水平对齐方式由参数 horizontalAlignment 确定，它们可以是 SwingConstants 接口中定义的常量 LEFT、CENTER、RIGHT、LEADING 与 TRAILING。
- JLabel(String text) 这个构造方法将创建一个带有文本串 text 的标签对象。
- JLabel(String text, int horizontalAlignment) 这个构造方法将创建一个带有文本串 text 的标签对象且文本串的水平对齐方式由参数 horizontalAlignment 确定。
- JLabel(String text, Icon icon, int horizontalAlignment) 这个构造方法将创建一个带有文本串 text、图标 icon 的标签对象且文本串的水平对齐方式由参数 horizontalAlignment 确定。

除此之外，JLabel 类还提供了一些获取与设置标签内容的成员方法，表 6-3 中列出了其中的部分常用的成员方法。

表 6-3 JLabel 类的部分成员方法

方 法	描 述
String getText()	返回标签的文本内容
void setText(String text)	将标签文本设置为 text
Icon getIcon()	返回标签的图标
void setIcon(Icon icon)	将标签的图标设置为 icon
int getHorizontalAlignment()	返回标签中内容的水平对齐方式
void setHorizontalAlignment(int alignment)	将标签中内容的水平对齐方式设置为由参数 alignment 对应的方式
int getVerticalAlignment()	返回标签中内容的垂直对齐方式
void setVerticalAlignment(int alignment)	将标签中内容的垂直对齐方式设置为由参数 alignment 对应的方式

使用标签组件的基本过程如下：

1）创建 JLabel 对象，此时，可以选择不同的构造方法设置标签显示的内容、图标及对齐方式。

2）调用容器对象的成员方法 add() 将标签放入容器中。

3）利用表 6-3 给出的成员方法获取、设置标签组件的各种属性。

例如，如果希望显示图 6-12 的效果，可以定义一个 JFrame 的子类，在内容窗格中按照上述基本过程创建、放置 3 个标签组件，它们分别为只有文本、文本与图标兼有、只有图标 3 种形式。

下面是定义这个类的程序代码。

```
// file name：JLabelFrameClass.java
import javax.swing.*;
import java.awt.*;
public class JLabelFrameClass extends JFrame {
    JLabel label1, label2, label3;
    public JLabelFrameClass() {
```

```
        setTitle("JLabel 应用实例");
        label1 = new JLabel("Text - only label", SwingConstants.CENTER);
        label2 = new JLabel("Text and pictrue label", new ImageIcon("picture.jpg"),
                          SwingConstants.CENTER);
        label3 = new JLabel(new ImageIcon("picture.jpg"), SwingConstants.CENTER);
        getContentPane().setLayout(new GridLayout(3, 1));
        getContentPane().add(label1);
        getContentPane().add(label2);
        getContentPane().add(label3);
        setSize(260, 260);
        setVisible(true);
        setResizable(false);
    }
}
```

为了达到图 6-12 的显示效果，在类 JLabelFrameClass 中定义了 3 个标签组件对象，并在构造方法中，首先创建标签组件对象，将外层窗口的内容窗格的布局管理器设置为 3 行 1 列的 GridLayout，然后将 3 个标签组件依次放到内容窗格中。由于在创建标签对象时，带入了参数 SwingConstants.CENTER，所以，3 个标签都采用居中对齐的方式显示。

6.4.3 文本输入组件

文本输入组件的主要功能是接收用户的文本输入信息。在 Java 中，提供了多种具有这种功能的组件，它们是由 JTextComponent 类派生的子类实现的。图 6-13 是文本输入组件的类层次结构。

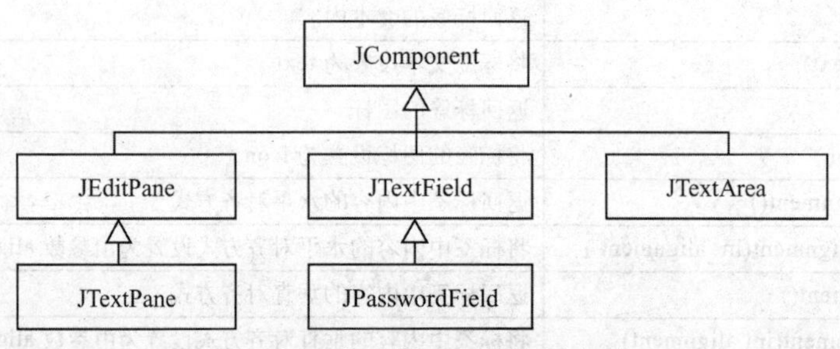

图 6-13 文本输入组件类层次图

文本输入组件接收用户从键盘输入的文本，当用户在组件中单击“回车”键时表示结束文本输入，文本输入组件将激活 Action 事件。最简单的文本输入组件由 JTextField 类实现，它只允许用户输入一行文本，被称为文本域。如果用户需要输入保密字就应该提供不直接显示输入的字符，而用某个特定字符替代的文本域，这种形式的文本域由 PasswordField 类实现，被称为密码域。如果允许用户输入多行文本就需要使用 JTextArea 类，被称为文本区。JEditPane 和 JTextPane 类支持的文本输入组件较上述几种复杂且编辑功能更加强大。JEditPane 类支持纯文本、HTML 和 RTF 的文本编辑；JTextPane 类进一步扩展了 JEditPane 类的功能，允许文本中嵌入图像或其他组件。这里，只介绍文本域、密码域与文本区这几种最简单、最常用的文本输入组件。

1. 文本域

文本域是一种允许用户输入一行文本内容的组件。在 Java 语言中，用 JTextField 描述这个组件的特征与操作能力。

下面是 JTextField 类提供的几种构造方法格式：

- JTextField()　这是无参数的构造方法，它将创建一个初始为空，可显示字符列数为零的文本域对象。
- JTextField(String text)　这个构造方法将创建一个初始内容为text的文本域对象。
- JTextField(String text,int col)　这个构造方法将创建一个初始内容为text，可显示字符列数为col的文本域对象。
- JTextField(int col)　这个构造方法将创建一个初始内容为空，可显示字符列数为col的文本域对象。

除此之外，这个类还提供了大量的成员方法，从而可以在程序中方便地获取或设置文本域组件的各个属性。表6-4中列出了其中的部分内容。

表6-4　JTextField类的部分成员方法

方　法	描　述
String getText()	这个成员方法返回文本域中的文本内容
void setText(String text)	这个成员方法将文本域中的内容设置为text
boolean isEditable()	这个成员方法检测文本域是否可编辑。如果返回true表示该文本域可编辑
void setEditable(boolean editable)	这个成员方法设置文本域的可编辑性。如果editable为true表示将该文本域设置为可编辑
int getColumns()	这个成员方法返回文本域所显示的字符列数
void setColumns(int col)	这个成员方法将文本域能够显示字符的列数设置为col

如果在应用程序界面中需要使用文本域组件，经历基本过程如下：

1）创建文本域JTextField对象。

2）将组件放入容器的适当位置。

3）利用JTextField类提供的成员方法获取或设置文本域内容，并通过程序给予相应的处理。

下面通过一个实例来说明文本域组件的使用方式。

【例6-7】根据文本域的输入内容显示时钟的指针状态。

这里，为这个题目设计3个类：一个是用于绘制时钟的面板类ClockPanelClass，主要负责绘制时钟，其中定义了与绘制时钟有关的3个成员方法；一个是顶层窗口类JTextFieldFrameClass，负责管理这个应用程序的窗口，主要任务是将时钟和两个文本域放到窗口的内容窗格中，并对用户按下“回车”键事件进行处理；还有一个是用于检测前面两个类使用情况的测试类TestJTextFieldFrameClass。

下面是定义面板类ClockPanelClass的程序代码。

```
// file name: ClockPanelClass.java
import java.awt.geom.*;
import javax.swing.*;
import java.awt.*;
public class ClockPanelClass extends JPanel {                    // 时钟面板类
    private double minutes = 0;
    private double radius = 100;
    private double minute_hand_length = 0.8 * radius;            // 分针长度
    private double hour_hand_length = 0.6 * radius;              // 时针长度

    public void paintComponent(Graphics g) {                     // 绘制时钟
        super.paintComponent(g);
        Graphics2D g2 = (Graphics2D) g;
        Ellipse2D circle = new Ellipse2D.Double(0, 0, 2 * radius, 2 * radius);
        g2.draw(circle);                                         // 绘制圆形
```

```
        double hourAngle = Math.toRadians(90 - 360 * minutes / (12 * 60));
        drawHand(g2, hourAngle, hour_hand_length);          // 绘制时针

        double minuteAngle = Math.toRadians(90 - 360 * minutes / 60);
        drawHand(g2, minuteAngle, minute_hand_length);      // 绘制分针
    }

    //绘制时钟的时针和分针
    public void drawHand(Graphics2D g2, double angle, double handLength) {
        // 计算表针的终止点
        Point2D end = new Point2D.Double(radius + handLength * Math.cos(angle),
                radius - handLength * Math.sin(angle));

        //表针的起始点
        Point2D center = new Point2D.Double(radius, radius);
        g2.draw(new Line2D.Double(center, end));            // 绘制直线
    }

    public void setTime(int h, int m) {                     // 设置时间
        minutes = h * 60 + m;
        repaint();
    }
}
```

这是一个继承JPanel类的子类，除了具有JPanel的全部功能外，还覆盖了JPanel类中的成员方法paintComponent()，定义了两个成员方法。

paintComponent()是一个特殊的成员方法，每当刷新面板时，系统就会自动地调用它。如果需要在此刻显示一些内容就应该覆盖这个成员方法。在这里，成员方法中根据输入的时、分来显示时钟画面。

drawHand()成员方法负责根据角度与指针长度绘制两根时针。

setTime()成员方法负责根据时、分设置时间。

下面是定义顶层窗口类JTextFieldFrameClass的程序代码。

```
// file name: JTextFieldFrameClass.java
import javax.swing.*;
import java.awt.event.*;
import java.awt.*;
public class JTextFieldFrameClass extends JFrame implements ActionListener { // 窗口类
    private JTextField hourField;          // 输入“时”文本域
    private JTextField minuteField;        // 输入“分”文本域
    private ClockPanelClass clock;         // 时钟

    public JTextFieldFrameClass() {
        setTitle("JTextField应用实例");                         // 设置窗口标题

        Container contentPane = getContentPane();                // 获取窗口的内容窗格
        JPanel panel = new JPanel();                              // 创建面板容器
        hourField = new JTextField("12", 3);                      // 创建输入“时”文本域
        panel.add(hourField);                                     // 将文本域放到面板中
        hourField.addActionListener(this);                        // 注册监听器

        minuteField = new JTextField("00", 3);                    // 创建输入“分”文本域
        panel.add(minuteField);                                   // 将文本域放到面板中
        minuteField.addActionListener(this);                      // 注册监听器
        contentPane.add(panel, BorderLayout.SOUTH);               // 将panel放到内容窗格中
        clock = new ClockPanelClass();
        contentPane.add(clock, BorderLayout.CENTER);
        setSize(210,280);
        setVisible(true);
        setResizable(false);
    }
```

```
    public void setClock() {                          // 设置时钟的当前时间
        int hours = Integer.parseInt(hourField.getText().trim());
        int minutes = Integer.parseInt(minuteField.getText().trim());
        clock.setTime(hours, minutes);
    }

    public void actionPerformed(ActionEvent e) {      // 事件处理
        setClock();
    }
}
```

这个类继承了类 JFrame，同时实现接口 ActionListener，因此，它同时承担两个角色：一个是顶层窗口，一个是处理事件的监听器。

作为顶层窗口，在构造方法中完成了布局显示内容的工作，即在内容窗格中放两个面板：上方是 ClockPanelClass 类面板容器；下方是容纳两个文本域的面板容器。

如果希望在文本域中“回车”事件的功能具有响应，就需要实现 ActionListener 接口，在这个接口中只有一个抽象方法 actionPerformed()，因此需要实现这个成员方法。从程序代码中可以看到，其内容为调用成员方法 setClock()，它的功能是获取两个文本域的输入内容，并调用 ClockPanelClass 类的成员方法 setTime()，因此，通过刷新时钟面板，调用成员方法 paintComponent() 来达到绘制时钟的目的。有关事件处理的详细内容将在稍后讲述。

下面是定义测试类 TestJTextFieldFrameClass 的程序代码。

```
// file name: TestJTextFieldFrameClass.java
import javax.swing.*;
public class TestJTextFieldFrameClass {
    public static void main(String[] args) {
        JTextFieldFrameClass frame = new JTextFieldFrameClass();
        frame.setDefaultCloseOperation(JFrame.EXIT_ON_CLOSE);
    }
}
```

在 NetBeans IDE 环境下运行例 6-7 后，可以看到如图 6-14 所示的输出窗口。当在两个文本域组件中输入时、分并按“回车”键后位于上方的时钟会发生变化。

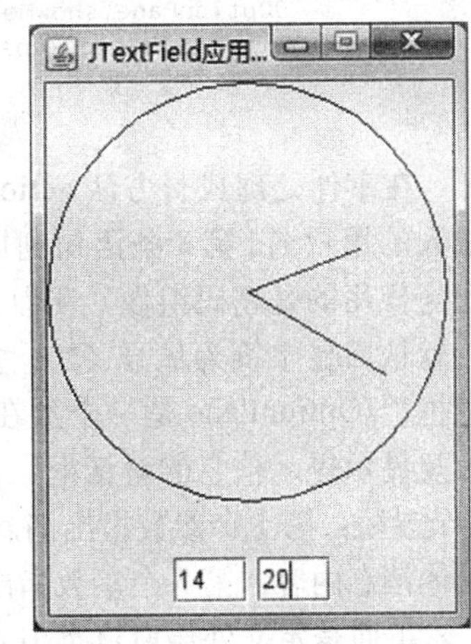

图 6-14 运行例 6-7 的显示结果

2. 密码域

在早期的 AWT 中，没有单独的密码域组件，而是通过调用文本域对象的成员方法 setEchoChar() 设置回显字符来达到密码域组件的效果。在 Swing 中提供了一个专门用于实现输入密码的文本域组件，它是用类 JTextField 的子类 JPasswordField 来实现的，其使用方式与文本域基本一样。

下面列举一个实例来说明密码组件的基本使用方式。

【例 6-8】对例 6-2 的用户登录程序加以修改，实现利用消息框显示用户名与密码的功能。

例 6-2 程序的实现策略是：设计一个面板，将用户登录的组件放在这块面板中，然后再经面板放在外层窗口的内容窗格中，因此，需要设计了 3 个类：一个是面板类，一个是外层窗口类，一个是测试类。如果希望实现利用消息框显示用户名与密码的功能，只需要修改面板类即可。

具体修改内容是：让面板类实现 ActionListener 接口，使之成为处理单击按钮事件的监听器类，然后，将 OkButton 按钮注册监听器类达到监听单击事件发生的目的，最后，在处理处理成员方法 actionPerformed() 中获取用户输入的用户名与密码，并利用消息框 JOptionPane.showMessageDialog() 显示出来。

下面是定义面板类 JPanelClass 的程序代码。

```
// file name: JPanelClass.java
import javax.swing.*;
import java.awt.event.*;
public class JPanelClass extends JPanel implements ActionListener {
    JLabel nameLabel, passwordLabel;
    JTextField name;
    JPasswordField password;
    JButton okButton, cancelButton;

    public JPanelClass() {
        nameLabel = new JLabel("Name:");
        passwordLabel = new JLabel("Password:");
        name = new JTextField(20);
        password = new JPasswordField(20);
        okButton = new JButton("OK");
        okButton.addActionListener(this);  // 注册监听器
        cancelButton = new JButton("Cancel");
        add(nameLabel);
        add(name);
        add(passwordLabel);
        add(password);
        add(okButton);
        add(cancelButton);

    }
    public void actionPerformed(ActionEvent e) {      // 事件处理
        String nameStr = name.getText();
        String passwordStr = new String(password.getPassword());
        JOptionPane.showMessageDialog(null, nameStr + "\n" + passwordStr, "用户登录信息显
          示", JOptionPane.INFORMATION_MESSAGE);
    }
}
```

在事件处理成员方法 actionPerformed() 中，第 1 条语句利用成员方法 getText() 获取用户输入的用户名；第 2 条语句利用成员方法 getPassword() 获取用户输入的密码，注意：由于在此处使用的是密码组件，所以，用户输入的内容不直接显示出来，而是显示回显字符，这里的默认回显字符为星号（*）；第 3 条语句利用 JOptionPane.showMessageDialog() 显示一个消息框。JOptionPane 是一个放在 javax.swing 包中的标准类，其中提供了各种用户接收用户输入及显示提示信息的对话框，并具有用户选择未来操作方式的功能。在这里使用的消息框有 4 个参数：第 1 个参数指出消息框的父窗口，可以为 null；第 2 个参数指出在消息框中显示的具体消息内容；第 3 个参数指出消息框的标题栏内容；第 4 个参数指出消息框的类别。

下面是定义外层窗口类 JFrameClass 与测试类 TestJPasswordClass 的程序代码。由于没有什么变化，所以就不在此给出具体说明了。

```
// file name: JFrameClass.java
import javax.swing.*;
public class JFrameClass extends JFrame {
    JPanelClass panel;
    public static final int DEFAULT_WIDTH = 320;
    public static final int DEFAULT_HEIGHT = 120;

    public JFrameClass() {
```

```
            setSize(DEFAULT_WIDTH, DEFAULT_HEIGHT);
            setTitle(" 用户登录 ");
            panel = new JPanelClass();
            this.getContentPane().add(panel);
            setVisible(true);
            setResizable(false);
        }
    }

    // file name: TestJPasswordClass.java
    import javax.swing.*;
    public class TestJPasswordClass {
        public static void main(String[] args) {
            JFrameClass frame = new JFrameClass();
            frame.setDefaultCloseOperation(JFrame.EXIT_ON_CLOSE);
        }
    }
```

运行这个程序后，在用户名与密码组件中输入相应的文本信息，单击“OK”按钮后将弹出一个信息框，其中显示刚刚输入的用户名与密码信息。

通过这个实例可以看出，文本域与密码与的使用方式基本一样，只是用户输入文本后，回显的内容不同而已。

3. 文本区

如果用户输入的文本超过一行就需要使用文本区组件。在 Swing 中用类 JTextArea 实现接收用户输入多行文本的功能。

下面是 JTextArea 类提供的几种构造方法格式：

- JTextArea()　这是无参数的构造方法，它将创建一个初始为空，可显示字符行数与列数均为零的文本区对象。
- JTextArea(String text)　这个构造方法将创建一个初始内容为 text 的文本区对象。
- JTextArea(String text,int rows, int cols)　这个构造方法将创建一个初始内容为 text，可显示字符行数为 rows，列数为 col 的文本区对象。

除此之外，这个类还提供了一些用于获取、设置文本区状态的成员方法。表 6-5 中列出了其中的部分内容。

表 6-5　JTextArea 类的部分成员方法

方　法	描　述
void setRows(int rows)	这个成员方法将文本区的初始行数设置 rows
void setColumns(int cols)	这个成员方法将文本区的初始列数设置 cols
void append(String newText)	这个成员方法将 newText 添加到文本区已有文本的尾部
void setLineWrap(boolean wrap)	这个成员方法将打开或关闭换行
void setWrapStyleWord(boolean word)	这个成员方法将控制文本超长后的处理。如果 word 为 true，超长部分将会转至下一行；如果 word 为 false，超长部分将被截断

文本区组件本身没有滚动功能。如果需要滚动，可以将文本区与带滚动视图的容器面板 JScrollPane 配合使用，实现滚动显示的效果。

下面列举一个文本区与 JScrollPane 配合使用的实例，说明它们的基本使用方式。

【例 6-9】设计一个应用程序，实现如图 6-15 所示的用户界面，当在上方文本域中输入文本信息并单击“OK”按钮后，其中的文本信息将会追加在下方文本区中，文本区就具有了滚动功能。

鉴于简化问题的考虑，本例仅设计两个类：一个外层窗口类，它又承担处理单击按钮事件的监听器类；另一个是用于检测操作效果的测试类。

图 6-15 文本区与 JScrollPane 配合使用的显示效果

下面是定义外层窗口类 JTextAreaFrameClass 的程序代码。

```
// file name: JTextAreaFrameClass .java
import javax.swing.*;
import java.awt.event.*;
import java.awt.*;
public class JTextAreaFrameClass extends JFrame implements ActionListener {
    public static final int DEFAULT_WIDTH = 300;    // 窗口默认宽度
    public static final int DEFAULT_HEIGHT = 300;   // 窗口默认高度
    JTextField textField;               // 文本域
    JTextArea textArea;                 // 文本区
    JButton OkButton;                   // 按钮
    JPanel panel;                       // 面板容器
    JScrollPane scrollPane;             // 带滚动视图的容器面板

    public JTextAreaFrameClass() {
        // 设置窗口标题
        setTitle("JTextArea 与 JScrollPane 配合使用的应用实例 ");
        // 设置窗口大小
        setSize(DEFAULT_WIDTH, DEFAULT_HEIGHT);
        // 创建容器与组件对象
        textField = new JTextField(20);
        textArea = new JTextArea(10, 20);
        panel = new JPanel();
        OkButton = new JButton("OK");
        scrollPane = new JScrollPane(textArea);
        // 将组件放到容器中
        getContentPane().add(textField, BorderLayout.NORTH);
        getContentPane().add(scrollPane, BorderLayout.CENTER);
        getContentPane().add(panel, BorderLayout.SOUTH);
        panel.add(OkButton);
        OkButton.addActionListener(this);   // 按钮注册监听器
        textArea.setEditable(false);        // 将文本区设置为不可编辑
        setVisible(true);                   // 将窗口设置为可见
    }

    public void actionPerformed(ActionEvent e) {    //事件处理
        String text = textField.getText();          // 获取文本域中的文本信息
        textArea.append(text + "\n");               // 追加到文本区已有文本信息的后面
    }
}
```

在这个类定义中，有以下几点设计技巧需要说明：

1）外层窗口的内容窗格的默认布局管理器是 BorderLayout，这种布局管理器的特征是：放到 NORTH 与 SOUTH 的位置的组件将横向充满整个窗口。为了让下方的按钮以正常大小的形式显示，这里，首先创建一个面板容器 panel，然后将按钮放在其中。容器面板的默认布局管理器是 FlowLayout，将按钮组件放入其中将保持正常大小且居中，这正是所希望看到的效果。

2）让位于中部的多行文本区组件与带滚动视图的容器面板关联，将使得文本区组件自动具有文本滚动功能。

3）为了只让中部的文本区组件显示文本信息，而失去编辑功能，调用成员方法 setEditable(false) 将其设置为只读。此时只允许显示文本内容，而无法读入任何文本信息。

4）为了达到每单击一次“OK”按钮，追加的文本内容就在新的一行上显示的目的，在调用成员方法 append(text + "\n") 时，拼接了一个换行符。

下面是定义测试类 TestTextAreaClass 的程序代码。

```
// file name：TestTextAreaClass .java
import javax.swing.*;
public class TestTextAreaClass {
    public static void main(String[] args) {
        JTextAreaFrameClass frame = new JTextAreaFrameClass();
        frame.setDefaultCloseOperation(JFrame.EXIT_ON_CLOSE);
    }
}
```

在 NetBeans IDE 环境下运行例 6-9 后，可以看到如图 6-16 所示的输出窗口。当在上方文本域中输入文本信息并单击“OK”按钮后，文本域中的内容将会追加在中部文本区已有文本内容的下一行。

6.4.4　按钮组件

按钮是一类种类最多、使用最频繁的组件。Swing 按钮既可以显示文字，也可以显示图标，并且每个按钮可以为快捷键字母自动地显示下划线，当按钮被禁用时，自动地变成浅灰色的外观。

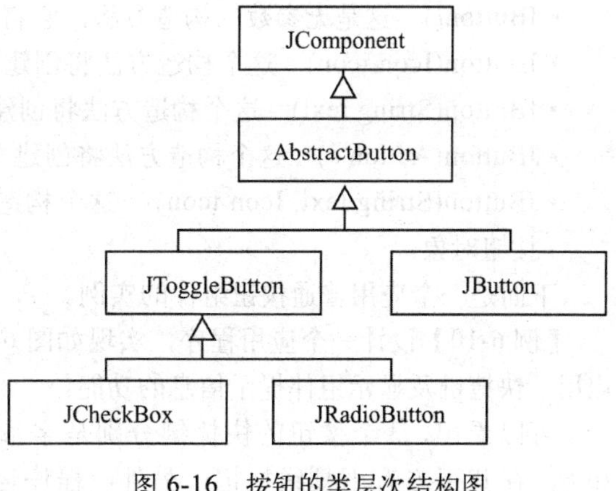

图 6-16　按钮的类层次结构图

在 Swing 中，按钮的父类是 AbstractButton，其类层次结构如图 6-16 所示。

在抽象类 AbstractButton 中，定义了大量有关按钮组件操作的成员方法。表 6-6 中列出了部分成员方法。

使用按钮组件需要经过以下基本步骤：

1）创建按钮对象。

2）将按钮对象添加到容器中。

3）设置响应点击按钮事件的操作。

下面介绍几种最常用的按钮形式：普通按钮、复选按钮和单选按钮，它们分别用 JButton、JCheckBox 和 JRadioButton 类实现。

表 6-6 抽象类 AbstractButton 类的部分成员方法

方 法	描 述
boolean isSelected()	这个成员方法检测按钮是否被选中
void setSelected(boolean b)	这个成员方法设置按钮的被选状态
String getText()	这个成员方法返回按钮的标签文本串
void setText(String text)	这个成员方法将按钮的标签文本串设置为 text
Icon getIcon()	这个成员方法返回按钮的图标
void setIconb(Icon icon)	这个成员方法将按钮的图标设置为 icon
Icon getDisabledIcon()	这个成员方法返回按钮禁用时显示的图标
void setDisabledIcon(Icon icon)	这个成员方法将按钮禁用时的图标设置为 icon
Icon getPressedIcon()	这个成员方法返回按钮被按下时显示的图标
void setPressedIcon(Icon icon)	这个成员方法将按钮被按下时的图标设置为 icon

1. *普通按钮*

JButton 类定义了最普通的按钮形式，用来响应用户的操作请求。在一个窗口容器中，如果有多个按钮，每一时刻只能有一个被设置为默认按钮。默认按钮将呈现高亮度的显示外观，并且当窗口容器获得输入焦点时，单击“回车”键与用鼠标单击该按钮会获得同样的效果。可以利用成员方法 isDefaultButton() 检测某个按钮是否为默认按钮，也可以利用成员方法 setDefaultButton(Button default) 将某个按钮设置为默认按钮。

JButton 类还提供了 5 种格式的构造方法：

- JButton()　这是无参数的构造方法，它将创建一个没有文字和图标的按钮对象。
- JButton(Icon icon)　这个构造方法将创建一个图标为 icon 的按钮对象。
- JButton(String text)　这个构造方法将创建一个文本串为 text 的按钮对象。
- JButton(Action a)　这个构造方法将创建一个由 a 确定属性的按钮对象。
- JButton(String text, Icon icon)　这个构造方法将创建一个文本串为 text、图标为 icon 的按钮对象。

下面是一个应用普通按钮组件的实例。

【例 6-10】设计一个应用程序，实现如图 6-17 所示的用户界面。要求能够展示按钮禁用、启用、快捷键及显示组件提示信息的功能。

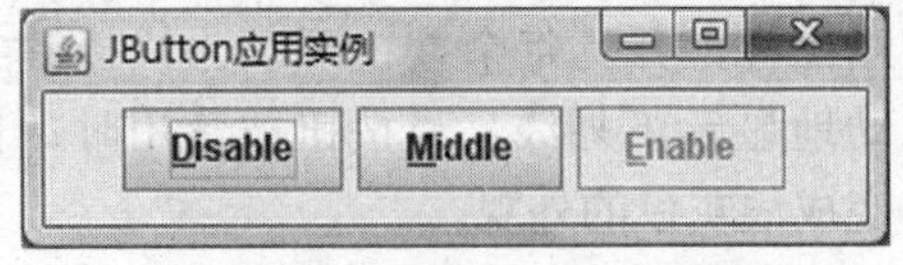

图 6-17　普通按钮显示效果

可以看出，3 个按钮的快捷键分别是字母 D、M 和 E，在其下方有下划线标记；另外，程序运行后，从按钮的显示外观可知：前两个按钮处于启用状态，最后一个按钮处于禁用状态。

这个程序主要定义了两个类：一个是外层窗口类，同时担任处理按钮事件的监听器类；另一个是用于检测使用效果的测试类。

下面是定义外层窗口类 JButtonFrameClass 的程序代码。

```
//file name: JButtonFrameClass.java
import java.awt.event.*;
import javax.swing.*;
public class JButtonFrameClass extends JFrame implements ActionListener {
    private JButton b1,  b2,  b3;
    private JPanel panel;
    public JButtonFrameClass() {
        // 创建 3 个按钮组件对象
```

```
        b1 = new JButton("Disable");
        b1.setMnemonic(KeyEvent.VK_D);                          // 快捷键 Alt_D

        b2 = new JButton("Middle");
        b2.setMnemonic(KeyEvent.VK_M);                          // 快捷键 Alt_M

        b3 = new JButton("Enable");
        b3.setMnemonic(KeyEvent.VK_E);                          // 快捷键 Alt_E
        b3.setEnabled(false);                                   // 禁用按钮

        b1.addActionListener(this);
        b3.addActionListener(this);
        // 设置 3 个按钮的提示信息
        b1.setToolTipText(" 点击这个按钮禁用中间按钮 ");          // 提示信息
        b2.setToolTipText(" 点击中间按钮不响应事件 ");
        b3.setToolTipText(" 点击这个按钮启用中间按钮 ");

        panel = new JPanel();
        panel.add(b1);                                          // 将按钮放入面板中
        panel.add(b2);
        panel.add(b3);
        getContentPane().add(panel);

        setTitle("JButton 应用实例 ");
        setSize(300, 80);
        setVisible(true);
    }
    public void actionPerformed(ActionEvent e) {                // 单击按钮事件处理
        if ("Disable".equals(e.getActionCommand())) {           // 单击左侧按钮的处理
            b2.setEnabled(false);
            b1.setEnabled(false);
            b3.setEnabled(true);
        } else {                                                // 单击右侧按钮的处理
            b2.setEnabled(true);
            b1.setEnabled(true);
            b3.setEnabled(false);
        }
    }
}
```

这个类实现的是 ActionListener 接口，在这个接口中只有一个抽象方法 actionPerformed()。Java 事件处理机制规定：单击按钮事件发生后，系统将自动调用这个成员方法，因此，需要将响应事件所执行的代码写在此处。

下面是定义测试类 TestJButtonClass 的程序代码。

```
// file name: TestJButtonClass.java
import javax.swing.*;
public class TestJButtonClass {
    public static void main(String[] args) {
        JButtonFrameClass frame = new JButtonFrameClass();
        frame.setDefaultCloseOperation(JFrame.EXIT_ON_CLOSE);
    }
}
```

在 NetBeans IDE 环境下运行例 6-10 后，可以看到如图 6-17 所示的输出窗口。

最初左侧与中间的两个按钮处于启用状态，右侧按钮处于禁用状态。当单击“Middle”按钮时可以看到按钮外观发生了变化，说明这个按钮被单击，只是由于它没有注册事件处理的监听器对象，所以没有任何处理操作。当单击左侧的“Disable”按钮后，这个按钮与中间按钮同时被切换为禁用状态，右侧的按钮被切换为启用状态，这个操作结果可以从按钮的外观看出。如果此时单击右侧的“Enable”按钮会再次使左侧与中间按钮切换为启用状态。

在这个实例中，还通过调用按钮对象的 setToolTipText() 成员方法为每个按钮设置了提示信息，当鼠标移动到按钮的显示区域并停留片刻后会显示出如图 6-18 所示的提示信息。除此之外，还调用按钮对象的 setMnemonic() 为按钮设置了快捷键，用户可以按下“Alt”键及另外一个按键实现单击按钮的操作。

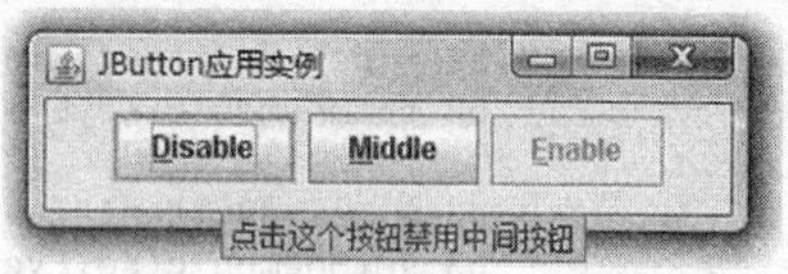

图 6-18　组件的提示信息

2. 复选按钮

所谓复选框组件是指同时可以选择多项的选择组件，由于在操作时，通过单击复选框组件在“选中”与“不选中”之间进行切换，所以，也可以将此组件归结为一种特殊的按钮，被称为复选按钮。在 Swing 中用 JCheckBox 类实现。与 JButton 一样，可以为复选框设置配套显示的文本串与图标。通常，在程序设计中，将同一类事物的多个选项用多个复选按钮表示，并排列在一起。复选按钮在每一时刻可以选择一项，也可以选择多项。图 6-19 就是一个含有复选按钮的窗口。

图 6-19　复选按钮显示效果

与前面介绍过的其他组件一样，使用复选按钮组件也需要经历创建对象、放在容器中与设计事件处理代码几个阶段。

JCheckBox 类提供了以下 7 种格式的构造方法：

- JCheckBox()　这是默认的构造方法。它将创建一个没有文本串、没有图标、没有被选中的复选按钮对象。
- JCheckBox(Icon icon)　它将创建一个图标为 icon 的复选按钮对象。
- JCheckBox(Icon icon, boolean selected)　它将创建一个图标为 icon 的复选按钮对象，是否被选中取决于 selected。如果 selected 为 true，复选按钮的初始状态为被选。
- JCheckBox(String text)　它将创建一个文本串为 text 的复选按钮对象。
- JCheckBox(Action a)　它将创建一个由 a 确定属性的复选按钮对象。
- JCheckBox (String text, boolean selected)　它将创建一个文本串为 text 的复选按钮对象，是否被选中取决于 selected。如果 selected 为 true，复选按钮初始处于被选中状态。
- JCheckBox(String text, Icon icon)　它将创建一个文本串为 text、图标为 icon 的复选按钮对象。

除此之外，可以利用成员方法 isSelected() 判断某个复选按钮是否被选中。

下面列举一个应用复选按钮的实例，说明复选按钮的基本使用方式。

【例 6-11】设计一个应用程序，实现如图 6-19 所示的用户界面，并根据复选按钮是否被选中的状态，改变上方文本是否以加粗或斜体的方式显示。

这个程序主要定义了两个类：一个是外层窗口类，同时担任处理复选按钮事件的监听器类；另一个是用于检测使用效果的测试类。

下面是定义外层窗口类 JCheckBoxFrameClass 的程序代码。

```
// file name: JCheckBoxFrameClass.java
import javax.swing.*;
import java.awt.event.*;
import java.awt.*;

public class JCheckBoxFrameClass extends JFrame implements ActionListener {
    public static final int DEFAULT_WIDTH = 300;
    public static final int DEFAULT_HEIGHT = 100;
```

```
    JPanel panel;
    JCheckBox bold, italic;  // 复选按钮
    JLabel label;

    public JCheckBoxFrameClass() {
        setTitle("JCheckBox 应用实例 ");
        setSize(DEFAULT_WIDTH, DEFAULT_HEIGHT);

        panel = new JPanel();
        bold = new JCheckBox("Bold");  // 创建复选按钮对象
        italic = new JCheckBox("Italic");
        panel.add(bold);
        panel.add(italic);

        label = new JLabel("This is a statment.", SwingConstants.CENTER);
        label.setFont(new Font("Serif", Font.PLAIN, 24)); // 设置标签显示字体

        getContentPane().add(label, BorderLayout.NORTH);
        getContentPane().add(panel, BorderLayout.CENTER);

        bold.addActionListener(this);   // 注册事件监听器
        italic.addActionListener(this);

        setVisible(true);
    }
    public void actionPerformed(ActionEvent e) {    //事件处理
        int mode = 0;
        if (bold.isSelected()) {  // 判断 bold 是否被选中
            mode += Font.BOLD;
        }
        if (italic.isSelected()) {   // 判断 italic 是否被选中
            mode += Font.ITALIC;
        }
        label.setFont(new Font("Serif",mode, 24));  // 设置标签显示字体
    }
}
```

在这个类中，定义了一个面板容器，用于放置两个复选按钮，另外，还定义了一个标签，用于显示相应的文本信息。标签放在外层窗口的内容窗格的 BorderLayout.NORTH 位置，面板容器放在 BorderLayout.CENTER 位置。

在处理事件的成员方法 actionPerformed() 中，依次判断每个复选按钮是否被选中，如果被选中，将字体显示属性拼接在 mode 变量中，这些属性将以叠加的形式控制文本的最终显示效果。

下面是定义测试类 TestJCheckBoxClass 的程序代码。

```
// file name: TestJCheckBoxClass.java
import javax.swing.*;
public class TestJCheckBoxClass {
    public static void main(String[] args) {
        JCheckBoxFrameClass frame = new JCheckBoxFrameClass();
        frame.setDefaultCloseOperation(JFrame.EXIT_ON_CLOSE);
    }
}
```

在 NetBeans IDE 环境下运行例 6-11 后，可以看到如图 6-19 所示的输出窗口。

当 Bold 与 Italic 都没有被选中时，上方的文本用常规形式显示；当只有 Bold 被选中时，上方的文本将以加粗的形式显示；当只有 Italic 被选中时，上方的文本将以斜体的形式显示；当 Bold 与 Italic 都被选中时，上方的文本将以加粗与斜体的形式显示。

3. 单选按钮

顾名思义，单选按钮是用于实现在一组选项中，每一时刻只允许选择一项且仅一项的情形，因此，这种组件需要成组出现，且在每一组中，每一时刻仅有一个选项被选中。Swing 用 JRadioButton 与 ButtonGroup 共同协作实现单选按钮的操作。图 6-20 是一个含有一组单选按钮的窗口外观。

图 6-20 单选按钮的显示效果

如果希望让一组单选按钮形成一个整体，首先需要创建一个 ButtonGroup 对象，然后将创建的每个单选按钮对象作为成员方法 add() 的参数添加到 ButtonGroup 对象表示的成组组件中。

JRadioButton 类提供了以下 8 种格式的构造方法。

- JRadioButton()　这是默认的构造方法，它将创建一个没有标签、没有图标、没有被选中的单选按钮。
- JRadioButton(String text)　它将创建一个标签为 text 的单选按钮。
- JRadioButton(String text,boolean selected)　它将创建一个标签为 text 的单选按钮。初始是否处于选中状态取决于 selected，如果 selected 为 true，初始被选中。
- JRadioButton (Icon icon)　它将创建一个图标为 icon 的单选按钮。
- JRadioButton(Icon icon,boolean selected)　它将创建一个图标为 icon 的单选按钮。初始是否处于选中状态取决于 selected，如果 selected 为 true，初始被选中。
- JRadioButton (String text, Icon icon)　它将创建一个标签为 text、图标为 icon 的单选按钮。
- JRadioButton(String text, Icon icon,boolean selected)　它将创建一个标签为 text、图标为 icon 的单选按钮。初始是否处于选中状态取决于 selected，如果 selected 为 true，初始被选中。
- JRadioButton(Action a)　它将创建一个由 a 确定属性的单选按钮。

与复选按钮组建一样，可以利用成员方法 isSelected() 判断哪个单选按钮处于被选中状态。

下面列举一个应用单选按钮的实例，说明单选按钮的基本使用方式。

【例 6-12】修改例 6-11 程序，增加控制文本显示颜色的选择。

假设限定用户在红、绿、蓝 3 种颜色中选择，因此，这种选择问题应该属于单选，即每一时刻只允许选择一种颜色。为此，增加 3 个单选按钮组件，并将它们构成一组。

这个程序主要定义了两个类：一个是外层窗口类，同时担任事件处理的监听器类；另一个是用于检测使用效果的测试类。

下面是定义外层窗口类 JRadioButtonFrameClass 的程序代码。

```
// file name: JRadioButtonFrameClass.java
import javax.swing.*;
import java.awt.event.*;
import java.awt.*;
public class JRadioButtonFrameClass extends JFrame implements ActionListener {
    public static final int DEFAULT_WIDTH = 300;
    public static final int DEFAULT_HEIGHT = 150;
    JPanel panel, colorPanel;
    JCheckBox bold, italic;         // 复选按钮
    JLabel label;
    JRadioButton red, green, blue;  // 单选按钮
```

```
    ButtonGroup group;    // 成组组件

    public JRadioButtonFrameClass() {
        setTitle("JRadioButton 应用实例 ");
        setSize(DEFAULT_WIDTH, DEFAULT_HEIGHT);
        // 创建复选按钮，并放在面板容器中
        panel = new JPanel();
        bold = new JCheckBox("Bold");
        italic = new JCheckBox("Italic");
        panel.add(bold);
        panel.add(italic);

        // 创建标签，并设置字体及颜色
        label = new JLabel("This is a statment.", SwingConstants.CENTER);
        label.setFont(new Font("Serif", Font.PLAIN, 24));
        label.setForeground(Color.RED);

        // 创建成组组件、单选按钮，并放在面板容器中
        colorPanel = new JPanel();
        group = new ButtonGroup();
        red = new JRadioButton("Red", true);
        green = new JRadioButton("Green");
        blue = new JRadioButton("Blue");
        group.add(red);
        group.add(green);
        group.add(blue);
        colorPanel.add(red);
        colorPanel.add(green);
        colorPanel.add(blue);

        getContentPane().add(label, BorderLayout.NORTH);
        getContentPane().add(panel, BorderLayout.CENTER);
        getContentPane().add(colorPanel, BorderLayout.SOUTH);

        // 复选按钮、单选按钮注册监听器
        bold.addActionListener(this);
        italic.addActionListener(this);
        red.addActionListener(this);
        green.addActionListener(this);
        blue.addActionListener(this);

        setVisible(true);
    }
    public void actionPerformed(ActionEvent e) {    // 事件处理
        int mode = 0;
        // 判断复选按钮是否被选中
        if (bold.isSelected()) {
            mode += Font.BOLD;
        }
        if (italic.isSelected()) {
            mode += Font.ITALIC;
        }

        // 判断哪个单选按钮被选中
        if (red.isSelected()) {
            label.setForeground(Color.RED);
        }

        if (green.isSelected()) {
            label.setForeground(Color.GREEN);
        }

        if (blue.isSelected()) {
            label.setForeground(Color.BLUE);
```

```
        }
        label.setFont(new Font("Serif", mode, 24));
    }
}
```

在这个类中，给出了使用复选与单选按钮的基本使用方法。在程序运行的初期，3 个单选按钮中的 red 被选中，这是创建 red 对象时，在参数表中传递 true 得到的效果。另外，在一组单选按钮中互斥效果已经由类 JRadioButton 实现，因此，当用户单击某个没有被选中的单选按钮时，刚才被选中的单选按钮将自动变为不被选中，由此可以再次感受到 Java 类库的强大功能，以及为程序设计带来的便捷性。

下面是定义测试类 TestJRadioButtonClass 的程序代码。

```
// file name: TestJRadioButtonClass .java
import javax.swing.*;
public class TestJRadioButtonClass {
    public static void main(String[] args) {
        JRadioButtonFrameClass frame = new JRadioButtonFrameClass();
        frame.setDefaultCloseOperation(JFrame.EXIT_ON_CLOSE);
    }
}
```

在 NetBeans IDE 环境下运行例 6-12 后，可以看到如图 6-20 所示的输出窗口。

程序运行后，最初上方的文本为红色；当选择 Green 时，上方文本的颜色变为绿色；当选择 Blue 时，上方文本的颜色变为蓝色；当再次选择 Red 时，上方文本的颜色又变为红色。

本节介绍了几种常用的组件使用方法。在 Java 类库中，提供了丰富的组件类，为设计美观、友善的应用程序界面奠定了基础。鉴于篇幅的限制，这里不可能讲述所有的组件使用方式。实际上，无论何种组件，它们的使用方式基本一样，即都需要经历创建对象、放到容器中、定义事件处理操作等基本过程。

6.5　事件处理机制

上一节主要介绍了 Java 提供的有关图形用户界面的处理技术，包括容器、组件与布局管理器等，这些内容只涉及如何显示应用程序的用户界面，而没有涉及如何响应用户对组件的操作。Java 采用事件处理机制响应用户的操作请求，即程序的运行过程是不断地响应各种事件的过程，事件的产生顺序决定了程序的执行顺序，事件处理是图形用户界面应用程序的重要组成部分，是实现各种操作功能的重要途径。

6.5.1　Java 事件处理机制

到目前为止，已经接触过两种形式的 Java 程序：一种是运行在字符界面下的控制台应用程序，另外一种是运行在图形用户界面下的 GUI 应用程序。对于控制台应用程序，尽管也属于符合面向对象思想的程序，但事件产生的顺序是事先在程序中确定的，在任意给定时刻都可以知道下一条将要执行哪个操作。例如，先输入数据，再处理数据，最后输出结果。而基于图形用户界面的应用程序则完全不同，程序的执行过程由用户对 GUI 的操作行为控制。例如，单击鼠标、敲击键盘、移动窗口等，所有这些用户行为都会引发特定的操作行为。在任意给定的时刻，应用程序下一步执行哪条代码是未知的，它将取决于未来发生什么事件。

可以说，产生事件是 Java 程序执行各种操作的前提。用户敲击一下键盘或单击一下鼠标都会产生事件，这些事件产生后，将由操作系统鉴别。对于每个由于用户的操作行为产生的事件，操作系统都要决定这个事件将由哪个应用程序处理，并把这个事件的相关信息传递给相应的处理程序。

一个应用程序并不必响应所有的事件，例如，可以只对按下鼠标做出响应，而不理睬移动鼠标事件。实际上，每一个事件都有一个或多个成员方法与之关联。所谓响应事件就是当事件发生时，系统自动地调用与该事件关联的成员方法。如果用户在子类中实现相应的接口，就可以执行用户自定义的操作；否则，如果调用默认的成员方法，这些默认成员方法的方法体往往是空的，即不执行任何操作，所以给用户的感觉是没有进行任何操作。

6.5.2 事件的处理过程

要想管理好应用程序中 GUI 组件的交互操作，就必须清楚 Java 处理事件的过程。下面列举一个实例说明与事件处理过程有关的一些概念。

假设用户单击了应用程序界面中的一个按钮，这个按钮就是事件源，该事件由一个事件对象标识，并与被单击按钮的对象关联起来。这里的事件对象是一个属于 ActionEvent 类型的对象，其中包含了有关事件与事件源的信息。这个对象将作为参数传递给处理该事件的成员方法。

图 6-21 描述了事件处理的基本过程。

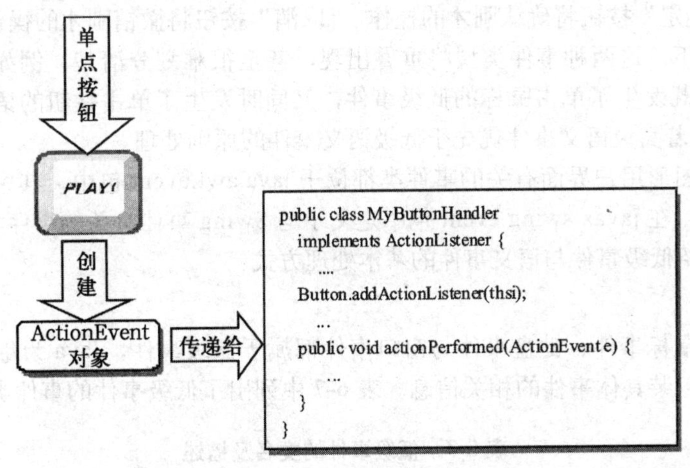

图 6-21 事件处理的基本过程

Java 事件处理机制的另一个重要特点是：事件处理不必由产生事件的类对象完成，而是可以委托另外一个类对象专门负责事件处理，这样可以防止任务过于集中，易于规范事件处理的过程。

将专门负责处理事件的类对象称为监听器（Listener)。监听器既可以由产生事件的类实现，也可以由其他类实现，甚至可以由内部类或匿名类实现。可以说，监听器是事件的目标，其中含有处理相应事件的成员方法。这些成员方法是对相应的监听接口中声明的成员方法的具体实现。也就是说，要想处理某种事件，必须创建某种事件的监听器。监听器类是一个实现某种监听接口的类。不同的事件类拥有不同的监听接口，每个监听接口中声明了处理这类事件的抽象成员方法。这种事件处理方式为称为“委托”模式，即委托其他类对象来处理事件。

每个组件可以产生多种事件，但用户可能只希望处理其中的一部分，这将由事件源组件是否注册了相应的监听器控制。如果一个组件对象注册了某个监听器，则当事件发生时，就会创建一个相应的事件类对象，并将其作为参数传递给自动调用的监听器成员方法，最终实现事件的处理。一个组件可以注册多个监听器，一个监听器也可以被多个组件注册。下面是编写事件处理部分的基本过程：

1）定义监听器类，它是一个实现相应监听接口的类。这个类既可以是包含事件源的类，也可以是其他的类或者是内部类和匿名类。

2）事件源组件注册监听器。要注册组件希望处理的所有事件的监听器。

在例 6-10 ～例 6-12 中，都具有事件处理的功能，它们的监听器类都由外层窗口类承担，在实现的成员方法 actionPerformed() 中，给出了响应事件时需要进行的操作。由于这个监听器类由多个事件源共享，所以，在成员方法中需要判断哪个事件源产生的事件，例如，在例 6-10 中，需要判断单击了哪个按钮，根据所单击的按钮做出相应的操作。

6.5.3 事件类

Java 将所有事件划分成了两个类别：低级事件与语义事件。

低级事件是指来自键盘、鼠标与窗口操作有关的事件。例如，窗口极小化、关闭窗口、移动鼠标或敲击键盘等。

语义事件是指与组件有关的事件，例如，单击按钮、单击复选按钮、单击单选按钮、在文本域中输入文本信息、拖动滚动条等。这些事件来自图形用户界面，其含义由程序设计员赋予，例如，“确定”按钮将确认刚才的操作，“取消”按钮将撤销刚才的操作。

在很多情况下，这两种事件类型将重叠出现，甚至很难划分清楚。例如，当利用鼠标单击一个按钮时，既发生了单击鼠标的低级事件，又同时发生了单击按钮的语义事件。遇到这类情况 Java 将本着高级语义事件优先于低级语义事件的原则处理。

绝大部分与图形用户界面有关的事件类都位于 java.awt.event 包中，其中包含了各种事件类别的监听接口，在 javax.swing.event 包中定义了与 Swing 事件有关的事件类。

下面分别介绍低级事件与语义事件的基本处理方式。

1. 低级事件

焦点事件、鼠标事件、键盘事件与窗口事件都属于低级事件，Java 为每种事件定义了一个标准类，用于封装具体事件的相关信息。表 6-7 中列出了低级事件的事件类名与事件描述。

表 6-7 低级事件的类名及描述

事件类名	描 述
FocusEvent	这个事件类描述了在组件获得焦点或失去焦点时产生的事件
MouseEvent	这个事件类描述了用户对鼠标操作所产生的事件
KeyEvent	这个事件类描述了用户对键盘操作所产生的事件
WindowEvent	这个事件类描述了用户对窗口操作所产生的事件

表 6-7 中的类都位于 java.awt.event 包中，它们都是 ComponentEvent 类的子类。具体类层次结构如图 6-22 所示。

AWTEvent 类是 java.util.EventObject 的子类。由于 EventObject 类实现了 Serializable 接口，所以图 6-22 中所有类对象都具有串行化功能。除此之外，还提供了一个用于获得事件源对象的成员方法 getSource()。

在 AWTEvent 类中定义了一些用于标识事件的常量。例如，表 6-8 中列出了一些常见的事件常量。

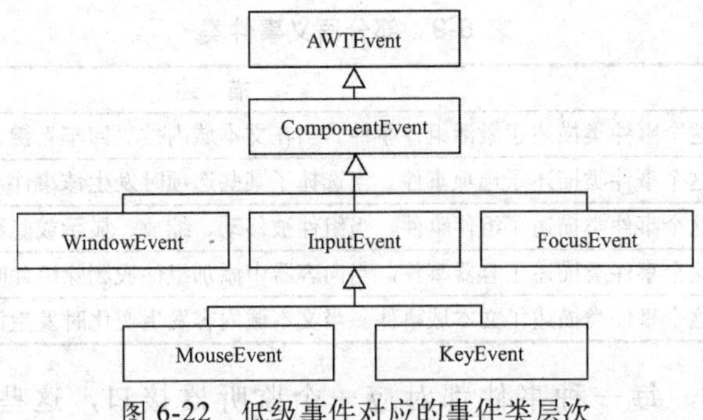

图 6-22 低级事件对应的事件类层次

表 6-8 部分常见的低级事件常量

常 量	事 件
MOUSE_EVENT_MASK	鼠标事件。例如，按下鼠标、释放鼠标
KEY_EVENT_MASK	键盘事件。例如，按下键盘中的某个键
ITEM_EVENT_MASK	选择选项事件。例如，从列表组件中选择某项
WINDOW_EVENT_MASK	窗口事件。例如，关闭窗口
MOUSE_MOTION_EVENT_MASK	鼠标移动事件
FOCUS_EVENT_NASK	焦点事件

为了更有效地处理各种类型的事件，Java 中的每一种事件对应一个监听器接口，负责处理事件的监听器必须实现对应的监听器接口。图 6-23 中给出了低级事件的 5 种监听器接口。

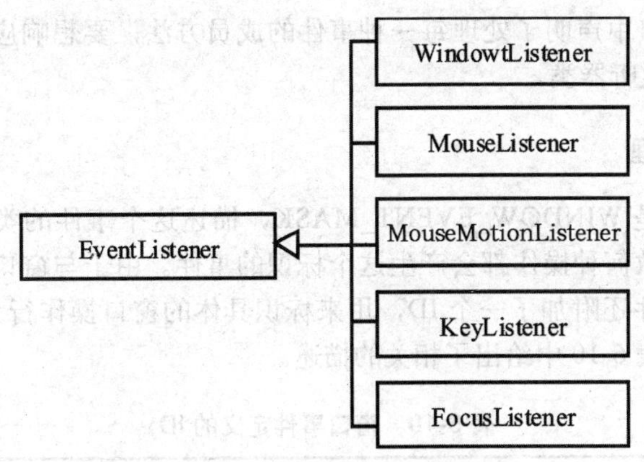

图 6-23 低级事件的监听器接口

其中，EventListener 接口没有声明任何内容，但所有的监听器接口都必须是它的子接口，这样便于统一扩展监听器的功能。如果想要处理这些事件，就要定义实现这些接口的监听器类，然后让相应的组件注册监听器。

2. 语义事件

语义事件是与组件有关的事件。表 6-9 中列出了部分语义事件类，它们都是 AWTEvent 的子类，位于 java.event 包中。

表 6-9 部分语义事件类

事件类名	描 述
ActionEvent	这个事件类描述了激活组件事件。当在文本域内按“回车”键、单击按钮时发生该事件
ItemEvent	这个事件类描述了选项事件。当选择了某些选项时发生该事件
ComponentEvent	这个事件类描述了组件事件。当组件被移动、缩放、显示或隐藏时产生该事件
ContainerEvent	这个事件类描述了容器事件。当向容器中添加组件或删除组件时发生该事件
TextEvent	这个事件类描述了文本域事件。当文本域内容发生变化时发生该事件

与低级事件一样，每一种事件都对应一个监听器接口，这些监听器接口同样是 EventListener 接口的子接口。图 6-24 中列出了语义事件的监听器接口。

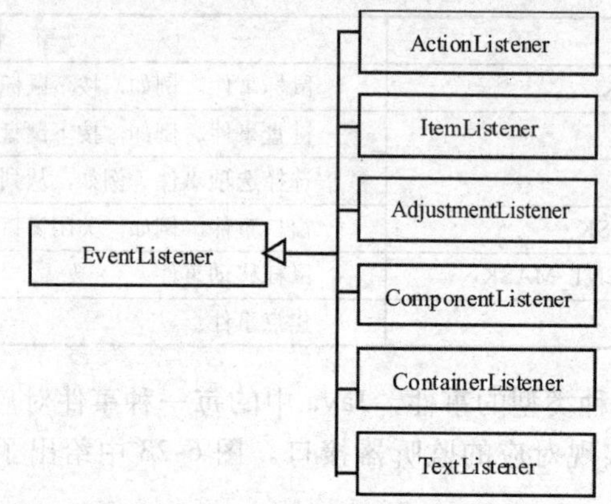

图 6-24 语义事件的监听器接口

同样，在这些接口中声明了处理每一种事件的成员方法，要想响应这些事件，需要设计一个实现这些接口的监听器类。

6.5.4 窗口事件的处理

窗口事件的标识是 WINDOW_EVENT_MASK，描述这个事件的类是 WindowEvent。也就是说，无论对窗口做何种操作都会产生这个标识的事件。由于与窗口操作相关的事件不止一种，所以对这类事件还附加了一个 ID，用来标识具体的窗口操作行为。这些 ID 被定义在 WindowEvent 类中，表 6-10 中给出了相关的描述。

表 6-10 窗口事件定义的 ID

事件 ID	描 述
WINDOW_OPENED	窗口被打开时产生这个事件
WINDOW_CLOSEING	单击“关闭”窗口图标或从系统菜单中选择“关闭”时产生这个事件
WINDOW_CLOSED	关闭窗口时产生这个事件
WINDOW_ACTIVATED	窗口被激活时产生这个事件
WINDOW_DEACTIVATED	窗口由激活状态变为失活窗台是产生这个事件
WINDOW_ICONFIED	窗口被极小化成图标时产生这个事件
WINDOW_DEICONIFIED	窗口由图标状态复原时产生这个事件

对应于窗口事件的监听器接口为 WindowListener，在这个接口中包含了处理每一种具体

窗口事件的抽象方法。当某个事件发生时，将自动地调用相应的方法。表 6-11 中列出了事件与成员方法的对应关系。

表 6-11　窗口事件与处理事件的成员方法

事件 ID	处理事件的成员方法
WINDOW_OPENED	windowOpened(WindowEvent e)
WINDOW_CLOSEING	windowClosing(WindowEvent e)
WINDOW_CLOSED	windowClosed(WindowEvent e)
WINDOW_ACTIVATED	windowActivated(WindowEvent e)
WINDOW_DEACTIVATED	windowDeactivated(WindowEvent e)
WINDOW_ICONFIED	windowIconfied(WindowEvent e)
WINDOW_DEICONIFIED	windowDeiconfied(WindowEvent e)

要想处理窗口事件就需要定义一个实现这个接口的监听器类，并创建一个监听器，即监听器类的对象，然后让窗口对象注册这个监听器。

下面列举一个处理窗口事件的实例来说明窗口事件的处理方法。

【例 6-13】设计一个程序，在对窗口进行各种操作时，给出相应的提示信息。

这个程序主要定义了两个类：一个是外层窗口类，同时担任窗口事件处理的监听器类；另一个是用于检测使用效果的测试类。

下面是定义外层窗口类 WindowEventFrameClass 的程序代码。

```
// file name: WindowEventFrameClass.java
import javax.swing.*;
import java.awt.BorderLayout;
import java.awt.event.*;
public class WindowEventFrameClass extends JFrame implements WindowListener {
    JLabel label;

    public WindowEventFrameClass() {
        setTilte("WindowEvent 举例 ");                    // 设置窗口标题
        label = new JLabel();                              // 创建标签组件

        getContentPane().add(label, BorderLayout.CENTER);
        addWindowListener(this);                           // 为窗口注册监听器
        setSize(300, 140);                                 // 设置窗口的大小
        setVisible(true);                                  // 将窗口设置为可见
    }
    public void windowClosing(WindowEvent e) {             // 处理关闭窗口事件
        label.setText("Window closing"+ ": " + e.getWindow() + '\n');
        dispose();
        System.exit(0);
    }
    public void windowOpened(WindowEvent e) {              // 处理打开窗口事件
        label.setText("Window opened"+ ": " + e.getWindow() + '\n');
    }
    public void windowActivated(WindowEvent e) {           // 处理激活窗口事件
        label.setText("Window activated"+ ": " + e.getWindow() + '\n');
    }
    public void windowClosed(WindowEvent e) {}
    public void windowIconified(WindowEvent e) {}
    public void windowDeiconified(WindowEvent e) {}
    public void windowDeactivated(WindowEvent e) {}
}
```

为了处理窗口事件，这个类实现了 WindowListener 接口，并对接口中的 7 个成员方法

给予了具体实现，不希望进行任何操作的成员方法将其方法体设置为空。除此之外，还利用 addWindowListener(this) 语句对窗口注册了监听器。

下面是定义测试类 TestWindowEventClass 的程序代码。

```
// file name: TestWindowEventClass .java
import javax.swing.*;
public class TestWindowEventClass {
    public static void main(String[] args) {
        WindowEventFrameClass frame = new WindowEventFrameClass();
        frame.setDefaultCloseOperation(JFrame.EXIT_ON_CLOSE);
    }
}
```

上面这个程序将会在打开窗口、关闭窗口、激活窗口时利用 label 显示含有操作类别与窗口的相关信息文本。

从这个实例可以看出，"委托"模式的事件处理方式需要为每个事件种类定义实现相应监听器接口的监听器类。例如，窗口事件包含 7 种具体的事件。在 WindowListener 接口中，每一种事件对应一个成员方法，因此，在监听器类的定义中就需要实现接口中的 7 个成员方法。在大多数情况下，人们可能只对其中的几种事件感兴趣，而按照 Java 语法的规定，监听器类需要实现接口中的全部方法，这样就需要将没有特别操作要求的那些事件对应的成员方法体设计为空。显然，这会增加程序的复杂性，降低程序的清晰度。为了解决这个问题，Java 提出了适配器（Adapter）的概念。所谓适配器是指 Java 类库提供的一种实现了监听器接口的类。

WindowListener 是窗口事件的监听器类，其中包含 7 个成员方法。因此，Java 类库提供了一个适配器 WindowAdapter，这个适配器不仅实现了 WindowListener 接口，还实现了 WindowFocusListener 接口及 WindowStateListener 接口。下面是 WindowAdapter 类的程序代码。

```
public abstract class WindowAdapter
    implements WindowListener, WindowStateListener, WindowFocusListener{
  public void windowOpened(WindowEvent e) {}
  public void windowClosing(WindowEvent e) {}
  public void windowClosed(WindowEvent e) {}
  public void windowIconified(WindowEvent e) {}
  public void windowDeiconified(WindowEvent e) {}
  public void windowActivated(WindowEvent e) {}
  public void windowDeactivated(WindowEvent e) {}
  public void windowStateChanged(WindowEvent e) {}
  public void windowGainedFocus(WindowEvent e) {}
  public void windowLostFocus(WindowEvent e) {}
}
```

注意，这是一个抽象类，其中包含属于 3 个监听器接口的 10 个成员方法的实现，由于在此无法确定每个事件的具体操作行为，所以所有的方法体均为空。

有了适配器就可以比较轻松地定义监听器类。即将监听器类定义为 WindowAdapter 的子类，并在子类中覆盖感兴趣的成员方法，这样就可以大大地减少编写程序的工作量。

【例 6-14】将例 6-13 采用适配器方式定义监听类。

Java 规定，任何一个子类只能拥有一个直接父类。由于适配器是一个抽象类，所以，只能将外层窗口类与监听器类分开定义。

下面是定义外层窗口类 WindowAdapterFrameClass 的程序代码。

```
// file name: WindowAdapterFrameClass.java
import javax.swing.*;
import java.awt.BorderLayout;
```

```
public class WindowAdapterFrameClass extends JFrame {
    JLabel label;
    public WindowAdapterFrameClass() {
        setTitle("WindowEvent 应用举例 ");
        label = new JLabel();
        getContentPane().add(label, BorderLayout.CENTER);
        addWindowListener(new WindowAdapterClass());   // 注册监听器
        setSize(300, 140);
        setVisible(true);
    }
}
```

下面是定义监听器类 WindowAdapterClass 的程序代码。

```
// file name: WindowAdapterClass.java
import java.awt.event.*;
public class WindowAdapterClass extends WindowAdapter {
    public void windowClosing(WindowEvent e) {        // 处理关闭窗口事件
        ((WindowAdapterFrameClass) e.getSource()).label.setText("Window closing" + ": " +
          e.getWindow() + '\n');
        ((WindowAdapterFrameClass) e.getSource()).dispose();
        System.exit(0);
    }

    public void windowOpened(WindowEvent e) {         // 处理打开窗口事件
        ((WindowAdapterFrameClass) e.getSource()).label.setText("Window opened" + ": " +
          e.getWindow() + '\n');
    }

    public void windowActivated(WindowEvent e) {    // 处理激活窗口事件
        ((WindowAdapterFrameClass) e.getSource()).label.setText("Window activated" + ": "
          + e.getWindow() + '\n');
    }
}
```

由于使用了适配器，所以在这个监听器类中只实现了感兴趣的 3 个成员方法。

下面是定义测试类 TestWindowAdapterClass 的程序代码。

```
// file name: TestWindowAdapterClass.java
import javax.swing.*;
public class TestWindowAdapterClass {
    public static void main(String[] args) {
        WindowAdapterFrameClass frame = new WindowAdapterFrameClass();
        frame.setDefaultCloseOperation(JFrame.EXIT_ON_CLOSE);
    }
}
```

这个程序的运行效果与例 6-13 完全一样。

可以看到，由于将监听器类从外层窗口类的分离出来，所以给人以负担均衡的感觉，避免了一个类过于臃肿的弊病，建议在定义监听器类时，尽可能地使用适配器。

实际上，并不是每一个监听器接口都存在一个适配器。如果某个监听器类只包含一个成员方法就没有必要提供适配器了。例如，ActionListener 接口中只有一个抽象方法，因此，这个接口就不存在对应的适配器。

6.5.5　鼠标事件的处理

鼠标事件由 MouseEvent 类描述。在这个类中，提供了几个用于获得鼠标信息的成员方法。

int getX()、int getY() 返回发生鼠标事件时光标所处的坐标位置。

Point getPoint() 以 Point 类型的形式返回发生鼠标事件时光标所处的位置。

int getClickCount() 返回单击鼠标的次数。

与窗口事件不同，鼠标事件被划分成两个类别：一类被称为鼠标事件，用 MOUSE_EVENT_MASK 标识；另一类被称为鼠标移动事件，用 MOUSE_MOTION_EVENT_MASK 标识。它们分别对应 MouseListener 接口和 MouseMotionListener 接口。表 6-12 中列出了这两个类别的鼠标事件所包含的具体事件 ID。

表 6-12 鼠标事件的 ID

事件 ID	描 述
MOUSE_CLICKED	当单击鼠标时发生这个事件
MOUSE_PRESSED	当按下鼠标时发生这个事件
MOUSE_ENTERED	当鼠标进入组件显示区域时发生这个事件
MOUSE_EXITED	当鼠标退出组件显示区域时发生这个事件
MOUSE_RELEASED	当释放鼠标时发生这个事件
MOUSE_MOVE	当移动鼠标时发生这个事件
MOUSE_DRAGGED	当拖动鼠标时发生这个事件

表 6-12 中最后两个 ID 属于 MOUSE_MOTION_EVENT_MASK 事件类别。

在 MouseListener 接口中声明了 5 个成员方法，对应处理属于 MOUSET_EVENT_MASK 事件类别的 5 个不同的事件。在 MouseMotionListener 接口中声明了处理 MOUSE_MOTION_EVENT_MASK 事件类别的 2 个不同事件的成员方法。表 6-13 中列出了事件与成员方法的对应关系。

表 6-13 鼠标事件、鼠标移动事件与处理事件的成员方法

事件 ID	处理事件的成员方法
MOUSE_CLICKED	mouseClicked(MouseEvent)
MOUSE_PRESSED	mousePressed(MouseEvent)
MOUSE_ENTERED	mouseEntered(MouseEvent)
MOUSE_EXITED	mouseExited(MouseEvent)
MOUSE_RELEASED	mouseReleased(MouseEvent)
MOUSE_MOVE	mouseMoved(MouseEvent e)
MOUSE_DRAGGED	mouseDragged(MouseEvent e)

下面通过列举一个应用鼠标操作的实例来说明鼠标事件的处理方法。

【例 6-15】徒手绘图。即通过拖动鼠标在窗口内绘制图形。

为这个程序定义 3 个类：一个是面板容器类，它充当画板的角色，需要具有处理鼠标与鼠标拖动事件的能力，因此，需要实现 MouseListener 与 MouseMotionListener 接口；一个是外层窗口类；另一个是用于检测使用效果的测试类。

下面是定义面板容器类 DragDrawPanelClass 的程序代码。

```
// file name：DragDrawPanelClass.java
import java.awt.*;
import java.awt.event.*;
import javax.swing.*;
import java.awt.geom.*;
public class DragDrawPanelClass extends JPanel {
    int x1, x2, y1, y2;                     //绘制直线的起点、终点
```

```
    public DragDrawPanelClass() {
        addMouseMotionListener(new MouseMotionListener() {
            public void mouseMoved(MouseEvent event) { } ;  //鼠标移动事件
            public void mouseDragged(MouseEvent event) {   //鼠标拖动事件
                Graphics2D g = (Graphics2D) getGraphics();
                x2 = event.getX();                        //获取鼠标坐标
                y2 = event.getY();
                g.draw(new Line2D.Double(x1, y1, x2, y2));  //绘制直线
                x1 = x2;
                y1 = y2;
                g.dispose();
            }
        });
        addMouseListener(new MouseAdapter() {
            public void mousePressed(MouseEvent event) {    //鼠标按下事件
                x1 = event.getX();                          //获取第一个点坐标
                y1 = event.getY();
            }
        });
    }
}
```

在这个类中，鼠标事件监听器与鼠标拖动事件监听器类都是以匿名的形式定义的。在需要执行的代码量很少时，可以采用这种方式。

下面是定义外层窗口类 DragDrawFrameClass 的程序代码。

```
// file name: DragDrawFrameClass.java
import javax.swing.*;
public class DragDrawFrameClass extends JFrame {
    public DragDrawFrameClass() {
        setTitle("DragDraw");                              //设置窗口标题
        DragDrawPanelClass panel = new DragDrawPanelClass();   //创建绘图面板
        getContentPane().add(panel);
        setSize(300, 300);
        setVisible(true);
    }
}
```

下面是定义测试类 TestDragDrawClass 的程序代码。

```
// file name: TestDragDrawClass.java
import javax.swing.*;
public class TestDragDrawClass {
    public static void main(String args[]) {
        DragDrawFrameClass frame = new DragDrawFrameClass();
        frame.setDefaultCloseOperation(JFrame.EXIT_ON_CLOSE);
    }
}
```

在 NetBeans IDE 环境下运行例 6-15 后，可以看到如图 6-25 所示的输出窗口。

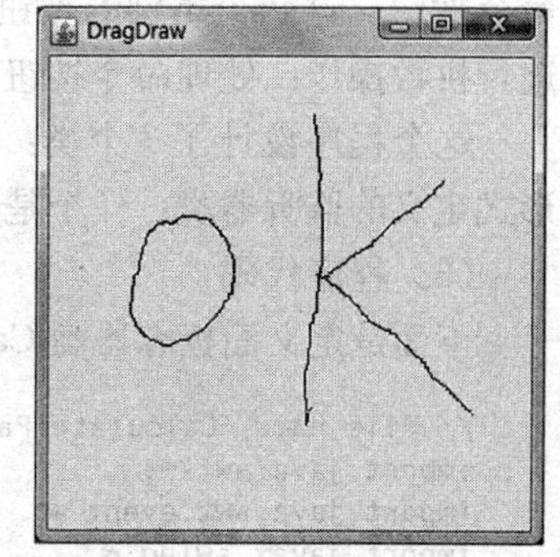

图 6-25 例 6-15 运行结果

这个程序实现了徒手绘图的功能。当鼠标按下时调用 mousePressed(MouseEvent event) 成员方法获得第一点的坐标；当鼠标拖动时不断地绘制直线，（x1，y1）是前一个鼠标点，作为直线的起点，（x2，y2）是当前鼠标点，作为直线的终点。在这里绘制直线的原因是让徒手绘制的效果具有连续性。

6.5.6 语义事件的处理

语义事件是与组件有关的一些事件。例如，单击某个按钮组

件就会产生 ActionEvent 事件；当复选按钮或单选按钮被选或取消选择时就会发生 ItemEvent 事件；当拖动滚动条时就发生 AdjustmentEvent 事件。这 3 个类别的事件分别用 ActionEvent、ItemEvent 和 AdjustmentEvent 类描述。

实际上，语义事件与低级事件的处理方法基本一样，都需要利用相应的接口定义监听器类，然后再将监听器注册到相应的组件上。

上面 3 个类别的监听器接口分别 ActionListener 接口、ItemListener 接口和 AdjustmentListener 接口。这 3 个接口的共同点是只包含一个抽象方法。表 6-14 中列出了每个接口的成员方法。

表 6-14 语义事件监听器接口的成员方法

监听接口	方 法
ActionEvent	void actionPerformed(ActionEvent e)
ItemEven	void itemStateChanged(ItemEvent e)
AdiustmentEvent	void adjustmentValueChanged(AdjustmentEvent e)

由于这些语义事件的监听器接口都只声明了一个抽象方法，所以没有必要提供适配器。

使用最频繁的语义事件是单击按钮事件，有关这种事件的处理方法在例 6-9 和例 6-10 中都已出现，此时，可以再次阅读这两个例题的程序代码，体会语义事件处理的基本过程。

6.6 综合应用举例

本章主要介绍了利用 Java 语言开发 GUI 应用程序的相关知识。包括 GUI 概念、组件、容器、布局管理器等图形界面元素的特点及使用方法；另外，还详细地介绍了 Java 事件处理机制，包括 Java 事件处理过程、事件类别的划分，以及监听器类、监听器与适配器等相关概念。掌握设计 GUI 应用程序的基本技术是学习 Java 程序设计的基本目标，下面列举两个应用实例，进一步展示综合应用这些知识内容的基本方法与使用技巧。

【例 6-16】设计一个应用程序，实现简易计算器功能。

（1）问题分析

鉴于简化问题的考虑，简易计算器的功能只限定可以对实数进行 +、-、*、/ 的计算，但需要考虑连续计算的能力。

这个程序主要包括两个部分：一是应用程序界面；另一个是事件处理。

（2）设计说明

在设计应用程序界面时需要考虑结果显示区域与计算器按钮区域，结果显示区域可以选用标签组件。计算器按钮分为两个类别：一类是简单的数字按钮，另一类是具有操作功能的命令按钮。这两个类别的按钮将对应不同的事件监听器类。处理数字按钮事件的监听器主要进行拼数操作；处理命令按钮事件的监听器主要进行具体的计算。

这个程序设计了 3 个类：一个是控制界面布局的面板容器类，其中，包含两个以内部类形式定义的监听器类；一个是外层窗口类；另外一个是检测使用情况的测试类。

（3）程序代码

下面是定义面板容器类 CalculatorPanelClass 程序代码。

```
// file name: CalculatorPanelClass.java
import java.awt.*;
import java.awt.event.*;
import javax.swing.*;
```

```
public class CalculatorPanelClass extends JPanel { // 计算器界面类
    private JLabel display;                        // 显示结果标签
    private JPanel panel;
    private double result;
    private String lastCommand;
    private boolean start;

    public CalculatorPanelClass() {
        setLayout(new BorderLayout());
        result = 0;
        lastCommand = "=";
        start = true;

        display = new JLabel("0", SwingConstants.RIGHT);
        display.setForeground(Color.black);          //设置前景颜色

        display.setBorder(BorderFactory.createCompoundBorder(
                BorderFactory.createLineBorder(Color.black),
                BorderFactory.createEmptyBorder(5, 5, 5, 5)));

        add(display, BorderLayout.NORTH);
        ActionListener insert = new InsertAction();
        ActionListener command = new CommandAction();

        panel = new JPanel();
        panel.setLayout(new GridLayout(4, 4));       //计算器按钮

        addButton("7", insert);
        addButton("8", insert);
        addButton("9", insert);
        addButton("/", command);
        addButton("4", insert);
        addButton("5", insert);
        addButton("6", insert);
        addButton("*", command);
        addButton("1", insert);
        addButton("2", insert);
        addButton("3", insert);
        addButton("-", command);
        addButton("0", insert);
        addButton(".", insert);
        addButton("=", command);
        addButton("+", command);
        add(panel, BorderLayout.CENTER);
    }
    // 在面板容器中添加按钮组件
    private void addButton(String label, ActionListener listener) {
        JButton button = new JButton(label);
        button.addActionListener(listener);
        panel.add(button);
    }
    // 处理单击数字按钮事件的监听器类
    private class InsertAction implements ActionListener {
        public void actionPerformed(ActionEvent event) {
            String input = event.getActionCommand();
            if (start) {
                display.setText("");
                start = false;
            }
            display.setText(display.getText() + input);
        }
    }
    // 处理单击命令按钮事件的监听器类
    private class CommandAction implements ActionListener {
```

```
        public void actionPerformed(ActionEvent evt) {
            String command = evt.getActionCommand();
            if (start) {
                lastCommand = command;
            }
            else {
                calculate(Double.parseDouble(display.getText()));
                lastCommand = command;
                start = true;
            }
        }
    }
    public void calculate(double x) {                    // 计算
        if (lastCommand.equals("+")) {
            result += x;
        } else if (lastCommand.equals("-")) {
            result -= x;
        } else if (lastCommand.equals("*")) {
            result *= x;
        } else if (lastCommand.equals("/")) {
            result /= x;
        } else if (lastCommand.equals("=")) {
            result = x;
        }
        display.setText("" + result);
    }
}
```

在这个类中，构造方法实现了布局计算器界面，并为每个按钮注册监听器的操作。其中定义了两个单击按钮的监听器类：一个是 InsertAction 内部类，在它定义的成员方法 actionPerformed(ActionEvent event) 中实现了拼接数字的功能；另一个是 CommandAction 内部类，在它定义的成员方法 actionPerformed(ActionEvent event) 中实现了计算、重新初始化数值的功能。不同的按钮注册不同的监听器将会产生不同的事件响应效果。

下面是定义外层窗口类 CalculatorFrameClass 程序代码。

```
// file name: CalculatorFrameClass.java
import java.awt.*;
import javax.swing.*;
public class CalculatorFrameClass extends JFrame { // 外层窗口类
    public CalculatorFrameClass() {
        setTitle("Calculator");
        Container contentPane = getContentPane();
        CalculatorPanelClass panel = new CalculatorPanelClass();
        contentPane.add(panel);
        setSize(200, 200);
        setVisible(true);
        setResizable(false);
    }
}
```

在这个类中，构造方法实现了将放置计算器界面的面板容器放在外层窗口的内容窗格中的操作，并设置窗口的大小，让窗口处于不可调节大小的状态。

下面是定义测试类 TestCalculatorClass 的程序代码。

```
// file name: TestCalculatorClass.java
import javax.swing.*;
public class TestCalculatorClass {
    public static void main(String[] args) {
        CalculatorFrameClass frame = new CalculatorFrameClass();
        frame.setDefaultCloseOperation(JFrame.EXIT_ON_CLOSE);
```

```
    }
}
```

（4）运行结果

在 NetBeans IDE 环境下运行例 6-16 后，可以看到如图 6-26 所示的输出窗口。单击各项按钮可以得到相应的操作效果。

（5）程序说明

这个程序实现了简单的计算器功能。从这个程序中可以看到，面板容器、布局管理器、标签、按钮的使用方式以及以内部类形式定义监听器类，让不同的组件注册不同的监听器等设计技巧。

通常，设计 GUI 应用程序分为两个部分：一部分是用户界面；另一部分是功能实现，应该尽可能将这两部分设计为各自独立的类，这样可以提高程序的维护性及可扩展性。

【例 6-17】根据输入的年份、月份显示如图 6-27 所示的月历。

Calculator

2961.0			
7	8	9	/
4	5	6	*
1	2	3	-
0	.	=	+

图 6-26 例 6-16 运行结果

2009 年 10 月

星期日	星期一	星期二	星期三	星期四	星期五	星期六
				1	2	3
4	5	6	7	8	9	10
11	12	13	14	15	16	17
18	19	20	21	22	23	24
25	26	27	28	29	30	31

图 6-27 月历显示效果

（1）问题分析

本题将根据用户输入的年份、月份，并按照图 6-27 所示的效果显示月历。由于，需要计算某年某月第 1 天是星期几，所以必须知道一个基准日期。这里，将以 2009 年 1 月 1 日为基准，因此，要求用户选择 2009 年 1 月以后的任何年月。

（2）设计说明

这个程序主要包括 4 个类：一个是描述月历的类；一个是布局月历界面的面板容器类；一个是外层窗口类；最后一个是用于检测使用情况的测试类。

在月历类中，包含显示月历的相关信息，例如，计算某月总的天数；计算某月第 1 天是星期几，最终根据这些信息将控制显示日期的文本存放在一个 String 型数组中。

在面板容器类中，由于任何一个月份所涉及的星期数最多为六周，所以将界面设计为 6 行、7 列，并将年份、月份显示在外层窗口的标题栏中，将星期日、星期一、…、星期六字样用一组标签显示出来，具体日期用按钮显示出来。

（3）程序代码

下面是定义月历类 MenologyClass 程序代码。

```
import java.util.*;
public class MenologyClass {
    public static final int FIRST_DAY = 4;
    public static final int YEAR = 2009;
```

```
    String[] dayStr;  // 存放具体日期

    public MenologyClass() {
        this(Calendar.DAY_OF_YEAR,Calendar.DAY_OF_MONTH);
    }

    public MenologyClass(int year, int month) {
        dayStr = new String[42];
        for (int i = 0; i < 42; i++) {
            dayStr[i] = new String();
        }
        printMenology(year, month);
    }
    public int getDays(int year, int month) { // 计算某年某月的天数
        int days;
        switch (month) {
            case 1:
            case 3:
            case 5:
            case 7:
            case 8:
            case 10:
            case 12:
                days = 31;
                break;
            case 4:
            case 6:
            case 9:
            case 11:
                days = 30;
                break;
            case 2:
                if (year % 400 == 0 || year % 4 == 0 && year % 100 != 0) {
                    days = 29;
                } else {
                    days = 28;
                }
                break;
            default:
                days = -1;
        }
        return days;
    }
    public int getStartPosition(int year, int month) { // 计算某年某月第 1 天是星期几
        int allDays, firstDay;
        allDays = 0;
        if (year != YEAR) {
            for (int i = YEAR; i < year; i++) {
                if (year % 400 == 0 || year % 4 == 0 && year % 100 != 0) {
                    allDays += 366;
                } else {
                    allDays += 365;
                }
            }
        }
        for (int i = 1; i < month; i++) {
            allDays += getDays(year, i);
        }
        firstDay = (allDays + FIRST_DAY) % 7;
        return firstDay;
    }

    public String[] getDayStr() {
        return dayStr;
```

```
    }

    public void printMenology(int year, int month) { // 计算与显示月历有关的信息
        int allDays, firstDay, day;
        allDays = getDays(year, month);
        firstDay = getStartPosition(year, month);
        for (int i = 0; i < 42; i++) {
            dayStr[i] = new String();
        }
        day = firstDay;
        for (int i = 1; i <= allDays; i++) {
            dayStr[i + firstDay-1] = new String(i + "");
        }
    }
}
```

在这个类中，定义了有关显示月历的相关操作，并通过计算所显示的总天数以及所显示月第一天是星期几，确定具体日期的显示位置，最终将结果以 String 型数组的形式保存起来，后面定义的 MenologyPanelClass 类将根据这个数组的状态显示月历。

下面是定义面板容器类 MenologyPanelClass 的程序代码。

```
import javax.swing.*;
import java.awt.*;
import java.util.*;
public class MenologyPanelClass extends JPanel {
    JButton[] day;
    JLabel[] headTitle;
    JPanel panel1, panel2;
    String[] headName = { " 星期日 ", " 星期一 ", " 星期二 ", " 星期三 ",
                          " 星期四 ", " 星期五 ", " 星期六 " };
    MenologyClass mClass;

    public MenologyPanelClass() {
        this(Calendar.DAY_OF_YEAR, Calendar.DAY_OF_MONTH);
    }
    public MenologyPanelClass(int year, int month) {
        String[] dayStr;
        mClass = new MenologyClass(year,month);
        dayStr = mClass.getDayStr();
        setLayout(new BorderLayout());
        panel1 = new JPanel();
        panel2 = new JPanel();

        panel1.setLayout(new GridLayout(1, 7));
        panel2.setLayout(new GridLayout(6, 7));

        headTitle = new JLabel[7];
        for (int i = 0; i < 7; i++) {
            headTitle[i] = new JLabel(headName[i], SwingConstants.CENTER);
            panel1.add(headTitle[i]);
        }
        day = new JButton[42];
        for (int i = 0; i < 42; i++) {
            day[i] = new JButton(dayStr[i]);
            day[i].setEnabled(false);
            panel2.add(day[i]);
        }
        add(panel1, BorderLayout.CENTER);
        add(panel2, BorderLayout.SOUTH);
    }
}
```

在这个类中，实现了显示月历的全部功能。界面设计结构为：在外层面板内部又嵌套两

个面板，一个放置月历头；一个放置具体日期。月历的具体内容利用标签与按钮组件显示，为了让按钮失去单击效果，这里为每个按钮调用成员方法 setEnabled(false)，使其处于不可操作状态。

下面是定义外层窗口类 MenologyFrameClass 程序代码。

```
import javax.swing.*;
import java.awt.*;
import java.util.*;
public class MenologyFrameClass extends JFrame {
    MenologyPanelClass mPanel;

    public MenologyFrameClass() {
        this(Calendar.DAY_OF_YEAR, Calendar.DAY_OF_MONTH);
    }
    public MenologyFrameClass(int y,int m) {
        mPanel = new MenologyPanelClass(y,m);
        setTitle(y + " 年 " + m + " 月 ");
        this.getContentPane().add(mPanel, BorderLayout.CENTER);
        setSize(400, 240);
        setVisible(true);
        this.setResizable(false);
    }
}
```

在这个类中，定义了两个构造方法：一个带年份、月份两个参数；一个不带参数。不带参数时，默认为当前的年份、月份。构造方法的主要任务是创建 MenologyPanelClass 对象，并将其放在内容窗格中。为了保证界面的美观，这里也让窗口处于不可调节状态。

下面是定义测试类 TestMonoloygClass 程序代码。

```
import javax.swing.*;
public class TestMonoloygClass {
    public static void main(String[] args) {
        int year, month;

        year = Integer.parseInt(JOptionPane.showInputDialog(" 输入年份 "));
        month = Integer.parseInt(JOptionPane.showInputDialog(" 输入月份 "));
        MenologyFrameClass frame = new MenologyFrameClass(year, month);
        frame.setDefaultCloseOperation(JFrame.EXIT_ON_CLOSE);
    }
}
```

（4）运行结果

在 NetBeans IDE 环境下运行例 6-17 后，将可以先后看到如图 6-28 所示的两个输入对话框，输入完年份、月份，并单击“确定”按钮后将会看到如图 6-27 所示的月历。

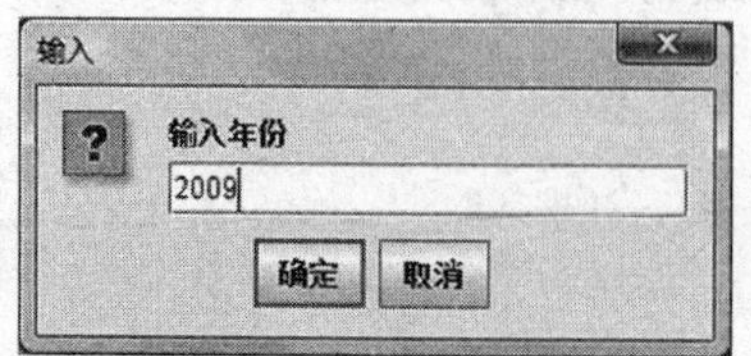

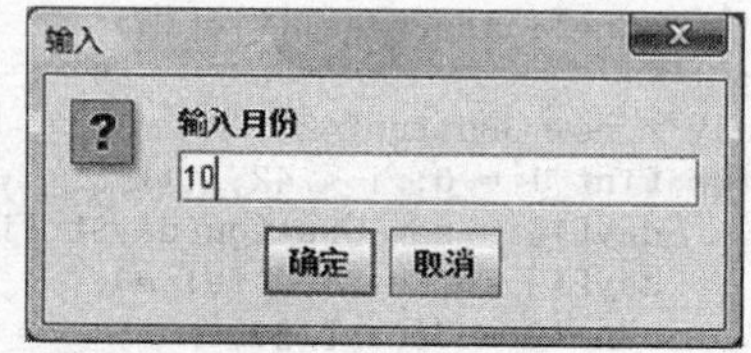

图 6-28 例 6-17 运行后显示的输入对话框

（5）程序说明

这个程序的设计特点是：将月历信息、月历显示划分为两个类，这种将处理与显示分开的设计理念是值得提倡的。

本章主要介绍了设计 Java 图形用户界面应用程序的基本方法，并阐述了 Java 提供的事件处理机制，其中运用了 Java 提供的大量标准类。良好的重用性使得人们可以轻而易举地开发出操作友善的应用程序。通过本章列举的实例，不但可以了解 Java 图形用户界面应用程序的设计过程，还可以体会面向对象程序设计方法带来的好处。

练习题

一、基本概念

1. 阐述 GUI 应用程序概念。
2. 阐述容器与组件的概念及基本使用方式。
3. 阐述布局管理器的概念，举例说明本章中介绍的几种布局管理器的布局规则。
4. 阐述 Java 事件处理的基本过程。
5. 阐述监听器类、监听器、适配器的概念。

二、程序设计

1. 设计一个输入身份证信息的用户界面。当用户提交输入的信息后，弹出一个消息框，将输入的内容显示在其中。

2. 设计一个输入电话簿内容的用户界面，应该包含姓名、工作单位、职务、住宅电话、手机号码、办公室电话等内容。当用户提交输入的信息后，弹出一个消息框，将输入的内容显示在其中。

3. 设计一个简易的排雷游戏的用户界面。

4. 设计一个名片管理的用户界面。当用户提交输入的信息后，弹出一个消息框，将输入的内容显示在其中。

5. 设计一个小型文本编辑器的用户界面。

三、上机题

在例 6-16 的基础上，扩展计算器部分功能，使其达到如图 6-29 所示的计算器界面效果，并实现全部功能。

图 6-29 计算器

自测题

一、填空题（每小题 8 分）

1. 容器的主要职责是____________________________________。
2. 文本域与文本区的主要区别是____________________________________。
3. 事件源是指____________________________________。
4. 监听器类的主要职责是____________________________________。
5. 适配器的主要作用是____________________________________。

二、编程题（每小题 20 分）

1. 设计一个 Java 程序，显示修改密码界面，并实现“确定”与“取消”按钮的功能。

2. 设计一个 Java 程序，显示用户登录界面，并根据登录情况显示相应的提示信息。假设用户名为 admi，密码为 admi。

3. 设计一个 Java 程序，根据用户在文本域中输入的十进制整数，利用消息框显示对应的二进制、八进制及十六进制数值。

第7章 Chapter

多线程程序设计

利用多线程机制可以实现程序的并发执行，提高程序的执行效率和资源的使用效率。本章主要讨论如何利用Java中提供的类或接口来创建多线程程序，并结合实例对线程的控制、调度、死锁避免等实现技术进行阐述。Java语言对多线程提供了广泛的支持，利用Java的多线程机制能够很方便地创建多个线程来实现多个任务的并发执行，这一机制对实现资源共享、提高程序的执行效率极为有用。通过本章的学习，应该掌握Java语言中创建多线程程序的各种方法，以及线程的控制、调度、死锁避免等相关技术的应用。

7.1 线程的基本概念

随着计算机技术的飞速发展，多任务、分时操作系统可以支持在一台计算机上同时执行多个程序，从而提高程序的运行效率。例如，可以在一台计算机上边下载文档、边聊天、边看电影。完成上述任务的程序之间是相互独立的，但在同一段时间内同时处于运行状态，它们在这一时间段内分时使用CPU的时间。由于CPU的处理速度极快，划分的时间片又很短，所以给人感觉是多个程序在同时运行。

进程是程序的一次动态执行过程，它对应了从程序代码加载、执行到执行结束的一个完整的过程，也就是进程产生、发展至消亡的过程。每个进程都有自己独立的地址空间和一组系统资源。线程是一个比进程更小的执行单位，是一段完成某个特定功能的代码，是进程中的一个单个的控制流，一个进程在其执行过程中可以包含多个线程。但与进程不同的是，同类线程将共享进程的地址空间及操作系统分配给这个进程的资源，线程本身的数据通常只是寄存器中的数据以及供程序使用的堆栈等。因此，在同一个进程的线程之间进行切换时，其开销要比在进程之间切换小得多。正因为如此，线程又被称作轻量级进程 (light-weight process)。

多线程是指在一个进程中同时运行多个不同的线程，每个线程分别执行不同的任务。通过多线程程序设计，就可以将程序任务划分成几个并行执行的子任务，可以提高整个程序的执行效率和系统资源的利用率。例如，可以编写一个包括两个线程的Java程序，其中一个线程用来完成数据输入输出功能，而另一个线程在后台对这些数据进行处理。如果输入输出线程在接收数据时阻塞，但处理数据的线程仍然可以运行，仍可以保证较高的程序执行效率。

多线程机制是Java语言的一个重要特性。Java虚拟机正是通过多线程机制来提高程序运行效率的。合理地设计多线程程序，可以更加充分地利用计算机的资源，提高程序的执行效率。

7.2 线程的创建

Java中提供了Thread类和Runnable接口用于创建多线程。下面就这两种创建线程的方法分别进行介绍。

7.2.1 方法之一：继承 Thread 类

通过继承 Thread 类创建线程类时，首先应将它定义为 Thread 类的子类，然后在 Thread 类中自带的 run() 成员方法中定义该线程执行的程序代码，该类就可以表示一个线程类了。创建这个类的实例就可以创建一个线程。Thread 类的声明在 java.lang 包中，其中封装了创建和控制线程操作的所有成员方法。

例如：

```
public class MyThread extends Thread //定义 Thread 类的子类 MyThread，作为线程类。
{
    public void run()        //定义线程的 run() 方法
    {
        System.out.println("MyThread is running..."); //定义线程的操作
    }
}
```

注意，用户不能直接调用 Thread 类中的 run() 成员方法，而是需要通过调用 Thread 类提供的 start() 成员方法间接地使用它。通过 start() 方法初始化后，才能调用 run() 方法。run() 成员方法执行完毕后线程就结束，并且不能再次启动。

【例 7-1】继承 Thread 子类，创建线程对象。要求创建两个线程对象，并分别实现显示 ‘A’ ～ ‘D’ 这 5 个字符的功能。

分析：首先创建一个 Thread 类的子类，并在 run() 方法中定义显示 ‘A’ ～ ‘D’ 这 5 个字符的功能。然后在 main() 方法中创建两个线程对象，调用 start() 方法启动它们。下面是这个程序的源代码。

```
// file name: MultiThreadTest_1.java
class ThreadTest_1 extends Thread {
    public void run() {
        for (char s = 'A'; s < 'F'; s++) {
            System.out.println(" 正在运行线程 " + getName() + " 打印字符为 " + s);
        }
        System.out.println();
        System.out.println(" 线程 " + Thread.currentThread().getName() + " 执行结束，退出 ");
    }
}

public class MultiThreadTest_1 {
    public static void main(String args[]) {
        Thread t1 = new ThreadTest_1();
        t1.setName("T1");
        Thread t2 = new ThreadTest_1();
        t2.setName("T2");
        t1.start();
        t2.start();
        System.out.println(" 主线程  " + Thread.currentThread().getName() + " 创建两个子线程
        完毕，退出 ");
    }
}
```

在 NetBeans IDE 环境下运行这个程序后，可以看到如图 7-1 所示的输出窗口。其中包含了所创建的线程及其运行情况。

本例中，run() 方法中存放了线程的执行代码。run() 方法是线程的起点，就像 main() 方法是应用程序的执行起点一样。

在这个程序中创建了两个 ThreadTest_1 线程类的线程对象，并依次调用 start() 成员方法启动它们。由于每个线程的任务非常简单，所以每个线程在一个时间片中就可以完成自己的任务，从结果中看到的情形是先执行线程 T1，然后是主线程，最后再执行线程 T2。如果试着将打印的字符个数增多，即将 run() 中循环次数增大，再次运行这个程序就可以看到两个线程并发执行的效果，即当一个线程的时间片用完时，另一个线程就可以获得使用 CPU 的时间片，切换执行。由于线程的调度执行是由操作系统完成的，有可能读者运行该程序得到的执行顺序和图 7-1 有所不同。

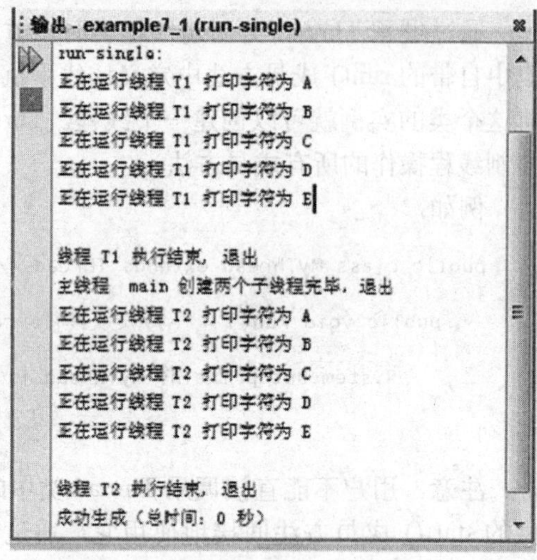

图 7-1 例 7-1 的运行结果

需要注意的是，start() 方法告诉系统该线程准备就绪可以启动 run() 方法后，就接着返回 start() 方法执行调用 start() 方法语句下面的语句，这时 run() 方法可能还在运行。这样，线程的启动和运行并发进行，实现了多任务操作。

所以，通过创建一个 Thread 类的子类来创建线程的方法可以分为以下几个步骤执行：

1）定义一个 Thread 类的子类：public class MyThread_1 extends Thread

2）覆盖 run() 方法，提供线程执行的入口点：public void run() {...}

3）创建该线程的一个实例：Thread t1 = new MyThread_1();

4）启动线程，调用实例的 start() 方法。t1.start()。

7.2.2 方法之二：实现 Runnable 接口

因为 Java 语言仅支持单继承，因此当定义的线程类需要继承多个类时用上述方法就无法实现。这时，就需要采用 Java 语言提供的另一种定义线程的途径——实现 Runnable 接口。它是在构造线程过程中可能出现的多重继承问题的一种解决方案。

通过实现 Runnable 接口创建、启动线程的基本步骤如下：

1）定义一个实现了 Runnable 接口的类，在类中重载 run() 方法，定义线程体。

2）创建一个上述类的类对象；以该对象为参数创建一个 Thread 类对象。

3）调用 Thread 类对象的 start() 方法，启动线程。

在执行时，start() 方法会调用 Runnable 接口的实现类中的 run() 方法。

【例 7-2】通过实现 Runnable 接口创建线程对象。要求创建线程对象时显示它相关的运行信息。

分析：首先创建一个实现 Runnable 接口的子类，并在 run() 方法中定义其待显示的信息。然后在 main() 方法中创建两个线程对象，启动它们。下面是这个程序的源代码。

```
// file name：MultiThreadTest_2.java
class MyThreadTest_2 implements Runnable {
    //定义实现了Runnable接口的类
    int i;

    public void run() {
        //重载run()方法，定义线程体
        for (int i = 1; i <= 10; i++) {
```

```
            System.out.println("MyThread_2 by Runnable Interface is running..." + i);
        }
    }
}

public class MultiThreadTest_2 {
    public static void main(String args[]) {
        MyThreadTest_2 thread = new MyThreadTest_2();// 创建实现了 Runnable 接口的类对象
        Thread threadObj = new Thread(thread);       // 创建线程类的对象
        threadObj.start();
    }
}
```

在 NetBeans IDE 环境下运行这个程序后，可以看到如图 7-2 所示的输出窗口。其中包含了所创建的线程及其运行情况。

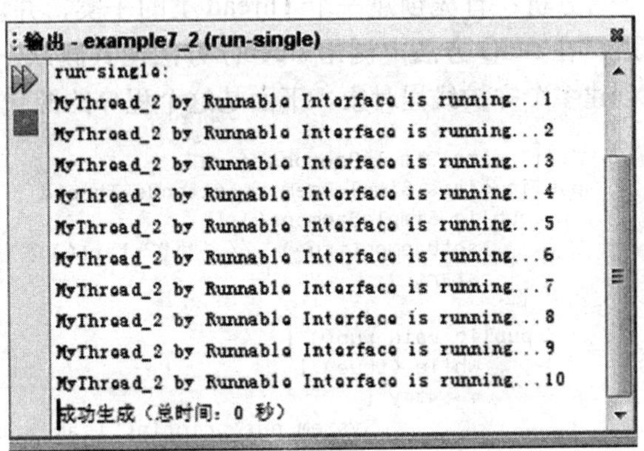

图 7-2　例 7-2 的运行结果

上述例子通过实现 Runnable 接口创建线程。其中，public class MyThread_2 implements Runnable{...} 创建实现 Runnable 接口的类；MyThread_2 thread=new MyThread_2() 创建了一个实现了 Runnable 接口的类的类对象；随后，语句“Thread threadObj = new Thread (thread)；”用 Thread 类的构造方法创建线程对象；最后启动线程：threadObj.start()。

在创建线程时，还可以使用 Thread 类提供的下面几种构造方法。

```
public Thread();
public Thread (Runnable target);
public Thread (Runnable target,String name);
public Thread (String name);
public Thread (ThreadGroup group,Runnable target);
public Thread (ThreadGroup group,Runnable target,String name);
public Thread (ThreadGroup group,String name);
```

其中，target 是实际执行线程体的对象，它是实现了 Runnable 接口的某个类的对象。当它为 null 时，由对象本身来执行线程体。name 是线程的名字。group 是线程所属的线程组。

7.2.3　守护线程

Java 中有两类线程，它们是“守护线程”与“用户线程”。守护线程 (Daemon) 是比较特殊的一种低级别线程，一般被用于在后台为其他线程提供服务。比如，当用户编写 Word 文档时，不断进行拼写检查的线程就是守护线程，它不会影响用户编辑文件。当该线程发现有拼写错误时它会在状态条显示错误。典型的守护线程例子是 JVM 中的系统资源自动回收线程，它始终在低级别的状态中运行，不需要占用大量的系统资源，多用于实时监控和管理系统中的可回收资源。

守护线程和普通线程的区别在于它并不是应用程序的核心部分。当一个应用程序的所有非守护线程终止运行时，即使仍然有守护线程在运行，应用程序也将终止；反之，只要有一个非守护线程在运行，应用程序就不会终止。

可以通过调用方法 isDaemon() 来判断一个线程是否是守护线程，而将一个用户线程设置为守护线程的方法是在线程对象创建之前调用线程对象的 setDaemon(boolean on) 方法。该方法可以方便地设置线程的 Daemon 模式：true 为守护线程，false 为用户线程。

注意：setDaemon(boolean on) 方法必须在线程启动之前调用。当线程正在运行时调用会产生异常。如果要在一个守护线程中产生其他线程，那么这些新产生的线程不用设置 Daemon 属性，都将是守护线程。

【例 7-3】创建并运行守护线程示例。要求创建多个守护线程对象，并让守护线程对象睡眠一段时间。

分析：首先创建一个 Thread 类的子类，并调用 setDaemon() 方法使其成为守护线程。然后，在 run() 方法中调用 sleep() 方法使其睡眠一段时间，并打印一句话。最后，在主程序中创建多个守护线程对象。下面是这个程序的源代码。

```
//filename:SimpleDaemons.java
public class SimpleDaemons extends Thread {
    public SimpleDaemons() {
        setDaemon(true); //必须在 start() 方法之前调用
        start();
    }
    public void run() {
        while (true) {
            try {
                System.out.println("I am a daemon " + Thread.currentThread().getName());
                  //打印一句话
                sleep(100);    //睡眠一段时间
            } catch (InterruptedException e) {
                throw new RuntimeException(e);
            }
        }
    }
    public static void main(String[] args) {
        for (int i = 0; i < 5; i++) {
            new SimpleDaemons();
        }
    }
}
```

在 NetBeans IDE 环境下运行这个程序后，可以看到如图 7-3 所示的输出窗口。

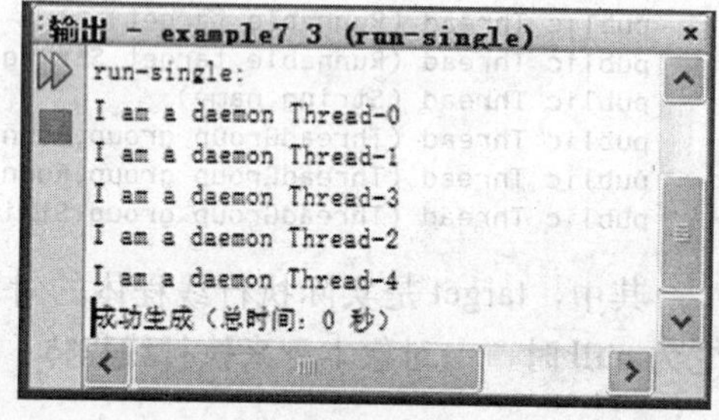

图 7-3　例 7-3 的运行结果

本例在线程的执行体中通过 sleep(100) 让 SimpleDaemons 在 run() 方法中睡眠了一会儿。这样可以看到守护线程的运行。如果去掉这条语句，当所有的线程全部启动了，整个应用程序也就结束了，用户甚至看不到守护线程中打印语句的执行结果。

7.2.4　线程组

线程组是 Java 一个特有的概念，它可以把一组线程作为单个对象进行统一的处理或维护，可以对其中的所有线程同时进行操作，如设置其中所有线程的优先级，也可以启动或阻塞其中的所有线程，并且可以通过分组来区分有不同安全特性的线程，对不同组的线程进行不同的处理，保证线程安全。

每个线程都只能隶属于一个线程组。线程组在线程创建时指定，也可以不指定线程组以使该线程处于默认的线程组之中。但是，一旦线程加入某线程组，该线程就一直存在于该线程组中直至线程消亡，而不能在中途改变线程所属的线程组。在 Java 应用程序中，线程组以

main 线程为根，其他线程和线程组为叶节点，组成一个树型结构。

线程组在 java.lang 包中的 ThreadGroup 类实现。用户可以通过调用包含 ThreadGroup 类型参数的 Thread 类的构造函数来指定线程所属的线程组。若没有指定，则线程默认地隶属于系统线程组，它也是系统中的最高层的线程组。

可以通过类 ThreadGroup 的如下两个构造方法创建线程组：

1）public ThreadGroup(String name)。参数 name 用来指定线程组的名称。这时创建出来的线程组的父线程组是当前线程所在的线程组。例如：

```
String groupName= "Counting ";
ThreadGroup g=new ThreadGroup(groupName);
```

线程组对象创建之后，可以将各个线程添加到该线程组中。

2）public ThreadGroup(ThreadGroup parent,String name)。在线程组构造方法中指定所加入的线程组。其中，参数 parent 指定父线程组，参数 name 指定新创建的线程组的名称。例如：

```
ThreadGroup t=new ThreadGroup(g, "countingThread ");
```

若要中断某个线程组中的所有线程，可以让线程组调用 interrupt() 方法来实现。

```
t.interrupt();
```

若要获得或者设置线程组中线程的最高优先级，可以使用 getMaxPriority() 方法或者 setMaxPriority (int pri) 方法。详细文档参见 Java API 文档。

7.3 线程状态及优先级

7.3.1 线程的状态及转换

线程是一个动态运行的实体，每个线程都存在一个从创建、运行到消亡的过程。在一个线程的生命周期中，它将在新建状态、可运行状态、阻塞状态或死亡状态之间进行转换。通过线程的控制和调度可以改变线程的状态。下面是线程的状态的定义。

1）新建状态。利用 new 运算符创建线程对象之后、调用 start() 成员方法之前就是线程的新建状态。这时，该线程仅仅是一个空对象，系统没有为它分配资源。

2）可运行状态。使用 start() 方法启动一个线程之后，线程就变为可运行状态。实际上，处于这个状态的线程可能正在执行，也可能没有执行，这取决于它是否获得了使用 CPU 的时间片及相关资源。可运行状态有时也称为就绪状态 (Ready)。

3）阻塞状态。当一个正在 CPU 上运行的线程由于等待某个事件发生而让出 CPU 时，就进入阻塞状态。例如，调用了 sleep() 或者 wait() 成员方法，或者等待 I/O 设备资源就绪等。当等待的事件发生后，或得到了需要的资源后进程就会重新变为可运行状态。

4）死亡状态。死亡状态是线程生命周期中的最后一个阶段，处于这个状态的线程不再具有执行的能力。正常运行的线程完成了全部工作或者线程的执行被强行终止都可导致线程处于死亡状态。

线程就是这样在上述 4 个状态之间不断变换。图 7-4 是线程状态转换的示意图。

为了获得线程的状态，可以调用 isAlive() 方法测试线程是否处于活动状态。如果该方法返回 false，表示该线程是刚刚创建或者已经被终止的；如果返回 true，表示该线程已经启动并且未被终止，是可运行状态或者阻塞状态。

7.3.2 线程的优先级及调度

由于线程的重要程度不同，因此 Java 通过定义线程的优先级使得重要的线程能够得到优先执行。Java 中每一个线程都有一个优先级。默认情况下，线程将继承父线程的优先级。所谓父线程是指启动这个线程的线程。Java 将线程的优先级分为 10 个等级，分别用 1 ～ 10 之间的数字表示。数字越大表明线程的级别越高。相应地，在 Thread 类中定义了表示线程最低、最高和普通优先级的成员变量 MIN_PRIORITY、MAX_PRIORITY 和 NORMAL_PRIORITY，代表的优先级等级分别为 1、10 和 5。当一个线程对象被创建时，其默认的线程优先级是 5。

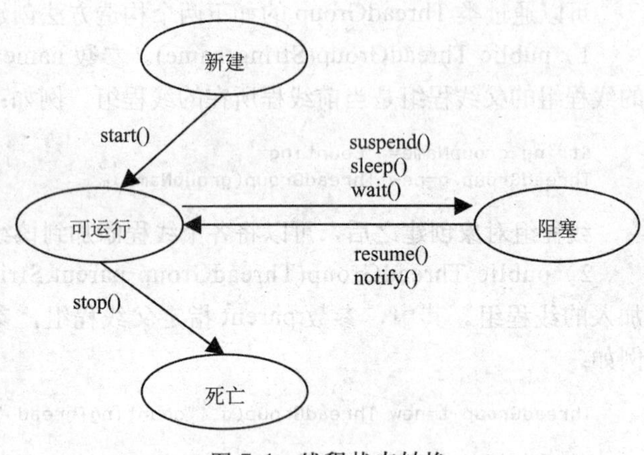

图 7-4 线程状态转换

Java 提供了一个线程调度器来监控进入就绪状态的所有线程。线程调度器按照线程的优先级决定线程的执行顺序，并采用“抢占式”策略来调度线程的执行，即在当前线程执行过程中，若有较高优先级的线程进入可执行状态，则系统会立即终止当前进程的执行，去执行这个高优先级的线程。

为了获得某个线程的优先级，用户可以调用 Thread 类的 getPriority() 成员方法实现，而调用 Thread 类的 setPriority(int newPriority) 成员方法可以改变某个线程的优先级。假设 threadObj 是一个 Thread 类对象，可以这样获得和设置优先级：

```
threadObj.getPriority();
threadObj.setPriority(6);
threadObj.setPriority(3);
```

注意：Java 程序中使用的线程优先级依赖于运行 Java 程序的环境。当运行系统的优先级与 Java 设置的优先级有差别时，Java 中的优先级将会被映射成运行系统的优先级。因此，建议不要让程序的执行完全依赖于线程的优先级。

【例 7-4】创建多个线程对象，分别设置它们的优先级，并显示输出。

首先创建一个 Thread 接口的子类，并定义 getString() 方法用于打印线程的名字及其优先级。在主程序中创建多个线程对象，并赋予它们不同的优先级。

下面是这个程序的源代码。

```
//filename:ThreadPriority.java
public class ThreadPriority extends Thread {
    ThreadPriority(String message) {  // 调用线程的构造函数
        super(message);
        System.out.println("Thread: " + message + " is established");
    }
    public void run() {                // 调用 getSring() 方法，打印优先级
        for (int i = 0; i < 4; i++) {
            System.out.println(getString());
        }
    }
```

```
    public String getString() { //获得线程的名字及其优先级
        return "Running Threads:" + getName() + " Prority:" + getPriority();
    }
    public static void main(String[] args) {
        Thread thread1 = new ThreadPriority("First Thread"); //创建线程实例 1
        thread1.start();
        Thread thread2 = new ThreadPriority("Second Thread");// 创建线程实例 2
        thread2.start();
        Thread thread3 = new ThreadPriority("Third Thread");// 创建线程实例 3
        thread3.start();
        System.out.println("Starting to set priority...");
        thread1.setPriority(Thread.MIN_PRIORITY);
        thread2.setPriority(Thread.NORM_PRIORITY);
        thread3.setPriority(Thread.MAX_PRIORITY);
    }
    }
```

在 NetBeans IDE 环境下运行这个程序后，可以看到如图 7-5 所示的输出窗口。其中包含了线程优先级的改变情况。

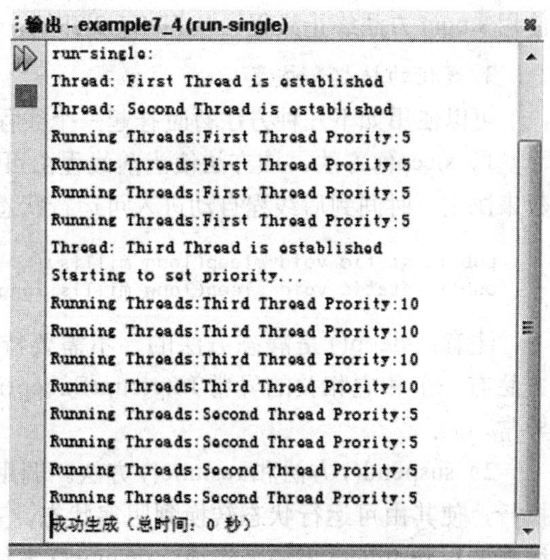

图 7-5　例 7-4 的运行结果

本例中调用线程的 setPriority(Thread.MIN_PRIORITY) 方法设置线程的优先级；在自定义的成员方法 getString() 中分别调用线程对象的 getName() 和 getPriority() 方法，获得线程的名字及其优先级，并打印输出。

7.4　线程控制

由于资源的有限性以及线程之间运行步调的一致性，多个线程在并发执行时，一方面可能会竞争使用同一类资源，另一方面也可能需要保持一定的先后执行顺序。因此，编写多线程程序时必须要考虑，如何对线程进行有效控制，使它们能够合理地使用资源，并保持正确的执行顺序。下面首先介绍 Java 提供的线程控制的实现方式，具体线程控制方法见表 7-1。

表 7-1　Thread 类中线程控制方法

方法名	功能说明
private synchronized void start()	启动一个线程
final void stop()	终止一个线程，已经过时，建议不要使用
final void suspend()	挂起一个线程
final void resume()	使挂起的线程恢复执行，从 jdk1.2 开始，suspend() 方法和 resume() 已经被废弃
static native void sleep(long milis) static void sleep(long nillis,int nanos)	使线程休眠
static native void yield()	挂起当前线程，把 CPU 让给其他线程
final synchronized void join(long millis,int nanos) final void join() throws InterruedException	挂起当前线程，直到线程停止
void interrupt()	中断线程的执行
boolean isAlive()	判断线程是否处于可运行状态

7.4.1 基本的线程控制方法

1. 线程的创建与启动

在程序中用new运算符创建一个线程时，还需要调用线程的start()成员方法，才能使线程从新建状态转换为可运行状态。这时，系统会为线程分配必要的资源。如果线程获得了其运行所需的全部资源后就可以执行其中的run()方法，使其在CPU上运行。这就是线程的启动过程。

2. 线程的终止

调用线程的stop()成员方法可以终止当前线程的执行，使线程进入死亡状态。这时该线程不能再被调度执行，即使重新调用start()方法也不能启动该线程。

但是，stop()方法只是Thread类的方法，当用户使用Runnbale接口创建线程类时，不能使用stop()方法终止线程。从JDK1.2开始，stop()方法已被废弃。

3. 线程的挂起和恢复

可以使用如下几种方法暂时挂起一个线程，使其放弃CPU，并在适当的时候恢复其运行。

1）sleep()方法。该方法使当前线程由可运行状态进入阻塞状态，被阻塞的时间长短由参数来决定。时间到后线程自动进入可运行状态。

```
public static void sleep(long millis);                    // 阻塞millis毫秒
public static void sleep(long millis,long nanos);   //阻塞 millis毫秒加上nanos纳秒
```

注意：sleep()是静态方法的，不需要特定的Thread对象就可以调用它。其次，sleep()方法有一个和它相关的异常InterruptException，每次调用sleep()方法，程序都会抛出这个异常。

2）suspend()方法和resume()方法。调用suspend()方法可以使当前正在执行的线程暂停执行，使其由可运行状态转换到阻塞状态。若此线程此后想再回到可运行状态，必须由其他线程调用resume()方法来实现。resume()方法用于恢复suspend()方法暂停执行的其他线程的执行。

从JDK1.2开始suspend()和resume()方法已被废弃，建议使用wait()和notify()机制。

4. 线程的阻塞和唤醒

wait()方法使当前线程暂停执行，去等待某一事件的发生，线程的状态由可执行状态转换为阻塞状态。随后，当等待的事件发生时，一般通过调用notify()或者notifyAll()方法来唤醒该进程，使该进程继续执行。带参数的wait()方法的定义如下，timeout指定的时间到时线程自动恢复执行。

```
public final void wait(long timeout) throws InterruptedException;
public final void wait(long timeout,int nanos) throws InterruptedException;
```

notify()方法用来唤醒一个处于阻塞状态的线程，任何一个已经满足了被唤醒条件的线程都可能被唤醒。而notifyAll()方法则用于唤醒所有处理阻塞状态的线程。notify()及notifyAll()的定义如下：

```
public final void notify();
public final void notifyAll();
```

线程如果因为调用了sleep()方法或wait()方法而处于阻塞状态，也可以调用interrupt()方法使之唤醒，interrupt()方法通过抛出异常InterruptException来强制使sleep()或者wait()方法的调用提前返回。其定义如下：

```
public void interrupt();
```

5. 线程的让步

yield() 方法用于强制线程间的合作，使其按照正确的步调执行。该方法可以使当前执行的线程让出 CPU 给其他线程执行。此时，该线程仍处于可运行状态，而其他线程则获得了 CPU 的执行权。当前线程等待调用该方法的线程执行结束后再恢复执行。如果当前没有可执行的线程，yield() 方法什么也不做，即该线程会继续执行。由于该方法保证尽可能不让 CPU 空闲，因此比 suspend() 方法和 sleep() 更有优势。

6. 等待其他线程结束

一个线程 A 调用另外一个线程 B 的 join() 方法可以使线程 A 暂停运行，直至线程 B 终止。但是，如果 B 线程已经运行结束，则 B.join() 不会产生任何结果。因此，使用 join() 方法可以用于实现线程之间的同步。join() 的几种调用格式如下：

void join() throws InterruptedException：等待线程执行完毕。

void join(long timeout) throws InterruptedException：最多等待某段时间让线程完成。

void join(long milliseconds, int nanoseconds) throws InterruptedException：最多等待某段时间（毫秒＋纳秒）让线程完成。

7.4.2　线程控制举例

【例 7-5】结合 GUI 程序设计，编写选号程序，在窗体中安排 6 个标签，每个标签上显示 0 ～ 9 之间的一位数字，每位数字用一个线程控制其变化，单击“停止”按钮则所有标签数字停止变化。

利用 GUI 程序设计的知识，定义 6 个标签，同时在主程序中将所有标签定义存入一个数组，将每个标签定义为线程方式运行，每个线程打印一个数字。在运行中利用随机数产生数字显示。为了实现线程之间的切换执行，可以利用 sleep() 方法实现。下面是这个程序的源代码。

```
//filename:ChooseNumber.java
import java.awt.*;
import java.awt.event.*;
class MyLabel extends Label implements Runnable {
    int value;
    boolean stop = false;

    public MyLabel() {
        super("number");
        value = 0;
    }
    public void run() {
        for (;;) {
            value = (int) (Math.random() * 10);     //产生一个 0 到 9 的数字
            setText(Integer.toString(value));        //显示该数字
            try {
                Thread.sleep(500);
            } catch (InterruptedException e) {
            }
            if (stop) //停止标记为 true，退出循环，结束运行
            {
                break;
            }
        }
    }
}
public class ChooseNumber extends Frame {
```

```
    MyLabel x[] = new MyLabel[6];  //安排6个标签，每个标签显示1个数字
    Button control;

    public ChooseNumber(String title) {
        super(title);
        Panel disp = new Panel();
        disp.setLayout(new FlowLayout());
        for (int i = 0; i < 6; i++) {
            x[i] = new MyLabel();
            disp.add(x[i]);
            new Thread(x[i]).start();  //每个标签的内容变化用一个线程控制
        }
        add("Center", disp);
        control = new Button("停止");  //创建一个停止按钮
        add("South", control);
        pack();
        setVisible(true);
        control.addActionListener(new ActionListener() {  //停止按钮的处理
            public void actionPerformed(ActionEvent e) {
                for (int i = 0; i < 6; i++) {
                    x[i].stop = true;
                }
            }
        });
    }
    public static void main(String args[]) {
        new ChooseNumber("选号程序");
    }
}
```

在 NetBeans IDE 环境下运行这个程序后，可以看到如图 7-6 所示的输出窗口（其中的数字可能不同）。

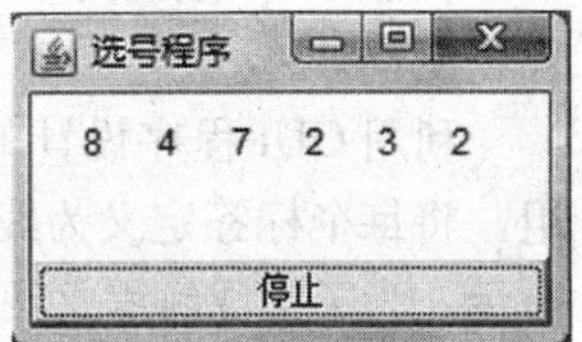

图 7-6　例 7-5 的运行结果

本例中启动了 6 个线程，每个线程打印一个数字。线程之间的切换运行是通过调用 sleep() 方法来实现的。线程体为一个循环语句，当 stop 标记变量为 true，则停止；主程序中将所有标签定义存入一个数组，这样可以方便地对其进行控制，例如，在单击"停止"按钮时将所有标签对象的 stop 属性值设置为 true。

【例 7-6】观察 interrupt() 方法的使用。

下面的代码中，主线程 main 先创建了一个子线程 child，然后依次输出 8 个随机数，并在输出第 5 个随机数后，向 child 发出 interrupt() 方法。线程 child 对变量 i 进行累加，直至中断标记位为 true 或者等于 Integer.MAX_VALUE。

```
// file name: TestInterruptMethod.java
class MyRunnable implements Runnable {  //定义子线程
    public void run() {
        System.out.println("enter child thread");
        int i = 0;
        while (!Thread.interrupted() && i < Integer.MAX_VALUE) {
            i++;
        }
        System.out.println("i=" + i);
        System.out.println("exiting child thread");
    }
}
public class TestInterruptMethod {
    public static void main(String args[]) {
        MyRunnable o1 = new MyRunnable();
        Thread child = new Thread(o1);
```

```
        child.start();
        double r1, r;
        for (int i = 1; i <= 8; i++) {
            r = Math.random();  //产生一个随机数
            System.out.println("r=" + r);
            if (i == 5) {
                child.interrupt();
            }
        }  //当 i=5 时，中断子线程的运行
        System.out.println("exiting main thread");
    }
}
```

在 NetBeans IDE 环境下运行这个程序后，可以看到如图 7-7 所示的输出窗口（其中的数据可能不同）。

从该结果可以看出，main 线程在启动了 child 线程后继续占有 CPU 运行，直至输出第 5 个数之后被中断。之后，线程 child 获得 CPU 并投入运行，期间 i 的值不断增加。接下来，main 线程重新获得 CPU，继续输出后 4 个随机数并退出。其中在输出第 5 个随机数后向线程 child 请求 Interrupt() 方法，从而设置了线程 child 的中断标志位。这样，当 child 再次获得 CPU 后，因 Interrupted() 返回 true 而跳出循环语句，并最后输出 i 的值及相关信息。

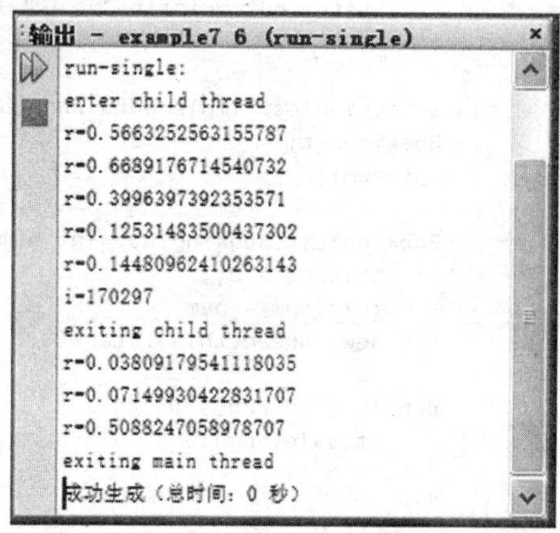

图 7-7 例 7-6 的运行结果

7.5 线程的同步与互斥

在大多数基于多线程实现的系统中，经常会出现两个或者两个以上的线程同时使用同一类有限资源的情况，如共享某变量或者某外部设备等。以文件的访问为例。当一个线程向文件中写数据，而同时另外一个线程从同一个文件中读取数据，如果写数据的线程没有等到读取数据的线程读取完毕就继续写数据，必然得到错误的处理结果。因此，必须对这种潜在的资源访问冲突进行预防，否则就可能出现两个线程同时读写一个文件、同时使用同一台打印机、同时对同一内存单元进行写入操作，以及在一个线程对一个银行帐号作数据操作的同时另一个线程却在访问该帐号的数据等。

7.5.1 临界区和互斥

简单地说，在一个时刻只能够被一个线程访问的资源称为临界资源，而访问临界资源的那段代码则被称为临界区。临界区必须互斥地使用，即一个线程执行临界区中的代码时，其他线程不允许再进入临界区，直至该线程退出为止。下面先通过实例说明多个线程并发操作时可能引起的数据混乱，让读者体会临界区和互斥的概念。

【例 7-7】这是一个模拟网上自动售货业务的程序。Booking 类代表自动售货人员，其中包含一个售货方法 sale()。设一开始有 90 件商品可供客户订购。程序运行时产生两个订购客户，他们同时向售货人员订购。

```
//filename: BuyItem.java
class Booking {
    private int amount = 90;
```

```
    public void sale(int num) {
        if (num <= amount) {
            System.out.println("预订" + num + "件");
            try {
                Thread.sleep(10); //模拟订货所花费时间
            } catch (Exception e) {
                e.printStackTrace();
            }
            amount = amount - num;
        } else {
            System.out.println("剩余数量不够，无法预订");
        }
        System.out.println("还剩" + amount + "件");
    }
}
class BookingTest implements Runnable {
    Booking bt;
    int num;

    BookingTest(Booking bt, int num) {
        this.bt = bt;
        this.num = num;
        new Thread(this).start();
    }
    public void run() {
        bt.sale(num);
    }
}
public class BuyItem {
    public static void main(String[] args) {
        Booking c1 = new Booking();
        new BookingTest(c1, 60);
        new BookingTest(c1, 70);
    }
}
```

程序运行时，两个订货线程将同时调用自动售货员对象bt的实例方法sale()，而该方法又访问售货员对象的实例变量num。在程序运行过程中，如果处理顺序如下：

线程1（预订60件）：判断num <=amount，结果为true，然后进入阻塞状态；

线程2（预订70件）：判断num <= amount，结果为true，然后进入阻塞状态；

线程1：购物，即计算amount = amount−num；

线程2：购物，即计算amount = amount−num。

在NetBeans IDE环境下运行这个程序后，可以看到如图7-8所示的输出窗口。

可以看出，多个线程共享变量amount并对其进行修改时，导致了错误的结果。因为共享变量amount是一个临界资源，因此一个时刻只能被一个线程访问。其中，访问临界资源的那段代码，这里是Booking，为临界区。Booking类中的sleep()方法用于模拟客户购物所花费的时间，这时该线程被阻塞，从而其他客户的线程可以同时访问临界资源，导致错误的结果。如果取消sleep()方法，则程序顺序执行，结果正确。下面讨论解决这类问题的相关机制。

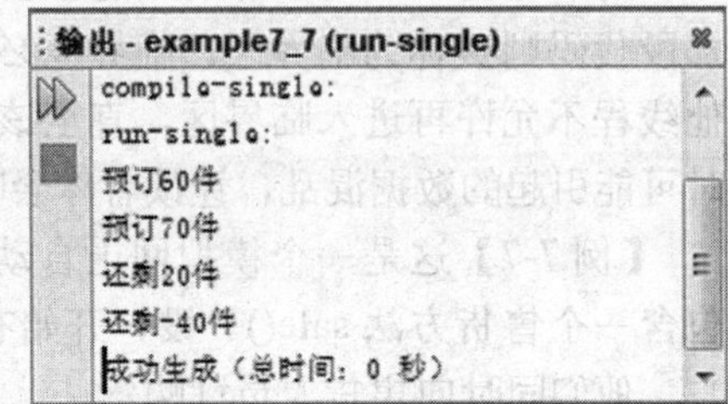

图7-8 例7-7的运行结果

7.5.2　Java 的互斥锁机制

为了解决多线程并发操作时可能对共享资源引起的数据混乱，在 Java 语言中，引入了对象“互斥锁”的机制，以保证共享数据操作的完整性。每个 Java 对象都对应于一个“互斥锁”标记，这个标记用来保证在任一时刻，只能有一个线程访问该对象。一旦某个线程获得了该锁，别的线程如果希望获得该锁，只能等到这个线程释放锁之后。

Java 中的关键字 synchronized 用来与对象的互斥锁联系。当某个对象用 synchronized 修饰时，表明该对象在任一时刻只能由一个线程访问。此时，如果有第二个线程也要访问同一个对象，它也试图获取该对象的互斥锁，但因该对象已经被锁定，则它必须等待，直到锁被释放为止。Java 语言中，可以用“synchronized”关键字标识临界区，它可以是一个语句块或是一个方法。

Java 中的 synchronized 关键字的用法有两种：synchronized 方法和 synchronized 块，又称为同步方法和同步块。下面分别进行介绍。

1. synchronized *方法——方法同步*

将 synchronized 关键字放在方法前用于锁定一个方法，声明该方法为互斥使用的方法。此时，整个方法体就成为临界区。其声明格式为：

```
synchronized <方法声明>{
<方法体>
}
它与下面的声明效果相同：
<方法声明>{
synchronized(this){
<方法体>
}
```

对于例 7-7，可以用 synchronized 修饰 sale() 方法，使其成为一个临界区。

```
class Booking {
    private int amount =90;
    public synchronized void sale(int num) {
    ...
    }
     }
```

这样就可以得到一个正确的结果。假如先进入 sale() 方法的是第一个线程，则程序的输出结果应该是：

```
预订 70 件
还剩 20 件
剩余数量不够，无法预订
还剩 20 件
```

2. synchronized *块——对象同步*

除了将 synchronized 关键字放在方法前面表示整个方法为同步方法外，还可以将 synchronized 放在对象前面限制一段代码的执行，实现对象同步。synchronized 块用来锁定一段代码。将 synchronized 关键字用在某代码块之前，可以使该代码块成为互斥使用的代码块。这种声明方法可以针对任意代码块，且可任意指定上锁的对象，故该方法灵活性更大一些。其声明格式为：

```
synchronized<对象名>{
<代码块>
}
```

例如：

```
public void run() {
   synchronized(bt) {
   bt.sale(num);
   }
}
```

Java 的互斥锁机制也考虑到了 Java 的异常处理，当 synchronized 方法或者语句发生异常突然结束时能够自动释放锁，从而避免了死锁。

【例 7-8】synchronized 块的使用示例。本例模拟一个售楼处的售房活动。若干个售楼人员同时出售楼盘。每一个售楼员的活动可以看作一个线程。待售的楼盘便是各线程需要共享的资源。开始售房之前，需要取得某房的使用权（资源），取不到的情况下等待；开始售房之后，则需要取得对该房的独享控制；售完时，需要通知相关人员该房已售出；或者未售出时，通知他人可以拿到该房的出售权。

```
//filename:TestSynchronized.java
public class TestSynchronized {
    public static void main(String[] args) {
        TestThread tt = new TestThread(); //创建线程对象，代表售房人员
        new Thread(tt).start();  //启动 4 个线程对象，模拟 4 个售房人员的活动
        new Thread(tt).start();
        new Thread(tt).start();
        new Thread(tt).start();
        System.out.println(Thread.activeCount());
    }
}

class TestThread implements Runnable { //线程体的定义
    int num = 10;  //共享变量 num，代表待售房子的总数
    Object obj = new Object();

    public void run() {
        while (true) {
            synchronized (obj) {
                if (num > 0) {
                    try {
                        Thread.sleep(800);
                        System.out.println(Thread.currentThread().getName() + " 卖了第  "
                          + num + " 套房子 ");
                        num--;//修改共享变量 num，输出它的值
                    } catch (Exception e) {
                        e.getMessage();
                    }
                }
            }
            if (num == 0) //楼房售罄，退出
            {
                System.exit(0);
            }
        }
    }
}
```

在 NetBeans IDE 环境下运行这个程序后，可以看到类似如图 7-9 所示的输出窗口。其中包含了代表 4 个售楼人员的 4 个线程售楼的运行情况。

本例在 run() 方法中加了同步块，该同步块接收一个参数 obj，线程进入同步块后就对 obj 进行监视，直到线程阻塞或者完成任务才释放 obj，然后下个线程才能对这个 obj 进行监视。

可以试一试去掉上述的 Synchronized 语句，看看运行结果是否正确。

若一个方法的执行时间很长，而实现同步的关键数据却很短，或者一个对象拥有多个资源，synchronized(this) 方法为了仅让一个线程使用其中一部分资源，而将所有线程都锁在外面，会降低程序的执行效率。由于每个对象都有锁，所以可以使用对象上锁机制来提高效率。

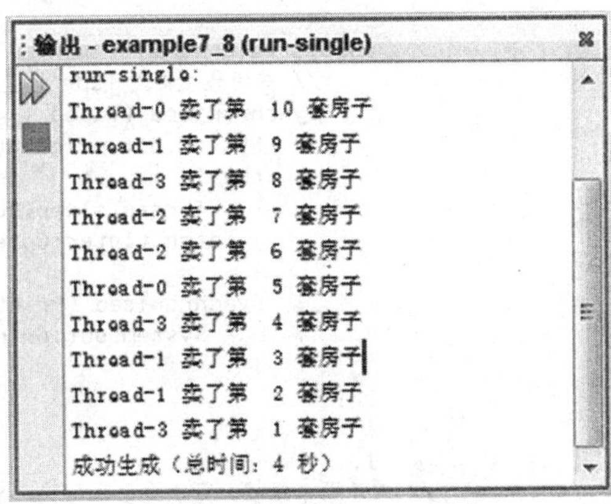

图 7-9　例 7-8 的运行结果

7.6　线程死锁

死锁是由于系统资源不足以及对资源的访问顺序不当造成的一组线程都互相等待对方的资源而陷入阻塞状态，如果多个线程都是处于阻塞状态而无法被唤醒时，就构成死锁，系统不能向前推进。多线程在使用互斥机制实现同步运行的时候，存在出现死锁的潜在危险。

虽然当线程访问受 synchronized 保护的共享对象时，将为共享对象加上互斥锁，阻止其他的线程访问该共享对象。但是，如果多线程锁定多个对象的顺序不当的话，就有可能出现线程间相互等待的情况，而造成死锁。下面举例说明。

【例 7-9】两个互斥资源被两个线程申请使用时出现的死锁现象。

问题分析：先定义两个互斥资源 Printer 和 Tape。第 1 个线程，它先试图锁定资源 Printer，然后再锁定资源 Tape。第 2 个线程，则先试图锁定资源 Printer，然后再锁定资源 Tape。下面是这个程序的源代码。

```
//filename:DeadLockTest.java
public class DeadLockTest {
    public static void main(String[] args) {
        final Object Printer = "Printer"; //资源 1：Printer
        final Object Tape = "Tape";  //资源 2：Tape
        int a = 0;
        // 第 1 个线程，它先试图锁 Pinter，然后锁 Tape
        Thread t1 = new Thread() {

            public void run() {
                // 对 resource 1 上锁
                synchronized (Printer) {
                    System.out.println("Thread 1: locked Printer");
                    try {
                        Thread.sleep(50); //模拟文件或 I/O 操作，给其他线程运行的机会
                    } catch (InterruptedException e) {
                    }
                    synchronized (Tape) {
                        while (true) {
                            System.out.println("Thread 1: locked Tape");
                            try {
                                Thread.sleep(10000);
                            } catch (InterruptedException e) {
                            }
                        }
                    }
                }
            }
```

```
        };
        Thread t2 = new Thread() {  //第 2 个线程，它先试图锁 Tape，然后锁 Printer

            public void run() {
                // 该线程立即对 Tape 上锁
                synchronized (Tape) {
                    System.out.println("Thread 2: locked Tape");
                    try {
                        Thread.sleep(50); // 同线程 1，暂停一会儿
                    } catch (InterruptedException e) {
                    }
                    synchronized (Printer) {
                        System.out.println("Thread 2: locked Printer");
                    }
                }
            }
        };
        // 启动两个线程，可能会出现死锁，程序不会退出。
        t1.start();
        t2.start();
    }
}
```

程序运行结果如下：

```
Thread 1: locked Printer
Thread 2: locked Tape
```

线程 1 先占有了资源 Printer，继续运行时需要 Tape，而此时 Tape 被线程 2 占有了，因此只能等待线程 2 释放该资源后才能运行。同时，资源 2 也在等待线程 1 释放资源 Printer 才能运行，因此，出现了资源 1 和资源 2 互相等待对方的资源，都无法向前推进的现象，即发生了死锁。

利用 Java 本身的技术既不能发现死锁，也不能避免死锁。所以编程人员编程时应注意死锁问题，应尽量避免。

7.7 综合应用举例

本章主要讨论了 Java 语言中创建多线程的基本方法、互斥锁机制以及同步控制、死锁等问题。本节将通过一个多线程同步问题的综合实例进一步展示综合应用这些知识的基本方法与使用技巧。

我们知道，很多应用都是通过多个线程相互合作完成任务的，如有些线程负责接收用户的输入数据，有些线程负责处理数据，有些线程负责显示结果。这就要求当某个线程未获得其合作线程发来的数据之前，该线程处于等待状态，直到该数据到来时才被唤醒。这类问题被称为线程的同步问题。线程间的同步控制是多线程系统中要解决的一个重要问题。

【例 7-10】一个学校有多名教师，学校负责向教师的工资帐户上发放工资，教师从各自的账户上领取工资。编写多线程程序，使上述过程正确执行。

（1）问题分析

这是一个典型的多线程同步问题，因此应设计相应的线程类，定义其中的工资发放和提取等成员方法。如果教师在工资未发放时提取，则应使其进入等待状态。学校发放工资后及时通知教师领取。

（2）设计说明

首先定义两个线程类：SchoolBank 和 Teacher，分别代表学校和教师。SchoolBank 类的

主要功能是按月向教师账户上发放工资。Teacher 类的主要功能是按月提取工资。再定义一个代表教师账户类 TeacherAccount。它的主要功能是工资的发放和提取方法的具体实现。每名教师有一个账户，代表学校的 SchoolBank 类的线程对象每个月将工资存放到教师的账户上，教师可以从自己的帐户上领取工资。需要注意的是：教师每次要等 SchoolBank 类的线程将钱存到账户后，才能从账户上领取其工资，当工资没有到位时，只能阻塞。因此，TeacherAccount 类中的方法应进行同步控制。

(3) 程序代码

下面是这个程序的源代码。

```
//filename:TeacherAccountTest.java
class TeacherAccount {
    private int[] month = new int[12];
    private int num = 0;

    public synchronized void deposit(int mon) {     //发放工资
        num++;
        month[num] = mon;
        this.notify();                              //通知教师
    }
    public synchronized int withdraw() {            //提取工资
        while (num == 0) {
            try {
                this.wait(); //如果工资尚未发放，等待
            } catch (InterruptedException e) {
            }
        }
        num--;
        return month[num + 1]; //按月提取
    }
}

class SchoolBank implements Runnable {
    TeacherAccount account;

    public SchoolBank(TeacherAccount s) {
        account = s;
    }
    public void run() {
        for (int i = 1; i < 7; i++) {
            account.deposit(i); //学校发工资
            System.out.println("学校 发放:" + i + "月份的工资");
            try {
                Thread.sleep((int) Math.random() * 10);
            } catch (InterruptedException e) {
            }
        }
    }
}

class Teacher implements Runnable {
    TeacherAccount account;

    public Teacher(TeacherAccount s) {
        account = s;
    }
    public void run() {
        int temp;
        for (int i = 1; i < 12; i++) {
            temp = account.withdraw();  //教师取工资
            System.out.println("教师 提取:" + temp + "月份的工资");
```

```
                try {
                    Thread.sleep((int) (Math.random() * 10));
//模拟其他处理所需要的时间，比如刷新数据库等
                } catch (InterruptedException e) {
                }
            }
        }
    }

    public class TeacherAccountTest {
        public static void main(String args[]) {
            TeacherAccount staffaccount = new TeacherAccount();
            SchoolBank com = new SchoolBank(staffaccount);
            Teacher sta = new Teacher(staffaccount);
            Thread t1 = new Thread(com);
            Thread t2 = new Thread(sta); //线程实例化
            t1.start();//线程启动
            t2.start();
        }
    }
```

（4）运行结果

在 NetBeans IDE 环境下运行这个程序后，可以看到如图 7-10 所示的输出窗口。其中包含了 1 ～ 6 月份教师工资发放和提取的情况。

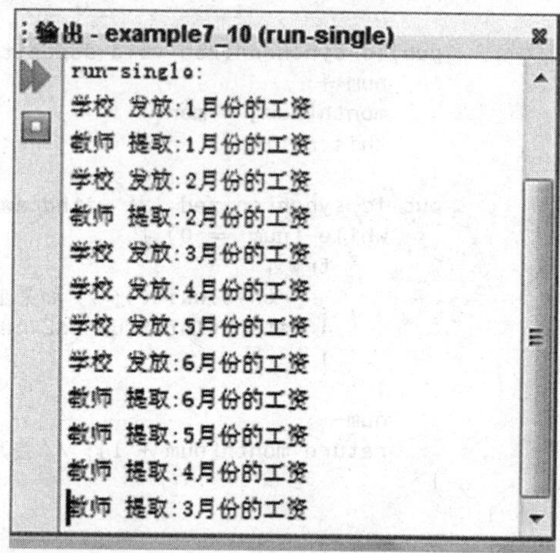

图 7-10　例 7-9 的运行结果

（5）程序说明

在上述例子中，SchoolBank 线程类和 Teacher 线程类对象共享了 TeacherAccount 对象。当 SchoolBank 线程对象调用 deposit() 方法时，就获得了锁并锁定了 TeacherAccount 对象，因此，Teacher 线程就不能访问该对象，不能使用其中的 withdraw() 方法。当 SchoolBank 调用的 deposit() 方法运行结束，就释放了 TeacherAccount 的锁。同样，对于 Teacher 线程调用 withdraw() 方法也是类似的。

同时，程序调用了 wait() 方法来保证当教师账户里没有工资可取的时候，教师不能取钱，处于阻塞状态。当学校向教师的帐户了发放了工资之后，用 notify() 方法通知线程。

从上述实例可以看出，使用 synchronized 关键字可以阻止并发更新一个对象：

1）将 deposit() 方法和 withdraw() 方法声明为 synchronized 方法，确保存款、取款之间的互斥。

2）多个线程通常需要合作完成一项任务，这些线程之间往往会交换一些数据，因此需要相互通信。wait()、notify() 和 notifyAll() 这三个成员方法可联合使用，并用于协调多个线程对共享数据的存取。

练习题

一、基本概念

1. 线程创建有几种方式？如何创建一个线程类，并使它具有多重继承的功能？

2. 线程调度的原则是什么？哪些线程的控制方法可以引线程的调度？

3. 试说明通过继承 Thread 类和通过实现 Runnable 接口来实现多线程的步骤有何不同？

4. wait() 方法和 sleep() 方法的区别有哪些？

5. Java 中没有提供检测与避免死锁的专门机制，但应用程序员可以采用某些策略防止死锁的发生。如何理解这句话的含义？

二、程序设计

1. 创建两个线程，线程 1 进行如下计算 $1^2+2^2+3^2+...+99^2$，线程 2 先打印出线程 1 的名字，并每隔一段时间读取一次线程 1 的计算结果。要求分别采用从 Thread 中继承和实现 Runnable 接口两种方式来实现。

2. 编写一个 Java 应用程序，在主线程中再创建三个线程：Sum、Print 和 Store。其中，Sum 线程的主要作用是从 0 开始计数，并将产生的每个数存放到 Store 线程中。Print 线程的作用是不断读取 Store 线程中存放的数并打印出来。使用同步机制，确保每个数只能被打印一次。

3. 编写一个程序，创建两个线程模拟银行的存款和和取款活动。要求当取款数量超过账号中剩余数量时，进行提示。

4. 编写多线程求解某范围质数。每个线程负责一个范围。假设三个线程查找的范围分别是 1000~10000、10001~20000、20001~30000，并将结果存放在一个二维数组中，再创建另外一个线程将最后的结果显示出来。

5. 创建两个线程 t1 和 t2，并将 t2 设置为守护线程，然后启动它们。要求 t1 在运行时睡眠一段时间，t2 则循环输出 'a' ~ 'f'。观察 t1 在不同的睡眠时间下程序的运行结果，并进行分析。

三、上机题

考虑一个面包房的制作人员和销售人员的工作过程。面包制作人员将做好的面包放在冰箱里，销售人员则从冰箱中取出销售。利用 Java 的多线程机制使它们能够协同工作。要求销售人员必须在冰箱中有面包时才能出售；假如冰箱中没有面包，则销售人员必须等待。线程之间的交互信息能够显示在屏幕上。

自测题

一、填空题（每小题 8 分）

1. 如果线程当前是新建状态，则它可到达的下一个状态是 ________________。

2. Java 中对共享数据操作的并发控制采用的技术是________________________。

3. Java 中线程间的通信应尽量采用____________________________方法实现。

4. 一个线程 A 调用另外一个线程的__________________方法可以使线程 A 暂停运行。

5. 线程的基本控制方法有____。

二、编程题（每小题 20 分）

1. 编写生产者 / 消费者问题的应用程序。生产者以 0 ～ 200ms 的速度随机产生 30 个小写字母，消费者以 0 ～ 2s 的速度取出字母，并显示在屏幕上。

2. 编写程序，创建两个线程。其中一个线程每隔一段时间检测一下是否有线程在运行。如果发现有线程在运行，则通知另一个线程将正在运行的线程的信息打印出来。

3. 有一个南北向的桥，只能容纳一个人过桥。现桥的两边分别有 5 人和 6 人，编制一个多线程序让这些人安全地到达对岸。每个人用一个线程表示，桥为共享资源。在过桥的过程中显示谁在过桥及其走向。

第8章 Chapter

集合类与泛型程序设计

Java 2 中的集合框架提供了一套设计优良的接口和类，称为集合 API，它使程序员操作成批的数据或者对象元素极为方便。尤其是当用户事先不知道要存放数据的个数，或者需要一种比数组下标存取机制更灵活的方法时，就需要用到集合类。集合框架是程序开发过程中极其重要的一个概念，几乎每个项目都需要使用集合框架，熟练掌握其中的类和接口的使用方法可以大大提高程序开发的效率，使得整个项目的开发变得非常灵活。泛型是 JDK5.0 以上版本的新增特性，它可以提高代码的重用性，使得程序设计安全简单。

本章主要介绍 Java 中集合类的结构及其相关的类的定义和使用方法，以及泛型程序设计的相关内容。

8.1 Java 中的集合类结构

Java 的集合类（Collection）及其 API 通过统一的操作接口，使得从一种数据结构到另一种数据结构的转换极为方便，因而简化了程序员编程时的负担。任何集合框架包括三部分内容：对外的接口、接口的实现和对集合运算的算法。集合 API 的根是一个集合接口，存放于 java.util 包中。Collection 接口中定义了所有属于集合的类所都应该具有的通用方法。目前，并非所有集合都全部提供了其方法的实现。如果调用集合中的一个未实现的方法，则该方法将产生一个 UnsupportedOperationException 异常。

Java 集合框架结构由两颗接口树构成：第一棵树根节点为 Collection 接口，它定义了所有集合的基本操作，如添加、删除、遍历等。它的子接口 Set、List 等则提供了更加特殊的功能。第二棵树根节点为 Map 接口，和哈希表类似，保持的是键值对的集合，可以通过键来实现对值元素的快速访问。图 8-1 是 Java 类库提供的一些经常使用的集合类接口和类的关系图。

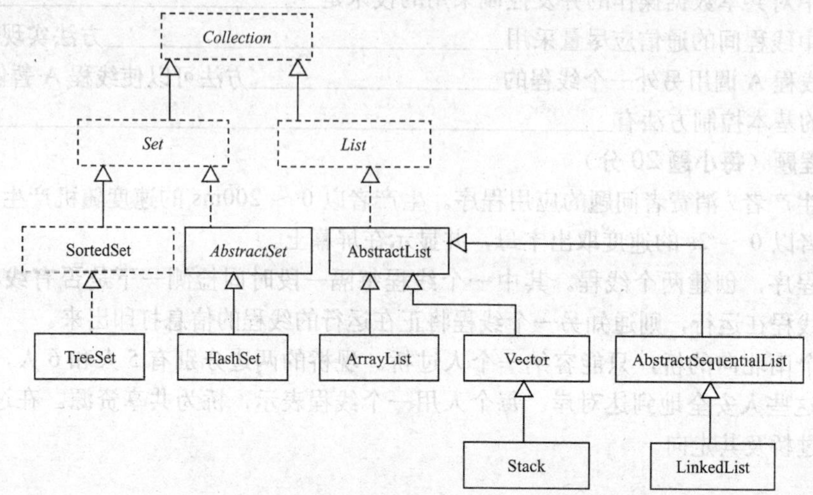

图 8-1 Java 类库提供的部分集合接口和类关系图

其中，虚线框表示接口，实线框表示类，虚线表示实现接口，实线表示继承关系。从图中可以看出，Collection 是集合类结构的顶层接口，在这个接口中声明了对集合和链表操作的成员方法，这些方法需要在集合类或链表类中加以实现。 Set 只继承了 Collection 接口，其中并没有声明任何新的成员方法。List 表示顺序集合，所以它在继承 Collection 接口的基础上，还增加了几个与顺序有关的成员方法。SortedSet 继承了 Set 接口，并增加了一些与排序有关的成员方法。AbstractSet、AbstractList 和 AbstractSequentialList 作为抽象类，分别实现了部分接口或抽象类中的成员方法，以减轻子类实现接口所有成员方法的负担。底层的几个类就是经常使用的几种数据结构类，稍后将举例说明它们的基本使用方法。

图 8-2 是与 Map 接口有关的类关系图。

Map 是映射接口，所谓映射就是“键 - 值”对，而“键 - 值”对的集合就构成了映射结构，利用这种方式存储数据结构的最大好处是检索速度快。

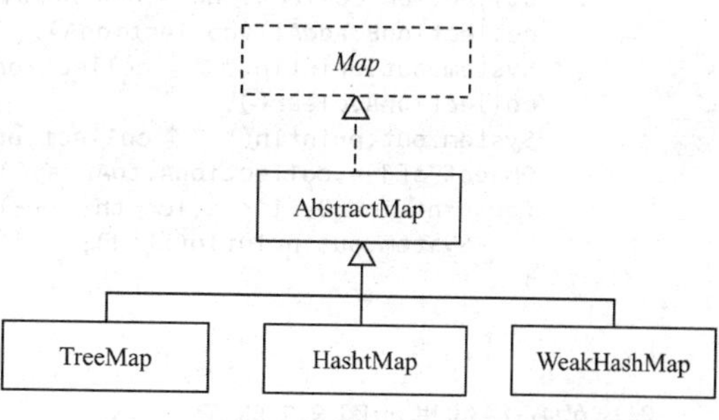

图 8-2 与 Map 接口有关的类关系图

8.2 Collection 接口

Collection 定义了所有属于集合的类都应该具有的通用方法。表 8-1 中给出了集合接口的主要方法。

表 8-1 Collection 接口的主要方法

方法名	功能说明
boolean add(Object o)	插入单个对象，插入成功返回 true, 否则返回 false
boolean addAll(Collection c)	添加另外一个集合对象 c 中的所有对象，插入成功返回 true, 否则将返回 false
Object[] toArray()	以数组的形式返回内容
Object[] toArray(Object[] a)	以数组的形式返回内容，参数数组的类型就是所希望返回的类型
Iterator iterator()	返回一个实现了 Iterator 接口的对象
void clear()	清空所有对象
boolean remove(Object o)	删除指定的对象。删除成功将返回 true, 否则将返回 false
boolean ramoveAll(Collection c)	删除 c 中所拥有的对象。删除成功将返回 true, 否则将返回 false
boolean retainAll(Collection c)	保留指定的对象。成功将返回 true, 否则将返回 false
boolean contains(Object o)	检查是否包含有指定的对象
boolean containsAll(Collection c)	检查是否包含 c 中所包含的对象
boolean isEmpty()	判断集合是否为空
int size()	获取集合中的对象个数

【例 8-1】创建一个集合对象，并在其中添加和删除元素。

按照创建类对象的一般方法，使用表 8-1 中的相关成员方法就可以向其中添加和删除元素。下面是这个程序的源代码。

```
// file name: CollectiontoArray.java
import java.util.*;
public class CollectiontoArray {
    public static void main(String[] args) {
        Collection collectionA=new ArrayList();  //创建一个集合对象
```

```
        collectionA.add("000");       //添加对象到 CollectionA 集合对象中
        collectionA.add("111");
        collectionA.add("222");
        System.out.println(" 集合 collectionA 的大小: " + collectionA.size());
        System.out.println(" 集合 collectionA 的内容: " + collectionA);
        collectionA.remove("000"); //从集合 collectionA 中删除 "000" 这个对象
        System.out.println(" 集合 collectionA 删除 000 后的内容: " + collectionA);
        System.out.println(" 集合 collectionA 中是否包含 000 : " + collectionA.contains ("000"));
        System.out.println(" 集合 collectionA 中是否包含 111 : " + collectionA.contains ("111"));
        Collection collectionB = new ArrayList();  //创建另一个集合对象
        collectionB.addAll(collectionA);     //将 collectionA 集合中元素全部加到 collectionB 中
        System.out.println(" 集合 collectionB 的内容: " + collectionB);
        collectionA.clear();                 //清空集合 collectionA 中的元素
        System.out.println(" 集合 collectionB 是否为空 : " + collectionB.isEmpty());
        Object s[] = collectionA.toArray();      //将集合 collectionA 转化为数组
        for (int i = 0; i < s.length; i++) {     //元素输出
            System.out.println(s[i]);
        }
    }
}
```

程序的运行结果如图 8-3 所示。

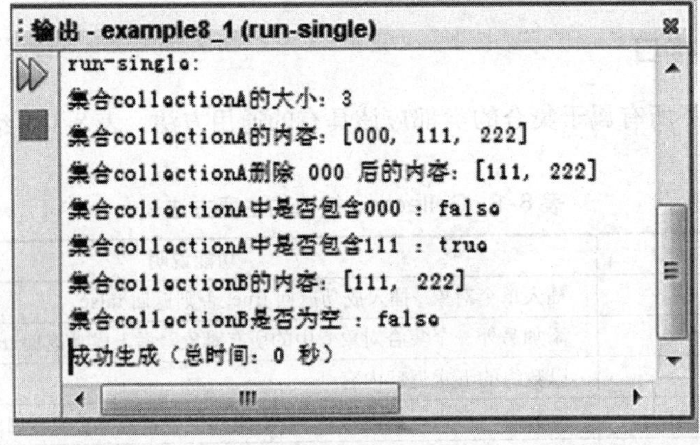

图 8-3　例 8-1 运行结果

在该例子中，首先创建集合对象 collectionA 和 collectionB，并分别调用 add()、remove()、contains()、clear() 方法完成相关操作。

8.3　Set 接口

Set 接口是一种不包含重复元素的 Collection 的子接口，即对于 Set 接口中任意的两个元素 e1 和 e2 都有 e1.equals(e2)=false。由于 Set 接口中并没有引入新方法，因此 Set 接口提供的基本方法和 Collection 接口类似，这里就不再赘述。

Set 接口派生了一个 SortedSet 接口和一个抽象类 AbstractSet。SortedSet 接口用来描述有序的元素集合，TreeSet 实现了这个接口，它将放入其中的元素按序存放，要求其中的对象是可排序的。抽象类 AbstractSet 实现了部分 Collection 接口，并有一个子类 HashSet，它以散列方式表示集合内容。

HashSet 类是实现了 Set 接口的标准类，它创建了一个使用哈希表存储的集合，能快速定位一个元素，从而可以优化查询的速度，特别是在查找大集合时 HashSet 类比较有用。其中的对象需要实现 hashCode() 方法。

HashSet 的构造函数如下：

- HashSet()：创建一个空的哈希集。
- HashSet(Collection c)：创建一个哈希集，并且将集合 c 中所有元素添加进去。
- HashSet(int initialCapacity)：创建一个拥有特定容量的空哈希集。
- HashSet(int initialCapacity，float loadFactor)：创建一个拥有特定容量和加载因子的空哈希集。loadFactor 是 0.0 ～ 1.0 之间的一个数，通常默认为 0.75。加载因子定义了哈希集合充满什么程度时就要增加容量。即当元素的数目大于哈希集容量和加载因子之积时，哈希集容量将扩展。

【例 8-2】HashSet 的使用示例。

该例的基本功能是利用随机数函数产生一系列随机数，并将它们存放在一个 HashSet 对象中。下面是这个程序的源代码。

```
// file name：HashSetTest.java
import java.util.*;
public class HashSetTest {
    public static void main(String[] args) {
        Random Rvalue = new Random();
        HashSet set = new HashSet(); //创建 HashSet 对象
        Integer data;

        for (int i = 0; i < 10; i++) {
            data = new Integer(Rvalue.nextInt() % 100);  //产生一个随机数
            set.add(data); //添加元素
        }
        Iterator it = set.iterator();
        while (it.hasNext()) //输出
        {
            System.out.print(it.next() + "  ");
        }
    }
}
```

运行结果如图 8-4 所示。

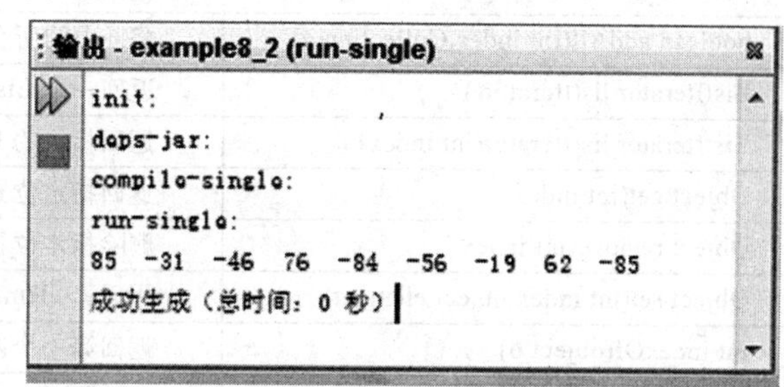

图 8-4　例 8-2 的运行结果

注意：集合中的元素没有以排序的顺序存放，且每次运行时具体的输出可能不同。利用 Iterator 对象可以进行双向遍历以及元素的修改，其使用方法见本章后续部分的介绍。

【例 8-3】TreeSet 的应用示例。

该例的基本功能与例 8-2 相同，只是要求将随机数有序地存放在一个 TreeSet 对象中，并有序地输出。下面是这个程序的源代码。

```
import java.util.*;
public class TreeSetTest {
    public static void main(String[] args) {
        Random Rvalue = new Random();
        TreeSet tree = new TreeSet();// 创建 TreeSet 对象
        Integer data;

        for (int i = 0; i < 10; i++) {
            data = new Integer(Rvalue.nextInt() % 100); //产生一个随机数
            tree.add(data);  //添加元素
```

```
            }
            Iterator it = tree.iterator();
            while (it.hasNext()) {
            //有序输出
            System.out.print(it.next() + "  ");
            }
        }
    }
```

在 NetBeans IDE 环境下运行这个程序后，可以看到如图 8-5 所示的输出窗口。其中包含了 TreeSet 中的元素信息。

由于 TreeSet 类放入其中的元素按序存放，因此可以看出输出的结果是排过序的。

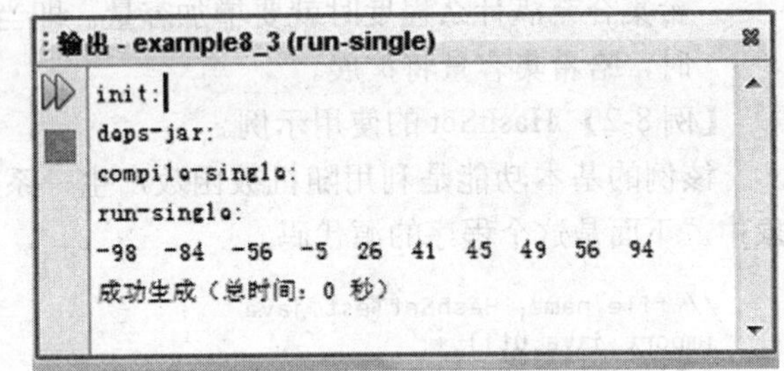

图 8-5 例 8-3 运行结果

8.4 List 接口

List 接口是包含有序元素的一种 Collection 子接口，其中的元素必须按序存放。元素之间的顺序关系可以由插入的时间先后决定，也可以由元素值的大小决定。

List 接口使用类似于数组下标的索引的概念表示元素在 List 中的位置。用户能够使用索引来访问 List 中的元素。索引从 0 开始。为了保持元素的有序的特性，List 接口新增加了大量的方法，使之能够在序列中间根据具体位置添加和删除元素。List 接口的主要方法如表 8-2 所示。

表 8-2 List 接口的主要方法

方法名	功能说明
void add(int index,Object element)	在指定位置上添加一个对象
boolean addAll(int index,Collection c)	将 c 中的所有对象添加到指定位置
ListIterator listIterator()	返回一个 ListIterator
ListIterator listIterator(int index)	返回指定的 ListIterator
Object get(int index)	返回指定位置的对象
Object remove(int index)	删除指定位置的对象
Object set(int index,object element)	用元素 element 取代位置 index 上的元素，返回被取代的元素
int indexOf(object o)	返回第一个匹配对象的位置
int lastIndexOf(object o)	返回最后一个匹配对象的索引

List 接口派生出了 ArrayList、LinkedList、Vector、Stack 几个子类。本节介绍 LinkedList、ArrayList 类的用法。Vector 和 Stack 的用法将稍后介绍。

8.4.1 LinkedList 类

LinkedList 类提供了使用双向链表实现数据存储的方法，可按序号检索数据，并能够进行向前或向后遍历。由于插入数据时只需要记录元素的前后项即可，所以插入数度较快，因此适合于在链表中间需要频繁进行插入和删除的操作。LinkedList 类中的常用方法如表 8-3 所示。

表 8-3　Linkedlist 接口的主要方法

方法名	功能说明
public boolean add(Object element)	向链表末尾添加一个新的结点
public boolean add(int index，Object o)	将对象 o 添加到链表中由 index 指定位置
public boolean addFirst(Object o)	将对象 o 添加到链表的头部
public boolean addLast(Object o)	将对象向 o 添加到链表的末尾
public boolean clear()	删除链表的所有节点，成为空链表
public Object remove(int index)	删除指定位置上的结点
public Object remove(Object o)	删除首次出现含有 o 的结点
public Object get (int index)	返回链表中 index 位置处的结点对象

Linkedlist 的构造方法如下：

- LinkedList()：创建一个空链表
- LinkedList(Collection c)：创建一个以集合 c 中元素为初始值的链表

【例 8-4】创建并应用 LinkedList 对象的示例。

本例首先创建一个 LinkedList 对象，完成向其中添加、删除节点、获得某位置节点的值和获得链表中的节点个数等功能。下面是这个程序的源代码。

```
// file name: LinkedListDemo.java
import java.util.*;
public class LinkedListDemo {
    public static void main(String args[]) {
        int number;
        LinkedList mylist = new LinkedList();  //创建链表对象

        mylist.add("is");
        mylist.add("a");
        number = mylist.size();  //获得链表中的元素个数
        System.out.println("现在链表中有：  " + number + "个节点：");
        for (int i = 0; i < number; i++) {   //输出各节点内容
            String temp = (String) mylist.get(i);
            System.out.println("第" + i + "结节中的数据： " + temp);
        }
        mylist.add(0, "It");  //向链表中添加一个节点
        number = mylist.size();
        mylist.add(number - 11, "book");   //在指定位置向链表中添加一个元素
        number = mylist.size();
        System.out.println("现在链表中有：  " + number + "个节点");
        for (int i = 0; i < number; i++) {  //重新输出各节点的内容
            String temp = (String) mylist.get(i);
            System.out.println("第" + i + "节点中的数据： " + temp);
        }
        mylist.remove(0);  //删除链表的一个节点
        mylist.remove(1);
        mylist.set(0, "Open");
        number = mylist.size();
        System.out.println("现在链表中有：  " + number + "个节点");
        for (int i = 0; i < number; i++) {
            String temp = (String) mylist.get(i);
            System.out.println("第" + i + "节点中的数据： " + temp);
        }
    }
}
```

在 NetBeans IDE 环境下运行这个程序后，可以看到如图 8-6 所示的输出窗口。其中包含

了定义在链表中的信息。

8.4.2 ArrayList 类

ArrayList 类是 List 接口的一个可变长数组的实现，即一个 ArrayList 类对象可以动态改变大小。每个 ArrayList 类对象都有一个容量(Capacity)，用于存储元素的数组的大小。容量可随着不断添加新元素而自动增加。序列以初始长度创建，当长度超过时，集合自动变大；当删除对象时，集合自动变小。集合中允许存储 null 值。ArrayList 类的随机访问速度快，但是向表中插入和删除比较慢。当需要插入大量元素时，在插入前可以调用 ensureCapacity 方法来增加 ArrayList 的容量以提高插入效率。

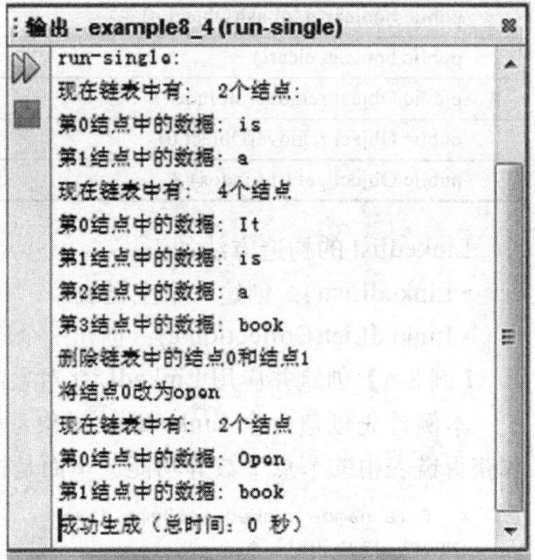

图 8-6 例 8-4 运行结果

ArrayList 常用的构造函数如下：

- ArrayList ()：构建一个空的 ArrayList 对象。
- ArrayList (Collection c)：构建一个 ArrayList 对象，并且将集合 c 中所有元素添加进去。
- ArrayList (int initialCapacity)：构建一个拥有特定容量的空 ArrayList 对象。

ArrayList 的很多成员方法与 LinkedList 相似，两者的本质区别是一个使用顺序结构，另一个使用链表结构，因此，它也可以使用 LinkedList 类提供的方法进行列表的操作。

【例 8-5】ArrayList 的简单应用示例。

本例展示了 ArrayList 类提供的 add()、size()、remove() 等基本方法的使用。下面是这个程序的源代码。

```
// file name: ArrayListDemo.java
import java.util.*;
class ArrayListDemo {
    public static void main(String args[]) {
        ArrayList al = new ArrayList();  //创建一个 ArrayList 对象
        System.out.println("Initial size of al:" + al.size()); //输出初始长度
        al.add("A1");   //向 ArrayList 中添加元素
        al.add("B1");
        al.add("C1");
        al.add("D1");
        al.add("F1");
        al.add(1, "A2");
        System.out.println("size of al after additions:" + al.size());//输出添加元素后的长度
        System.out.println("Contents of al:" + al);   //显示 ArrayList 的内容
        al.remove("F1");   //删除 ArrayList 中的部分元素
        al.remove(2);
        System.out.println("size of al after deletion:" + al.size());
        System.out.println("Contents of:" + al);
    }
}
```

在 NetBeans IDE 环境下运行这个程序后，可以看到如图 8-7 所示的输出窗口。其中包含了 ArrayList 中的元素信息。

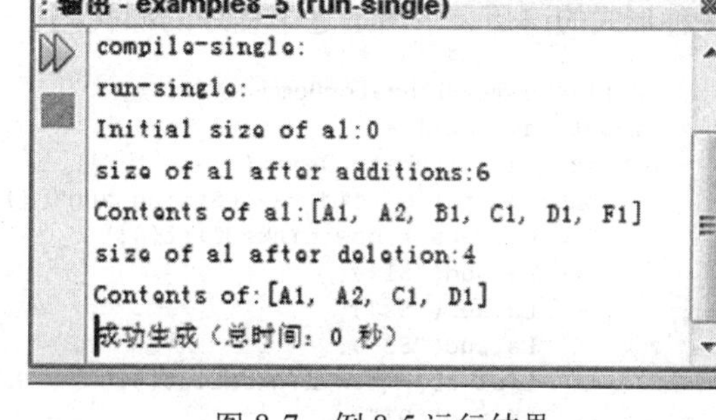

图 8-7　例 8-5 运行结果

8.5　Iterator 接口

在前面的例子中，我们使用了集合对象的 get() 方法实现对集合中的元素的遍历。本节我们介绍利用迭代器 (Iterator) 实现元素遍历的方法。迭代器是一个实现了 Iterator 接口或者 ListIterator 接口的对象。ListIterator 继承了 Iterator，可以进行双向遍历以及元素的修改。

Iterator 接口的主要方法见表 8-4。

表 8-4　Iterator 接口的主要方法

方法名	功能说明
boolean hasNext()	判断是否还有其他元素
Object next()	获取下一个元素
void remove()	删除最后一次调用 next 方法返回的元素
Set keySet()	返回 Set 类型的接口

Iterator 使用的一般步骤如下：

1）调用集合对象的 iterator() 方法得到一个指向集合序列第一个元素的迭代器。

2）设置一个调用 hasNext() 方法的循环，检查序列中是否还有元素。如果集合中还有元素供迭代器访问时，hasNext() 函数返回 true。

3）在循环中，使用 next() 方法获得集合序列中的下一个元素。

4）如果需要删除元素，使用 remove() 方法将迭代器所返回的元素删除。remove() 方法删除 next() 方法最后一次从集合中访问的元素。

但是，Iterator 迭代器只能前向循环，如果需要双向遍历，则可以使用更高级的 ListIterator 迭代器，ListIterator 接口继承自 Iterator 接口。ListIterator 迭代器除了有 next() 方法外，还新增了 hasprevious() 方法和 previous() 方法，实现前向遍历。ListIterator 还可以定位当前的索引位置，调用 nextIndex() 和 previousIndex() 就可以实现。ListIterator 接口的主要方法见表 8-5。

表 8-5　ListIterator 接口的主要方法

方法名	功能说明
void add(Object o)	插入新的对象
void set(Object o)	修改最后一次调用 next 方法返回的元素
void remove()	删除最后一次调用 next 方法返回的元素
boolean hasPrevious()	判断前面是否还有元素
Object previous()	获取前一个对象
int nextIndex()	获取下一个元素的索引值
int previousIndex()	获取上一个元素的索引值

【例 8-6】Iterator 和 ListIterator 的使用示例。

本例以一个 LinkedList 对象为例，展示了利用 Iterator 和 ListIterator 提供的相关方法进行多种形式的遍历。下面是这个程序的源代码。

```
// file name: IteratorDemo .java
import java.util.*;
public class IteratorDemo {
    public static void main(String args[]) {
        List La = new LinkedList();                //创建链表 La
        La.add("S1");
        La.add("S2");
        La.add("S3");
        List Lb = new LinkedList();                //创建链表 Lb
        Lb.add("Q1");
        Lb.add("Q2");
        Lb.add("Q3");
        Lb.add("Q4");
        Lb.add("Q5");
        Lb.add("Q6");
        ListIterator aIter = La.listIterator();        //创建链表 La 的 listIterator
        Iterator bIter = Lb.iterator();                //创建链表 Lb 的 Iterator
        System.out.println("aIter.nextIndext()=" + aIter.nextIndex());
        System.out.println("La.get(0)=" + La.get(0));    //获得 La 的第 0 个元素
        aIter.next();
        System.out.println("aIter.previousIndex()=" + aIter.previousIndex());
        aIter.previous();              //指针移到 La 第一个元素的前面
        while (aIter.hasNext()) {      //指针移到 La 最后一个元素后面
            aIter.next();
        }
        System.out.print(" 对 La 逆序遍历: ");
        while (aIter.hasPrevious()) {  //对 La 逆序遍历
            System.out.print(aIter.previous() + "    ");
        }
        while (bIter.hasNext()) {
            if (aIter.hasNext()) {
                aIter.next();
            }
            aIter.add(bIter.next());                    //合并两个链表
        }
        System.out.println();
        System.out.println("La 和 Lb 合并后 : "+La);    //打印合并后的链表
        bIter = Lb.iterator();
        while (bIter.hasNext()) {                       //删除第二个链表中索引为偶数的所有元素
            bIter.next();
            if (bIter.hasNext()) {
                bIter.next();
                bIter.remove();
            }
        }
        System.out.println(" 删除偶数元素后，当前链表 Lb 中的元素为: "+Lb);
        La.removeAll(Lb);                               //从 La 中删除第二个链表
        System.out.println(" 从 La 中删除链表 Lb 后:  "+La);
    }
}
```

在 NetBeans IDE 环境下运行这个程序后，可以看到如图 8-8 所示的输出窗口。其中包含了定义在链表中的信息。

由于 aIter 是链表 La 的 listIterator 对象，因此它可以使用 previous() 等方法，而 bIter 只是一个 Iterator 对象，因此不能使用这些方法，否则会报错。

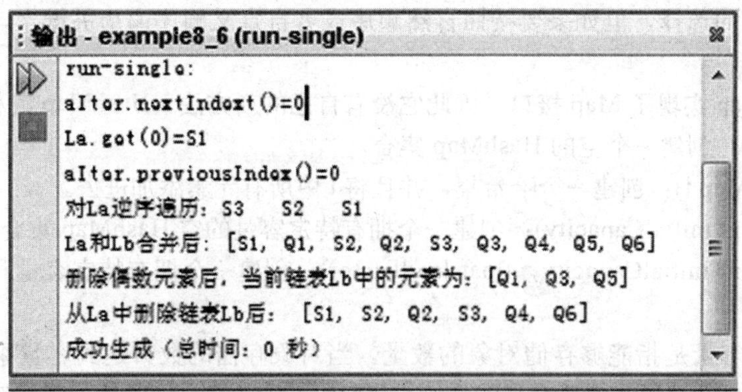

图 8-8　例 8-6 的运行结果

8.6　Map 及 HashMap 接口

1. Map

Map(映射) 与 Set 或 List 有明显区别。Map 中每项都是成对出现的，它提供了一组键值的映射。其中存储的每个对象都有一个相应的关键字 (key)，关键字决定了对象在 Map 中的存储位置。如果要在 Map 中检索一个对象，必须提供其相应的关键字，就像在字典中查单词一样。关键字应该是唯一的，每个 key 只能映射一个 value。Map 中的相关方法见表 8-6。

用 put(Object key，Object value) 方法即可将一个键与一个值对象相关联。用 get(Object key) 可得到与此 key 对象所对应的值对象。

表 8-6　Map 接口的主要方法

方法名	功能说明
Object put(Object key,Object value)	插入新的对象，并用 key 作为其键字
void putAll(Map t)	将另一个 Map 中的所有对象复制进来
Set entrySet()	返回映射中的关键字－值对的集合
Set keySet()	返回映射中所有关键字的集合
Collection values()	返回映射中所有值的集合
Object remove(Object key)	删除指定的对象
Object get(Object key)	获取与 key 相联系的对象
boolean containsKey(Object key)	判断是否包含指定的键值
boolean containsValue(Object value)	判断是否包含指定的对象

Map 接口的一个抽象类是 AbstractMap。在这个抽象类中，部分地实现了 Map 接口中的成员方法，使得具体的映射类不必实现 Map 接口中的每个成员方法。AstractMap 抽象类有三个子类：TreeMap、HashMap 和 WeakHashMap。TreeMap 描述了一个按键值升序排列的映射。因此它有一些扩展的方法，如 firstKey()，lastKey() 等，还可以从 TreeMap 中指定一个范围以取得其子 Map。HashMap 描述的一个映射中允许存储空对象，但由于键必须是唯一的，所以只能有一个空键值。WeakHashMap 是一种改进的 HashMap，它描述了一个映射，当集合中的某些内容不再使用时需清除掉无用的数据，并使用垃圾回收机制进行回收。

2. HashMap

HashMap 通过哈希运算可以快速查找一个键，因此在 Map 中插入、删除和定位元素，

HashMap 是最好的选择，但如果要按照自然顺序或者自定义顺序遍历关键字，那么 TreeMap 会更好些。

由于 HashMap 实现了 Map 接口，因此它没有自己的新方法。HashMap 的构造方法如下：

- HashMap()：创建一个空的 HashMap 集合。
- HashMap(Map t)：创建一个哈希集，并且将 t 中所有元素添加进去。
- HashMap(int initialCapacity)：创建一个拥有特定容量的空 HashMap 集合。
- HashMap(int initialCapacity，float loadFactor)：创建一个拥有特定容量和加载因子的空 HashMap。

散列表中的容量是指能够存储对象的数量。当对象存储的数目达到容量乘以加载因子的值时，容量将会自动地增加到原容量的 2 倍加 1，加 1 的目的是确保散列表的容量为质数或奇数。例如，aMap 对象最初的容量为 151，当存储对象的数量达到 91 时，容量将会自动增加到 303。

下面是几个创建 HashMap 对象的例子。

```
HashMap theMap=new HashMap();
HashMap myMap=new HashMap(151);
HashMap aMap=new HashMap(151,0.6f);
```

在 HashMap 类对象中，存储、检索和删除对象非常容易。表 8-7 中列出了其主要成员方法。HashMap 接口没有 add() 方法，要放置元素通过 put() 方法。

表 8-7　HashMap 类的主要成员方法

方法	描　述
Object put(Object key,Object valuc)	用键值 key 存储对象 value
void putAll(Map map)	将 map 中的所有键值 / 对象传递给当前的散列表
Object get(Object key)	返回键值 key 所对应的对象
remove(Object key)	删除 key 键值所对应的对象
Set KeySet()	返回一个 Set 对象，其内容为所有的键值
Set entrySet()	返回一个 Set 对象，其内容为所有的键值 / 对象对
Collection values()	返回一个 Collection 对象，其内容为散列表中存储的所有对象
Object getKey()	返回对象的键值
Object getValue()	返回所对应的对象
void setValue(Object new)	将对象设置为 new

【例 8-7】利用 HashMap 映射实现从员工名字到到员工编号的映射。

要实现映射功能，首先应创建一个空的 HashMap 对象，然后向其中添加员工信息，再通过 keySet() 方法从员工名字获得其员工编号。对象的遍历可用迭代器实现。下面是这个程序的源代码。

```
// file name：HashMapDemo.java
import java.util.*;
public class HashMapDemo {
    public static void main(String[] args) {
        HashMap emStaff = new HashMap(); // 创建一个 HashMap;
        emStaff.put(" 王红 ", "111-222-3333");  // 向 HashMap 中放入元素
        emStaff.put(" 李强 ", "444-555-6666");
        emStaff.put(" 刘明 ","777-888-9999");
```

```
        emStaff.put(" 高新 ", "111-333-5555");
        Set keys = emStaff.keySet();    //Set 类可以获取 HashMap 对象的键。
        Iterator keyIter = keys.iterator();
        while (keyIter.hasNext()) {     // 显示其中的元素
            String nextName = (String) keyIter.next();
            String phoneNum = (String) emStaff.get(nextName);
            System.out.println(nextName + ": " + phoneNum);
        }
        String Name = (String) emStaff.remove(" 刘明 ");
        System.out.println(" 删除刘明 : " + Name);
        Iterator keyIter1 = keys.iterator();
        while (keyIter1.hasNext()) {
            String nextName = (String) keyIter1.next();
            String phoneNum = (String) emStaff.get(nextName);
            System.out.println(nextName + ":" + phoneNum);
        }
        HashMap newEmpStaff = new HashMap();
        newEmpStaff.putAll(emStaff);
        int dirSize = newEmpStaff.size();
        System.out.println(" 创建新的员工目录，有 " + dirSize + " 名员工 ");
        String StaffName = (String) newEmpStaff.get(" 李强 ");
        System.out.println(" 李强的号码为 : " + StaffName);
    }
}
```

在 NetBeans IDE 环境下运行这个程序后，可以看到如图 8-9 所示的输出窗口。其中包含了定义在映射信息。

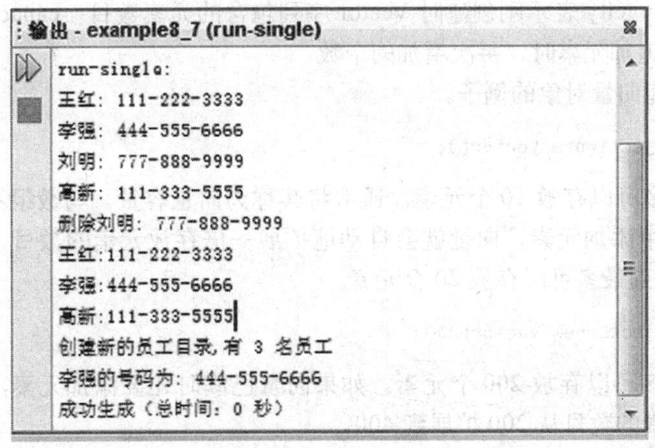

图 8-9　例 8-7 运行结果

8.7　Vector 类

Vector（向量）是 Java.util 包提供的工具类，它是类似数组的一种顺序存储的数据结构，但是它允许将不同类型的元素存储在一个向量中，而且元素的个数可变，因此 Vector 类提供了实现可增长数组的功能，以适应创建 Vector 对象后进行添加或删除的操作，使得应用程序的操作方式变得更加方便、灵活。

Vector 类封装了许多有用的方法来操作和处理数据。与数组相比，Vector 类适合在如下情况中使用：

• 需要处理的对象数目不确定，序列中的元素都是对象或者可以表示为对象。
• 需要将不同类的对象组合成一个数据序列。
• 需要在对象序列中频繁地插入和删除。
• 需要经常定位元素或者进行其他查询操作。
• 在不同类之间传递大量数据。

1. 创建 Vector 类的对象

在 Vecto 类中定义了三个 protected 类型的成员变量，它们分别为：

```
protected Object elementData[];       //存放向量元素的数组
protected int elementCount;           //允许存放的最多元素个数
protected int capacityIncrement;      //每次扩展向量单元的个数
```

Vector 类有如下 4 个构造函数：

• public Vector()：创建最多允许存放 10 个元素的向量，每次扩展向量元素的数目为原向量元素数目的一倍。
• public Vector(int initialCapacity)：创建最多允许存放 initialCapacity 个元素的向量，每次扩展向量元素的数目为原向量元素数目的一倍。
• public Vector(int initialCapacity,int capacityIncrement)：创建最多允许存放 initialCapacity 个元素的向量，每次扩展向量元素的数目为 capacityIncrement。
• public Vector(Collection c)：创建最多允许比参数带入的集合 c 的元素数目多 10% 的向量，每次扩展向量元素的数目为原向量元素数目的一倍。

其中，initialCapacity 表示刚创建时 Vector 序列包含的元素数目；capacityIncrement 表示当向 Vector 序列中追加元素时，每次增加的个数。

下面是几个创建向量对象的例子。

```
Vector vectorObject1=new Vector();
```

该向量对象最多可以存放 10 个元素，通常将其称为向量容量。与数组不同，在向量已满时，如果还往向量中添加元素，向量就会自动地扩展一倍存放元素的数目，即从最多可以存放 10 个元素，扩展到最多可以存放 20 个元素。

```
Vector vectorObject2=new Vector(200);
```

该向量对象最多可以存放 200 个元素。如果向量已满时还要添加元素，vectorObject2 就会自动地将存放元素的数目从 200 扩展到 400。

```
Vector vectorObject3=new Vector(200, 15);
```

该向量对象最多可以存放 200 个元素。如果向量已满时还要添加元素，vectorObject3 就会自动以 15 个为单位递增，并自动地将存放元素的数目从 200 扩展到 215（第一次递增后），230（第二次递增后）……

在使用 Vector 时，需要特别注意的是先创建后使用，否则容易造成溢出或者空指针异常。

2. Vector 类提供的主要成员方法

Vector 类提供了丰富的成员方法，它们使 Vector 对象的操作更加方便、灵活。由于在 Java 语言中，经常用 Vector 取代数组，所以有必要比较详细地介绍一下这些成员方法的定义及功能描述。下面将一些比较重要的成员方法列在表 8-8 中。

表 8-8　Vector 类中部分成员方法

成员方法	描　述
int capacity()	返回当前向量所允许存放的元素数目，通常被称为向量容量
int size()	返回向量中当前的元素数目
void copyInto(Object anArray[])	将向量中的元素复制到 anArray 数组中
int indexOf(Object elem)	将从前向后搜索对象 elem。如果找到，返回第一次出现的下标；否则返回 −1
Object elementAt(int index)	这个成员方法将返回向量下标为 index 对应的元素。如果 index 非法，抛出 ArrayIndexOutOfBoundsException 异常
void setElementAt(Object obj, int index)	将对象 obj 存放到下标为 index 的位置。如果 index 非法，抛出 ArrayIndexOutOfBoundsException 异常
void removeElementAt(int index)	删除下标为 index 的对象，后面的元素依次向前移动一个位置。如果下标非法，抛出 ArrayIndexOutOfBoundsException 异常
void insertElementAt(Object obj, int index)	在下标为 index 处插入对象 obj，原 index 处以后的元素依次向后移动一个位置。如果下标非法，抛出 ArrayIndexOutOfBoundsException 异常
void addElement(Object obj)	将对象 obj 追加在向量的尾部
boolean removeElement(Object obj)	从向量中删除第一次出现的 obj 对象。如果删除成功，返回 true，否则返回 false
Object clone()	实现向量复制
Object get(int index)	返回下标为 index 的向量元素。如果 index 非法，抛出 ArrayIndexOutOfBoundsException 异常
boolean add(Object o)	将对象 o 追加在向量的尾部
void add(int index,Object obj)	将新元素添加到指定的位置
Object remove(int index)	删除 index 位置的对象。如果 index 非法，抛出 ArrayIndexOutOfBoundsExceptio 异常
String toString()	将向量元素用字符串形式表示

Vector 类提供的这些成员方法，允许向量中增加、删除和修改元素，也允许测试向量的内容和检索指定的元素，与 Vector 大小相关的运算允许判定字节大小和向量中元素的数目。

【例 8-8】Vector 类的使用示例。

本例首先创建一个 Vector 对象，然后向其中添加、删除字符串。下面是这个程序的源代码。

```
// file name: VectorDemo.java
import java.util.*;
public class VectorDemo {
    public static void main(String args[]) {
        Vector myVector = new Vector(100);
        for (int i = 1; i <= 3; i++) {
            myVector.addElement("We");
            myVector.addElement("like");
            myVector.addElement("computer");
            myVector.addElement("games");
        }
        System.out.println(myVector);
        while (myVector.removeElement("games")) {
            ;
        }
```

```
        System.out.println(myVector);
    }
}
```

在 NetBeans IDE 环境下运行这个程序后，可以看到如图 8-10 所示的输出窗口。其中包含了向量中的信息。

```
输出 - example8_8 (run-single)
init:
deps-jar:
compile-single:
run-single:
[We, like, computer, games, We, like, computer, games, We, like, computer, games]
[We, like, computer, We, like, computer, We, like, computer]
成功生成（总时间：0 秒）
```

图 8-10 例 8-8 的运行结果

8.8 Stack 类

栈（Stack）是一种“后进先出”的数据结构，只能在一端进行输入或者输出数据的操作。输入或者输出数据的一端被称为“栈顶”，另一端被称为“栈底”。在 Java 语言中，Stack 类是 java.util 包中专门用来实现栈的工具类。Stack 类继承自 Vector 类，因此它是 Vector 的一个子类，实现了一个后进先出的堆栈。

Stack 类继承了 Vector 类的所有方法，还新增了一些方法使得 Vector 类能够实现堆栈的操作。

1）创建 Stack 类对象。Stack 类的构造函数为 public Stack()，它建立一个空的堆栈。

2）压栈与出栈操作。

public Object push(Object item)：将指定的对象压入栈中。

public Object pop()：将栈顶的对象从栈中取出，并返回这个对象。

3）检查栈是否为空。public boolean empty() 测试堆栈是否为空，若堆栈中没有对象元素，则返回 true，否则返回 false。

4）查看栈顶端的数据，但不删除该数据。操作为：public object peek()。

5）获取数据在堆栈中的位置。最顶端的位置是 1，向下依次增加。如果堆栈不含有此数据，则返回 −1。操作为：public search(Object data)。

【例 8-9】Stack 类的简单应用。

本例首先创建一个 Stack 类对象，之后向其中压入某些元素，随后执行出栈操作。通过程序的执行过程可观察到元素入栈和出栈后栈中的内容的变化。下面是这个程序的源代码。

```
// file name：StackTest.java
import java.util.*;
public class StackTest {
    static String[] week = {"Mon", "Tue", "Wed", "Thu", "Fri", "Sat", "Sun"};
    public static void main(String[] args) {
        Stack stk = new Stack();
        System.out.println("向栈中压入7个数据...");
        for (int i = 0; i < week.length; i++) {
            stk.push(week[i] + "");
        }
        System.out.println(stk);
       stk.addElement("week");// 向栈中压入一个新数据
```

```
        System.out.println(stk);
        System.out.println("第5个数据为：" + stk.elementAt(5));
        System.out.println("开始弹出数据...");
        while (!stk.empty()) {
            String temp = (String) stk.pop();
            System.out.print("弹出数据：" + temp);
            System.out.println("栈中还剩" + stk.size() + "个数据");
        }
    }
}
```

week 数组中的每个元素都首先由 push() 方法压入 stack 中，然后用 pop() 方法从栈顶取出。其中，elementAt() 方法是从 Vector 类中继承过来的方法，可以获取某个位置上的元素。

在 NetBeans IDE 环境下运行这个程序后，可以看到如图 8-11 所示的输出窗口。其中包含了对栈进行操作时的信息。

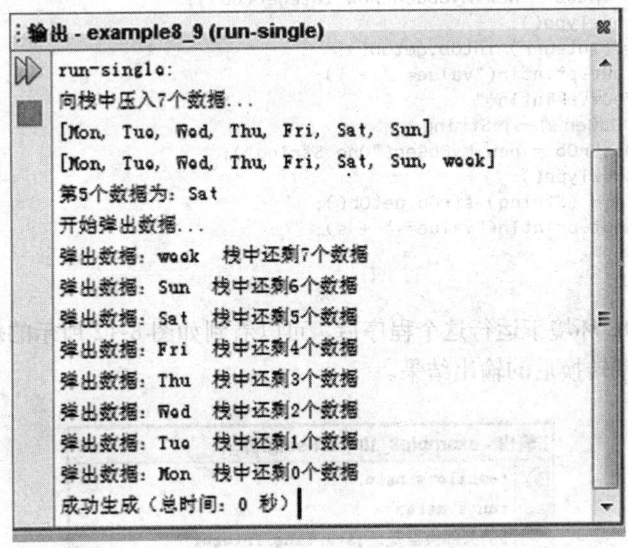

图 8-11　例 8-9 的运行结果

8.9　泛型程序设计

泛型是 JDK 1.5 以上版本的新特性，泛型的本质是参数化类型，也就是说所操作的数据类型被指定为一个参数。这种参数类型可以用在类、接口和方法的创建中，分别称为泛型类、泛型接口和泛型方法。

在 JDK 1.5 之前，没有泛型的情况的下，通过对类型 Object 的引用来实现参数的“任意化”。“任意化”带来的缺点是要做显式的强制类型转换，而这种转换是要求开发者对实际参数类型可以预知的情况下进行的。对于强制类型转换错误的情况，编译器可能不提示错误，但在运行的时候可能会出现异常，这是一个安全隐患。泛型的引入很好地解决了这一问题。

1. 泛型的引入

下面我们通过实例对没有使用泛型的情况和使用泛型后的情况进行对比。

【例 8-10】首先看没有使用泛型的情况，程序的源代码如下：

```
// file name: NoGeneric .java
import java.util.*;
class MyObGen {
```

```
    private Object ob;              //定义一个通用类型成员
    public MyObGen(Object ob) {
        this.ob = ob;
    }
    public Object getOb() {         //定义其get()方法
        return ob;
    }
    public void setOb(Object ob) {  //定义其set()方法
        this.ob = ob;
    }
    public void showType() {        //显示实际类型
        System.out.println("T 的实际类型是 : " + ob.getClass().getName());
    }
}
public class NoGeneric {
    public static void main(String[] args) {
        //定义类 ObGen 的一个 Integer 版本
        MyObGen intOb = new MyObGen(new Integer(66));
        intOb.showType();
        int i = (Integer) intOb.getOb();
        System.out.println("value= " + i);
        System.out.println("                    ");
       //定义类 ObGen 的一个 String 版本
        MyObGen strOb = new MyObGen("One String");
        strOb.showType();
        String s = (String) strOb.getOb();
        System.out.println("value= " + s);
    }
}
```

在 NetBeans IDE 环境下运行这个程序后，可以看到如图 8-12 所示的输出窗口。其中包含了进行显示强制类型转换后的输出结果。

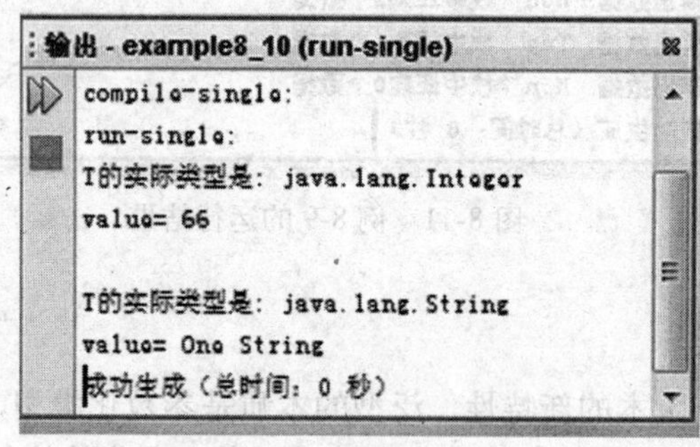

图 8-12　例 8-10 的运行结果

上面的例子是通过对类型 Object 的引用来实现参数的“任意化”。这种方法带来的缺点是要做显式的强制类型转换，对于强制类型转换错误的情况，编译器可能不提示错误，在运行的时候才出现异常，这是一个安全隐患。

【例 8-11】对例 8-10 使用了泛型设计之后的源代码（带有一个参数的泛型类的定义）如下：

```
// file name: MyGenTest.java
class Gen<T> {
    private T ob;               //定义泛型成员变量
    public Gen(T ob) {
        this.ob = ob;
    }
    public T getOb() {          //定义get()方法
```

```
            return ob;
        }
        public void setOb(T ob) {  //定义 set() 方法
            this.ob = ob;
        }
        public void showType() {
            System.out.println("T 的实际类型是 : " + ob.getClass().getName());
        }
    }
    public class MyGenTest {
        public static void main(String[] args) {
            //定义泛型类 Gen 的一个 Integer 版本
            Gen<Integer> intOb = new Gen<Integer>(66);
            intOb.showType();
            int i = intOb.getOb();
            System.out.println("value= " + i);
            System.out.println("                ");
            //定义泛型类 Gen 的一个 String 版本
            Gen<String> strOb = new Gen<String>("My String with Generic!");
            strOb.showType();
            String s = strOb.getOb();
            System.out.println("value= " + s);
        }
    }
```

在 NetBeans IDE 环境下运行这个程序后，可以看到如图 8-13 所示的输出窗口。其中包含了不同类型的元素信息。

图 8-13 例 8-11 的运行结果

上面这个例子中类的参数类型不是固定的，即可以为 String， 又可以为 Integer，还可以为任意定义的类型。当用户传入 Integer 类型的时候，T 的类型就是 Integer，可以用语句 int i = intOb.getOb() 将其显示出来。但是如果被替换成 String i = intOb.getOb() 就会报错， 因为类型不匹配，因此可以在编译时就发现错误，从而减少了安全隐患。

2. 泛型类的定义

泛型类的定义为 class java_generics ＜ T ＞的形式。在定义时，＜＞里边的 T 的类型可以是任意的，由实际对象的类型决定。而在使用泛型类时，通过＜＞内的参数指定参数类型，如例 8-11 中类的定义。

例 8-11 给出的是带有一个参数的类的泛型的定义。下面我们看带有两个参数的类的泛型的定义。

类 class java_generics ＜ k,v ＞带有两个参数，k 和 v 的类型是可变的，由实际对象的类型决定。

【例 8-12】带有两个参数的泛型类的定义。

本例以 HashMap 为例，介绍带有两个参数的泛型类的定义。其中参数的类型可以是多种类型。下面是这个程序的源代码。

```
    // file name: TestGen.java
    import java.util.*;
    public class TestGen<k, v> {
        public HashMap<k, v> h = new HashMap<k, v>();
```

```
    public void put(k k1, v v1) {
        h.put(k1, v1);
    }
    public v get(k k1) {
        return h.get(k1);
    }
    public static void main(String args[]) {
        TestGen<String, String> t1 = new TestGen<String, String>();
        for (int i = 1; i <= 5; i++) {
            t1.put("key", "value" + i);
            System.out.println("HashMap 的第 " + i + " 个字符型元素: " + t1.get("key"));
        }
        TestGen<Integer, Integer> t2 = new TestGen<Integer, Integer>();
        for (int i = 1; i <= 5; i++) {
            t2.put(i, i);
            System.out.println("HashMap 的第 " + i + " 个整型元素: " + t2.get(i));
        }
    }
}
```

在 NetBeans IDE 环境下运行这个程序后，可以看到如图 8-14 所示的输出窗口。其中包含了 HashMap 的信息。

该例创建了一个用类型作为参数的类。首先定义了一个 TestGen 类，参数是 k，v，可以为任意类型。在该类型中创建了一个 HashMap 对象 h，h 中存放的元素的参数类型可以是任意类型。在 main() 方法中，先后创建了两个 TestGen 的对象 t1 和 t2。t1 中的传入的参数类型是 String 类型，而 t2 中传入的参数类型是 Integer 类型。

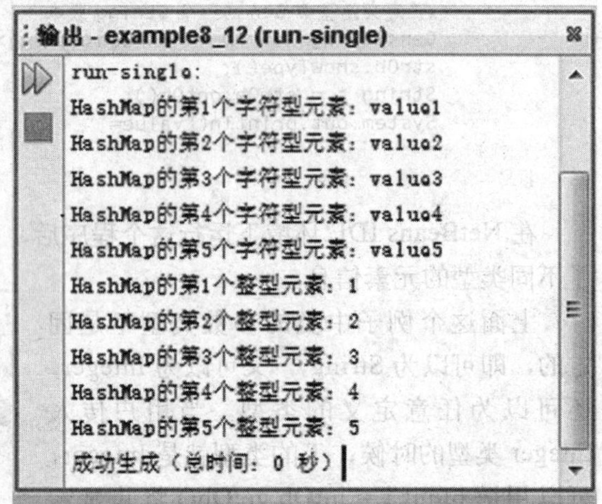

图 8-14 例 8-12 的运行结果

8.10 综合应用举例

本章主要介绍了 Java 集合类中的部分类和接口的定义、实现机制和使用方法。本节将以泛型在集合框架中的应用为例，进一步展示综合应用这些知识的基本方法与使用技巧。

【例 8-13】泛型在集合框架中的应用示例。

（1）问题分析

由于链表是常用的数据结构之一，本例以集合框架中的链表为例，展示泛型在集合框架中的使用方法。

（2）设计说明

利用泛型程序设计的思想，定义一个链表类，其中链表中的元素 T 可以指代任意类型，本例使用的是一个自定义的 Book 类。设计一个测试类，打印输出链表中的信息。

（3）程序代码

```
// file name: TypeService<T>.java
import java.util.ArrayList;
import java.util.List;
public class TypeService<T> {
    private List<T> elements;    // 元素为 T 的链表
    public TypeService() {       //构造函数，这里无需指定类型
        elements = new ArrayList<T>();
```

```
    }
    public void add(T element) {                    // 向链表中添加类型为 T 的元素
        elements.add(element);
    }
    public void printElements() {                   // 打印链表中元素
        for (T t : elements) {
            System.out.println(t);
        }
    }
    public static void main(String[] args) {
        // 创建 TypeService 类的示例 BookService
        TypeService<Book> BookService = new TypeService<Book>();
        // 向 BookService 中添加元素
        BookService.add(new Book(" 数学练习 ", 28));
        BookService.add(new Book(" 语文阅读 ", 17));
        BookService.add(new Book(" 生物图谱 ", 55));
        BookService.add(new Book(" 音乐知识 ", 25));
        BookService.printElements();  // 打印 BookService 中各元素
    }
}
// Book 类的定义
class Book {
    private String name;
    private int price;

  public Book(String name, int price) {
        this.name = name;
        this.price = price;
    }
    public String toString() {
        return "Name=" + name + " Price=" + price;
    }
    public int getPrice() {                         // 获取价格
        return price;
    }
    public void setPrice(int price) {               // 设置价格
        this.price = price;
    }
    public String getName() {                       // 获取名字
        return name;
    }
    public void setName(String name) { // 设置名字
        this.name = name;
    }
}
```

（4）运行结果

在 NetBeans IDE 环境下运行这个程序后，可以看到如图 8-15 所示的输出窗口。其中包含了定义在链表中的书籍信息。

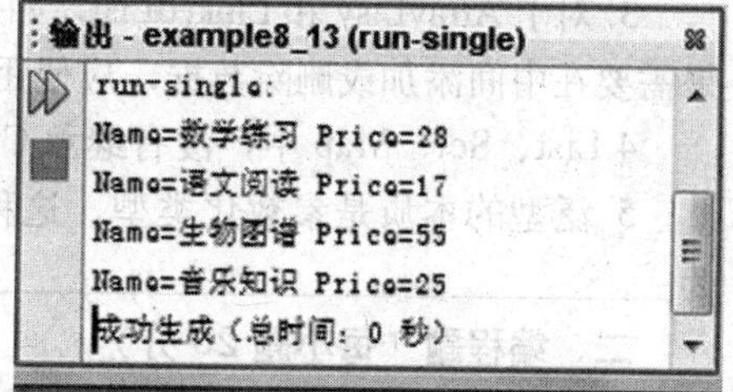

图 8-15 例 8-13 的运行结果

（5）程序说明

在 Book 类中，定义了基本的 getXXX 和 setXXX 方法。在 main() 方法中，创建了几个 Book 类的对象。由于程序中使用了泛型程序设计，使得参数类型化，因此这些对象作为链表的元素被访问输出。

在使用泛型时，还有以下一些规则和限制：首先泛型的类型参数只能是类类型（包括自定义类），不能是简单类型。泛型的参数类型可以使用 extends 语句，例如，<T extends

superclass>。习惯上称为“有界类型”。泛型的参数类型还可以是通配符类型。例如，Class<?> classType = Class.forName(Java.lang.String)。

练习题

一、基本概念

1. 向量和数组有何不同？它们分别适合于什么场合？

2. 什么叫迭代器？Java 中提供了哪两种迭代器？哪些类可以使用迭代器？

3.ArrayList 和 LinkedList 有何异同？它们分别适合于什么场合？请举例说明。

4.Set 和 List 的主要区别是什么？

5. 什么是泛型的类型参数？为什么说 Java 的泛型机制可以保证程序运行时的安全？

二、程序设计

1. 利用 HashMap 实现一个简单的名片管理系统，可以进行录入、查询和修改。

2. 利用 TreeSet 类创建一个存储化学元素表的集合对象，并编写程序，对于给定的化学元素判断是否属于 Java 关键字。

3. 利用 ArrayList 类创建一个存储图片的对象，并编写程序，将 ArrayList 类对象中存储的所有图片显示到窗口中。

4. 结合泛型程序设计的基本思想，创建一个元素为 T 的向量，其中 T 可以是任意数据类型。实现向量的元素添加、访问、打印功能。

5. 使用 Stack 类将键盘输入的、并存放在字符数组 name[] 中的字符串逆序显示出来。

三、上机题

利用 LinkedList 类创建一个存储所有学生信息的对象，并编写程序，给定学生姓名，即可查找相应学生的全部信息。

自测题

一、填空题（每小题 8 分）

1.ArrayList 和 Vector 的区别是____。

2.Iterator 和 ListIterator 中可以进行双向遍历的是___________________________________。

3. 对于 ArrayLisy 和 LinkedList，如果需要随机地访问其中的元素时，使用_______________；如果需要在中间添加或删除数据，应使用_______________。

4.List、Set、Map 中，没有继承 Collection 接口的____________________。

5. 泛型的本质是参数化类型，这种参数类型可以用在类、接口和方法的创建中，分别称为____。

二、编程题（每小题 20 分）

1. 利用 HashMap 类对象存储一套题库，并编写程序，实现学生选题系统。对于学生选定的题目，输出该题的全部答案。

2. 将学生对象放在一个集合框架的类或接口中，每个学生有一个姓名、班级和考试成绩。编写程序，打印某次考试后，每个班级的总分和平均分。可以自行选择所应该使用的集合类。

3. 设计两个实体类：顾客类 (Customer) 和订单类 (Order)，已知一个顾客拥有多张订单，而一个订单只能隶属于一个顾客。编写程序：使用集合框架来存放所有的订单对象，并具有新增顾客和浏览订单的功能。

Chapter 第 9 章

网络编程技术

Java 语言提供了丰富的网络编程类库，因此它非常适合用于网络编程，强大快捷的网络编程功能正是 Java 备受欢迎的主要原因之一。Java 的网络功能由几个不同的包实现，基本的网络功能定义在 java.net 包中。其中的接口和类可以大致分为三部分：URL、URLConnection 和 Socket。本章将讨论如何使用这些类和接口进行网络编程，实现网络资源的访问和网络通信。

本章通过具体编程实例使读者理解 Java 网络编程的思想和实现技术，掌握利用 URL 和 URLConnection 类定义和获取相关 URL 信息的方法，理解 Socket 类和 Datagram 类实现网络通信的基本过程，掌握基于 Socket 类和 Datagram 类的客户端和服务器端的编程方法。开发人员熟练掌握网络编程知识，可以充分发挥 Java 语言强大的网络功能，设计出丰富的网络应用程序。

9.1 网络编程基础知识

9.1.1 计算机网络基础概述

通信协议是计算机网络通信的基础，它是计算机之间实现信息交换的一种约定。通过对网络协议进行分层可以简化协议的设计和实现。ISO 组织的 OSI（Open System Interconnection, 开放式系统互联参考模型）模型将网络通信工作分为七层。但是由于 OSI 模型太复杂，目前的 Internet 所使用的标准协议为 TCP/IP 协议。

TCP/IP 采用层次化体系结构，从上至下分为四层：应用层、传输层、网络层和数据链路层，每一层都实现特定的网络功能。

1）应用层：该层提供了网络上计算机之间的各种应用服务，如简单电子邮件传输（SMTP）、文件传输协议（FTP）、超文本传输协议（HTTP）和网络远程访问协议（Telnet）等。

2）传输层：该层提供了可靠的传输机制，它能够自动检测丢失的数据并且自动重传，弥补网络层 IP 协议的不足，如 TCP 协议。

3）网络层：该层负责提供基本的数据包传送功能，让每一个数据包都能够到达目的主机，但不检查是否被正确接收，如 IP 协议。

4）数据链路层：数据链路层不是 TCP/IP 协议的一部分，但它是 TCP/IP 赖以存在的各种通信网和 TCP/IP 之间的接口。这些通信网包括多种广域网，如 ARPANET 和 X.25 公用数据网，以及各种局域网，如 Ethernet、IEEE 的各种标准局域网等。

在这四层结构中，比较常见的协议有如下几种：

1）IP 协议：即网际协议。IP 协议接收网络接口层传过来的数据，封装成数据包，交由传输层传输。

2）TCP 协议：即传输控制协议。TCP 协议提供了一种面向连接的、可靠的字节流服务。因此通信双方彼此交换数据前必须建立一个 TCP 连接。TCP 通过一些手段来确保数据传输的完整。

3）UDP 协议：即用户数据报协议。UDP 是一种无连接的传输层协议，提供面向事务的、简单不可靠的数据传送服务。

4）HTTP：即超文本传输协议。HTTP 是从 WWW 服务器传输超文本到本地浏览器的传输协议，它可以使浏览器高效地浏览各种网页信息。

5）FTP：即文件传输协议。FTP 用于控制网络节点间文件的双向传输。

6）SMTP：即简单邮件传输协议。仅负责通过邮件传输文件，而不考虑文件的接收。

7）POP3：即邮局协议版本 3。它规定了如何从邮件服务器上下载邮件，但该协议只有邮件完全下载之后才能查看邮件的内容。

8）IMAP：Internet 消息访问协议，弥补了 POP3 协议的缺点。

9.1.2 基本术语

1. IP 地址 / 域名 / 端口

1）IP 地址：IP 地址用来唯一标识网络中的一台计算机。最常用的 IP 地址由四段构成，称为 IPv4。每段均为 0 ～ 255 的十进制整数，如 127.0.0.1。IPv6 也已经开始使用，每个 IPv6 地址由 8 段构成，每段为一个十六进制的整数。

2）域名：由于 IP 地址完全由数字构成，因此不方便记忆。为此，将每个 IP 地址与一个或多个字符串相对应，这个字符串就是域名。DNS 就是域名解析服务器，它完成 IP 地址和域名之间的解析功能。

3）端口（port number）：用于标识网络通信时同一主机上的不同进程，如 80、21、23、25 等，其中 1~1024 为系统保留的端口号。

4）服务类型（service）：指网络提供的各种服务，如 http、telnet、ftp、smtp 等。

2. 套接字

套接字（socket）是网络上运行的两个不同主机的进程间进行双向通信的端点，用于建立两个不同应用程序之间通过网络进行通信的信道。一般来说，位于不同主机的应用进程之间要在网络环境下进行通信，必须要在网络的每一端都要建立一个套接字。两个套接字之间可以是有连接的，也可以是无连接的，并通过套接字的读、写操作实现网络通信功能。

套接字由 IP 地址与端口组成。它既可以接收请求，也可以发送请求，因此利用它可以较为方便地编写网络上数据传输的程序。根据传输的数据类型不同，套接字可以分为面向连接的数据流套接字 (Stream Socket) 和无连接的数据报套接字 (Datagram Socket) 两种类型。其中，TCP 套接字是面向连接的套接字的代表，UDP 套接字是无连接的数据报套接字的代表。

9.2 IP 地址及 URL 类

我们知道，连接到网络中的每台计算机都有唯一的地址，这就是 IP 地址。Java.net.InetAddress 类是 Java 的 IP 地址的封装类，用于实现对 IP 地址的各种操作。它不需要用户了解如何实现对 IP 地址操作的细节。同时，在互联网上，用 URL 表示各种网络数据资源的地址。通过 URL 用户可以访问 Internet 上的各种网络资源。为了处理方便，Java 将 URL 封装为 URL 类。下面介绍这两个类的用法。

9.2.1 InetAddress 类

Java 提供了 InetAddress 类，用于实现主机名和 IP 地址之间的转换。

InetAddress 类描述了 32 位或 64 位的 IP 地址，并通过它的两个子类 Inet4Address 和 Inet6Address 来实现。InetAddress 类的定义如下：

```
public final class InetAddress extends object implements Serializable{...}
```

该类中定义了两个成员变量：String 类型的 hostName 和 int 类型的 address，即主机名和 IP 地址。由于它们是私有成员，因此不能直接访问它们。

由于 InetAddress 类没有构造方法，所以也不能直接创建 InetAddress 对象。要创建该类的实例对象，可以通过该类的静态方法获得该对象。找不到本地机器的地址时，这些方法通常会抛出 UnknownHostException 异常，所以应该在程序中进行异常处理。表 9-1 中是 InetAddress 类的一些主要方法。

表 9-1　java.net.InetAddress 类中的主要方法

方法名	功能说明
static InetAddress getLocalHost()	获得本地主机的 InetAddress 对象
static InetAddress getByName(String host)	通过主机名获取 IP 地址
static InetAddress getByAddress(byte [] addr)	根据给定的 IP 地址创建一个 InetAddress 对象的引用
static InetAddress getAllByName(String host)	通过主机名获取所有的 IP 地址
String getHostAddress()	以带圆点的字符串形式获取 IP 地址
String getHostName()	获取主机名字

1）public static InetAddress getLocalHost()。该方法返回一个 InetAddress 对象，这个对象包含了本地机的 IP 地址。当查找不到本地机的地址时，将会抛出一个 UnknownHostException 异常。

2）public static InetAddress getByName（String host）。该方法返回一个由 host 指定的 InetAddress 对象，参数 host 可以是一个主机名，也可以是一个 IP 地址或者一个 DNS 域名。如果找不到指定的主机的 IP 地址，那么该方法将抛出一个 UnknownHostException 异常，例如：

```
InetAddress address=InetAddress.getByName("sun.java.com");
```

这时将返回一个 InetAddress 对象，它封装了 4 个字节的地址序列。可以使用 getAddress() 方法进一步访问这些字节，例如：

```
Byte[] addresses=InetAddress.getAddress();
```

3）public static InetAddress　getByAddress(byte [] addr)。根据给定的 IP 字节地址创建一个 InetAddress 对象的引用。如果 addr 是 IPv4 地址，则返回一个 Inet4Address 对象。如果 addr 是 IPv6 地址，则返回一个 Inet6Address 对象。如果返回的既不是 4 字节的也不是 16 字节的，那么方法将会抛出一个 UnknownHostException 异常。

获得一个 InetAddress 对象后，就可以使用 InetAddress 类的 getAddress() 方法获得本机对象的 IP 地址（存放在字节数组中）；使用 getHostAddress() 方法获得本机对象的 IP 地址；使用 getHostName() 方法获得主机名。

4）public static InetAddress[] getAllByName(String host)。在 Internet 上，可以用相同的名字代表一组计算机，如 java.sun.com 就可以对应 3 个不同的地址，在主机被访问时随机选择一个地址。getAllByName(String host) 用来获取具有相同名字的主机的地址对象，并存放在一个地址对象数组中。出错了同样会抛出 UnknownException 异常。

5）public Sring getHostAddress()。该方法将 IP 地址以网络字节顺序的字节数组的形式返回。由于 IPV4 只有 4 个字节， IPV6 有 16 个字节，如果需要知道数组的长度，可以用数组的 length 字段获得。

6）public Sring getHostName()。getHostName() 方法返回一个字符串形式的主机名字。如果被查询的机器没有主机名，或者如果使用了 Applet，但是它的安全性却禁止查询主机名，则该方法就返回一个具有点分形式的数字 IP 地址。一般的使用方法如下：

```
InetAddress inetadd = InetAddress.getLocalHost();
String localname= inetadd.getHostName();
public String toString();
```

调用 toSring() 方法得到主机名和 IP 地址的字符串，其具体形式是：主机名 / 点分地址。

【例 9-1】InetAddress 类的 getByName() 方法的使用示例。

当调用 InetAddress 类的 getByName() 方法获得一个 InetAddress 对象之后，就可以调用 InetAddress 的各种方法来获得 InetAddress 类对象中的 IP 地址信息。例如，可以通过 getHostAddress() 获得 IP 地址，getHostName() 获得主机名等。再调用 toString() 方法转换为字符串进行输出。由于创建 InetAddress 对象可能会出错，因此，必须进行异常捕获。下面是这个程序的源代码。

```
// file name：InetAddressTest.java
import java.net.*;
public class InetAddressTest {
    public static void main(String[] args) {
        try {
            InetAddress address_1 = InetAddress.getByName("www.yahoo.com.cn");
            System.out.println(address_1.toString());
            InetAddress address_2 = InetAddress.getByName("202.118.11.13");
            System.out.println(address_2.toString());
        } catch (UnknownHostException e) {
            System.out.println(" 无法找到 www.yahoo.com.cn");
        }
    }
}
```

运行结果为：

```
www.yahoo.com.cn/202.165.102.205
/202.118.11.13
```

【例 9-2】InetAddress 类的 getLocalHost() 方法的使用示例。要求查询本地主机的 IP 地址的类型，并显示结果。

要查询 IP 地址的类型，首先应调用其 getLocalHost() 方法获得其对应的 InetAddress 对象，然后调用 getAddress() 方法获得其 IP 地址。接着再访问其 length 属性，通过判断其字节数就可以确定其 IP 地址类型。由于创建 InetAddress 对象可能会出错，因此，需进行异常捕获。下面是这个程序的源代码。

```
// file name：IPVersion.java

import java.net.*;
import java.io.*;
public class IPVersion {
    public static void main(String args[]) {
        try {
            InetAddress inetadd = InetAddress.getLocalHost();
            byte[] address = inetadd.getAddress();
            if (address.length == 4) {
                System.out.println("The IP version is IPV4");
            } else {
```

```
            if (address.length == 16) {
                System.out.println("The IP version is IPV6");
            }
        }
    } catch (Exception e) {
    }
    ;
  }
}
```

运行结果为：The IP version is IPV4.

调用 getAddress() 方法返回的 IP 字节数组，如果是 4 个字节的，就是 IPV4，如果是 16 个字节的，就是 IPV6。

9.2.2　URL 类

URL（Uniform Resource Locator）是统一资源定位器的简称，表示 Internet 上各种数据资源的地址。通过 URL 我们可以访问 Internet 上的各种网络资源，如最常见的 WWW，FTP 站点等。URL 的基本结构由如下 5 部分组成：

```
<传输协议>://<主机名>:<端口号>/<文件名>#<引用>
```

1）传输协议（protocol）：有 HTTP、FTP、File 等。默认为 HTTP 协议。

2）主机名（hostname）：指定资源所在的主机名。主机名可以是 IP 地址，也可以是主机的名字或者域名，如：http://www.google.com、http://202.118.14.13 等。

3）端口号（port）：端口号用来区分一个计算机中提供的不同服务，如 Web 服务、FTP 服务等。每一种服务都用一个端口号，范围是 0 ～ 65535。在 URL 中，hostname 后面的冒号及端口号是可以省略的， HTTP 的默认端口号是 80。例如，http://www.google.com:8080。

4）文件名（filename）：文件名包括该文件的完整路径。在 HTTP 协议中，有一个默认的文件名是 index.html，因此，http://www.google.com 与 http://www.google.com/index.html 两者等价。

5）引用（reference）：是对资源内的某个引用，如 http://www.google.com/index.html#chapter1.ppt。

URL 类中封装了大量从远程站点检索信息的复杂细节，支持对 HTTP 和 FTP 等资源的访问。URL 类的常见构造方法如下。注意：在创建 URL 对象出错时，构造方法会抛出 MalformedURLException 异常，这是非运行时异常，必须在程序中捕获处理。

1）public URL(String spec)：使用 URL 字符串构造一个 URL 对象

例如，URL urlBase=new URL("http://www. 263.net/")；

2)public URL(URL context,String spec)：用已经存在的 URL 对象 contex 创建 URL 对象。Context 指事先创建的某个 URL 对象，spec 通常是 context 上的某个文件或子目录。例如：

```
try
{
URL net263=new URL ("http://www.263.net/");
URL index263=new URL(net263, "index.html")
}
catch (MalformedURLException e)
{
...
}
```

3）public URL(String protocol,String host,String file)：用指定的协议、主机名、文件路径

及文件名创建一个 URL 对象；

4）public URL(String protocol,String host,int port,String file)：用指定的协议、主机名、端口号、文件路径及文件名创建一个 URL 对象。第一个 String 类型的参数是协议的类型，可以是 HTTP、FTP 等。第二个 String 类型参数是主机上的某个文件（可以包括目录），int 类型参数是指定端口号，最后一个参数给出文件名或路径名。例如，创建一个 URL 对象：http://java.sun.com/downloads/index.html 的语句如下：

```
URL javaURL=new URL("http", "www.java.com",80, "/downloads/index. html");
```

URL 类中的主要方法如表 9-2 所示。

表 9-2　URL 类中的主要方法

方法名	功能说明
public String getProtocol()	获取该 URL 的协议名
public String getHost()	获取该 URL 的主机名
public int getPort()	获取该 URL 的端口号。若无端口，返回 −1
public String getFile()	获取该 URL 中的文件名
public String getContent()	获取传输协议
public String toString()	将 URL 转化为字符串
InputStream openStream()	打开该 URL 的输入流
public String getUserInfo()	获取使用者的信息
public String getPath()	获取该 URL 的路径
URLConnection openConnection()	打开由该 URL 标识的位置的连接
void set(string protocol，string host，int prot，string file，string ref)	设置该 URL 的各域的值

【例 9-3】创建一个 URL 对象，并输出该 URL 对象的信息。

创建一个 URL 对象，首先应获得用于表示 URL 对象的字符串，然后以该字符串为参数调用 URL 的构造方法完成该功能。由于创建 URL 对象可能会出错，因此，需进行异常捕获。下面是这个程序的源代码。

```
// file name: CreateURL.java
import java.net.*;
import java.io.*;
public class CreateURL {
    public static void main(String args[]) {
        try {
            URL url = new URL("http://java.sun.com:80/downloads/index.htm");
            System.out.println("the Protocol:" + url.getProtocol());
            System.out.println("the hostname:" + url.getHost());
            System.out.println("the Port:" + url.getPort());
            System.out.println("the file:" + url.getFile());
            System.out.println(url.toString());
        } catch (MalformedURLException e) {
            System.out.println(e);
        }
    }
}
```

在 NetBeans IDE 环境下运行这个程序后，可以看到如图 9-1 所示的输出窗口，其中包含了所创建的 URL 对象的信息。

在本例中，URL url = new URL("http://java.sun.com:80/downloads/index.htm") 用于创建

指向相应地址的 URL 对象 url。如果创建不成功，则执行 System.out.println(e) 语句，输出错误信息。一个 URL 对象生成后，其属性是不能被改变的。但是可以通过类 URL 所提供的方法来获取这些属性。

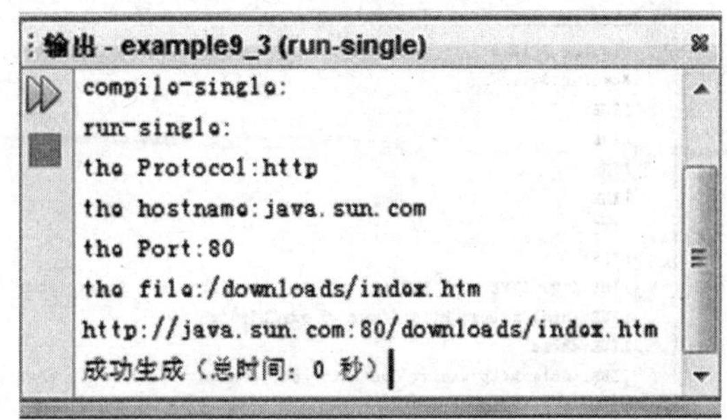

图 9-1　例 9-3 的运行结果

【例 9-4】利用 URL 类读取某 URL 对应的网址的信息。

Java 语言读取网络上某服务器上的文件内容时，完全可以按照标准文件的输入流的方式来处理。因此，可创建一个 URL 类型的对象，使用 URL 类中的 openStream() 方法与服务器上的文件建立一个输入流的连接。该输入流指向 URL 对象所包含的资源，通过该输入流可以将服务器上的资源信息以字节流的形式读入到客户端。因此，我们可以设计如下 2 个变量：一个创建 url 对象和一个打开该 url 的输入流对象。

```
URL url;
in = url.openStream()
```

下面是这个程序的源代码。

```
// file name: ReadURL.java 文件保存
import java.net.*;
import java.io.*;
import javax.swing.*;
public class ReadURL {
    public static void main(String args[]) {
        InputStream in = null;

        try {
            System.out.println("Creating URL...");
            String urlName = "http://www.bjut.edu.cn";
            URL url = new URL(urlName);          // 创建 url 对象
            System.out.println("Opening Stream...");
            in = url.openStream();             // 打开输入流对象
            DataInputStream buffer = new DataInputStream(in);  // 转换流类型
            System.out.println("Reading data...");
            String lineofData;
            while ((lineofData = buffer.readLine()) != null) {  // 读一行数据
                System.out.println("LINE:" + lineofData);
            }
        } catch (MalformedURLException e) {
            System.out.println("Bad URL:");
        } catch (IOException e) {
            System.out.println("I/O Error" + e.getMessage());
        } finally {
            if (in != null) {
                try {
                    in.close();      // 关闭流对象
                    System.out.println("Stream closed.");
                } catch (IOException e) {
                }
            }
            System.exit(0);
        }
    }
}
```

在 NetBeans IDE 环境下运行这个程序后，可以看到如图 9-2 所示的输出窗口，其中包含了提示信息、输入的数据和收到结果。

```
输出 - example9_4 (run-single)
run-single:
Creating URL...
Opening Stream...
Reading data...
LINE:
LINE:
LINE:
LINE:
LINE:
LINE:
LINE:<!DOCTYPE html PUBLIC "-//W3C//DTD XHTML 1.0 Transitional//EN" "http://www.w3.org/TR/xhtml1/DTD/xhtml1-transitional.dtd">
LINE:<html xmlns="http://www.w3.org/1999/xhtml">
LINE:<head>
LINE:<meta http-equiv="Content-Type" content="text/html; charset=GBK" />
LINE:<title>±±???□???ó?§ Beijing University of Technology</title>
LINE:<link href="style/all.css" rel="stylesheet" type="text/css" media="screen"/>
```

图 9-2　例 9-4 的运行结果

本例的几条关键语句的说明如下：

- URL url = new URL(urlname)：生成 url 对象。
- in = url.openStream()：用于打开该 URL 的输入流对象。
- while 循环中使用 buffer.readLine() 方法逐行地读取被打开的文本文件内容。

9.2.3 URLConnection 类

虽然通过 URL 类的 openStream() 方法能够读取网络上资源中的数据，但是 Java 提供的 URLConnection 类中包含了更加丰富的方法，可以对网络上的资源进行更多的处理。例如，通过 URLConnection 类，既可以从 URL 中读取数据，也可以向 URL 中的资源发送数据。URLConnection 类表示在应用程序和 URL 所标识的资源之间的一个通信连接，它是一个抽象类。

首先我们来看 URLConnection 对象的创建。

创建 URLConnection 对象之前必须先创建一个 URL 对象，然后通过调用 URL 类提供的 openConnection () 方法，就可以获得一个 URLConnection 类的对象。

URLConnection 类的构造方法如下：

public URLConnection(URL)：用于创建一个指定 URL 的连接对象。

但是，用 URLConnection 的构造方法来创建 URLConnection 类对象时，并未建立与指定 URL 的连接，所以还必须调用 URLConnection 类中的 connect() 方法才能建立连接。值得一提的是，使用 URL 类中的 openConnection() 方法来构造连接对象时就同时建立了连接，因此就不需要再调用 connect() 方法。

openConnection() 方法的定义如下：

```
public URLConnection openConnection();
```

下面是使用 URL 类的 openConnection() 方法建立连接的几条语句。例如：

```
URL url=new URL("http://www.edu.cn");
URLConnection connection = url.openConnection();
```

URLConnection 类的主要方法如表 9-3 所示。

URLConnection 对象并不需要自己创建，而是由 URL 对象调用相关方法来返回。

通过调用 URLConnection 类中定义的 getInputStream() 方法，应用程序就可以读取资源中的数据。事实上，类 URL 的方法 openStream() 就是通过 URLConnection 类来实现的。它等价于：

```
openConnection().getInputStream();
```

表 9-3　URLConnection 类中的主要方法

方法名	功能说明
void connect()	建立 URL 连接
Object getContent()	获取该 URL 的内容
String getContentEncoding()	获取响应数据的内容编码
int getContentLength()	获取响应数据的内容长度
String getContentType()	获取响应数据的内容类型
long getDate()	获取响应数据的创建时间
long getExpiration()	获取响应数据的终止时间
InputStream getInputStream()	获取该连接的输入流
long getLastModified()	获取响应数据的最后修改时间
OutputStream getOutputStream()	获取该连接的输出流

【例 9-5】利用 URLConnection 类读取某 URL 对应网址的信息。

在使用 URLConnection 类获取某网络资源信息之前，应先创建一个该网址对象的 URL 对象，然后调用该对象的 openConnection() 方法打开连接，并调用其 getInputStream() 方法就可以获取数据了。下面是这个程序的源代码。

```
// file name: URLConnection.java
import java.io.*;
import java.net.*;
import java.util.Date;
class URLConnection{
      public static void main(String args[]) throws Exception {
         System.out.println("starting...");
         int c;
         URL url = new URL("http://www.sun.com");
         URLConnection urlcon=url.openConnection();
         System.out.println("the data is :" + new Date(urlcon.getDate()));
         System.out.println("content-type:" + urlcon.getContentType());
         inputStream in = urlcon.getInputStream();
         while ((c=in.read()) != -1) {
             System.out.print((char) c);
         }
         in.close();
      }
}
```

在 NetBeans IDE 环境下运行这个程序后，可以看到如图 9-3 所示的输出窗口，其中包含了输出的结果。

通过前面的介绍可知，语句 URL url = new URL("http://www.sun.com") 和 URLConnection urlcon=url.openConnection() 用于创建一个 URLConnection 对象：

System.out.println("the date is :" + new Date(urlcon.getDate()))：用于输出该连接创建的日期。

System.out.println("content-type:" + urlcon.getContentType())：用于输出文件类型。

inputStream in = urlcon.getInputStream()：建立输入流，用于读取对应的 URL 中的数据。

while {...} 语句：用于循环读取。

```
输出 - JavaApplication1 (run-single) #4
                                                    输出

<!DOCTYPE HTML PUBLIC "-//W3C//DTD HTML 4.01 Transitional//EN" "http://www.w3.org/TR/html4/loose.dtd">
<!-- BEGIN A0 COMPONENT V.2 -->
<html lang="en-US">
<head>
<meta http-equiv="content-type" content="text/html; charset=UTF-8" />
<title>Sun Microsystems</title>
<meta name="keywords" content="sun microsystems, sun, java, java computing, solaris, sparc, unix, jini, computer systems, server, mission critical, RAS, hig
<meta name="description" content="Sun Microsystems develops the technologies that power the global marketplace. Guided by a singular vision -- T
" />

    <meta name="verify-v1" content="xFwIhtGNyBWUmeKTeTqvC5QP9R+g+swsMtwlwZxGF38=" />

<meta http-equiv="content-language" content="en-US" />
<meta name="date" content="2009-07-08" />
<meta name="robots" content="index, follow" />
<meta http-equiv="pragma" content="no-cache" />
<meta name="venue" content="www.sun.com" />
<meta name="target_country" content="us" />
```

图 9-3　例 9-5 的运行结果

in.close()：关闭输入流。

由于利用 Java 的流处理机制可以方便地实现网络资源的读取和网络通信，在这里我们先简单介绍一下这方面的知识。

在 Java 语言中，所有的输入、输出操作都采用流式处理机制。用户可以将数据写入流中，也可以从流中读取数据，实际上流中存放着以字节序列形式表示的准备流入程序或流出程序的数据。当需要将程序中的数据输出到输出设备时，需要将这些数据以字节序列的形式写入流中，这个流被称为输出流（output stream）。当需要将外部的数据输入到程序中时，这个流被称为输入流（input stream）。由于流的基本处理单位为字节，因此如果每次只读写一个字节，会使得数据传输效率非常低，因此通常为流配备一个缓冲区（buffer），我们将这种流称为缓冲流。

在 Java 语言中，支持输入、输出流的所有类被放置在 java.io 包中，其中主要包含了两种类型的流：一种是二进制流（binary stream），另一种是字符流（character stream）。通常，二进制流用来读取数据文件，字符流用来读写文本文件。同时，Java.io 包中提供了很多标准类用来支持输入、输出流的各种操作。如 OutputStream 是字节流输出操作的抽象类，InputStream 是字节流输入操作的抽象类，Writer 是字符流输出操作的抽象类，Reader 是字符流输入操作的抽象类。由于这些类都是抽象类，因此它们只能作为具体的输入、输出类的父类，在这些类中声明的成员方法描述了有关输入、输出流的基本操作。

OutputStream 类和 InputStream 类和它们的子类封装了字节流特性及其操作行为，如 InputStream 类提供的几个 read() 方法，用于读取数据流中的数据，OutputStream 类提供了多个 write() 方法，用于写流数据操作。Writer 抽象类中定义了字符输出流在实现写流操作时需要的大部分成员方法，为向输出流写入字符提供了方便。其中的 PrintWriter 类可以将各种基本数据类型的数值及对象的内容转换成固定的字符串格式输出到输出流。与 Writer 类对应，Reader 抽象类也定义了字符输入流在实现读流操作时需要的大部分成员方法。在 Reader 抽象类所含的子类中，BufferedReader 是描述带缓冲区的字符输入流类，它提供了设立缓冲区，读取字符、数组和一行的功能。InputStreamReader 是字符流与字节流之间的桥梁，它可以实现从字节流中读取数据，并将其按照指定的字符编码转换成字符的能力。

下面是一段从键盘读取一行文本的程序代码，其中应用了 BufferedReader 和 InputStreamReader 两个类对象。

```
BufferedReader console=new BufferedReader(new InputStreamReader(System.in));
System.out.print("What is your job: ");
String name=null;
try{
  job=console.readLine();
}
catch(IOException e){......}
System.out.println("Hello ! "+job);
```

在这段程序代码中，首先利用一个 InputStreamReader 对象创建一个带缓冲的 BufferedReader 对象，从而使得 System.in 表示的标准输入设备——键盘成为 InputStreamReader 输入流的数据源，由于 System.in 属于 InputStream 类，是字节处理方法，所以需要将读取的字节转换成字符，再作为 BufferedReader 对象表示的输入流的数据源。

在 Java 语言中，提供的 File 类是对文件或目录路径的抽象描述，它本身并不是一个流，但可以通过 File 对象创建一个对应于特定文件的流对象。其中 DataInputStream() 成员方法能够直接从输入流中读取基本数据类型和 String 类对象的数据。

9.3 Socket 通信

根据传输的数据类型不同，套接字可以分为面向连接的数据流套接字 (Stream Socket) 和无连接的数据报套接字 (Datagram Socket) 两种类型。Stream Sockets 套接字用于在主机和 Internet 之间建立可靠的、双向的、持续的、点对点的流式连接。这种流式连接的优点是所有数据都能准确、有序地传送到接收方，缺点是速度较慢。其中，TCP 套接字是面向连接的套接字的代表，UDP 套接字是无连接的数据报套接字的代表。本节将讨论客户 / 服务器通信模式中，服务器端和客户端应分别做的工作和实现过程。

9.3.1 Socket 的通信机制

由于基于套接字的程序设计涉及通信的两端，即服务器端和客户端，因此在开发通信程序时，要对服务器端套接字和客户端套接字分别进行设计。这里先讨论 TCP 通信中与 Socket 通信相关的两个类：一个是代表服务器端套接字的 ServerSocket 类，另一个是代表客户端套接字的 Socket 类。

1. Socket 类

客户端可以通过构造一个 Socket 类对象来建立与服务器的连接。基于 Socket 的连接可以是流连接，也可以是数据报连接，这取决于构造 Socket 类时使用的构造方法。这里先讨论流式连接。数据报连接下一节讨论。

Socket 类的构造方法有如下 6 种：

1）Socket()：创建一个套接字对象，该对象不请求任何连接。

2）Socket(String host, int port)：创建一个 Socket 对象，请求与 host 指定的服务器通过 port 端口建立连接。

3）Socket(String host, int port, boolean type)：创建一个连接指定主机、指定端口的 Socket 类，boolean 类型的参数用来设置是流式 Socket 还是数据报 Socket。

4）Socket(InetAddress，int)：创建一个连接指定 Internet 地址、指定端口的流式 Socket

类对象。

5）Socket(InetAddress, int,Boolean stream)：创建一个连接指定 Internet 地址、指定端口的 Socket 类对象，boolean 类型的参数用来设置是流式 Socket 还是数据报 Socket。

6）Socket(String host，int port，InetAddress localAddr，int localport)：以本地主机 localAddr 的 localport 端口创建一个 Socket 类对象，并请求和 host 指定的服务器通过 port 端口建立连接。

Socket 的构造方法在出错时，会抛除 IOException 异常。

如：

```
try{
Socket mysocket = new Socket ("172.21.14.13", 1088);
} catch(IOException e){ }
```

这意味着在远程 172.21.14.13 主机的 1088 端口上，监听到了一个客户的连接请求。管理客户连接请求的任务是由操作系统来完成的。操作系统把这些连接请求存储在一个先进先出的队列中。许多操作系统限定了队列的最大长度，一般为 50。当队列中的连接请求达到了队列的最大容量时，服务器进程所在的主机会拒绝新的连接请求。只有当服务器进程通过 ServerSocket 的 accept() 方法从队列中取出连接请求，使队列腾出空位时，队列才能继续加入新的连接请求。

对于客户进程，如果它发出的连接请求被加入到服务器的请求连接队列中，就意味着客户与服务器的连接建立成功，客户进程从 Socket 构造方法中正常返回。如果客户进程发出的连接请求被服务器拒绝，Socket 构造方法就会抛出 ConnectionException.。

在成功创建 Socket 类对象后，就可以通过 Socket 类提供的成员方法来建立输入、输出流，通过流来传送数据。Socket 类的主要方法如表 9-4 所示。

表 9-4　Socket 类的主要方法

方法名	功能说明
void close()	关闭 Socket 连接
InetAddress getInetAddress()	获取当前连接的远程主机的 Internet 地址
InputStream getInputStream()	获取 Socket 对应的输入流
InetAddress getLocalAddress()	获取本地主机的 Internet 地址
int getLocalPort()	获取本地连接的端口号
OutputStream getOutputStream()	获取该 Socket 的输出流
int getPort()	获取远程主机端口号
void shutdownInput()	关闭输入流
void shutdownOutput()	关闭输出流

【例 9-6】编写基于流式 Socket 的客户端通信程序。

要实现一个客户端程序，首先要知道服务器的地址和监听端口。用已知的地址和端口创建一个 Socket 对象，并通过 Java 的流式处理机制便可以开始与服务器通信了。下面是这个程序的源代码。

```
// file name: ComputeTCPClient.java
import java.net.*;
import java.io.*;
public class ComputeTCPClient {
```

```
public static void main(String srgs[]) {
    try {
          //创建连接特定服务器的指定端口的Socket对象
      Socket socket = new Socket("192.168.1.101", 4421);
          //获得从服务器端来的网络输入流
          BufferedReader in = new BufferedReader(new InputStreamReader(socket.
            getInputStream()));
          //获得从客户端向服务器端输出数据的网络输出流
          PrintWriter out=new PrintWriter(new BufferedWriter(new OutputStreamWriter(soc-
            ket.getOutputStream())),true);
          //创建键盘输入流，以便客户端从键盘上输入信息
          BufferedReader stdin = new BufferedReader(new InputStreamReader(System.in));
          System.out.print("请输入待发送的数据：");
          String str=stdin.readLine();      //从键盘读入待发送的数据
          out.println(str);                 //通过网络传送到服务器
          str=in.readLine();                //从网络输入流读取结果
          System.out.println( "从服务器接收到的结果为："+str); //输出服务器返回的结果
    }
      catch (Exception e) {
          System.out.println(e);
      }
  }
}
```

在 NetBeans IDE 环境下运行这个程序后，可以看到如图 9-4 所示的输出窗口，其中包含了提示信息、输入的数据和收到的结果。

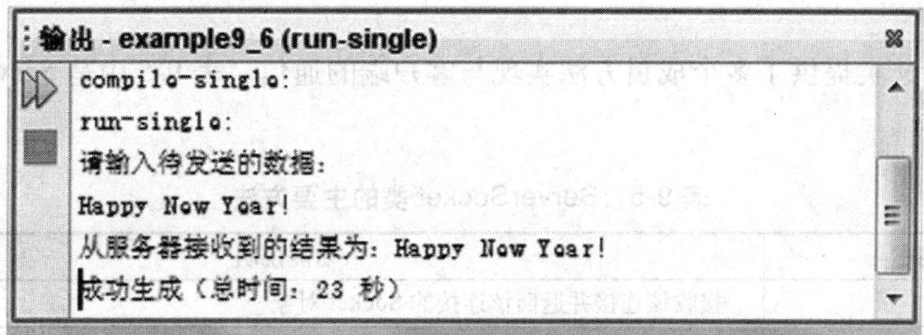

图 9-4　例 9-6 的运行结果

对客户端而言，当与服务器程序通信时，应先创建一个 Socket 对象，之后就可以通过调用 Socket 类的 getInputStream() 方法获得网络输入流，再从该输入流中读取服务器程序的响应信息。此外，通过调用 Socket 类的 getOutputStream() 方法获得网络输出流，从而向服务器端发送信息。在通信结束后，客户端程序需要调用 close() 方法来关闭输入、输出流以及流式套接字。

由于每一个 Socket 存在时，都将占用一定的资源，因此，在 Socket 对象使用完毕时，要及时将其关闭。关闭 Socket 可以调用 Socket 对象的 close() 方法。在关闭 Socket 之前，应将与 Socket 相关的所有的输入、输出流全部关闭，以释放所有的资源。而且要注意关闭的顺序，与 Socket 相关的所有的输入、输出应该首先关闭，然后再关闭 Socket。

2. ServerSocket 类

ServerSocket 类用在服务器端，用来监听所有来自指定端口的连接，并为每个新的连接创建一个 Socket 对象之后客户端便可以与服务器端开始通信了。

ServerSocket 类的构造方法如下：

1） ServerSocket(int port)：在指定端口上创建一个 ServerSocket 类对象。

2）ServerSocket(int port, int backlog)：在指定端口上创建一个 ServerSocket 类对象，并进入监听状态，第二个 int 类型的参数 backlog 是服务器忙时保持连接请求的等待客户数量。

3） ServerSocket(int port, int backlog, InetAddress bindAddr) ：使用指定的端口和和要绑定到的服务器 IP 地址创建一个 ServerSocket 类对象，并进入监听状态。

例如：

```
Socket client = new Socket("127.0.01.", 80);
ServerSocket server = new ServerSocket(80,100);
```

如果运行时无法绑定到 80 端口，以上代码会抛出 IOException, 更确切地说，是抛出 BindException, 它是 IOException 的子类。BindException 一般是由于端口已经被其他服务器进程占用或者在某些操作系统中，如果没有以超级用户的身份来运行服务器程序，那么操作系统不允许服务器绑定到 1~1023 之间的端口。因此需要进行异常捕获。

```
try {
    ServerSocket myserver = new ServerSocket ("192.168.1.1", 1088);
    } catch(IOException e){ ... }
```

服务器端建立套接字后，就可以通过 accept() 方法接收来自客户端的套接字连接请求。

```
public Socket accept() throws IOException
    try{ Socket  socketAtServer=   waitSocketConnection.accept();
    }catch(IOException e)
    { ......}
```

ServerSocket 类提供了多个成员方法实现与客户端的通信。表 9-5 中是 ServerSocket 类的主要方法。

表 9-5 ServerSocket 类的主要方法

方法名	功能说明
Socket accept()	接收该连接并返回该连接的 Socket 对象
void close()	关闭此服务器的 Socket
InetAddress getInetAddress()	获取该服务器 Socket 所绑定的地址
int getLocalPort()	获取该服务器 Socket 所侦听的端口号
int getSoTimeout()	获取连接的超时数
void setSoTimeout(int timeout)	设置连接的超时数，参数表示 ServerSocket 的 accept() 方法等待客户连接的超时时间。如果参数值为 0，表示永远不会超时，进入阻塞状态，这也是它的默认值

9.3.2 实现 Socket 通信

在介绍了 Socket 类和 ServerSocket 类的使用方法之后，下面介绍通过建立连接实现 Socket 通信的过程。

首先，在服务器端构造一个 ServerSocket 类，在指定端口上进行监听，这时服务器的线程处于等待状态。然后在用户端构造 Socket 类，与服务器上的指定端口进行连接。服务器监听到连接请求后，就可在两者之间建立连接。连接建立之后，还必须进行输入、输出流的连接才能开始进行通信。通信的一般步骤如下：

1）创建服务器 ServerSocket，设置建立连接的 port。

2）创建客户端 Socket，设置绑定的主机名称或 IP 地址，指定连接端口号。

3）客户端 Socket 发起连接请求。

4）建立连接 (accept)。

5）获取相应的 InputStream 和 OutputStream。

6）利用 InputStream 和 OutputStream 进行数据通信。

【例 9-7】服务器端通信示例。

在服务器建立并准备接收连接请求时，调用 ServerSocket 的 accept() 方法。执行该方法后，服务器端程序等待下一个客户的连接。当客户端请求连接时，accept() 方法返回一个 Socket 对象，然后用这个 Socket 对象的 getInputStream() 和 getOutputStream() 方法返回的流与客户端交互。下面是这个程序的源代码。

```
// file name: ComputeTCPServer.java
import java.net.*;
import java.io.*;
public class ComputeTCPServer{
        public static void main(String srgs[]) {
        ServerSocket sc = null;
        Socket socket=null;
            try {
           sc= new ServerSocket(4421);//创建服务器套接字
            System.out.println(" 端口号 :" + sc.getLocalPort());
            System.out.println(" 服务器已经启动 ...");
               socket = sc.accept();   //等待客户端连接
                System.out.println(" 已经建立连接 ");
                //获得网络输入流对象的引用
                BufferedReader  in = new BufferedReader(new InputStreamReader(socket.
                  getInputStream()));
                ////获得网络输出流对象的引用
          PrintWriter out=new PrintWriter(new BufferedWriter(new OutputStreamWriter(socket.
            getOutputStream())),true);
          String   aline=in.readLine();//读取客户端传送来的数据
          System.out.println(" 从客户端接收到信息为: "+aline); //通过网络输出流返回结果给客户端
          out.println(aline);
          out.close();
          in.close();
          sc.close();
               } catch (Exception e) {
           System.out.println(e);
        }
    }
}
```

在 NetBeans IDE 环境下运行这个程序后，可以看到如图 9-5 所示的输出窗口，其中包含了提示信息和收到的结果。

从上述程序中可以看到，当创建 ServerSocket 对象时，需要的只是一个端口号和 IP 地址。如果服务器就设定在本地，则不需要 IP 地址。调用 accept() 方法时，服务器端进入阻塞状态，等待客户端的请求，直到有一个客户启动并请求连接到相应的服务器端口。

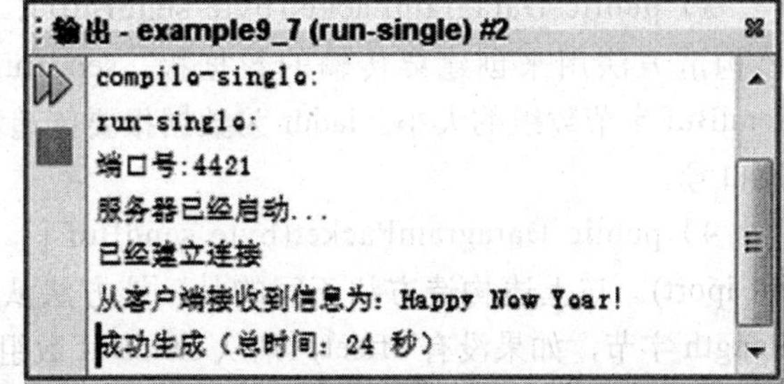

图 9-5　例 9-7 的运行结果

在通信时，由 Socket 对象可以得到与之相关联的一个网络输入流和网络输出流。如果一个进程要通过网络向另一个进程发送数据，只需要写入与 socket 相关联的输出流。同样，如果一个进程要读取另一个进程发送过来的数据，则可以从与 socket 相关联的输入流中读取。因此，上面这段代码中，从 Socket 对象获得相应的网络输入流和输出流对象以便读取和写入。因为程序中所处理的信息都是文本形式的，所以采用字符输入流和输出流类来完成相应的功能。利用了 InputStreamReader 和 OutputStreamWriter 这两个转换器，将网络输入流和输出流对象分别转换为 Java 中的 Reader 对象和 Writer 对象。

9.4 数据报通信

TCP/IP 是一种面向连接的协议，而 UDP 是一种无连接的协议，它只是将数据的目的地写在数据报中，然后直接放在网络上，不保证传输质量。对于一些不需要很高质量的应用程序来说，数据报通信是一个非常好的选择。另外，就是在对实时性要求很高的情况下，例如，在实时音频和视频应用中，数据包的丢失和位置错乱是静态的，可以被人们忍受，但是如果在数据包位置错乱或丢失时要求数据包重传，用户则不能忍受，这时就可以利用 UDP 协议传输数据包。

在 Java 的 java.net 包中定义的两个类：DatagramSocket 和 DatagramPacket，它们为应用程序中采用数据报通信方式进行网络通信提供了支持。下面我们进行讨论。

9.4.1 DatagramPacket 类

数据报（Datagram）是网络层数据单元在介质上传输信息的一种逻辑分组格式，它是一种在网络中传播的、独立的、自身包含地址信息的消息，它的通信双方是不需要建立连接的。在使用数据报之前，首先需要将数据打包，然后才能使用该数据报。

1. 将数据打包

Java.net 包中的 DatagramPacket 类用来创建数据报。有两种类型的数据报：一种是需要被传递的数据报，该数据报中包含要传递到的目的地址；另一种数据报是用来接收传递过来的数据报中的数据。它们可以分别用 DatagramPacket 类的几个构造方法来创建。

1）public DatagramPacket(byte recvBuf[]，int ilength)。该构造方法用来创建一个字节数组 recvBuf 以接收 UDP 包。ilength 为从传递过来的数据包中读取的字节数，它不能超过数组的大小。

2）public DatagramPacket(byte recvBuf []，int offset，int ilength)。该构造方法将接收到的数据从 recvBuf[offset] 开始存放。如果数据报长度超出了 ilength，则触发 IllegalArgument Exception 异常。

3）public DatagramPacket(byte sendBuf[]，int ilength，InetAddress iaddr，int iport)。该构造方法用来创建要传输的数据报。sendBuf[] 为要发送数据的存储区，ilength 应小于 sendBuf 字节数组的大小。iaddr 为数据报要传递到的目标地址，iport 为接收端接收数据报的端口号。

4）public DatagramPacket(byte sendBuf []，int offset，int ilength，InetAddress iaddr，int iport)。与上述构造方法不同的是，该方法从 sendBuf 数组的 offset 位置开始填充数据报 ilength 字节，如果没有 offset，则从 sendBuf 数组的 0 位置开始填充。

2. 使用数据报

在创建数据报之后，就可以使用数据报了。接收数据报对象，获取数据报中的信息的主要方法如表 9-6 所示。

表 9-6　DatagramPacket 类的主要方法

方法名	功能说明
InetAddress getAddress()	如果是发送数据报，该方法将获得数据报要发送的目的地址；如果是接收数据报，该方法将返回发送此数据报的源地址
byte getData()	获取数据报中的内容
int getLength()	获取数据报中的数据的长度
int getPort()	获取数据报中的目的地址的端口号
void setAddress(InetAddress iaddr)	设置数据报的目的地址
void setData(byte[] buf)	设置数据报中的数据
void setData(byte[] buf,int offset,int length)	设置数据报中的数据，offset 为起始位置，length 为长度
void setPort(int iport)	设置数据报的目的端口号
void setLength(int length)	设置数据报的长度

9.4.2　DatagramSocket 类

仅创建了数据报是不够的，发送和接收数据报时还需要创建用于发送和接收数据报的套接字。DatagramSocket 类可以用来定义发送和和接收数据报的套接字。它在本地机器端口监听是否有数据到达或者是否需要将数据报发送出去。

DatagramSocket 的构造方法有如下几种，允许指定要绑定的端口号和 Internet 地址。

1. 创建 DatagramSocket 对象

1）public DatagramSocket()。用本地机器上任何一个可用的端口创建一个用于发送的 DatagramSocket 类对象，这个端口号是由系统随机产生的。使用方法如下：

```
try{
DatagramSocket datas=new DatagramSocket();
//发送数据报
}
catch(SocketException e){
}
```

该构造方法未指定端口号，可用在客户端。构造方法出错，则抛出 SocketException 异常。

2）public DatagramSocket(int port) 。用一个指定的端口号 port 创建一个 DatagramSocket 对象，用于发送和接收数据报。当不能创建套接字时就抛出 SocketException 异常，其原因是指定的端口已被占用或者是试图连接低于 1024 的端口，但是又没有权限。

3）public DatagramSocket(int port，InetAddress iaddr)。用绑定指定地址的指定端口创建一个 DatagramSocket 对象。给出端口号时要保证不发生端口冲突，否则会生成 SocketException 类异常。

2. 使用 DatagramSocket

用数据报方式编写客户 / 服务器模式下的程序时，在接收数据前，应该先创建一个 DatagramPacket 对象，给出接收数据的缓冲区及其长度，作为传输数据的载体。另外，还需要再创建一个 DatagramSocket 对象，调用其 receive() 方法等待数据报的到来。receive() 方法的定义如下：

```
public void receive(DatagramPacket p)
```

receive() 方法从网络上接收数据报并将其存储在 DatagramPacket 类的对象 p 中。该对象中的数据缓冲区必须足够大，以便 receive() 把尽可能多的数据存放在其中。如果装不下，就把其余的部分丢弃。接收数据出错时会抛出 IOException 异常。例如：

```
DatagramPacket packet=new DatagramPacket(buf, 256);
Socket.receive (packet);
```

发送数据前，也要先创建一个新的 DatagramPacket 对象，它要给出存放发送数据的缓冲区以及完整的目的地址，包括 IP 和端口号。发送数据是通过 DatagramSocket 对象的 send() 方法实现的，send() 根据数据报的目的地址来传递数据报。

```
DatagramPacket packet=new DatagramPacket(buf, length, address, port);
Socket.send(packet);
......
```

3. 建立连接

在 Java 中实现客户端与服务器之间数据报通信的应用程序的工作流程如下：

1）创建一个用于数据报通信的 DatagramSocket 类对象。

2）创建一个 DatagramPacket 类对象，其中封装了待传输的数据报的数据、长度、目标地址和目标端口。

3）发送数据报时，调用 DatagramSocket 类对象的 send() 方法实现。它以 DatagramPacket 对象为参数，将封装进 DatagramPacket 对象中的数据组成数据报发出。

4）接收数据报时，需要创建一个用于接收的 DatagramPacket 对象，并在指定端口进行监听。然后调用 DatagramSocket 对象的 receive() 方法完成接收数据报的工作。此时需要将上面创建的 DatagramPacket 对象作为参数，该方法会一直阻塞直到收到一个数据报。此时 DatagramPacket 的缓冲区中包含的就是接收到的数据，数据报中也包含发送者的 IP 地址，发送者机器上的端口号等信息。

5）处理接收缓冲区内的数据，获取通信结果。

6）当通信完成后，可以调用 DatagramSocket 对象的 close() 方法关闭用于数据报通信的 Socket 对象。当然，Java 会自动关闭 Socket，释放 DatagramSocket 和 DatagramPacket 所占用的资源。但是作为一种良好的编程习惯，还是要予以关闭。

【例 9-8】编写程序，实现基于数据报的客户 / 服务器模式下的通信（服务器端）。

（1）问题分析

按照上述数据报通信过程逐步执行。

（2）设计说明

DatagramSocket receiveSocket = new DatagramSocket(5000) ：创建一个 DatagramSocket 类的对象 receiveSocket，在端口 5000 进行监听

DatagramPacket receivePacket = new DatagramPacket(buf, buf.length)：创建一个 DatagramPacket 类的对象 receivePacket

（3）程序代码（服务器端）

创建如下代码文件，并以 UDPServer.java 名称保存。

```
// file name: UDPServer.java
import java.net.*;
import java.io.*;
public class UDPServer {
    static public void main(String args[]) {
        try {
            DatagramSocket receiveSocket = new DatagramSocket(5000);
            byte buf[] = new byte[1000]; //定义接收缓冲
```

```
            DatagramPacket receivePacket = new DatagramPacket(buf, buf.length);
            System.out.println("Startinig to receive packet...");
            while (true) {
                receiveSocket.receive(receivePacket); // 监听数据
                String name = receivePacket.getAddress().toString();
                System.out.println("\n 来自主机: " + name + "\n 端口: " + receivePacket.
                  getPort());
                String s = new String(receivePacket.getData(), 0, receivePacket.
                  getLength());
//将接收的数据存入字符串 s
                System.out.println("The received data: " + s);
                receiveSocket.close();
            }
        } catch (SocketException e) {
            e.printStackTrace();
            System.exit(1);
        } catch (IOException e) {
            System.out.println(" 网络通信出现错误, 问题在 " + e.toString());
        }
    }
}
```

（4）运行结果

在 NetBeans IDE 环境下运行这个程序后，可以看到如图 9-6 所示的输出窗口。其中包含接收到的信息。

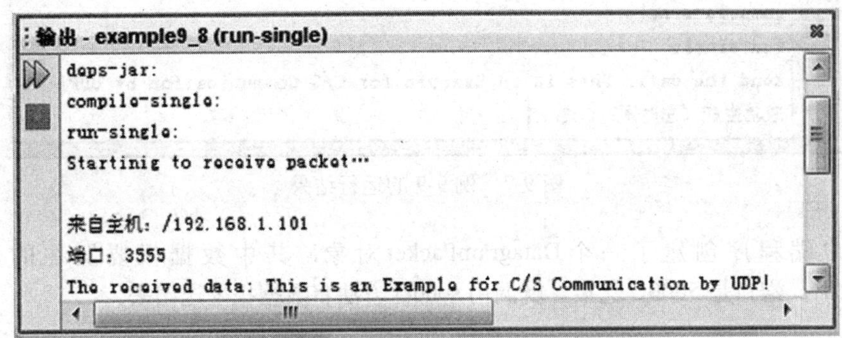

图 9-6　例 9-8 的运行结果

（5）程序说明

在 while 循环中，receiveSocket 这个套接字始终尝试调用 receive() 方法接收 DatagramPacket 数据报；当接收到数据报后，就调用 DatagramPacket 类的相关成员方法显示数据报的信息。

在程序中调用了 getAddress() 获得地址，getPort() 方法获得客户端套接字的端口，getData() 获得客户端传输的数据。注意：getData() 返回的是字节数组，我们把它转化为字符串显示。程序也对发生的 SocketException 和 IOException 异常进行了处理。

【例 9-9】实现基于数据报的客户 / 服务器模式下的通信（客户端）。

下面是这个程序的源代码。

```
// file name: UDPClient.java
import java.net.*;
import java.io.*;
public class UDPClient {
    public static void main(String args[]) {
```

```
        try {
            DatagramSocket sendSocket = new DatagramSocket(3555);
            String string = "This is an Example for C/S Communication by UDP!";
            byte[] databyte = new byte[1000];
            databyte = string.getBytes();
DatagramPacket sendPacket=new DatagramPacket(databyte,string.length(),InetAddress.getByNa-
  me("192.168.1.101"),5000);
            sendSocket.send(sendPacket);
            System.out.println("send the data: "+string);
            sendSocket.close();
        } catch (SocketException e) {
            System.out.println("不能打开数据报 Socket，或数据报 Socket 无法与指定端口连接！");
        } catch (IOException ioe) {
            System.out.println("网络通信出现错误，问题在" + ioe.toString());
        }
    }
}
```

（6）运行结果

在 NetBeans IDE 环境下运行这个程序后，可以看到如图 9-7 所示的输出窗口。其中包含了发送的信息。

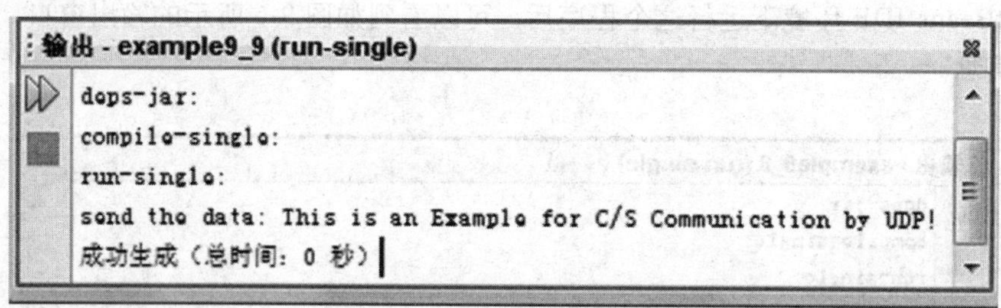

图 9-7 例 9-9 的运行结果

该客户端程序创建了一个 DatagramPacket 对象，其中数据报要发往的目的地是 192.168.1.101，端口是 5000。之后，就调用 send() 方法将数据报发送出去。

9.5 综合应用举例

本章介绍了 Java 环境下如何通过 URL 类和 URLConnection 类访问 WWW 的网络资源，以及如何实现基于 Socket 的 TCP 和 UDP 协议的网络通信。本节将通过创建一个图形界面下应用数据报 (UDP) 进行通信的综合实例，进一步展示综合应用这些知识的基本方法与使用技巧。该实例分为服务器端和客户端两个程序。

【例 9-10】实现图形界面下的基于 UDP 的网络通信。

（1）问题分析

这是一个典型的网络通信程序，因此应分别创建服务器端程序和客户端程序，并为之设计图形用户界面，按照本章上述介绍的通信过程逐步执行。

（2）服务器端设计说明

服务器端的程序中首先创建一个图形用户界面，用于创建程序窗体及控制逻辑。然后创建一个主类，它提供的 main() 方法是应用程序的入口。在 main() 方法中创建主类的一个实例对象。然后，程序中分别用文本框响应事件处理和线程监听来实现数据报的发送和接收这两个动作。

（3）服务器端程序代码

```
// file name: UDPCommunicationServer.java
import java.awt.*;
import java.awt.event.*;
import javax.swing.*;
import java.net.*;
import java.io.*;
class CommunicationServer extends JFrame implements Runnable {
    JPanel contentPane;
    JLabel jLabel1 = new JLabel();      //创建图形用户界面
    JLabel jLabel2 = new JLabel();
    public JTextField jTextField1 = new JTextField();
    public JTextArea jTextArea1 = new JTextArea(" 你好！ ", 100, 50);
    Thread s;
    private DatagramSocket sendSocket,  receiveSocket;
    private DatagramPacket sendPacket,  receivePacket;
    private String name;
    public CommunicationServer() {
        enableEvents(AWTEvent.WINDOW_EVENT_MASK);
        try {
            jbInit();
        } catch (Exception e) {
            e.printStackTrace();
        }
    }
    private void jbInit() throws Exception {
        jLabel1.setText(" 通信记录：");
        jLabel1.setBounds(new Rectangle(4, 4, 67, 29));
        contentPane = (JPanel) this.getContentPane();
        contentPane.setLayout(null);
        this.setSize(new Dimension(400, 200));
        this.setTitle("UDPServer");
        jLabel2.setText(" 输入通信内容：");
        jLabel2.setBounds(new Rectangle(11, 124, 93, 32));
        jTextField1.setText(" 通信内容 ");
        jTextField1.setBounds(new Rectangle(118, 125, 269, 30));
        jTextField1.addActionListener(new java.awt.event.ActionListener() {
            public void actionPerformed(ActionEvent e) {
                jTextField1_actionPerformed(e);
            }
        });
        jTextArea1.setBounds(new Rectangle(97, 29, 380, 90));
        jTextArea1.setEditable(false);
        jTextField1.setEditable(true);
        contentPane.add(jLabel1, null);
        contentPane.add(jTextArea1, null);
        contentPane.add(jTextField1, null);
        contentPane.add(jLabel2, null);
        try {
            sendSocket = new DatagramSocket();   //创建接收用数据报
            receiveSocket = new DatagramSocket(8002);
        } catch (SocketException e) {
            e.printStackTrace();
            System.exit(1);
        }
        s = new Thread(this);  //创建线程
        s.start();
    }

    public void run() {
```

```
        while (true) {
            try {
                byte buf[] = new byte[100];
                receivePacket = new DatagramPacket(buf, buf.length);
                receiveSocket.receive(receivePacket);
                name = receivePacket.getAddress().toString().trim();
                jTextArea1.append("\n 来自主机 :" + name + "\n 端口 :" + receivePacket.getPort());
                jTextArea1.append("\n 客户端 :\t");
                byte[] data = receivePacket.getData();
                String receivedString = new String(data, 0);
                jTextArea1.append(receivedString);
            } catch (IOException e) {
                jTextArea1.append(" 网络通信出现错误，问题在于 " + e.toString());
            }
        }
    }
    protected void processWindowEvent(WindowEvent e) {
        super.processWindowEvent(e);
        if (e.getID() == WindowEvent.WINDOW_CLOSING) {
            System.exit(0);
        }
    }
    void jTextField1_actionPerformed(ActionEvent e) {
        try {
            jTextArea1.append("\n 服务器 :");
            String string = jTextField1.getText().trim();
            jTextArea1.append(string);
            byte[] databyte = new byte[100];
            string.getBytes(0, string.length(), databyte, 0);
            DatagramPacket sendPacket = new DatagramPacket(databyte, string.length(),
              java.net.InetAddress.getByName("192.168.0.6"), 8000);
            sendSocket.send(sendPacket);
        } catch (IOException ioe) {
            jTextArea1.append(" 网络通信出现错误，问题在于 " + e.toString());
        }
    }
}
public class UDPCommunicationServer {
    public static void main(String[] args) {
        CommunicationServer frame1 = new CommunicationServer();
        frame1.setVisible(true);
    }
}
```

图 9-8 Server 端运行结果

（4）运行结果

Server 端运行结果如图 9-8 所示。

（5）服务器端程序说明

服务器端的程序中首先创建一个 JFRame 类的子类 CommunicationServer，它是用于创建程序窗体及控制逻辑。程序中主类是 UDPCommunicationServer 类，它提供的 main() 方法是应用程序的入口，main() 方法只做一件事情，就是创建 CommunicationServer 类的实例对象。程序中分别用文本框响应事件处理和线程监听来实现 UDP 数据报的发送和接收这两个动作。

（6）客户端设计说明

客户端程序与服务端程序基本相同，只是当程序运行时服务端程序所在主机的 IP 地址对客户端来说是已知的（本例中都为本机），而客户端程序所在主机的 IP 地址是当客户机向服务器发送 UDP 数据报时服务器才获取的并保存下来，然后在服务器向客户机发送数据时使用。

（7）客户端程序代码

```
// file name：CommunicationClient .java
import java.awt.*;
import java.awt.event.*;
import javax.swing.*;
import java.net.*;
import java.io.*;
public class CommunicationClient extends JFrame implements Runnable {
    JPanel contentPane;
    JLabel jLabel1 = new JLabel();
    TextArea jTextArea1 = new TextArea(" 你好！  ", 100, 250);
    JLabel jLabel2 = new JLabel();
    JTextField jTextField1 = new JTextField();
    Thread c;
    private DatagramSocket sendSocket,  receiveSocket;
    private DatagramPacket sendPacket,  receivePacket;
    public CommunicationClient() {
        try {
            jbInit();
        } catch (Exception e) {
            e.printStackTrace();
        }
    }
    private void jbInit() throws Exception {
        contentPane = (JPanel) this.getContentPane();
        contentPane.setLayout(null);
        this.setSize(new Dimension(400, 200));
        this.setTitle("UDPCLient");
        jLabel1.setText(" 通信记录：");
        jLabel1.setBounds(new Rectangle(16, 9, 68, 27));
        contentPane.setLayout(null);
        jTextArea1.setBounds(new Rectangle(15, 28, 349, 89));
        jTextArea1.setEditable(false);
        jLabel2.setText(" 输入通信内容：");
        jLabel2.setBounds(new Rectangle(17, 125, 92, 37));  //创建输入内容区域
        jTextField1.setText(" 通信内容 ");
        jTextField1.setBounds(new Rectangle(127, 129, 244, 31));
        jTextField1.setEditable(true);
        jTextField1.addActionListener(new java.awt.event.ActionListener() {
            public void actionPerformed(ActionEvent e) {
                jTextField1_actionPerformed(e);
            }
        });
        contentPane.add(jLabel1, null);
        contentPane.add(jTextArea1, null);
        contentPane.add(jTextField1, null);
        contentPane.add(jLabel2, null);
        try {
            sendSocket = new DatagramSocket();
            receiveSocket = new DatagramSocket(8001);
        } catch (SocketException e) {
            jTextArea1.append(" 不能打开数据报 Socket，或者数据报 Socket 无法与指定端口连接！ ");
        }
        c = new Thread(this);  //创建一个线程
        c.start();
    }
    public void run() {
        while (true) {
            try {
                byte buf[] = new byte[100];
```

```
                receivePacket = new DatagramPacket(buf, buf.length);
                receiveSocket.receive(receivePacket);
                jTextArea1.append("\n 服务器: ");
                byte[] data = receivePacket.getData();
                String receiveString = new String(data);
                jTextArea1.append(receiveString);
            } catch (IOException e) {
                jTextArea1.append(" 网络通信出现错误，问题在于 " + e.toString());
            }
        }
    }
    protected void processWindowEvent(WindowEvent e) {
        super.processWindowEvent(e);
        if (e.getID() == WindowEvent.WINDOW_CLOSING) {
            System.exit(0);
        }
    }
    void jTextField1_actionPerformed(ActionEvent e) {
        try {
            jTextArea1.append("\n 客户端 :");
            String string1 = jTextField1.getText().trim();
            jTextArea1.append(string1);
            byte[] databyte = new byte[100];
            string1.getBytes(0, string1.length(), databyte, 0);
            DatagramPacket sendPacket = new DatagramPacket(databyte, string1.length(),
              java.net.InetAddress.getByName("192.168.0.6"), 8000);
            sendSocket.send(sendPacket);
        } catch (IOException ioe) {
            jTextArea1.append(" 网络通信出现错误，问题在于 " + e.toString());
        }
    }
}
public class UDPClientTest {
    public static void main(String[] args) {
        CommunicationClient frame1 = new CommunicationClient();  //创建一个实例对象
        frame1.setVisible(true);
    }
}
```

（8）运行结果

Client 端运行结果如图 9-9 所示。

图 9-9 Client 端运行结果

练习题

一、基本概念

1. 什么是 URL？一个 URL 由哪几部分组成？URL 和 IP 地址有什么样的关系？

2. 什么叫套接字（Socket）？端口有什么作用？

3 . URL 和套接字（Socket）是什么关系？

4. 数据报的打包主要是完成哪些功能？

5. 写出利用 TCP 套接字和 UDP 套接字实现客户和服务器通信的基本步骤。

二、程序设计

1. 编写程序：读出北京大学主页的 html 文件 (北京大学的 URL 为：http://www.pku.edu.cn.)，判断主页的 html 文件有无关于“教学研究”的内容。并说明程序中用到了哪些有关 URL 操作的方法？各起什么作用？

2. 编写程序：要求使用图形界面实现提示用户在文本框中输入网站地址，回车后在文本区显示该网址的属性信息。

3. 编写程序：获取网络上某一个主机（如 www.sina.com.cn）的 IP 地址。

4. 编写一个聊天室程序：允许在客户端连接进入 / 离开聊天室，实现多人同时聊天。

5. 编写一个服务器端程序：该程序在端口 7777 监听，如果它接收到客户端发来的“Welcome”字符串时，会向客户端回应一个“OK”，并对客户端的其他请求不响应。

三、上机题

编写服务器端和客户端程序，当客户端连接到服务器端时，服务器端将当前的日期返回给客户端程序并在屏幕上输出，分别用流套接字和数据报套接字方式实现。

自测题

一、填空题（每小题 8 分）

1. Java 的许多与实现网络功能相关的类都包含在＿＿＿＿＿＿＿＿＿＿包中。

2. TCP 网络编程和网络编程中主要用到的类有＿＿＿＿＿＿＿＿＿＿＿＿＿＿。

3. InetAddress 类的主要功能是＿＿＿＿＿＿＿＿＿＿＿＿＿＿＿＿＿＿＿＿＿＿＿。

4. 在 Java 网络编程中，使用＿＿＿＿＿＿＿＿＿＿类容易实现客户 / 服务器计算机模型。

5. ServerSocket 构造方法中的 backlog 参数的含义是＿＿＿＿＿＿＿＿＿＿。

二、编程题（每小题 20 分）

1. 编写程序，通过 URLConnection 读取 URL 为 http://www.yahoo.com 的页面内容。

2. 编写程序利用 DatagramSocket 类查询端口占用情况。要求显示已经被占用的端口信息。

3. 编写程序利用多线程机制实现服务器与多客户端的通信。要求服务器总是在指定的端口上监听是否有客户请求，一旦监听到客户请求，服务器就会启动一个专门的服务线程来响应该客户的请求，而服务器本身在启动完线程之后马上又进入监听状态，等待下一个客户的到来。

第10章 Chapter

数据库访问的编程技术

在开发企业级业务应用系统的过程中，需要使用数据库管理系统来存储、管理企业的业务数据。由于 Java 语言的功能越来越强大，以 J2EE（Java 2 Enterprise Edition）为核心的企业级应用平台得到了广泛的应用。JDBC 为在 Java 中开发数据库应用程序提供了良好的工具，掌握 JDBC 能够使得开发人员方便快捷地编写数据库应用程序。本章主要介绍 Java 语言中进行数据库程序设计的相关原理和方法，包括使用 JDBC 实现数据库连接、查询和修改数据库的基本方法和步骤。

10.1 JDBC 概述

Java 语言具有健壮、安全、易于使用、易于理解和网络功能丰富的特性，但对于编写数据库应用程序，还需要拥有 Java 应用程序与各种不同数据之间进行连接的方法。JDBC(Java DataBase Connectivity，Java 数据库连接）正是实现这种用途的机制。它是一种可用于执行 SQL 语句的 Java API，它为数据库应用开发人员、数据库前台工具开发人员提供了一种标准的应用程序设计接口，使开发人员可以很方便地将各种 SQL 语句传送到任何关系数据库中。

JDBC 由一些 Java 语言编写的类和接口组成。用户使用这些类和接口就可以用统一的形式访问各种不同的关系数据库，并开发访问不同厂商数据库的应用程序。

10.1.1 JDBC 的基本结构

在使用 JDBC 之前，需要理解它的基本结构。JDBC 的基本结构如图 10-1 所示。从图中可以看出：顶层是 Java 应用程序，它既可以是 Applet 应用程序，也可以是独立运行的

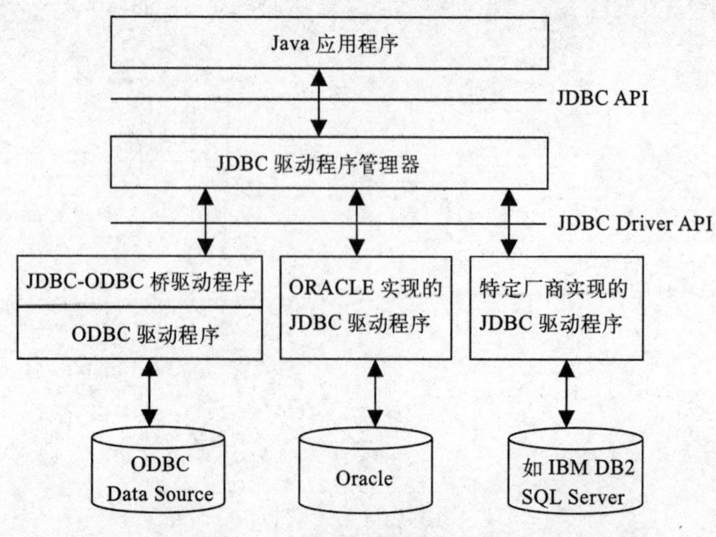

图 10-1　JDBC 的基本结构

Application 应用程序，甚至还可以是服务器端运行的 Severlet 和 EJB 组件等。其他两层是 JDBC 接口，分别是面向程序员的 JDBC API 及面向数据库厂商的 JDBC Driver API。

Java 应用程序通过 JDBC API 接口，经由 JDBC 驱动程序管理器、JDBC Driver API 和 JDBC 驱动程序访问下层的数据库。由图 10-1 中也可以看出，JDBC API 屏蔽了不同的数据库驱动程序之间的差异，使得程序设计人员只能用一个标准的、纯 Java 的数据库程序设计接口，为在 Java 中访问任意类型的数据库提供支持。

JDBC 驱动程序程序管理器为应用程序装载数据库驱动程序，它与具体的数据库有关，用于向数据库提交 SQL 请求。

数据库驱动程序一般是由生产数据库的厂家提供。不同的厂商为数据库提供不同的驱动程序，从而把访问操作数据库的复杂操作封装在自己的驱动程序中。例如，数据库厂商 Oracle 为 Oracle10 数据库提供了不同的驱动程序，但都实现了 JDBC 接口。对于应用程序开发人员而言，不必关心特定数据库的复杂操作，只需要掌握 Java 提供的访问数据库的接口，就可以编写访问不同类型的数据库的应用程序。

10.1.2　JDBC 驱动程序

目前 JDBC 规范描述了 4 种类型的 JDBC 驱动程序，下面分别进行介绍。

1）JDBC-ODBC 桥接器（Bridge）。这种类型的驱动程序负责将 JDBC 调用转换为 ODBC 调用，应用程序是通过 JDBC 调用连接到一个使用 ODBC 驱动程序的数据库。使用这类驱动程序需要每个客户端都安装上数据库对应的 ODBC 和 JDBC-ODBC Bridge 这两种驱动程序。

由于这种类型的驱动程序缺乏安全性与可移植性等，一般不建议使用 JDBC-ODBC 桥接器，仅当特定的数据库系统没有相应的 JDBC 驱动程序时才使用。

2）本地 API，部分 Java 驱动程序（Native API，partly Java driver）。这种类型的驱动程序是部分使用 Java 语言编写和部分使用本机代码编写的驱动程序，它将数据库厂商的特殊协议转换成 Java 代码及二进制类码，即把客户端的 JDBC 调用转换为 Oracle、Sybase、Informix、DB2 或其他 DBMS 的调用，使 Java 数据库客户端与数据库服务器端通信。例如，Oracle 用的 SQLNet 协议、DB2 用 IBM 的数据库协议。

与 JDBC-ODBC 桥接器一样，除了安装 Java 库外，也要求客户端安装相应的二进制代码，即数据库厂商的特殊协议也应该被安装在客户机上。

3）JDBC-Net，纯 Java 驱动程序。这类驱动程序是纯 Java 的驱动程序，它通过一定的网络协议与数据库服务器上的 JDBC 中间件（middleware）通信，由中间件程序将网络协议指令转换成数据库指令。中间件可以支持多种数据库，特别适合具有中间件的分布式应用。

4）本地协议，纯 Java 驱动程序。可这类驱动程序通过实现一定的数据库协议（如 Oracle 公司的 SQLNet）能将 JDBC 调用转换为数据库直接使用的网络协议，使 Java 数据库客户端直接与数据库服务器通信。它不需要安装客户端软件，它是 100% 的 Java 程序，所以其效率很高。

10.2　JDBC 中的主要类和接口

JDBC 由一系列的类和接口组成，包括连接（Connection）、SQL 语句（Statement）和结果集（ResultSet）等，分别用于实现建立与数据库的连接、向数据库发起查询请求、处理数据库返回结果等功能。其中核心的类和接口包含在 java.sql 包和 javax.sql 包中。表 10-1 中列出了 java.sql 包中访问数据库的重要类和接口以及它们的功能说明。

表 10-1 java.sql 包中访问数据库的重要类和接口

类名	功能说明
java.sql.DriverManager	用于加载驱动程序，建立与数据库的连接。在 JDBC 2.0 中建议使用 DataSource 接口来连接包括数据库在内的数据源
java.sql.Driver	驱动程序接口
java.sql.Connection	用于建立与数据库的连接
java.sql.Statement	用于执行 SQL 语句并返回结果。它有两个子类：java.sql.PreparedStatement：用于执行预编译的 SQL 语句；java.sql.CallableStatement：用于执行对于一个数据库的内嵌过程的调用
java.sql.ResultSet	控制 SQL 查询返回的结果集
java.sql.SQLException	SQL 异常处理类，其父类是 java.lang.Exception

10.2.1 DriverManager 类

访问数据库的第一步是与数据源建立连接，只有建立了连接，才能在数据库和应用程序之间移动数据。

DriverManager 类是 java.sql 包中用于数据库驱动程序管理的类，用于在数据库和相应驱动程序之间建立连接，也处理像驱动程序登录时间限制、登录和跟踪消息的显示等事务。

DriverManager 类是从 Java 的根类 Object 派生来的。DriverManager 类中定义的主要静态方法如表 10-2 所示。

表 10-2 DriverManager 类的主要成员方法及其含义

类、接口或方法名	功能说明
static void registerDriver(Driver driver)	注册数据库驱动程序
static void deregisterDriver(Driver driver)	从数据库驱动程序列表中删除指定的数据库驱动程序
static Connection getConnection(String url)	创建与指定的数据库 url 的连接
static Connection getConnection(String url， properties info)	通过指定的数据库 url 及属性信息创建数据库连接
static Connection getConnection(String url，String username，String password)	通过指定的数据库 url 及用户名、密码创建数据库连接
static Driver getDrive(String URL)	获取 url 指定的数据库驱动程序

从表中可以看出，DriverManager 对象提供了三种建立数据库连接的方法。每种方法都返回一个 Connection 对象实例，区别是它们接收的参数不同。URL 用于指定数据源和用于连接到该数据源的数据库的连接类型。其格式如下：

```
jdbc:<subprotocol>:<subname>
```

其中：

jdbc: 表示使用的协议是 JDBC。

<subprotocol>：驱动程序或者连接机制的名称，可以有一个或者多个驱动程序支持。

<subname>：数据库的唯一标识符。

例如，通过 JDBC-ODBC 桥和数据库的标识符 DBTest 来访问数据库的 URL 为：

```
"jdbc:odbc:DBTest"
```

10.2.2 Driver 接口

java.sql.Driver 接口规定了所有 JDBC 驱动程序必须实现的方法。加载或注册一个数据库驱动程序，实际上就是创建了数据库驱动程序的一个实例，从而保证 Java 程序使用统一的形式，通过不同的数据库驱动器访问各种数据库。

10.2.3 Connection 接口

java.sql.Connection 是 java.sql 包中定义的一个接口，其功能是建立与数据库的连接。只有成功地建立与数据库的连接，才能够创建用于执行 SQL 语句的 Statement 对象，进而获取数据库执行 SQL 语句后返回的结果。Connection 接口的主要成员方法及其功能说明如表 10-3 所示。

表 10-3　Connection 接口的主要成员方法及其含义

类或接口名	功能说明
Statement createStatement()	创建一个 statement 对象，它将生成具有特定类型和并发性的结果集
void commit()	提交对数据库的改动并释放当前连接持有的数据库的锁
void rollback()	回滚当前事务中所有改动，释放当前连接持有的数据库的锁
String getCatalog()	获取连接对象的当前目录名
boolean isClosed()	判断连接是否已关闭
void close()	立即释放连接对象的数据库和 JDBC 资源

createStatement() 成员方法是一个使用十分频繁的方法，其功能是创建一个 SQL 语句；而其中的 close() 成员方法可以用来中断与数据库的连接，并释放相关资源。

10.2.4 Statement 接口

前面介绍的 Connection 对象的作用仅限于连接数据库。要执行 SQL 语句，得到数据库的返回结果，必须进一步创建和使用 Statement 对象。Statement 是在已经建立的连接的基础上向数据库发送 SQL 语句的对象。

Statement 接口定义了执行 SQL 语句和获取返回结果的成员方法。它们都作为在给定连接上执行 SQL 语句的容器，每个都专用于发送特定类型的 SQL 语句。由于 Statement 为一个接口，它本身不能被实例化，必须通过调用 Connection 对象的 createStatement() 方法创建一个 Statement 对象。Statement 接口中定义的主要方法及其功能说明如表 10-4 所示。

表 10-4　Satatement 接口的主要成员方法及其含义

成员方法名	功能说明
void close()	关闭 Statement 对象
int[] executeBatch()	执行多个 SQL 语句
boolean execute(String sql)	执行 SQL 语句
ResultSet executeQuery(String sql)	进行数据库查询的 SQL 语句
int executeUpdate(String sql)	进行数据库更新的 SQL 语句
Connection getConnection()	获取对数据库的连接
int getMaxRows()	返回数据库结果集最大行数
boolean getMoreResults()	移动到 Statement 的下一个结果处，返回多个结果的 SQL 语句
int getQueryTimeout()	返回查询超时设置
ResultSet getResultSet()	获取结果集

Statement 接口提供了 3 种执行 SQL 语句的方法，它们是：executeQuery()、executeUpdate() 和 execute()。使用哪一种方法由 SQL 语句所产生的内容决定。下面分别进行介绍。

1）executeQuery() 方法：该方法执行返回单个 ResultSet 的 SQL 语句，如 SELECT 语句。定义如下：

```
public abstract ResultSet executeQuery(String sql) throw SQLException
```

2）executeUpdate() 方法：该方法用于执行 INSERT、UPDATE、DELETE、CREATE TABLE 以及 DROP TABLE 语句．返回值是一个整数，表示它执行的 SQL 语句所影响的数据库中的表的行数（更新计数）。定义如下：

```
public abstract int executeUpdate(String sql) throw SQLException;
```

3）execute() 方法：该方法用于执行返回多个结果集或多个更新计数的语句，它的执行结果可能会产生多个 ResultSet 或者改变多条记录。所以一般只有在用户不知道执行 SQL 声明后会产生什么结果或可能有多种类型的结果产生时才会使用。例如，执行一个存储过程时，其中可能既包含 DELETE 声明又包含了 SELECT 声明，因而执行后，既产生了一个 ResultSet，又影响了相关记录，即有两种类型的结果产生，这时必须用方法 execute() 执行以获取完整的结果。该方法定义如下：

```
public abstract boolean execute(String sql) throw SQLException;
```

10.2.5 ResultSet 接口

结果集 ResultSe 是用来暂时存放执行 SQL 语句后产生的结果集合。它的实例对象一般是 Statement 类的子类通过方法 execute() 或 executeQuery() 执行 SQL 语句后产生的，包含有这些语句的执行结果。ResultSet 类似于数据库中的表，包含符合查询要求的所有行 。

ResultSet 类提供了一套 getXXX() 方法对这些行中的数据进行访问，如 boolean getBoolean(int columnIndex)、int getInt(int columnIndex) 等，用于获取当前行中某一列的值，返回相应类型的值。它还提供了很多移动游标 (cursor) 的方法。cursor 是 ResultSet 维护的指向当前数据行的指针。最初它位于第一行之前，因此第一次访问结果集时通常调用 next() 方法将游标置于第一行上，使它成为当前行。随后每次调用 next() 使游标向下移动一行。另外，还提供了 isBeforeFirst()、isAfterLast()、isFirst()、isLast() 等方法用于判断游标是否在结果集的头部、结果集的末尾、结果集的第一行和结果集的最后一行等。

10.2.6 PreparedStatement 接口

当使用 Statement 对象执行 SQL 语句时，数据库中的 SQL 语句解释器首先将 SQL 语句进行编译，生成底层可理解的内部命令，然后执行。为了减少重复编译 SQL 语句所产生的开销，JDBC 提供了 PreparedStatement 接口，由于 PreparedStatement 语句中包含了经过预编译的 SQL 语句，因此可以获得更高的执行效率。特别是当需要反复调用某些 SQL 语句时，使用该接口具有明显的优势。

1）创建 PreparedStatement。对于 JDBC，当使用 Connection 与某个数据库建立了连接对象 con 后，则 con 可以调用 PreparedStatement() 方法创建 PreparedStatement 对象。例如：

```
stmt=con.prepareStatement("SELECT * FROM Student");
```

2）执行 PreparedStatement。创建了 PreparedStatement 对象后，就可以执行它了，调用

表 10-4 所示的成员方法进行各种操作。例如：

```
stmt.executeUpdate();
```

在 PreparedStatement 语句中可以包含多个用通配符 " ？ " 代表的字段。在执行之前，必须为在创建 PreparedStatement 时定义的通配符提供实际的数据。可以利用 setXXX() 方法设置该字段的内容，从而增强程序设计的动态性。例如，如果要替换的值是一个 int 型，则可调用 setInt() 方法。基本上可以找到所有 Java 类型的 setXXX() 方法。setXXX() 方法的第一个参数指定要替换的占位符的索引 (索引从 1 开始)。通配符在预处理 SQL 语句中从左到右依次出现的顺序分别称为第 1 个，第 2 个 ...... 第 m 个通配符。方法 setInt(int parameterIndex,int x) 用来设置通配符的值，其中参数 parameterIndex 用来表示 SQL 语句从左到右的第 parameterIndex 个通配符，x 是该通配符所代表的具体值。例如：

```
sql=con. PreparedStatement("SELECT * FROM student WHERE score<?");
sql.setInt(1,88);
```

在该语句中，包括了一个可以进行动态设置的字段 score。sql.setInt(1,88) 语句将预处理 SQL 语句中通配符 "?" 代表的值设置为 88。

然后就将该语句发送给 DBMS 并执行它。可以通过调用 PreparedStatement 对象的 executeUpdate() 实现。与执行 Statement 情形不同的是 executeUpdate() 方法不需要任何参数。

```
stmt.executUpdate();
```

具体实例见后面内容。

10.2.7 CallableStatement 接口

CallableStatement 接口继承了 PreparedStatement 接口，用于执行对数据库存储过程的调用。CallableStatement 接口中提供了 gettXXX() 方法获取某字段的内容。如果要获取的值是一个 int 型，则可调用 getInt() 方法。基本上可以找到所有 Java 类型的 getXXX() 方法。setXXX() 方法的第一个参数指定要替换的占位符的索引 (索引从 1 开始)。通配符在预处理 SQL 语句中从左到右依次出现的顺序分别称为第 1 个，第 2 个 ...... 第 m 个通配符。

1. 创建 CallableStatement 对象

CallableStatement 对象是用 Connection 接口的 prepareCall() 方法创建的。例如：

```
CallableStatement cstm= con.prepareCall("{call getTestData(?, ?)}");
```

其中被调用的存储过程的名字为 getTestData。该存储过程有两个变量，但不含结果参数。其中 “?” 通配符为 IN、OUT 或 INOUT 参数，取决于存储过程本身。

在 JDBC 中调用存储过程的语法如下：

- {call 过程名 }：不带参数的存储过程的调用。
- {call 过程名 [(?, ?, ...)]} ：需要若干参数的存储过程的调用。
- {? = call 过程名 [(?, ?, ...)]}： 需要若干参数并返回结果参数的存储过程的调用。

2. 执行 CallableStatement 对象

创建 CallableStatement 对象后，就可以调用其相关成员方法完成所需的操作。例如：

```
try {
CallableStatement cstm= con.prepareCall("{call getStudentID(?, ?)}");
```

```
    cstm.setString(1, "06070010");// 向存储过程传递参数用 set 方法
    cstm.registerOutParameter(2,Type.REAL);// 如需存储过程返回结果，需先调用 registerOutParameter()
方法设置输出参数类型
    cstm.executeQuery();
    float x = cstmt.getFloat(1); // 用 get 方法获取存储过程的执行结果
    }
    catch(SQLException e){...}
    ...
```

在调用过程中，可以通过设置 IN 参数向调用的存储过程提供执行所需的参数。另外，在存储过程的调用中，也可以通过 OUT 参数获取存储过程的执行结果。这里不再赘述。

10.3 JDBC 访问数据库的基本过程

在了解了 JDBC 的层次结构和 JDBC 中的主要类和接口之后，本节通过具体实例，介绍利用 JDBC 访问数据库的基本步骤及其实现。

利用 JDBC 访问数据库需要经历下面几个基本步骤：

1）注册数据源。

2）加载 JDBC 驱动程序。

3）创建数据库连接。

4）创建 Statement。

5）执行 Statement。

6）处理查询结果集。

7）关闭数据库连接。下面进行详细说明。

1. 注册 ODBC 数据源

在创建数据库连接之前，必须要先创建数据源。由于我们下面的程序采用了 JDBC-ODBC 桥驱动访问数据库，因此必须在 ODBC 驱动管理器中把要访问的数据库注册为一个数据源。下面以 Windows XP 为例说明注册 ODBC 数据源的过程。我们要把一个 Oracle 10i 的数据库 Student 注册为一个 ODBC 数据源，命名成 DBTest。注册步骤如下：

1）在 Windows XP 中选择“控制面板”、“性能和维护”、“管理工具”和“数据源（ODBC）”，弹出如图 10-2 所示的“ODBC 数据源管理器”对话框。

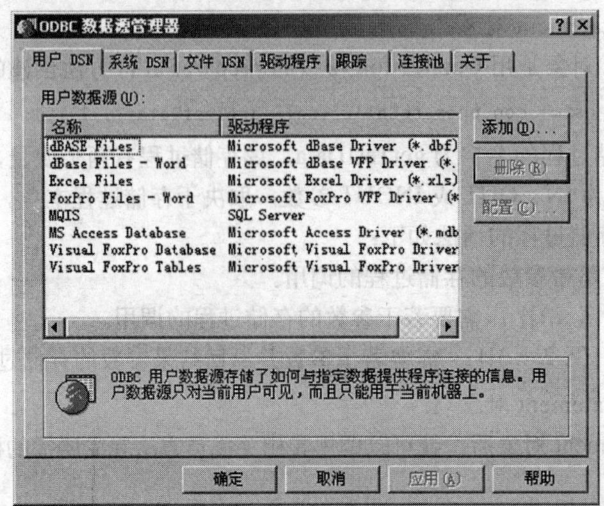

图 10-2　选择数据源

2）单击其中的某个驱动程序或者选择“用户 DSN”选项卡，然后单击“添加(D...)”按钮，弹出如图 10-3 所示的“创建新数据源”对话框。

图 10-3　选择新数据源的驱动程序

3）在这个对话框中，选择 Oracle 公司提供的驱动程序 Oracle OraDb10g_home1（如果要创建其他数据库的数据源，例如，Microsoft SQL Server 或 Microsoft Access 数据库的数据源，可以在“创建新数据源”对话框中选择 SQL Server 或 Microsoft Access 驱动程序）。

4）单击“完成”按钮，出现如图 10-4 所示的“Oracle ODBC Driver Configuration”对话框。

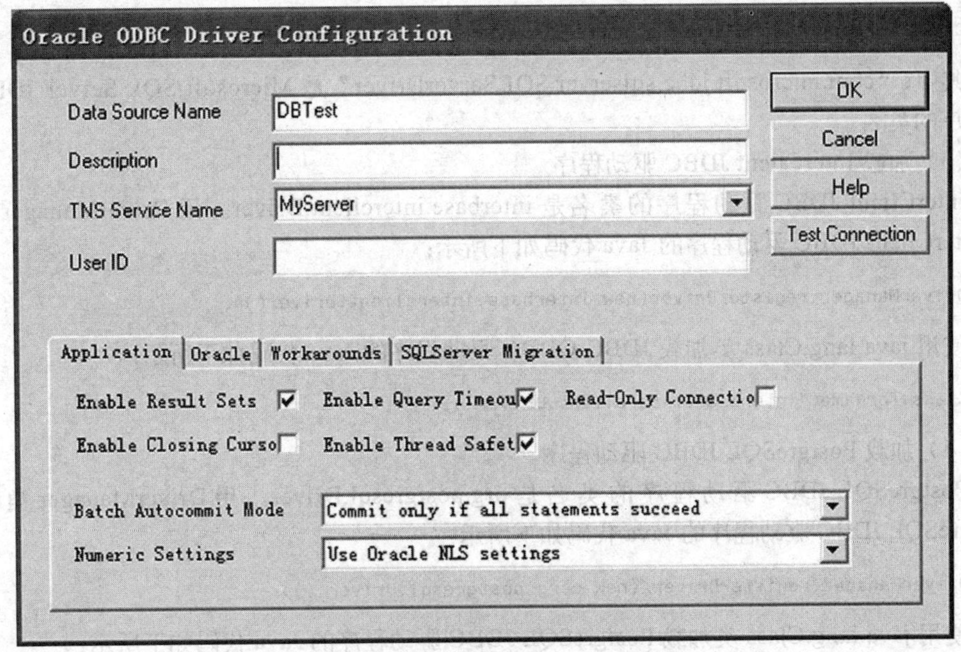

图 10-4　Oracle ODBC 驱动程序配置对话框

在图 10-4 的对话框中的“Data Source Name”（数据源名）输入框中输入数据源的名字（如 DBTest），该名字将被用来在 Java 程序中建立与数据库的连接。

可以在“服务器”（TNS Server Name）输入框中输入相应的数据库服务器的名称或者 IP 地址（如：MyServer），然后单击 "Test Connection" 按钮，以测试连接是否可用。测试成功后，Java 程序才能够通过 JDBC 访问该数据源。

2. 加载 JDBC 驱动程序

在访问数据库之前，必须将 JDBC 驱动程序加载到 Java 虚拟机中。加载驱动程序有两种基本方法：一种是用 DriverManager 类的静态方法 registerDriver 加载；另一种是使用 java.lang.Class 类的 forName 方法加载。下面列出常用的数据库的 JDBC 驱动程序的加载示例代码。

（1）加载 Oracle JDBC 驱动程序

用 DriverManager 类加载 Oracle JDBC 驱动程序的 Java 代码如下所示：

```
DriverManager.registerDriver (new oracle.jdbc.driver.OracleDriver());
```

如果加载的驱动程序不存在，就会出现异常，此时需要应用程序对这种异常进行处理。

使用 java.lang.Class 类加载 Oracle JDBC 驱动程序的 Java 代码如下：

```
Class c = Class.forName("oracle.jdbc.driver.OracleDriver");
```

如果加载的的驱动程序不存在，Class.forName() 方法将会抛出 ClassNotFoundException 异常，此时同样需要应用程序处理异常。

（2）加载 Microsoft SQL Server JDBC 驱动程序

用 DriverManager 类加载 Microsoft SQL Server JDBC 驱动程序的 Java 代码如下所示：

```
DriverManager.registerDriver (new com.microsoft.jdbc.sqlserver.SQLServerDriver());
```

使用 java.lang.Class 类加载 Microsoft SQL Server JDBC 驱动程序的 Java 代码如下所示：

```
Class.forName("com.microsoft.jdbc.sqlserver.SQLServerDriver");
```

其中，“com.microsoft.jdbc.sqlserver.SQLServerDriver”是 Microsoft SQL Server JDBC 驱动程序的类名。

（3）加载 InterClient JDBC 驱动程序

InterClient JDBC 驱动程序的类名是 interbase.interclient.Driver。用 DriverManager 类加载 InterClient JDBC 驱动程序的 Java 代码如下所示：

```
DriverManager.registerDriver(new interbase.interclient.Driver());
```

使用 java.lang.Class 类加载 JDBC-ODBC 驱动程序的 Java 代码如下所示：

```
Class.forName("interbase.interclient.Driver");
```

（4）加载 PostgreSQL JDBC 驱动程序

PostgreSQL JDBC 驱动程序的类名是 org.postgresql.Driver。用 DriverManager 类加载 PostgreSQL JDBC 驱动程序的 Java 代码如下所示：

```
DriverManager.registerDriver (new corg.postgresql.Driver ());
```

使用 java.lang.Class 类加载 PostgreSQL JDBC 驱动程序的 Java 代码如下所示：

```
Class.forName("org.postgresql.Driver").newInstance();
```

其中，"org.postgresql.Driver" 是 PostgreSQL JDBC 驱动程序的类名。

（5）加载 MySQL JDBC 驱动程序

MySQL JDBC 驱动程序的类名是 org.gjt.mm.mysql.Driver。用 DriverManager 类加载 MySQL JDBC 驱动程序的 Java 代码如下所示：

```
DriverManager.registerDriver (new org.gjt.mm.mysql.Driver ());
```

使用 java.lang.Class 类加载 MySQL JDBC 驱动程序的 Java 代码如下所示：

```
Class.forName("org.gjt.mm.mysql.Driver").newInstance();
```

其中，"org.gjt.mm.mysql.Driver" 是 MySQL JDBC 驱动程序的类名。

（6）加载 JDBC-ODBC 桥驱动程序

用 DriverManager 类加载 JDBC-ODBC 桥驱动程序的 Java 代码如下所示：

```
DriverManager.registerDriver(new sun.jdbc.JdbcOdbcDriver());
```

使用 java.lang.Class 类加载 JDBC-ODBC 驱动程序的 Java 代码如下所示：

```
Class.forName("sun.jdbc.odbc.JdbcOdbcDriver");
```

其中，"sun.jdbc.odbc.JdbcOdbcDriver" 是数据库驱动程序的类名。

3. 创建数据库连接

加载了数据库的 JDBC 驱动程序之后，就可以创建与数据库的连接了。

与数据库建立连接的常用方法是调用 DriverManager 类的静态方法 getConnection(String connect_string)。其代码如下：

```
Connection conn = DriverManager.getConnection(URL, User, Password);
```

其中，URL、User、Password 是连接数据库需要指定的连接参数。其含义及示例如表 10-5 所示。

表 10-5 连接数据库的连接参数

连接参数	说明及示例
URL	数据库的 URL，用于定位数据库，该参数的一般格式如下： jdbc:<subprotocol>:<subname> 其中，jdbc 是一种协议；subprotocol 是协议，表示数据库驱动程序名或数据库连接机制。例如，Oracle JDBC 驱动程序的子协议都是 oracle；<subname> 是子名称，用于标识要连接的数据库，子名称的结构和内容由各驱动程序开发商规定
User	访问数据库的用户账号。如 "SYS"、"Lucy"、"sa"、"Admin" 等
Password	特定用户账号的密码。如 "hero"、"myPasswords"。如果未设置密码，该参数为 ""

URL 的用法相对于用户和密码来说比较复杂，下面给出一些常用的 URL 示例。

例 1 用 Oracle thin 驱动程序连接 Oracle 数据库的 URL：

```
jdbc:oracle:thin:@host:1521:orcl
```

其中，host 是数据库主机名称或 IP 地址，orcl 为数据库的 SID

例 2 用 Microsoft SQL Server 2000 驱动程序连接 SQL Server 的 URL：

```
jdbc:microsoft:sqlserver://host; DatabaseName=Student
```

其中，host 是数据库主机名或 IP 地址。

例 3 通过 jdbc-odbc 桥连接 ODBC 数据源的 URL：

```
jdbc:odbc:DBTest
```

其中，DBTest是用ODBC管理器注册的一个数据源。

例4 连接MySql数据库的URL：

```
jdbc:mysql://host/myDB
```

其中，host是数据库主机名或IP地址。

例5 连接PostgreSQL数据库的URL：

```
jdbc:postgresql://host/myDB"
```

其中，host是数据库主机名或IP地址。

例6 连接Sybase数据库的URL：

```
Class.forName("com.sybase.jdbc.SybDriver");
jdbc:sybase:Tds:localhost/MyDB
```

例7 连接DB2数据库的URL：

```
jdbc:db2://localhost:5000/dbname
```

【例10-1】利用JDBC连接数据库，并测试数据库和JDBC驱动安装是否正确。

为了测试程序的运行，需要建立一个存放学生信息的表Student。建立表的方法可以使用数据库的企业管理器直接建立，也可以在程序中建立。假设该表已经建立。数据库表建立之后，就可以用上面介绍的方法建立数据库连接了。下面是这个程序的源代码。

```
// file name: DBConnection.java
import java.sql.*;
public class DBConnection {
    public static void main(String args[]) {
        //连接Acceess数据库Student，数据源名字为DBTest
        String url = "jdbc:odbc:DBTest";
        Connection con = null;
        Statement stat = null;
        ResultSet rs = null;

        try {
            //加载JDBC驱动程序
            Class.forName("sun.jdbc.odbc.JdbcOdbcDriver");
            System.out.println("驱动程序已经装载");
            System.out.println("即将连接数据库");
        } catch (Exception ex) {    //如果无法加载驱动，则给出错误信息
            System.out.println("无法加载驱动程序：" + ex.getMessage());
            return;
        }
        try {
            //登录数据库的用户名是user，密码是1234
            con = DriverManager.getConnection(url, "user", "1234");
            stat = con.createStatement();//建立Statement类对象
            //执行SQL命令，对student表进行查询
            rs = stat.executeQuery("SELECT * FROM student");
            System.out.println("查询结果为：");
            while (rs.next()) {
                System.out.println(rs.getString(1) +"\t" + rs.getString(2) +"\t" +
                  rs.getString(3) + "\t" +rs.getString(4)+ "\t" +rs.getString(5)+ "\t"
                  +rs.getString(6)+"\t" +rs.getString(7));
            }
            rs.close();
            stat.close();//释放Statement所连接的数据库及JDBC资源
```

```
            con.close();// 关闭与数据库的连接
        } catch (SQLException ex) {
            while (ex != null) {
                ex.printStackTrace();
                ex = ex.getNextException();
            }
        }
    }
}
```

在 NetBeans IDE 环境下运行这个程序后，可以看到如图 10-5 所示的输出窗口。其中包含了查询到的数据库记录。

```
输出 - example10_1 (run-single)
run-single:
驱动程序已经装载
即将连接数据库
查询结果为:
20050705    张丽    女    1986-09-01 00:00:00    一班    软件
20050706    马亮强  男    1986-10-01 00:00:00    二班    应用
20050707    刘凯    男    1986-11-01 00:00:00    三班    安全
20050708    王红    女    1986-08-01 00:00:00    四班    网络
20050709    李梅    女    1986-07-01 00:00:00    一班    软件
成功生成（总时间：0 秒）
```

图 10-5　例 10-1 的运行结果

为了连接到该数据库，首先要建立一个 JDBC-ODBC 桥接器，使用 Class.forName() 方法加载相应数据库的 JDBC 驱动程序：

```
Class.forName("sun.jdbc.odbc.JdbcOdbcDriver");
```

这里，Class 是包 java.lang 中的一个类，该类通过调用静态方法 forName() 加载 sun.jdbc.odbc 包中 JdbcOdbcDriver 类，从而建立一个 JDBC-ODBC 桥接器。

由于建立桥接器可能会发生异常，因此，要捕获该异常。

之后，String conURL="jdbc:odbc:DBTest" 语句定义了 JDBC 的 URL 对象。其中 DBTest 是我们设置的数据源。

语句 Connection s=DriverManager.getConnection(conURL) 用于连接数据库。这里，首先使用 java.sql 包中的 Connection 类声明一个对象，然后再使用类 DriverManager 调用它的静态方法 getConnection() 创建这个连接对象：

```
Connection con=DriverManager.getConnection("jdbc:odbc: 数据源名字 ","login name","pssword");
```

假如没有为数据源设置 login name 和 pssword，则连接形式如下：

```
Connection con=DriverManager.getConnection("jdbc:odbc: 数据源名字 ","","");
```

连接建立之后，建立 Statement 类对象：

```
stat = con.createStatement();
```

执行 SQL 命令，对 student 数据库表进行查询：

```
rs = stat.executeQuery("SELECT * FROM student");
```

最后，断开 Java 与数据库的连接，并关闭数据库。

```
s.close();
```

思考：如果连接的是 SQLServer 或者 MySQL，程序应如何进行修改？

10.4 SQL 查询语言的执行

10.4.1 创建 Statement 对象

在建立了与数据库的连接后，应用程序可以在此连接上创建 SQL 语句对象，以便执行用户定义的 SQL 语句。在 Connection 中，提供了 3 种 createStatement() 成员方法，用于创建 Statement 对象：

```
Statement createStatement() throws SQLException;
Statement createStatement(int resultSetType, int resultSetConcurrency)
    throws SQLException;
Statement createStatement(int resultSetType, int resultSetConcurrency,
                          int resultSetHoldability) throws SQLException;
```

例如，利用不带参数的 createStatement 方法创建 Statement 对象的代码如下：

```
Statement stmt = conn.createStatement()    //conn 是已经建立好的数据库连接
```

另外，还可以利用 JDBC 提供的 preparedStatement 接口和 CallableStatement 接口来创建 SQL 语句对象。

10.4.2 执行 Statement

由于 SQL 语句可以分成两大类：一类是数据定义和更新语句，如 CREATE、INSERT、UPDATE 和 DELETE 等语句；另一类是 SELECT 查询语句。因此，JDBC 中的 Statement 对象提供了执行不同 SQL 语句的基本处理方法：Statement 中定义的 executeUpdate() 成员方法用于执行数据定义和更新语句，Statement 中定义的 executeQuery() 成员方法用于执行 SELECT 查询语句。如下是代码片段：

例如，SQL 中的 SELECT 查询语句，可以使用如下的代码片段：

```
//创建一个 Statement 对象
Statement stmt = conn.createStatement();
//执行查询语句
ResultSet rset = stmt.executeQuery("SELECT name, major FROM student");
SQL 中的数据更新语句，如 DELETE 语句，则可以使用如下的代码片段：
//创建一个 Statement 对象
Statement stmt = conn.createStatement();
//执行更新语句
int rowcount = stmt.executeUpdate("DELETE FROM student WHERE number= '06070001'");
```

如果只能在运行时才能确定 SQL 语句的类型，则可以使用 Statement 中的 execute() 成员方法动态地执行未知类型的 SQL 语句。这个成员方法将返回一个表示 SQL 语句类型的布尔值。如果返回真，说明 SQL 语句是查询语句，否则是更新语句或数据定义语句。示例代码如下：

```
Statement stmt = conn.createStatement();
//用 execute 方法执行 SQL 语句
boolean result = stmt.execute(statement);
if (result) {        // statement 是一个查询语句
    //获取结果集
```

```
ResultSet rset = stmt.getResultSet();
    // 处理结果
    //...
}
else {              // statement 是更新语句或数据定义语句
    int updateCount = stmt.getUpdateCount();
    //处理结果
    //...
}
```

值得注意的是：在上面的代码中，语句 boolean result = stmt.execute(statement) 执行之后，就已经执行 SQL 语句并有了查询结果，因此可以直接调用 stmt 对象的 getResultSet() 成员方法获取查询结果，而不需要重复使用 executeQuery() 成员方法。

【例 10-2】创建数据表。

假设创建用于存放学生信息的表 student。此表有多个字段：学号 (id)、姓名 (name)、性别 (sex)、出生日期 (birth) 、班级 (class)、专业 (major) 及成绩 (score)。下面是这个程序的源代码。

```
// file name: CreateDBTable.java
import java.sql.*;
public class CreateDBTable {
    public static void main(String args[]) {
        //连接 Access 数据库表 student，数据源名字为 DBTest
        String url = "jdbc:odbc:DBTest";
        Connection con = null;
        Statement stat = null;
        ResultSet rs = null;

    try {
            //加载 JDBC 驱动程序
            Class.forName("sun.jdbc.odbc.JdbcOdbcDriver");
            System.out.println("驱动程序已经装载!");
            System.out.println("即将连接数据库");
        } catch (Exception ex) {//如果无法加载驱动，则给出错误信息
            System.out.println("无法加载驱动程序：" + ex.getMessage());
            return;
        }
        try {
            //登录数据库的用户名是 user，密码是 1234
            con = DriverManager.getConnection(url, "user", "1234");
            //建立 Statement 类对象
            stat = con.createStatement();
            //定义一个学生表 student
            String query = "create table student( " + "id char(10)," + "name char(15),"
              + "sex char(2)," + "birth date," + "class char(8)," + "major char(15)," +
              "score integer" + ")";  //创建一个含有三个字段的学生表 student3
            //创建该学生表 student
            stat.executeUpdate(query);
            //查询该表信息，开始应为空记录
            rs = stat.executeQuery("SELECT * FROM student");
            System.out.println("查询结果为：");
            while (rs.next()) {
                System.out.println(rs.getString(1) + "\t" + rs.getString(2) + "\t" +
                  rs.getString(3) + "\t" + rs.getString(4) + "\t" + rs.getString(5) + "\
                  t" + rs.getString(6) + "\t" + rs.getString(7));
            }
            rs.close();
            stat.close();//释放 Statement 所连接的数据库及 JDBC 资源
            con.close(); //关闭与数据库的连接
        } catch (SQLException ex) {
            while (ex != null) {
```

```
                ex.printStackTrace();
                ex = ex.getNextException();
            }
        }
    }
}
```

在 NetBeans IDE 环境下运行这个程序后，可以看到如图 10-6 所示的输出窗口。由于该表中还没有记录，因此查询结果为空。

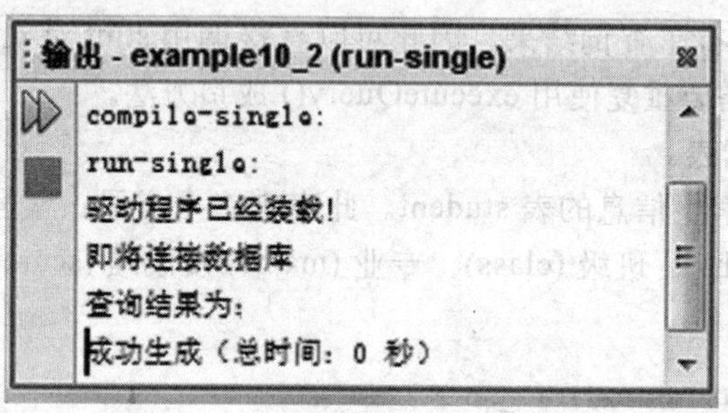

图 10-6　例 10-2 的运行结果

本例具体操作步骤如下：

1）首先使用如下语句定义一个学生表 student 应具有的字段及各字段的类型和长度：

```
String query = "create table student( " + "id char(10)," + "name char(15)," + "sex
  char(2)," + "birth date," + "class char(8)," + "major char(15)," + "score integer" + ")"
```

然后，执行 executeUpdate(query) 语句，建立起该 student 表，包含 id(字符型，宽度为 10)、name(字符型，宽度为 15) 与 score(数字型) 等多个字段。

```
stat.executeUpdate(query);
```

这样就创建了一个数据库中 student 表的结构，此时表中还没有任何记录。

2）向数据库发送 SQL 语句。

首先使用 Statement 声明一个 SQL 语句对象，然后通过上面建立的连接数据库的对象 con 调用 createStatement() 方法创建这个 SQL 语句对象。

```
 try {
    Statement sql=con.createStatement();
  }
catch(SQLException e){}
```

3）处理查询结果。

有了 SQL 对象后，该对象就可以调用相应的方法实现对数据库的查询和修改，并将结果存放在一个 ResultSet 类的对象中。

```
ResultSet rs=sql.executeQuery("SELECT * FROM student");
```

由于 ResultSet 对象一次只能看到一个数据行，因此使用 next() 方法使其移到下一数据行。

【例 10-3】向数据表中插入记录。

向例 10-2 创建的数据表 student 中插入三个学生的记录。使用 SQL 语句 insert into 实现插入操作。下面是这个程序的源代码。

```
// file name：InsertRecord.java
```

```
import java.sql.*;
public class InsertRecord {
    public static void main(String[] args) {
        String JDriver = "sun.jdbc.odbc.JdbcOdbcDriver";
        String conURL = "jdbc:odbc:DBTest";

try {
            Class.forName(JDriver);
        } catch (java.lang.ClassNotFoundException e) {
            System.out.println("ForName :" + e.getMessage());
        }
        try {
            Connection con = DriverManager.getConnection(conURL);
            Statement stat = con.createStatement();
            String r1 = "insert into student values(" + "'20050705','张丽','男','1986-9-1','
              一班','软件',88)";
            String r2 = "insert into student values(" + "'20050706','马亮','男','1986-10-1','
              二班','应用',92)";
            String r3 = "insert into student values(" + "'20050707','刘凯','女','1986-11-1','
              三班','安全',87)";
            //使用 SQL 命令 insert into 插入三条学生记录到表中
            stat.executeUpdate(r1);
            stat.executeUpdate(r2);
            stat.executeUpdate(r3);
            ResultSet rs = stat.executeQuery("SELECT * FROM student");
            System.out.println("插入记录后，查询结果为：");
            while (rs.next()) {
                System.out.println(rs.getString(1) + "\t" + rs.getString(2) + "\t" +
                  rs.getString(3) + "\t" + rs.getString(4) + "\t" + rs.getString(5) + "\
                  t" + rs.getString(6) + "\t" + rs.getString(7));
            }
            rs.close();
            con.close();
        } catch (SQLException e) {
            System.out.println("SQLException: " + e.getMessage());
        }
    }
}
```

在 NetBeans IDE 环境下运行这个程序后，可以看到如图 10-7 所示的输出窗口。其中包含了被插入的记录信息。

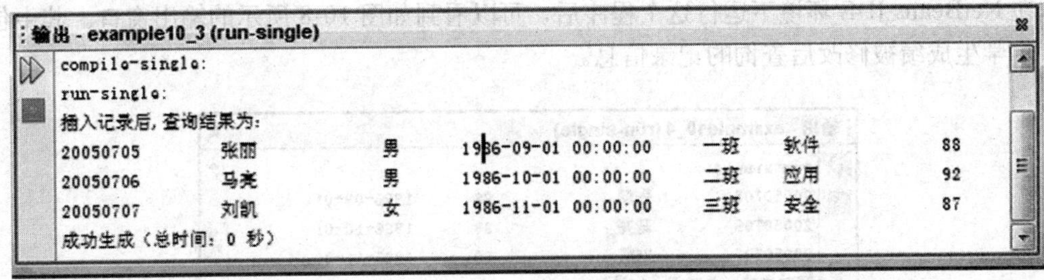

图 10-7　例 10-3 的运行结果

【例 10-4】更新表中的数据。

修改上例数据表中的第二条和第三条记录的学生成绩字段值，并把修改后的数据表的内容输出到屏幕上。本例使用 PreparedStatement 类提供的 setXXX() 方法来设定。下面是这个程序的源代码。

```
// file name: UpdateRecord.java
```

```
import java.sql.*;
public class UpdateRecord {
    public static void main(String[] args) {
        String JDriver = "sun.jdbc.odbc.JdbcOdbcDriver";
        String conURL = "jdbc:odbc:DBTest";
        String[] Studentid = {"20050706", "20050707"};
        int[] score = {89, 70};

try {
            Class.forName(JDriver);
        } catch (java.lang.ClassNotFoundException e) {
            System.out.println("ForName :" + e.getMessage());
        }
        try {
            Connection con = DriverManager.getConnection(conURL);
            //修改数据库记录
            PreparedStatement ps = con.prepareStatement(
                    "UPDATE student set score=? where id=? ");
            int i = 0, number = Studentid.length;
            do {
                ps.setInt(1, score[i]);
                ps.setString(2, Studentid[i]);
                ps.executeUpdate();  //执行 SQL 修改语句
                ++i;
            } while (i < number);
            ps.close();
            //查询数据库并把内容输出到屏幕上
            Statement s = con.createStatement();
            ResultSet rs = s.executeQuery("select * from student");
            while (rs.next()) {
                System.out.println(rs.getString("id") +
                        "\t" + rs.getString("name") +
                        "\t" + rs.getInt("score")+
                        "\t"+rs.getDate("birth"));
            }
            s.close();
            con.close();
        } catch (SQLException e) {
            System.out.println("SQLException: " + e.getMessage());
        }
    }
}
```

在 NetBeans IDE 环境下运行这个程序后，可以看到如图 10-8 所示的输出窗口。其中包含了 2 名学生成绩被修改后查询的记录信息。

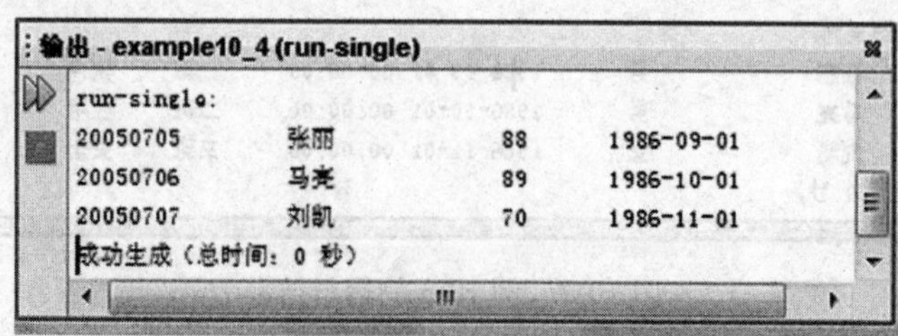

图 10-8　例 10-4 的运行结果

本例使用了 PreparedStatement 类，它提供了一系列的 setXXX 方法来设定相应位置的值。其中 "UPDATE student set score=? where id=? " 这个 SQL 语句中各字段的值并没指定，而是以“？”表示。但是，程序必须在执行 ps.executeUpdate() 语句之前指定各个问号位置的字段值。例如，ps.setInt(1,score[i]) 语句中的参数 1 表示这里的 score[i] 的值是 SQL 语句中第一个问号位置的值。当前面两条语句执行完后，才可执行 ps.executeUpdate() 语句，完成对一条记录的修改。

程序中使用如下语句将表的内容输出到屏幕：

```
ResultSet rs=s.executeQuery("select * from student");
while(rs.next()) {
  System.out.println(rs.getString("id") +
          "\t" + rs.getString("name")+
          "\t" + rs.getInt("score")+
          "\t"+rs.getDate("birth"));
            }
}
```

其中，executeQuery() 返回一个 ResultSet 类的对象 rs，代表执行 SQL 查询语句后所得到的结果集，之后再在 while 循环中使用对象 rs 的 next() 方法将返回的结果一条一条地取出，直到 next() 为 false。

在上例的基础上如果想删除其中的某条记录，如第 2 条记录，则可以使用如下语句实现。

```
PreparedStatement ps = con.prepareStatement("delete from student where id=?");
ps.setString(1, "20050706");
ps.executeUpdate(); //执行删除
```

10.4.3　处理查询结果集

Statement 执行 SQL 语句之后，将返回一个结果集对象 ResultSet。每一个 ResultSet 对象都有一个游标（cursor）指向结果集的当前位置，游标的初始位置是在结果集的第一行之前。第一次调用 next() 方法使游标移动到第一行。next() 方法返回一个 boolean 型的数据，当游标移动到最后一行之后返回 false。

用户可以通过 ResultSet 对象提供的定位游标的成员方法对结果集进行遍历，进而用一组 getXXX 方法获取或用一组 updateXXX 方法更新结果集中每一个记录（Record）中的属性值。表 10-6 中列出了有关 ResultSet 定位游标的成员方法及其功能说明。

表 10-6　ResultSet 中定位游标的方法

定位游标的成员方法	功能说明
boolean absolute(int row)	将游标移动到 ResultSet 中由 row 指定的行
Void afterLast()	将游标移动到 ResultSet 对象紧靠最后一行之后的位置
Void beforeFirst()	将游标移动到 ResultSet 对象紧靠第一行之前的位置
boolean first()	将游标移动到 ResultSet 对象的第一行
boolean isAfterLast()	判断游标是否在结果集中的最后一行之后
boolean isBeforeFirst()	判断游标是否在结果集中的第一行之前
boolean isFirst()	判断游标是否指向结果集中的第一行
boolean isLast()	判断游标是否指向结果集中的第一行
boolean last()	将游标移动到 ResultSet 对象的最后一行
boolean next()	将 ResultSet 对象的当前游标从当前位置下移一行
boolean previous()	将 ResultSet 对象的当前游标从当前位置上移一行

从表 10-6 中不难看出，利用 next() 成员方法和循环语句，可以方便地定位结果集中的每

个记录。此后，就需要使用 getString()、getInt() 等成员方法获取每个属性列的值，并赋值给 Java 变量，代码如下：

```
while (rset.next()) {
String Sno = rset.getString("Sno");
String Sname = rset.getString("Sname");
    ... // 处理或显示数据
}
```

在结果集 ResultSet 中，对 getString()、getInt()、getLong()、getDouble() 等 getXXX 方法重载了两组方法：一组以整型的属性列序号为参数，该参数从 1 开始，另一组以 String 类型的属性列名称为参数，它们返回的结果都是一样的。

另外还需要注意的是，Java 语言的 8 种基本类型（boolean、byte、char、short、int、long、float 和 double）不能包含空值 (null)。但是数据库中某些字段值可能为空，此时应该做特殊处理：用 ResultSet 的成员方法 wasNull 判断最近读取的某个属性列是否为空，代码如下：

```
while (rset.next()){
    int Sage = rset.getInt("Sage");
    if (rset.wasNull()) {
        ... // 处理空值
    }
}
```

本章给出的几个例子显示了在使用结果集 ResultSet 的 next() 方法，可以实现顺序查询。

注意，当使用 ResultSet 的 getXXX 方法查看一行记录时，不可以颠倒字段的顺序。例如：

```
rs.getInt(5);
rs.getInt(4);
```

10.4.4 关闭数据库连接

在完成任务之后，程序必须自己关闭结果集 ResultSet 对象和 Statement 对象，而不能像一般的 Java 对象那样等待 Java 虚拟机进行垃圾回收。这是因为这些对象并不是我们利用 new 运算符创建的对象，而是由底层 JDBC 驱动程序创建的，因此必须用 Java 代码通知底层的驱动程序释放它们，否则就有可能造成内存的泄漏，导致数据库服务器资源的不足。

下面是一些关闭结果集 ResultSet 对象和 Statement 对象的代码：

```
rset.close();  //关闭结果集对象 rset
stmt.close();  //关闭 Statement 对象 stmt
```

在关闭了结果集对象 ResultSet 和 Statement 对象后，还要关闭连接对象。代码如下：

```
conn.close(); //关闭连接对象 conn
```

对于服务器端的缺省连接则不需要关闭。

在上面讲述的步骤中，我们还应该在每一个可能出现错误的地方编写异常处理代码，即用 try 和 catch 程序块来捕捉异常。

10.5 综合应用举例

本章主要介绍了使用 JDBC 访问数据库的一些技术，包括 Java 访问数据库的类和接口的使用方法、利用 JDBC 访问数据库的基本访问过程和一些使用技巧。本节将通过一些数据库的高级访问功能进一步展示综合应用这些知识的基本方法与技巧。

10.5.1　可滚动查询集

虽然通过 ResultSet 的 next() 方法可以顺序查询数据，但有时候需要在结果集中前后滚动，或者需要显示结果集中特定的某条记录。这时，必须使用 Java 提供的可滚动的结果集。

为了得到一个可滚动的结果集，必须使用下述方法先获得一个 Statement 对象：

```
Statement stmt=con.createStatement(int Type, int Concurrency );
```

然后根据 Type 和 Concurrency 的情况，stmt 返回相应类型的结果集：

```
ResultSet rs=stmt.executeQuery(SQL 语句 );
```

Type 的取值方式决定滚动方式，取值情况如下：

- TYPE_FORWARD_ONLY：结果集的游标只能向前移动。
- TYPE_SCROLL_INSENSITIVE：结果集的游标可前后滚动，当数据库内容变化时，当前结果集不变。
- TYPE_SCROLL_SENSITIVE：结果集的游标可前后滚动，当数据库内容变化时，当前结果集同步改变。

第二个参数 Concurrency 的取值决定是否可以用结果集更新数据库，Concurrency 的取值如下：

- CONSUR_READ_ONLY：结果集不能用于更新数据库
- CONCUR_UPDATABLE：结果集可以用于更新数据库

滚动查询经常用到的 ResultSet 的方法有以下几种。absolute(int row)：把游标移至给定的行。afterLast()：把游标移动到最后一行后面。beforeFirst()：把游标移动到第一行前面。first()：把游标移动到第一行。last()：把游标移动到最后一行。previous()：把游标移动到所在行的前一行。next()：把游标移动到所在行的后一行。relative()：把游标相对移动几行等。

【例 10-5】实现滚动查询，以多种滚动方式查看结果。

（1）问题分析

利用 JDBC 访问数据库的基本过程完成相关操作后，在创建 Statement 对象时，应通过指定相应的属性，建立滚动集，并设置游标的不同位置，可以实现向前滚动和向后滚动等不同的查看方式。

（2）设计说明

为了实现滚动查询，应先创建一个滚动集，并设置滚动集的相关属性。然后利用滚动集的相关方法实现不同滚动方式下的查询。

（3）程序代码

```
// file name: ScrollResult.java
import java.sql.*;
public class ScrollResult {
    public static void main(String[] args) {
        String JDriver = "sun.jdbc.odbc.JdbcOdbcDriver";
        String conURL = "jdbc:odbc:DBTest";
        try {
            Class.forName(JDriver);
        } catch (java.lang.ClassNotFoundException e) {
            System.out.println("ForName :" + e.getMessage());
        }
        try {
            Connection con = DriverManager.getConnection(conURL);
                    Statement st = con.createStatement(    //建立滚动集
```

```
                    ResultSet.TYPE_SCROLL_INSENSITIVE,
                    ResultSet.CONCUR_READ_ONLY);
                    ResultSet rs = st.executeQuery("select * from student"); //执行查询
                    rs.last();//以各种方式查看结果
            int number = rs.getRow();
            System.out.println("该表共有 " + number + " 条记录，倒序显示为 ");
            rs.afterLast();
            while (rs.previous())//倒序显示，从最后一条记录开始显示
            {
                String name = rs.getString("name");
                int score = rs.getInt("score");
                String sex = rs.getString("sex");
                String major = rs.getString("major");
                System.out.print("姓名: " + name);
                System.out.print("性别: " + sex);
                System.out.print("    成绩: " + score);
                 System.out.println("    专业: " + major);
            }
            rs.absolute(2);
            System.out.println("第2条记录为: " + rs.getString(2) + rs.getString(3));
            rs.previous();
            System.out.println("第2条记录的前一条记录为: "+rs.getString(2) + rs.getString(3));
            rs.first();
            System.out.println("第1条记录为: " + rs.getString(2) + rs.getString(3));
            rs.relative(2);
            System.out.println("从第1条记录开始，相对移动2条记录后: " + rs.getString(2) +
              rs.getString(3));
           //关闭ResultSet对象
            rs.close();
            con.close();
        } catch (SQLException e) {
            System.out.println("SQLException: " + e.getMessage());
        }
    }
}
```

（4）运行结果

在 NetBeans IDE 环境下运行这个程序后，可以看到如图 10-9 所示的输出窗口。其中包含了不同滚动方式下查询到的记录信息。

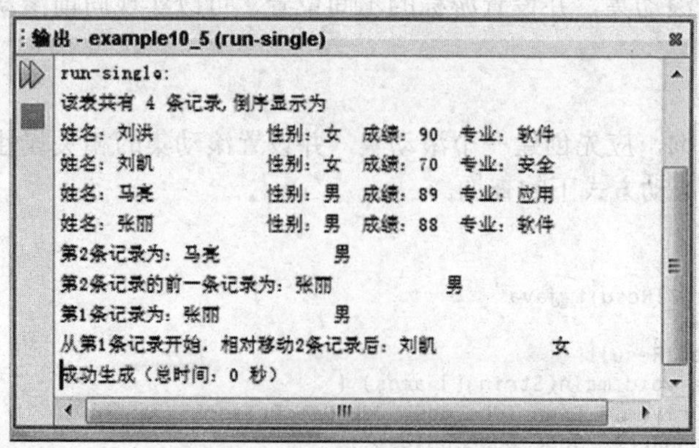

图 10-9　例 10-5 的运行结果

（5）程序说明

本例为了实现查询，首先建立了一个建立滚动集。

```
Statement st = con.createStatement(
```

```
ResultSet.TYPE_SCROLL_INSENSITIVE,
ResultSet.CONCUR_READ_ONLY);
```

然后执行查询语句，显示最初的结果。之后，利用游标定位 rs.last()、rs.afterlast()、rs.previous ()、rs.absolute() 等语句进行定位，以实现不同方式的滚动查询。

10.5.2 排序查询以及模糊查询

可以在 SQL 语句中使用 ORDER BY 子句对记录排序，按照不同的字段进行排序，输出排序后的结果。

【例 10-6】对学生成绩实现排序及模糊查询，并能够实现倒序显示。

（1）问题分析

利用 JDBC 访问数据库的基本过程完成相关操作后，在创建 Statement 对象时，应通过指定相应的属性，建立滚动集，而排序及模糊查询也可利用 SQL 语句实现。

（2）设计说明

为了实现倒序显示，应先创建一个滚动集，并设置滚动集的相关属性。为了实现排序及模糊查询，可充分利用 SQL 语句中的 ORDER BY 子句和 like 执行查询。

（3）程序代码

```
// file name：sortResult.java
import java.sql.*;
public class sortResult{
    public static void main(String[] args) {
        String JDriver = "sun.jdbc.odbc.JdbcOdbcDriver";
        String conURL = "jdbc:odbc:DBTest";

        try {
            Class.forName(JDriver);
        } catch (java.lang.ClassNotFoundException e) {
            System.out.println("ForName :" + e.getMessage());
        }
        try {
            Connection con = DriverManager.getConnection(conURL);
            //建立滚动集
            Statement st = con.createStatement(
                    ResultSet.TYPE_SCROLL_INSENSITIVE,
                    ResultSet.CONCUR_READ_ONLY);
            //执行查询，将查询结果按照 score 大小进行排序
      ResultSet rs = st.executeQuery("select name,score from student ORDER BY score");
            rs.afterLast();//从高分向低分显示查看结果
            System.out.println("按分数从高到低排序：");
            while (rs.previous())//倒序显示，从最后一条记录开始显示
            {
                String name = rs.getString("name");
                int score = rs.getInt("score");
                System.out.print("姓名：" + name);
                System.out.println("成绩：" + score);
            }
            ResultSet rs1 = st.executeQuery("select name,score from student WHERE name
              LIKE '%张%'"); //执行模糊查询
            System.out.println("输出以'张'开头的学生的成绩：");
            while (rs1.next()) {
                System.out.println("姓名：" +rs1.getString("name") +
                        "成绩：" + rs1.getInt("score"));
            }
            rs1.close();//关闭 ResultSet 对象
```

```
                con.close();
            } catch (SQLException e) {
                System.out.println("SQLException: " + e.getMessage());
            }
        }
}
```

（4）运行结果

在 NetBeans IDE 环境下运行这个程序后，可以看到如图 10-10 所示的输出窗口。其中包含了查询到的记录信息。

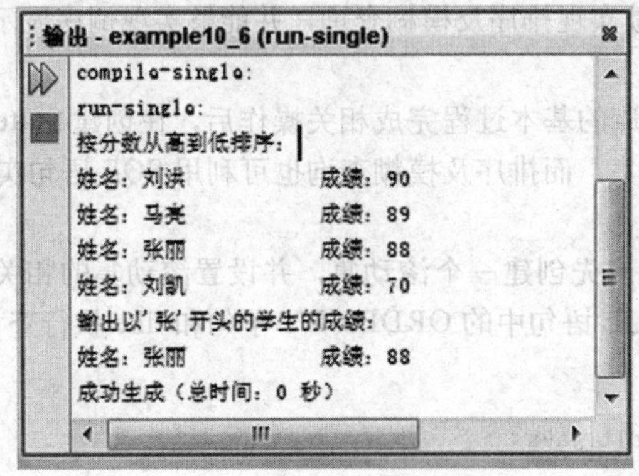

图 10-10　例 10-6 的运行结果

（5）程序说明

本例为了实现查询，首先建立了一个建立滚动集。

```
Statement st = con.createStatement(
        ResultSet.TYPE_SCROLL_INSENSITIVE,
        ResultSet.CONCUR_READ_ONLY);
```

然后执行查询语句，将查询结果按照 score 的大小进行排序。

```
ResultSet rs = st.executeQuery("select name,score from student ORDER BY score");
```

执行模糊查询时，使用 SQL 语句的 LIKE 关键字声明被查询的子串，并执行查询：

```
ResultSet rs1 = st.executeQuery("select name,score from student WHERE name LIKE '%张%'");
```

该语句可以获得以‘李’开头的学生的记录。

LIKE 语句的语法格式是：select * from 表名 where 字段名 like 对应值（子串），它主要是针对字符型字段的，作用是在一个字符型字段列中检索是否包含对应子串。

练习题

一、基本概念

1. 简述 JDBC 的功能、特点及主要组成部分。
2. 用户利用 JDBC 访问数据库要经历哪些主要过程？
3. 简要说明使用 JDBC API 访问数据库所需用到的主要类和接口。
4. Java 应用程序结束时，为什么必须关闭与数据库的连接？
5. 什么是滚动集？如何建立滚动集？

二、程序设计

1. 编写程序：创建一个存储图书信息的数据库。

2. 编写程序：对题 1 创建的图书数据库进行插入、删除和更新的操作。

3. 编写程序：给定某本图书的名字，在题 1 中创建的图书数据库中查找相应的信息。

4. 建立一个设备数据库表，包括设备名、型号、单价、购置时间和存放地点，并编写一个应用程序，实现对该数据库表的增、删、改功能。

5. 假设在某个数据库表中，存在多本书名相同的书籍。根据这一情况，建立相应的查询功能，使得用户可以在 ResultSet 中滚动记录。

三、上机题

编程实现以下功能：

（1）在数据库中建立一个表，表名为“员工津贴”，其结构为：员工编号、姓名、性别、部门、发放日期和金额。

（2）在该表中输入 4 条记录（自己设计具体数据）。

（3）为每名员工发放 2009 年 7 月份的津贴，金额不同。

（4）为每名员工 2009 年 6 月发放的津贴中增加 100 元。

（5）将每条记录按津贴由小到大的顺序显示到屏幕上。

（6）删除其中一名员工的记录。

自测题

一、填空题（每小题 8 分）

1. Class.forName() 的作用是____________________________________。

2. 在 JDBC 中使用事务，想要回滚事务的方法是____________________。

3. Statement 中的 executeUpdate() 和 executeQuery() 的区别是____________。

4. 在 JDBC 中可以调用数据库的存储过程的接口是________________________。

5. 如果某个字段为 numberic 型，获取该字段内容的方法是____________________。

二、编程题（每小题 20 分）

1. 在数据库中建立一个“车辆”表，自己设计表的结构。编写程序，实现对车辆信息的登记、查询和使用功能。

2. 在数据库中建立一个“航班信息”表，自己设计表的结构。编写程序，对航班信息按起飞时间排序，并进一步查找某日航班号以“CA”开头的所有航班信息。

3. 建立学生信息输入与统计界面，实现一个图形用户界面的数据库应用程序。要求按“学生注册”按钮后弹出学生记录录入界面。菜单“选项”包括“学生注册”和“学生统计”两个菜单项。单击“学生统计”将显示出当前学生信息。

参考文献

[1] Ralph Morelli. 翟中，等译 .Java 面向对象程序设计 [M].3 版 . 北京：机械工业出版社，2008.

[2] Bruce Eckel. Java 编程思想 [M]. 陈昊鹏，等译 .3 版 . 北京：机械工业出版社，2003.

[3] 张龙祥 .UML 与系统分析 [M]. 北京：人民邮电出版社，2001.

[4] Cay S Horstmann. Java 核心技术 卷 I：基础知识 [M]. 叶乃文，等译 .8 版 . 北京：机械工业出版社，2008.

[5] Cay S Horstmann. Java 核心技术卷 II：高级特性 [M]. 陈昊鹏，等译 .7 版 . 北京：机械工业出版社，2006.

[6] John Lewis. Java 程序设计教程 . 罗省贤，等译 .5 版 . 北京：电子工业出版社，2007.

[7] 王克宏 . Java 技术教程（基础篇）[M]. 北京：清华大学出版社，2002.

[8] 飞思科技产品研发中心 . Java 2 应用开发指南 [M]. 北京：电子工业出版社，2002.

[9] Grant Palmer. Java 事件处理指南 [M]. 沈莹，译 . 北京：清华大学出版社，2002.

[10] James Gosling. Java 编程规范 [M]. 陈宗斌，等译 .3 版 . 北京：中国电力出版社，2007.

[11] 吴亚峰 . 精通 NetBeans-Java 桌面、Web 与企业级程序开发详解 [M]. 北京：人民邮电出版社，2007.

[12] Robert W Sebesta. 程序设计语言原理 [M]. 张勤，等译 . 北京：机械工业出版社，2008.

[13] 陈烨，等 . JDK1.5 类库大全 [M]. 北京：清华大学出版社，2005.

推荐阅读

C语言程序设计教程 第3版

作者：朱鸣华 等 ISBN：978-7-111-44998-0 定价：35.00元

C语言程序设计

作者：赵宏 等 ISBN：978-7-111-40938-0 定价：35.00元

数据结构与算法设计

作者：王晓东 ISBN：978-7-111-37924-9 定价：29.00元

微型计算机原理及接口技术

作者：董洁 等 ISBN：978-7-111-41860-3 定价：35.00元

推荐阅读

系统分析与设计导论（英文版）

作者：Jeffrey L. Whitten 等 ISBN：978-7-111-35278-5 定价：79.00元

数据结构与算法分析: Java语言描述（英文版·第3版）

作者：Mark Allen Weiss ISBN：978-7-111-41236-6 定价：79.00元

Python语言程序设计（英文版）

作者：Y. Daniel Liang ISBN：978-7-111-41234-2 定价：79.00元

C++程序设计（英文版·第3版）

作者：Y. Daniel Liang ISBN：978-7-111-42505-2 定价：79.00元

C语言程序设计教程（英文版）

作者：H.H.Tan T.B.D'Orazio S.H.Or Marian M.Y.Choy

ISBN：978-7-111-40432-3 定价：49.00元

Java语言程序设计（英文版·第8版）

作者：Y.Daniel Liang

基础篇 ISBN：978-7-111-36122-0 定价：89.00元

进阶篇 ISBN：978-7-111-36125-1 定价：89.00元